U0190173

中国科学技术大学本科教材出版专项经费支持

一流规划教材

一流学科教材
核科学与技术

粒子输运数值计算方法及其应用

NUMERICAL METHODS FOR PARTICLE TRANSPORT AND THEIR APPLICATIONS

徐 楙 编著

中国科学技术大学出版社

内 容 简 介

本书是中国科学技术大学本科生专业课程"计算中子学"的配套教材,系统介绍粒子输运的理论和基础知识,包括中子等辐射粒子的发现和粒子输运方法的背景,重带电粒子、电子、光子和中子与物质的相互作用,辐射探测器的基本原理以及常见的光子和中子探测方法,粒子输运方程的基本理论,确定论方法求解粒子输运方程,蒙特卡罗方法求解粒子输运方程,常见的通用蒙特卡罗软件和工具,基于 GPU 加速和人工智能去噪的蒙特卡罗方法(包括作者团队研发的 GPU 快速蒙特卡罗软件 ARCHER 的介绍),蒙特卡罗方法在核工程、核技术及核医学中的应用。读者除了可以通过每一章后相应的习题检验自己对于章节内容的理解外,也可以通过本书 3 个附录所提供的使用蒙特卡罗方法解决实际问题的参考软件编程项目进行实践锻炼。

本书可作为核科学与技术专业的高年级本科生和研究生教材,也可作为科研人员的参考书。读者应该具备高等数学、概率论、核物理的理论基础,有一定的计算机软件编程能力。

图书在版编目(CIP)数据

粒子输运数值计算方法及其应用 / 徐榭编著. -- 合肥:中国科学技术大学出版社,2024.11. -- ISBN 978-7-312-06106-6

Ⅰ. O572.2

中国国家版本馆 CIP 数据核字第 2024QE7069 号

粒子输运数值计算方法及其应用
LIZI SHUYUN SHUZHI JISUAN FANGFA JI QI YINGYONG

出版	中国科学技术大学出版社
	安徽省合肥市金寨路 96 号,230026
	http://press.ustc.edu.cn
	http://zgkxjsdxcbs.tmall.com
印刷	合肥市宏基印刷有限公司
发行	中国科学技术大学出版社
开本	787 mm×1092 mm 1/16
印张	19.75
插页	4
字数	500 千
版次	2024 年 11 月第 1 版
印次	2024 年 11 月第 1 次印刷
定价	58.00 元

序　　一

为培养我国在核裂变、核聚变、核技术、核材料、核医学以及辐射防护与环境保护等领域的急需科技人才,2009年中国科学技术大学决定成立核科学技术学院,十分荣幸,我担任了第一任院长。学院从开始筹建以来一直对核科学技术的学科建设非常重视,对于本科教学体系考虑了传统和新兴领域相结合的特点。核科学技术学院成立不久,包括徐榭教授在内的老师在核科学技术学院的学科建设和人才培养方面做了很多工作。徐榭教授是核科学技术领域的世界著名学者,曾在美国伦斯勒理工学院(Rensselaer Polytechnic Institute)的核工程系担任过系主任和Hood讲席教授,是我国改革开放后赴美学者中最早当选为美国核学会会士(American Nuclear Society Fellow)的。他获得过2015年美国电离辐射测量和标准委员会(Council on Ionizing Radiation Measurements and Standards,CIRMS) Caswell 电离辐射测量和标准化领域杰出成就奖、2018年美国保健物理学会(Health Physics Society,HPS)杰出科学成就奖、2020年美国核学会 Rockwell 辐射防护和屏蔽设计终身成就奖与Compton核科学技术教育奖、2020年美国医学物理师协会(American Association of Physicists in Medicine,AAPM) Quimby 医学物理终身成就奖、2022年国际医学物理与工程科学联盟医学物理优秀奖、2022年安徽省科学技术奖一等奖(第一完成人)和2022年度中国辐射防护学会科技进步奖一等奖(第一完成人)等荣誉和奖项。

中子学在核安全、核燃料循环、辐射屏蔽设计和核医学物理等领域至关重要。近年来,徐榭教授不断完善教学工作,在蒙特卡罗计算机模拟计算和学生动手能力的培养方面做了很好的尝试。他的团队在蒙特卡罗计算机模拟计算领域积累了30年的科研经验,开发了一些世界上著名的计算机软件和几何建模工具。徐榭团队承担了多个国家自然科学基金委和科技部的科研项目,学生们在学习传统的核反应堆中子学模拟计算方法之外,还深入学习蒙特卡罗方法在辐射探测器模拟、质子重离子放疗、硼中子俘获治疗以及宇航员深空辐射计算等新兴领域的实际应用。

目前,国内外有一些经典的计算中子学领域的教材和著作,但大多数偏重于理论和数学,缺乏现代计算机技术的内容,并且由于历史原因大部分应用场景局限于核反应堆。为了进一步培养核科学技术领域新型人才,徐榭教授在其30年科研和教学工作的基础上写成《粒子输运数值计算方法及其应用》一书。该教材在系统介绍理论知识的基础上特别强调软件编程和使用能力的培养,专门为读者提供了动手编写蒙特卡罗程序的指导和软件工具。该书内容结构合理清晰,图文并茂,并有大量的练习题,既可用作高年级本科生和研究生的教材,也可供有经验的科研人员学习参考,在核科学技术领域新型人才的教育方面是一本不可多得的好教材。为此,我向读者强烈推荐。

中国科学院等离子体物理研究所前所长

中国科学技术大学核科学技术学院首任院长

中国工程院院士

2024 年春于安徽合肥

序　二

按照中国科学技术大学核科学技术学院"十四五"规划，学院几年前安排徐榭教授担任核医学物理研究所所长，在推动学院与附属第一医院在医-工交叉学科领域的科研上进行一些探索，同时也请徐榭教授担任本科课程"计算中子学"的教学工作。核医学物理研究所的科研工作已经取得一些重要成就，为核科学技术学院赢得了中国辐射防护学会科技进步奖一等奖和安徽省科学技术奖一等奖等荣誉。现在《粒子输运数值计算方法及其应用》作为"计算中子学"的配套教材也出版了，我们祝贺徐榭教授在本科教学方面取得了优异的成绩。

中国科学技术大学向来对本科教学极为重视。如果说课堂授课是一名教授的基本义务，那么出版精品教材则是一名优秀教授最好的标志。核科学技术学院作为中国科学技术大学一个相对年轻的学院，在本科教育上面临如何正确处理传统核物理学科和"大工程"（包括合肥先进光源国家重大科技基础设施和中国科学院等离子体物理研究所全超导托卡马克核聚变实验装置）之间关系的挑战。在这种环境下，徐榭教授通过这本教材在教学内容的多元化和培养解决核工程问题能力等方面对本科教学进行了前瞻性的探索和改革。徐榭教授是2020年美国核学会Compton核科学技术教育奖获得者，他在国内外积累的本科和研究生教育经验是很宝贵的财富。我向读者强烈推荐徐榭教授在其30年科研和教学工作基础上写成的这本《粒子输运数值计算方法及其应用》。

中国科学技术大学核科学技术学院执行院长

国家同步辐射实验室主任

中国科学院院士

陆亚林

2024年春于安徽合肥

前　言

　　本科教育和研究生教育的本质区别究竟是什么？中国和美国的本科教育各有什么特点？大学教育跟一个国家的工程技术和经济发展有什么关系？过去30年我时常思考这些问题，这本书在一定程度上体现了我对本科教育的一些思路。

　　20世纪90年代初，我在位于美国得克萨斯州科利奇站(College Station)的得克萨斯农工大学(Texas A&M University)攻读博士学位，受到离学校不远的著名超导超级对撞机(Superconducting Super Collider，SSC)实验室因经费问题而最终停建的影响，我决定从物理系转到核工程系继续学习，并于1994年获得核科学技术博士学位。毕业后我开始在位于美国纽约州特洛伊(Troy)的伦斯勒理工学院(Rensselaer Polytechnic Institute，RPI)核工程系任教，其间除了承担粒子探测、蒙特卡罗计算方法和辐射剂量学等本科、研究生课程的课堂教学工作，还连续12年负责学校核工程学科的美国工程与技术认证委员会(Accreditation Board for Engineering and Technology，ABET)学科认证工作。在伦斯勒理工学院期间，我指导的研究生里面有近一半是中国留学生，其中包括不少清华大学工程物理系毕业后留学美国的博士生。2014年后，我开始逐渐深度接触中国科学技术大学的本科生和研究生，到目前为止指导了近100名美国和中国的研究生。这些经历让我对美国大学工程类的本科和研究生教育体系有了比较深入的了解。美国大学的工程类学科(包括核科学技术学科)在本科教学内容和形式上很有特点，老师必须按ABET的要求来评估所有课程在"动手能力和解决问题能力(hands-on and problem-solving abilities)"方面的培养效果。美国大学工程类的本科学生除了学习"大学物理实验"这样的非专业实验课程外，在高年级专业课程中还需要完成大量的家庭作业和结课项目，以证明他们使用各种工具解决实际工程问题的能力。美国工程类本科毕业生就已经具备独立完成专业工作的能力，就业机会相比中国本科毕业生更多。目前，国内少数大学的工程类本科教育已经开始参考包括美国工程学科的 ABET 在内的一些培养方法，未来有可能在本科教学培养计划中进一步强调"动手能力和解决问题能力"的培养。

　　本书是和中国科学技术大学本科专业课程"计算中子学"配套的教材，学生主要是核科学技术学院和物理学院高年级本科生。课程内容主要涉及核反应堆和其他辐射源环境下较低能量中子和其他粒子（包括光子、电子、质子等）的物理特性的计算机模拟计算方法及其应用。查德威克（J. Chadwick）1935 年因发现中子获得诺贝尔物理学奖，促进了核裂变和核能源工程技术的发展。针对中子的各项研究在核反应堆设计、核燃料循环、辐射屏蔽设计和辐射防护中扮演极为重要的角色，中子学（neutronics）已经成为一个独特的科研领域。随着过去 30 年计算机技术的迅猛发展，数值方法已逐步成为包括中子在内的粒子输运研究的主要手段。蒙特卡罗方法（Monte Carlo method，简称 MC 方法）的发展得益于美国曼哈顿计划中核武器的研究，在对核反应堆模型或者人体解剖学模型这样的三维复杂几何结构进行模拟时具有独到优势。近年来，基于图形处理器（Graphics Processing Units，GPU）的 MC 方法、人工智能 MC 去噪和实时 MC 计算等技术极大地提高了 MC 方法的效率，使 MC 粒子输运计算工具得到进一步普及。从本科教学的角度，中子学教材往往局限于核裂变和聚变工程系统相关内容。然而随着核技术的发展以及其应用范围的扩大，如核医学影像、肿瘤放射治疗（特别是质子、重离子放疗和硼中子俘获治疗）的现代医学以及宇航员深空辐射环境等航天航空领域中对于中子等微观粒子输运的研究需求逐渐增加。这些传统和新兴领域的研究在中国科学技术大学的校园内外已逐渐形成了一定的规模。显然，未来的核科学技术人才必须掌握更加多元化的专业知识，必须具备使用先进和复杂的计算工具解决未来工程技术问题的能力。

　　本书通过 10 章和 3 个附录来系统介绍粒子输运的理论和基础知识，侧重于 MC 方法输运模拟计算方法及其应用。第 1 章介绍中子等辐射粒子的发现和粒子输运方法的背景。第 2 章介绍重带电粒子、电子、光子和中子与物质的相互作用。

第 3 章介绍辐射探测器的基本原理以及常见的光子和中子探测方法。第 4 章介绍粒子输运方程的基本理论。第 5 章介绍用确定论方法求解粒子输运方程。第 6 章介绍用 MC 方法求解粒子输运方程。第 7 章介绍常见的通用 MC 软件和工具。第 8 章主要介绍基于 GPU 加速和人工智能去噪的 MC 方法，包括我们团队研发的 GPU 快速 MC 软件 ARCHER。第 9 章和第 10 章分别介绍 MC 方法在核工程、核技术以及核医学领域的应用。读者除了可以通过每章后的习题检验自己对于正文内容的理解，也可以按照本书 3 个附录来锻炼动手解决问题的能力。其中，附录 A 要求读者编写模拟光子康普顿散射的 MC 软件程序，从而达到对 MC 方法的深入理解；附录 B 通过使用 MC 软件模拟光子和中子辐射探测器的练习来掌握 MC 几何建模工具；附录 C 帮助读者使用 MC 方法来进行裂变堆全堆的中子学计算分析，锻炼解决大型实际工程问题的能力。本书的读者可以通过中国科学技术大学出版社官方网站（press.ustc.edu.cn）下载与"计算中子学"课程相关的 PPT 和视频等教学资料。

　　本书可作为核科学与技术专业高年级本科生和研究生课程的教材，也可作为科研人员的参考书。读者应该具备高等数学、概率论和核物理的理论基础，具有一定的计算机软件编程能力。由于本书的理论内容涉及面很广，而相关的计算机技术发展很快，加之"动手能力"练习部分是一种比较创新的尝试，本书难免存在错误和不足之处，恳请广大读者对本书提出宝贵的意见和建议。

　　最后，博士生王誉鑫同学是"计算中子学"课程的助教，为教学和本书的写作付出了辛勤劳动，完成了大量的资料收集、翻译和编写校订工作。参加本书撰写工作的还包括我们科研小组的程博、李仕军、高宁、刘君怡、叶子睿、吴晋、齐妙、吴翊凯、王煊赫、陶莉、王日鹏和魏美彤等同学。中国科学技术大学核科学技术学院的胡国军老师帮助审核了本书第 4～6 章与粒子输运理论和数值计算方法相关的内容。在此对大家表示衷心感谢！

　　本书相关科研和学科建设工作获得了国家自然科学基金（GG2140000012，GG2140000018，GG2140000042）、安徽省重点攻关计划（BJ2030480002，BJ2140000004，BJ2140000025）、安徽慧软科技（EF2140000033，EF2140000044）以及中国科学技术大学"双一流"学科建设（KY2140000013，YD2140000601）和新医

学团队(YD2140002002)等项目的资助。另外,中国科学技术大学为本书提供了2022 年度校级本科"十四五"规划教材项目(2022xghjcA17)经费支持。

中国科学技术大学核科学技术学院讲席教授

核医学物理研究所所长

深空科学研究院双聘教授

徐榭

2024 年 4 月于安徽合肥

目　　录

第 1 章 粒子输运计算及中子学的发展历史

粒子输运数值计算方法与中子的发现和应用密切相关。1932 年英国科学家查德威克（J. Chadwick）发现中子并很快获得诺贝尔物理奖后，科学家们意识到核裂变的潜力，一些国家实验室争先恐后地秘密开展核武器的研制。在第二次世界大战期间，美国大规模推动绝密核武器开发计划——曼哈顿计划。该计划由奥本海默（J. R. Oppenheimer）领导一个包括费米（E. Fermi）等在内的科学家团队参与实施。第二次世界大战结束后，多个国家实验室开始探索核裂变技术的和平使用，包括商用核电站。如今，核能已成为世界上重要的清洁能源之一。此外，中子和其他辐射粒子在肿瘤放射治疗（比如硼中子俘获治疗）中也有重要的应用。

中子学（neutronics）是核物理的一个分支，致力于在微观尺度上研究中子与原子核的相互作用，并计算宏观参数。数值方法是包括中子等粒子输运研究的主要手段。随着核工程与技术的发展，中子学不断发展和完善，目前已经成为一个独特的科研领域，在核反应堆设计、核事故模拟重建、核燃料循环、核探测器、辐射屏蔽设计和辐射防护中扮演极为重要的角色。这促进了用于描述中子在介质中分布的输运理论的发展，以及基于辐射输运理论的确定论和非确定论数值算法的研究。

本章介绍不同辐射粒子的发现历史，重点讨论中子的发现过程，以及一些历史上的典型核事故，最后介绍与中子学相关的基本信息。通过对本章的学习，可以为读者后续了解辐射粒子的理论、数值算法以及这些算法的应用打下基础。

1.1 主要基本粒子发现的历史

不同的辐射粒子在人类生产生活的各个领域发挥重要的作用，它们的发现过程往往伴随着科学家的机遇和深入研究。了解这些辐射粒子的发现背景有助于大家更好地理解科学发现不为人知的一面，更深刻地理解和应用相关理论知识。例如，中子与物质的相互作用可能导致次级 γ 射线和其他次级带电粒子的产生，辐射粒子与介质原子的相互作用可能会产生其他次级辐射。各种涉及辐射粒子的输运和应用的场景经常需要考虑多种粒子的耦合输运，最常见的是中子-光子耦合输运和光子-电子耦合输运。因此，在这一节中对常见的光子、电子、中子等辐射粒子的发现历史都进行简单的介绍。

1.1.1　X射线的发现

1895年德国物理学家伦琴(W. C. Röntgen,图1.1)发现了X射线,从而获得了第一届诺贝尔物理学奖,为物理学和医学界带来了重大的改变。当时伦琴正在德国维尔茨堡大学(University of Würzburg)工作,他的实验集中在阴极射线管(cathode-ray tube)或称为克鲁克斯管(Crooke's tube,图1.2)通电后产生的光现象和其他辐射。阴极射线管是两端分别带有金属正极和负极的玻璃灯泡,灯泡中呈真空状态,当高压电流通过它时,会发生放电现象,在气体中显示出荧光,并从阴极发射一种射线,当时称之为阴极射线。伦琴对阴极射线通电后的射程特别感兴趣。

图1.1　伦琴

https://www.nobelprize.org/prizes/physics/1901/rontgen/facts/。

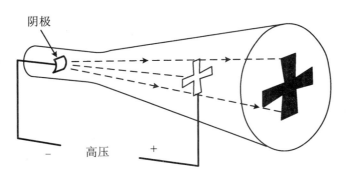

图1.2　早期的克鲁克斯管示意图

射线的路径上放置马耳他云母"十"字,在管的荧光末端投射一个阴影。[1]

1895 年 11 月 8 日,伦琴注意到当被黑色纸板包裹的阴极射线管打开时,距离射线管有一定距离的小屏幕上产生了荧光。伦琴意识到是一些来自射线管的看不见的光线穿过纸板,使屏幕发光,这种射线就是 X 射线。进一步的实验表明,X 射线能够穿过大多数物质,包括身体的软组织,但留下可见的骨骼和金属图像。这些实验留下了他用 X 射线对妻子的手拍摄的照片(图 1.3),可以清晰地看到骨骼和手上的结婚戒指。为了验证他的观察结果,伦琴用 7 周左右的时间精心设计和进行实验。12 月 28 日,他在《维尔茨堡物理医学会会刊》提交了名为 *On a New Kind of Rays*[2] 的通讯,在这篇通讯中将这种射线称为 X 射线;1896 年 1 月,他在学会上发表了公开演讲。X 射线很快就在医学诊断和治疗中得到了广泛使用。

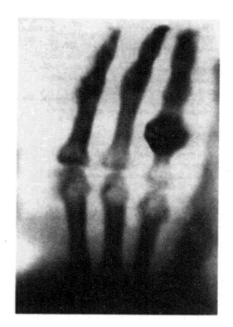

图 1.3　德国博物馆展出的一张摄于 1895 年 12 月 22 日的伦琴夫人的手的 X 射线照片[1]

1.1.2　电子的发现

早在 19 世纪 70 年代,人们就通过对气体放电现象的研究发现了阴极射线,同时还通过实验发现阴极射线带负电。但当时人们对电的本质认识不足,著名物理学家开尔文在 1897 年以为电是"一种连续的均匀液体",另一些人则认为阴极射线是"以太"的特殊振动,甚至还有人认为阴极射线由带电的原子组成。1897 年,英国物理学家汤姆孙(J. J. Thomson,图 1.4)首次在实验中把阴极射线的组成粒子作为亚原子粒子来研究,通过测量阴极射线的荷质比(q/m),发现组成阴极射线的粒子的荷质比与产生该射线的气体种类无关,且比电离时测得的氢离子的荷质比大了约 1 000 倍,说明这种粒子不可能是带电气体原子。之后的两年,汤姆孙通过实验证明了阴极射线的组成粒子的电荷与氢离子电荷大小相同,符号相反,这些粒子就是电子。1906 年,汤姆孙因为发现电子获得诺贝尔物理学奖。而在汤姆孙之前,休斯脱(A. Schuster)在 1890 年、考夫曼(W. Kaufman)在 1897 年都测出了阴极射线的荷质比,但前者不敢相信阴极射线的粒子的质量不到氢原子的 1/1 000,后者不承认阴极射线是粒子,因而不敢发表数据,直到 1901 年才公布。他们两人与发现电子的机会失之交臂。

图 1.4　汤姆孙

https://www. nobelprize. org/prizes/physics/1906/thomson/facts/。

1.1.3 中子的发现

中子是英国物理学家查德威克在 1932 年发现的。下面将介绍有关发现中子的过程与查德威克关于中子发现的实验。1911 年,英国物理学家卢瑟福(E. Rutherford,图 1.5)发现了原子核,并于 1919 年观测到了质子。然而,除了质子之外,原子核中似乎还有其他组分,例如氦的原子序数为 2,但质量数为 4。一些科学家认为原子核中还有额外的质子,以及相同数量的电子来抵消额外的电荷。1920 年,卢瑟福提出,电子和质子实际上可以结合形成一种新的中性粒子,但没有真正的证据能证明这一点,并且这种中性粒子可能很难被探测到。卢瑟福的学生查德威克(图 1.6)一直在思考这个问题。

20 世纪 30 年代初,有科学家发现使用 α 粒子轰击 Be 会产生一种辐射。一些科学家认为这种辐射是高能光子。但查德威克对此有异议,认为这可能是卢瑟福提到的中性粒子。1932 年 2 月针对这种辐射开展一系列实验后,查德威克发表了一篇题为 *Possible Existence of a Neutron* [3] 的论文。他在论文中提出,对于 α 粒子轰击 Be 产生的辐射,证据倾向于该辐射是中子而非 γ 光子。1932 年 5 月查德威克提交了一篇更明确的论文,题为 *The Existence of a Neutron* [4]。1934 年人们已经确定新发现的中子实际上是一种新的基本粒子,而不是像卢瑟福最初提出的那样由质子和电子结合在一起形成的。1935 年查德威克因中子的发现而获得诺贝尔物理学奖。

图 1.5 卢瑟福

https://www.nobelprize.org/prizes/chemistry/
1908/rutherford/facts/。

图 1.6 查德威克

https://www.nobelprize.org/prizes/physics/
1935/chadwick/facts/。

此外,还有其他科学家进行了如图 1.7 所示的实验,但他们都错过了发现中子的机会。1930 年博特(W. Bothe)和贝克尔(H. Becker)发现,α 粒子轰击 Be 产生的辐射具有很强的穿透性,但他们认为这种辐射是 γ 射线。1932 年约里奥-居里(Curie-Joliot)夫妇做了类似的实验,他们将石蜡放置在 Be 辐射源和探测器之间,观测到速度约为 3×10^9 cm/s 的反冲质子。约里奥-居里夫妇认为产生反冲质子的过程类似于光子的康普顿散射。

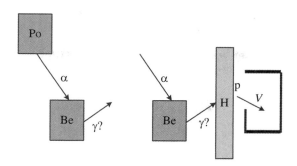

图 1.7　其他人早期实验的示意图

查德威克参考了这些学者的实验,并对他们的结果从理论预测和能量守恒的角度提出了异议:

(1) 观测到的质子散射的频率比克莱因-仁科(Klein-Nishina)公式预测的高几千倍,实验结论和理论预测不符。

(2) Be 与 α 粒子反应(Be + α → ^{13}C + 量子能)产生的量子能最高只有 14×10^6 eV。如果要产生速度为 3×10^9 cm/s 的反冲质子,需要的量子能为 50×10^6 eV。这违反了能量守恒定律。

针对上述问题,查德威克进行了自己的实验,实验装置如图 1.8 所示,最左边是带有 Po源和 Be 靶的真空容器以作为产生"Be 辐射"的源,中间是一个石蜡平板,右侧为接有放大器和示波器的电离室以用于测量实验结果。

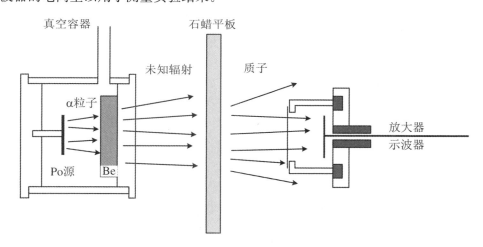

图 1.8　查德威克的实验装置

查德威克说明,如果假定存在质量和质子接近的中性粒子——中子,此前实验中的难题就能得到很好的解释。通过能量守恒定律和动量定律守恒,可以得到

$$\mu_n = \frac{2M}{M + 14} V \tag{1.1}$$

$$\mu_p = \frac{2M}{M + 1} V \tag{1.2}$$

其中 V 和 M 分别为中子的速度和质量,μ_n 为传递给氮原子的最大速度,μ_p 为传递给氢原子的最大速度,再结合石蜡和氮的反冲核的测量结果,即

$$\frac{M+14}{M+1} = \frac{\mu_{\mathrm{p}}}{\mu_{\mathrm{n}}} = \frac{3.3 \times 10^9}{4.7 \times 10^8} \tag{1.3}$$

可以得到 $M = 1.15$，即中子的质量大约是质子质量的 1.15 倍。

通过反应方程，再结合能量守恒定律，可得到中子质量的更准确结果。查德威克在论文中使用的粒子质量分别为 $m(^{11}\mathrm{B}) = (11.008\,25 \pm 0.001\,6)\mathrm{u}$，$m(^4\mathrm{He}) = (4.001\,06 \pm 0.000\,6)\mathrm{u}$，$m(^{14}\mathrm{N}) = (14.004\,2 \pm 0.002\,8)\mathrm{u}$。$\alpha$ 粒子的动能（使用原子质量单位）为 0.005\,65 u，中子的动能为 0.003\,5 u，氮核的动能为 0.000\,61 u。反应式为

$$^{11}\mathrm{B} + {}^4\mathrm{He} \rightarrow {}^{14}\mathrm{N} + {}^1\mathrm{n}$$

由能量守恒可以得到

$$m(^{11}\mathrm{B}) + m(^4\mathrm{He}) + E_{\mathrm{k}}(^4\mathrm{He}) = m(^{14}\mathrm{N}) + m(^1\mathrm{n}) + E_{\mathrm{k}}(^1\mathrm{n}) + E_{\mathrm{k}}(^{14}\mathrm{N})$$

根据上述公式和数据计算出中子的原子质量为 1.006\,7 u。考虑到相对误差，查德威克推测中子的原子质量在 1.005 u 和 1.008 u 之间。这与后来实验测得的中子质量 1.008\,664\,915\,95(49) u 已经十分接近。

自查德威克发现中子后，有关中子的研究和应用都在迅速推进。1938 年，哈恩（O. Hahn）、斯特拉斯曼（F. Strassmann）和梅特纳（L. Meitner）在德国发现了中子诱导的核裂变。1939 年法国的弗雷德里克·朱利奥-居里（Frédéric Joliot-Curie）观察到在裂变过程中会发射 2～3 个次级中子。这些发现让物理学家很快意识到核链式反应的可能性，即中子→裂变→中子→裂变→…的持续反应。每次裂变释放出约 200 MeV 的能量。该现象很快就应用到了核武器和核反应堆中。核武器和反应堆的开发需要描述中子在介质中的运动，这促进了中子输运理论的发展和中子输运方程的建立；而为了在一定时间内求解中子输运方程，各种数值算法和软件开始结合当时的计算机技术被开发出来。

1.2　中子的应用

以中子为代表的各种辐射粒子的发现和应用很大程度上促进了医疗、武器、能源等领域的进步。下面将以中子为例，简单介绍其在不同领域的应用。

1.2.1　原子能相关的应用

1. 原子弹和氢弹

1945 年 7 月 16 日由美国研制的世界上第一颗原子弹（代号"瘦子"）爆炸成功。8 月 6 日美国就在日本广岛投下了第一颗军用原子弹（代号"小男孩"），8 月 9 日美国在日本的另一个城市长崎投下了第二颗原子弹（代号"胖子"）（图 1.9）。这是人类第一次在战争中使用核武器。1964 年 10 月 16 日我国第一颗原子弹爆炸成功（图 1.10）；1967 年 6 月 17 日我国第一颗氢弹爆炸成功（图 1.11）。核武器的出现和发展极大地改变了人类国际社会的格局和发展。

(a) 爆炸前　　　　　　　　　　　　　　　　　(b) 爆炸后

图 1.9　原子弹爆炸前后日本长崎对比

https://unwritten-record.blogs.archives.gov/2020/08/04/atomic-bombings-of-hiroshima-and-nagasaki/。

图 1.10　1964 年 10 月 16 日我国第一颗原子弹爆炸成功

http://www.xinhuanet.com/politics/2021-05/29/c_1211176044.htm。

图 1.11　1967 年 6 月 17 日我国第一颗氢弹爆炸成功

http://www.xinhuanet.com/politics/2021-05/29/c_1211176044.htm。

2. 船舶核动力

1957 年苏联建造了世界上第一艘核动力水面舰艇和第一艘核动力民用舰艇——1957 年下水的"列宁号"破冰船(图 1.12)。此后,以核动力破冰船、核动力航母以及核潜艇为代表的船舶核动力得到了广泛的应用和发展。

图 1.12　"列宁号"破冰船

3. 商用核电站

核电站就是利用一座或若干座动力反应堆所产生的热能来发电或兼供热的动力设施。反应堆是核电站的关键设备,链式裂变反应就在其中进行。早在 1942 年,费米(图 1.13)在曼哈顿计划框架内产生了第一个自持续和可控的反应堆,即所谓的芝加哥堆(Chicago Pile-1,图 1.14)。尽管该反应堆功率不过几瓦,但为后续更大功率的反应堆的建造提供了技术支撑。目前,核能发电已经是世界清洁电力的重要组成部分。

图 1.13　费米

https：//www.nobelprize.org/prizes/physics/1938/fermi/facts/。

图 1.14　芝加哥大学建造的早期实验性核反应堆——"Chicago Pile-1"

https：//news.uchicago.edu/explainer/first-nuclear-reactor-explained。

1.2.2　中子在安全领域的应用

使用中子检测爆炸物技术始于 20 世纪 80 年代,中子检测仪的基本原理是利用中子照射被检测物,诱导被检测物发射特征 γ 射线,通过特征 γ 射线对检测物体进行元素分析,即可判断被检测物是否为危险品。一般爆炸物的特点是富含氮元素,因此在没有其他富氮物干扰的情况下可以通过中子检测物体中氮元素含量排除是否是爆炸物。

1.2.3　在医学领域的应用:硼中子俘获治疗

硼中子俘获治疗(Boron Neutron Capture Therapy,BNCT)是一种有望用于传统手段(光子以及电子放疗、化疗、手术治疗)疗效不佳癌种的新型二元靶向放射治疗方法。它的原理很早就已被提出。在查德威克 1932 年发现中子后,戈德哈伯(M. Goldhaber)于 1934 年描述了天然同位素 ^{10}B 异常大的热中子俘获截面(约 3 840 b),并于 1936 年根据图 1.15 描述的 ^{10}B$(n,\alpha)^7$Li 反应提出,如果将 ^{10}B 富集于肿瘤靶区,并使用热中子照射,就能对该区域实现较正常组织较高剂量的靶向辐射。这是 BNCT 的基本原理(图 1.16)。

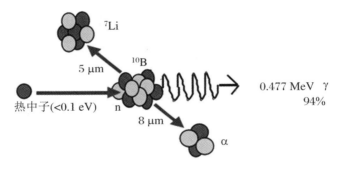

图 1.15　BNCT 涉及的核反应

BNCT 的实践流程如图 1.16 所示:将 ^{10}B 标记的亲瘤化合物注入病人体内,从而将相对于周围的正常组织高浓度的 ^{10}B 传递给肿瘤细胞。随后使用热中子或超热中子对组织进行照射,在组织中发生 ^{10}B$(n,\alpha)^7$Li 的中子俘获反应,释放出的高 LET(Linear Energy Transfer)值的短程(5~9 μm)α 粒子和 ^{7}Li 粒子,在不损伤邻近的正常组织的情况下对肿瘤细胞进行选择性杀伤。

随着加速器中子源等硬件设备、靶向性更好的新型含硼药物、与 BNCT 临床应用相关的硼浓度检测技术以及各种应用于 BNCT 的治疗计划系统软件等技术的进步,硼中子俘获治疗近年来在国内外得到了广泛的发展。

1.2.4　空间辐射防护

宇宙线强烈地影响着空间环境,深入了解宇宙线的成分及能谱,有助于更好地评估空间环境中的辐射水平,这对于人类的深空探测活动具有重要意义。宇宙空间中的辐射防护主要包括深空辐射防护和在外星球(如月球、火星等)的辐射防护。深空辐射主要包含以下两种。

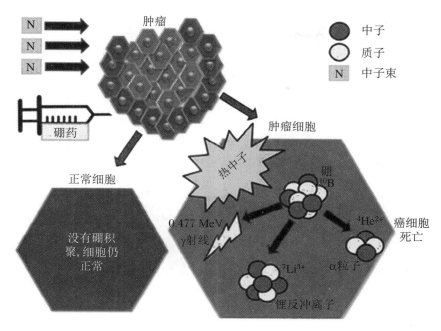

图 1.16　BNCT 原理

1. 太阳高能粒子（Solar Energetic Articles，SEP）

太阳爆发过程中会产生大量的高能量粒子，可能造成近地空间中高能粒子的通量突然增强，称为太阳高能粒子，通常产生于太阳活跃期，伴随着太阳耀斑和日冕物质抛射事件的发生，粒子的能量呈现从 MeV 到 GeV 的量级变化。太阳高能粒子通常产生于太阳活动高年。

2. 银河宇宙线（Galactic Cosmic Rays，GCR）

银河宇宙线指来自太阳系以外银河系的高能粒子，源于银河系内的超新星爆发，但不排除粒子来源于银河系外的可能性。在太阳平静期，宇宙线由 GCR 主导。GCR 的主要成分包括质子（约 87%）、α 粒子（约 12%）以及其他重带电粒子（约 1%）。

以月球为例介绍外星球表面的辐射。作为地球唯一的天然卫星，月球是人类开展深空探测的前哨站，需要对月球表面辐射环境有全面且准确的认识。月球表面辐射来源包括：

（1）宇宙射线（SEC 和 GCR 等）；

（2）宇宙射线与月球表面物质相互作用产生的次级粒子，比如中子和 γ 射线等；

（3）月球表面天然放射性核素衰变产生的 γ 射线和低能 α 粒子。

空间辐射及其产生的次级粒子会对宇航员和精密仪器的安全构成严重的威胁，比如暴露在过量宇宙线中的宇航员患白内障、癌症以及中枢神经退化性疾病风险会增加；仪器内部一些电导率较低的材料可能被高能带电粒子击穿而失去功能，影响仪器的正常使用（图 1.17）。为了减少深空辐射的危害，保障宇航员在宇宙空间或者月球等外星球表面的正常活动，就需要足够的辐射屏蔽设计。这要求使用合适的工具通过适当的数值算法，准确模拟空间辐射环境,为屏蔽设计提供数值模拟的依据。计算机人体模型和多种数值模拟软件在这一领域得到了应用,本书第9章将对这部分内容详细介绍。

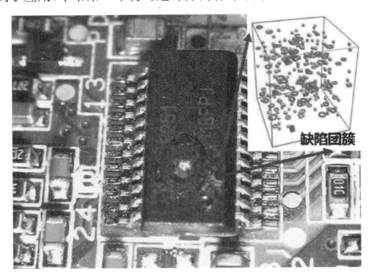

图 1.17　结构辐照损伤评估

1.3　历史上的核事故

辐射粒子在医学影像、放射治疗、核能等领域的应用让人们广泛受益,但核事故也会对社会造成严重危害。为了确保反应堆正常运行、提高核设施的安全性,粒子输运数值计算方法被应用在如放射性核素迁移的反应堆中子学计算和人群吸收剂量研究的核事故环境辐射安全的模拟中。本节介绍历史上重大的核事故,对于有关数值模拟方法在反应堆全堆模拟分析和核事故建模的具体应用,读者可以参考第9章。

1.3.1　三哩岛核事故

由于设备故障、设计相关问题和工作人员误操作等原因,1979年3月28日,位于美国宾夕法尼亚州的三哩岛(图1.18)核电站2号机组反应堆堆芯失水,2/3的堆芯严重损坏,最终反应堆陷于瘫痪。这是美国商业核电站运行历史上最严重的事故。这次事故中,由于工程安全设施的自动投入和反应堆安全壳的包容,只有小规模的放射性物质释放到环境中,未对公众造成辐射伤害,对环境的影响也极小。尽管如此,该事故仍给反应堆应急响应计划、操作员培训、辐射防护以及核电站运营的其他许多领域带来了巨大的变化,促使了核电在安全方面的进一步改善。

图 1.18　三哩岛

1.3.2　切尔诺贝利核事故

切尔诺贝利核事故是核能行业历史上特别严重的事故之一。1986 年 4 月 26 日，切尔诺贝利核电站的四号反应堆在一次低功率测试中失控，导致爆炸和火灾，反应堆建筑被摧毁（图 1.19），大量放射性物质被释放到白俄罗斯、乌克兰和俄罗斯的大片地区。

最终有超过 60 万人作为紧急清理工作人员参与了事故的处理，其中约 24 万人参与了反应堆和周边 30 km 的清理工作，这些人包括军人、核电厂工作人员、消防员以及其他参与事故处理的当地居民。根据白俄罗斯、俄罗斯和乌克兰的国家登记，在事故发生后的四年中，这些工作人员所接受的剂量最多可达 500 mSv，平均约为 100 mSv。在事故发生的当天，应急工作人员和现场人员遭受到的辐射剂量最大，总共约 1 000 名现场人员接受辐射剂量大约从 2 Gy 到 20 Gy 不等。

图 1.19　事故后的切尔诺贝利核电站

https://news.uchicago.edu/explainer/first-nuclear-reactor-explained。

切尔诺贝利事故对人群健康的影响主要体现在急性辐射病（Acute Radiation Syndrome mortality，ARS），1 Gy 的剂量就有可能引发急性辐射病。根据联合国原子辐射委员会 2000 年的报告，134 名应急工作人员被诊断为 ARS。1986 年，28 名消防员和紧急清理人员在反应堆爆炸后 3 个月内死于急性辐射病。

此外，事故导致了当地的癌症患病率和死亡率增加。以甲状腺癌为例，切尔诺贝利核事故后，该地区的儿童和青少年甲状腺癌发病率在 10 多年内持续升高，其主要原因是在事故后短时间内饮用受污染草地上的奶牛产生的牛奶，从而导致摄入了因核事故而泄漏的放射性 [131]I。虽然由于及时分发碘片，切尔诺贝利核电站附近的普里皮亚特市居民的甲状腺剂量在很大程度上得到减少，但受污染区域的儿童患甲状腺癌的概率仍然增加。此外，该事故还对环境和农业造成了长期的影响，污染较为严重的地区的农产品可能存在较高水平的长寿命放射性核素 [137]Cs，需要长期的环境整治。

该事故导致的污染影响居民超过 500 万人，1986 年的春天和夏天约 116 000 人从核电厂周边受污染的禁区迁移,随后的几年里,陆续有约 220 000 人迁移。当局采取的这一系列如疏散污染严重地区的居民的措施,显著减少了事故的辐射暴露和辐射相关的健康影响,大多数居民接收到的剂量相比于本底辐射的剂量没有高出太多,但是事故仍然对这些居民的心理和社会经济造成了巨大影响。据估计,切尔诺贝利核事故造成了数千亿美元的经济损失。

1.3.3　福岛核事故

2011 年 3 月 11 日,由地震产生的海啸淹没了东京电力公司(Tokyo Electric Power Company,TEPCO)运营的福岛第一核电站。现场共 6 台机组的主要和备用电力系统、场外电力以及最终的散热系统和结构都被地震或海啸破坏(图 1.20)。由于堆芯热量无法排出,福岛第一核电站 1,2,3 号机组均发生了堆芯熔毁,大量放射性物质直接泄漏到环境中,核电站周围 20 km 内的居民被迫撤离。2011 年 4 月 12 日,日本原子能安全保安院(Nuclear and Industrial Safety Agency,NISA)将福岛核事故等级定为核事故最高分级 7 级(特大事故),与切尔诺贝利核事故同级。

图 1.20　事故后福岛第一核电站反应堆的机组

外部自然灾害和人为监管与事故处理不当共同导致了这场灾难。首先,地震和海啸造成核电厂多机组长时间的全场断电并最终失去热阱,超出了核电站承受的范围。其次,设计缺陷导致供电系统缺乏冗余性、多样性和独立性。再次,日本的核安全文化不足:日本普遍认为其核电站非常安全[5],发生如此大规模的事故简直不可想象。监管机构或政府也并未就安全问题质询核电站运营商。最后,福岛第一核电站的事故暴露了日本监管框架内的某些薄弱环节,如职责划分不够清晰,分散在若干机构。

事故后日本方面的应对措施同样反映了很多问题。东京电力公司对事故应对不足,严重事故应急手册无效。政府事故响应体系的主要机构都没有按照计划发挥作用。许多居民在没有得到准确信息的情况下匆忙撤离,部分居民被安置到了辐射水平较高的地方。

这次事故放射性物质排放的总量十分巨大,接近切尔诺贝利核事故。该事故造成了人类历史上最大规模的放射性物质流入大海。多个组织对福岛核事故中人群所受剂量和因此带来的健康风险进行评估,认为民众没有受到高辐射剂量,但特定人群患癌的风险估计会有所增加。事故同样对当地的饮水和农业带来了负面影响。事故产生的核废水的处理也广受关注,日本福岛第一核电站于 2023 年 8 月 24 日启动核污染水排海,预计整个排放期将持续 30 年左右。日本政府已花费大量经费用于核事故公关以消除核事故的负面舆论,但排放核污水的计划仍然受到大量的反对。

福岛事故后,国际组织和主要核电国家迅速采取行动制定应对策略。国际原子能机构立即启用应急中心,与日本政府沟通,并向公众发布信息,组织调查团,开展海洋环境放射性物质检测项目,召开核安全国际会议。西欧核监管协会要求欧洲核电厂进行自我评估,欧洲核安全监管组织发布了风险核安全评价报告。美国核管会在地震和海啸发生后不久启动应急运行中心,分析事故对美国核电站的潜在影响,并派遣团队为日本提供支持,同时发布了指导文件,要求各电厂评估应对类似福岛事故的能力,并于 2011 年 7 月发布了增强核电厂安全的建议报告。中国环境保护部(国家核安全局)按照应急领导小组的部署,启动核与辐射事故应急体系,及时分析事故信息,评估对中国可能产生的影响,并提出应对措施,同时启动全国辐射环境监测网络,密切监视福岛核事故放射性物质释放后的扩散情况。此外,德国、法国、俄罗斯、加拿大、英国、芬兰、韩国等国家均采取措施审查本国的核设施安全。

本书第 9 章将详细介绍对有关福岛核事故开展的一些数值模拟计算工作(包括虚拟现实可视化模拟计算),涉及核事故的过程模拟、放射性核素迁移分析以及事故中工作人员和民众的辐射防护剂量学研究。

1.3.4 俄国萨罗夫核子中心临界事故

事故发生于 1997 年 9 月,当时一位技术人员正在重新进行之前的临界实验。实验涉及一个直径为 16.7 cm、中空直径为 2.8 cm 的球形铀核,其中含有一个中子源。核心应该被一个外径为 20.6 cm 的球形反射层包围,但技术人员错误地将日志中的"0"误读为"6",导致反射层厚度增加了 3 cm。事故中,施工中的反射层上半部分的最内层厚度为 0.8 cm 的部分提前掉落到过度反射的下半部分上,导致出现了临界事故,技术人员立即意识到这一点并迅速离开了实验室。事故后,受害者出现恶心、血压升高等症状。尽管采取了紧急救治措施,但该技术人员还是在不到 3 天后不幸去世。图 1.21 展示了该事故时技术人员的姿势,以及使用的动态捕捉工具建立的事故场景的动态人体计算模型。第 9 章详细介绍该事故的建模方法和计算结果。

图 1.21　事故发生时工人的动作和对事故场景下工人体模的重建

1.4　总　　结

科学的进步促使了辐射粒子的发现及其在核武器、核能源、核医学等多个领域的应用，从而改变了人类历史。同时，核事故也给人类和自然环境带来了灾难。人类的生存和发展受益于核科学技术，未来辐射粒子的应用和核能源的安全都将更加依赖于相应的理论知识和模拟计算工具。

1.4.1　中子学

中子的发现和应用促使了一门新的学科——中子学的出现和发展[6]，其主要研究内容是核能反应堆设计及其相关工作，同时也涉及其他的科学和工程领域，如：

对处理裂变材料的设施（特别是反应堆燃料循环工厂）进行临界性风险评估；

对未来聚变反应堆的包层研究；

辐射防护研究；

反应堆内中子通量分布的研究；

拆除核设施前辐射水平的评估；

核废物转化；

中子在成像中的应用，用于分子或晶体结构的检查，以及在医学中的应用；

中子在活化分析中的应用等。

因此，广义下的传统中子学可以细分为反应堆堆芯物理学、核燃料循环、辐射屏蔽和核探测仪器四个领域。

从根本上说，中子学是核物理的一个分支，将微观尺度上中子与原子核的相互作用的结果（包括各种物理过程及微观截面）用于反应堆功率密度、中子通量密度分布和剂量分布等宏观物理量的计算。这些工作建立在对中子在介质中的运动和分布描述的基础上，这就需要本书中详细介绍的中子输运理论和模拟计算工具。而理解输运理论的基础是包括中子在内的辐射粒子源与物质的微观相互作用。为此，本书将在第 2 章中详细介绍各类常见的辐射源以及重带电粒子、电子、光子、中子与物质的相互作用。辐射探测为粒子输运模拟计算提供了必不可少的实验验证和边界条件。其原理基于不同辐射与物质相互作用的机制，本书第 3 章将详细介绍辐射探测器的基本原理、常见的辐射探测器，以及光子和中子的探测原理。在这些基本知识的基础上，本书将进行粒子输运理论的介绍。

1.4.2　输运理论

研究微观粒子（如中子、光子、电子、重带电粒子或者各种分子等）在介质内输运过程的数学表述和理论称为输运理论，例如描述中子在核反应堆的铀燃料中的扩散、可见光在大气中的扩散、气体分子在流动时相互碰撞的运动。早期粒子输运理论是与分子运动论紧密相关的，1872 年玻尔兹曼（L. Boltzmann）推导出了分子分布函数随时间和空间变化的微分-积分方程，其实质是微观分子在介质内迁移的守恒关系表达式，称为输运方程或玻尔兹曼方程。对于每种辐射粒子，都可以推导出其相关玻尔兹曼方程，因此描述不同的辐射粒子的输运过程所用的数学工具是十分相似的[7-8]。

粒子输运理论可以应用于很多学科，不同学科中输运理论和求解输运方程的数学工具各有特点。中子输运方程是该理论应用于中子的特例。鉴于中子的物理特性和输运方程应用的场景，研究人员在建立中子的输运方程时会考虑一些假设条件，逐渐在中子输运方程的基础上发展出了广泛使用的中子扩散理论。电子计算机的诞生不仅帮助美国 20 世纪 40 年代进行核武器研究，也有力推动粒子输运的数值求解方法的发展，包括确定论方法和蒙特卡罗（Monte Carlo，MC）方法（也称为随机模拟方法）这两种最重要的计算方法。本书第 4 章将对输运理论和中子输运方程进行详细的介绍。

1.4.3 确定论方法

确定论方法是求解输运方程的一类常用方法，通过对系统的物理过程进行建模和数学描述来推导出解析解或数值解。常见的确定论方法包括球谐函数法、离散纵标法以及积分输运法等。球谐函数法是一种基于球谐函数展开的方法，它将输运方程中的角度依赖性用球谐函数展开表示，从而简化了问题的处理；离散纵标法则是将输运方程中的角度依赖性进行离散化处理，通过将角度范围划分成离散的区间求解输运方程，从而得到整体的解；而积分输运法则使用积分形式的输运方程求解。这些确定论方法具有各自的优势和适用性，它们在核物理、辐射物理和其他领域的研究中发挥着重要的作用，并为我们理解和预测物质中的辐射输运过程提供了有力的工具。本书将在第 5 章中对常用的求解输运方程的确定论方法进行介绍和推导，并介绍这些方法的适用场景。

1.4.4 MC 方法

粒子输运过程具有高度随机性，粒子碰撞事件通常是用统计学方法进行描述的。因此，利用统计学方法模拟输运过程是很自然的。第 6 章将介绍 MC 方法的基本原理，通过使用计算机模拟大量粒子历史，将粒子群的预期特征估计为统计平均值。相比于确定论方法，MC 方法具有可以求解三维非均匀介质中的粒子输运问题，收敛速度与问题的维数无关等优点，这使得 MC 方法不仅广泛应用于核工程核技术中各类问题的模拟，也成为辐射防护、放射治疗等领域剂量计算的"金标准"，世界上也涌现出了很多经典的通用 MC 软件，这些软件在核反应堆模拟、辐射防护、辐射探测器模拟、放射治疗的剂量计算等领域得到了广泛的应用，本书将在第 7 章中介绍常见的通用 MC 软件。同时，MC 方法需要模拟大量的粒子来得到具有一定精度的结果，从而消耗大量的时间（数小时甚至数天），这限制了 MC 方法在一些领域的应用。近年来，基于 GPU 加速和人工智能去噪的 MC 方法的研究引起了广泛的关注，本书将在第 8 章中讨论一些这类新技术的研究进展和模拟时间小于零点几秒的实时 MC 方法的可能性。考虑到几十年来 MC 方法在不同领域的广泛应用，本书最后两章将分别对 MC 方法在核工程核技术和核医学物理领域的应用展开介绍。

习　题

选择题：根据题干，选出最合适的一个选项。

1. 下面有关不同粒子的发现的历史说法正确的是(　　)。

A. 汤姆孙发现的 X 射线在医学诊断和治疗中得到了广泛的应用

B. 伦琴从实验上证明阴极射线的粒子就是电子

C. 查德威克在 *Possible Existence of a Neutron* 提出，只有中子的假说可以解释"Be 辐射"

D. 查德威克在实验中通过反冲核的能量来推测"Be 辐射"的能量

2. 下面有关中子说法正确的是(　　)。

A. 中子由一个质子和一个电子组成

B. 中子检测爆炸物的基本原理是利用中子照射被检测物，根据产生的特征 X 射线分析被检测物是否富含氮

C. BNCT 利用的核反应 $^{10}B(n,\alpha)$ 对高能中子有很大的反应截面

D. 输运理论专门用于描述中子的输运过程

简答题：根据提供的材料或题干，对问题进行简要回答与分析。

3. 阅读材料：

(a) Chadwick J. Possible existence of a neutron. Nature，1932,129(3252)：312.

(b) Chadwick J. The existence of a neutron. Proceedings of the Royal Society A：Mathematical，Physical and Engineering Sciences，1932，136：692-708.

尽可能简短地回答以下问题：

(1) 为什么查德威克认为来自 Be 的辐射是量子辐射的假说难以解释(如果认为能量和动量在碰撞中守恒)？

(2) 查德威克是如何得出关于中子存在的假设的？他认为是否有其他的解释？

(3) 实验中查德威克是如何得出示波器的偏转是由 α 粒子轰击 Be 产生的辐射导致的结论的？

(4) 根据能量守恒和动量守恒推导材料(b)中的式子

$$\mu_p = \frac{2M}{M+1}V \quad 和 \quad \mu_n = \frac{2M}{M+14}V$$

查德威克如何推导出中子的质量和质子质量接近？

4. 自行选择一个涉及中子的应用场景进行调研，简要介绍该领域应用中子的基本原

理、优势、行业发展情况等。

计算题：根据题干，请写出计算公式与步骤。

5. 已知查德威克在实验中测得反冲质子和反冲氮核的速度分别为 3.3×10^9 cm/s 和 4.7×10^8 cm/s，请你结合能量守恒和质量守恒推测中子和质子的质量之比。

第 2 章　辐射与物质的相互作用

辐射和物质相互作用的过程是辐射探测、核数据分析、粒子输运模拟计算的验证，以及在不同场景下核技术使用的基础。不同种类的辐射粒子与物质相互作用的物理过程和结果有显著的差异，有必要进行系统的学习。为了全面地描述辐射源以及辐射与物质相互作用的特点，我们需要介绍相关的度量方法和一些基本物理量的单位。本章按照辐射类型介绍放射性同位素辐射电子源、γ 源和中子源，然后依次介绍重带电粒子、电子、γ 射线、中子与物质的相互作用过程，以及核数据的基本信息。

2.1　辐射量与辐射源

2.1.1　电离辐射和辐射场

1. 电离辐射

根据辐射能量，我们可以将辐射分为非电离辐射和电离辐射。其中非电离辐射指光波、无线电波、微波、紫外线等不能引起物质电离的辐射。电离辐射则是能够直接或间接（或者两者混合组成的辐射）引起介质原子电离或激发的核辐射。放射性是电离辐射的一种来源[9]。

电离辐射一般分为直接电离辐射和间接电离辐射。带电粒子如电子、正电子、α 粒子、质子、其他重带电粒子（如裂变碎片）等可以直接引起物质电离的辐射称为直接电离辐射；非带电粒子，如光子、中子一般不能直接引起物质电离，只能通过产生次级带电粒子间接引起物质电离。低能阈值是由辐射在典型材料中产生电离所需的最小能量确定的。能量大于这个最小值的辐射称为电离辐射。

辐射的能量常用 eV（电子伏）来表示。1 eV 定义为一个电子在电位差为 1 V 的电场中，从阴极奔向阳极时所获得的能量。按国际单位制，电子电荷为 1.6×10^{-19} C，1 V 电位差为 1 J/C，所以 1 eV = 1.6×10^{-19} J。由于电子伏的单位太小，常采用 keV，MeV，GeV，TeV 等单位：

$$1 \text{ keV} = 10^3 \text{ eV}, \quad 1 \text{ MeV} = 10^6 \text{ eV}, \quad 1 \text{ GeV} = 10^9 \text{ eV}, \quad 1 \text{ TeV} = 10^{12} \text{ eV}$$

2. 辐射场

辐射场指电离辐射存在的空间。电离辐射在其中传播并与物质通过相互作用而发生能量传递。辐射场可以由辐射源和辐射装置产生。按照产生辐射的种类可以把辐射源分为 β 源、γ 源、中子源等，对应的辐射场称为 β 辐射场、γ 辐射场以及中子辐射场。由两种及两种以上的辐射形成的辐射场称为混合辐射场。可以根据需要用放射性活度、粒子注量等电离辐射量来描述辐射场的性质。

3. 辐射量和辐射剂量学

辐射量是指为描述辐射场、辐射作用物质时的能量传递、受照射物质内部变化过程和规律建立起来的物理量和度量。

辐射剂量学是研究辐射量及其测量（特别是研究辐射与受照射物质能量的测量方面）的学科；对于辐射防护测量方法和技术的相关研究，则形成了辐射防护剂量学。

辐射量及其单位广泛应用于辐射剂量学、辐射防护剂量学、放射医学、放射生物学、辐射化学和辐射物理等领域。

2.1.2　辐射剂量学相关的概念和物理量

原子核由于其固有的物理性质可能不稳定，于是通过发生核衰变（decay）而达到原子核的稳定状态。元素的这种从不稳定的原子核自发衰变成稳定的核素的现象称为放射性（radioactivity）。这个过程可以是快的（短半衰期）或慢的（长半衰期）。无论在什么情况下，我们都无法预测单个原子核衰变发生的具体时间。这是一个随机事件，只能用统计学来充分描述。

辐射剂量学研究的对象是电离辐射在物质中沉积的能量及其分布，被广泛应用于辐射防护、医学成像以及放射治疗等领域。辐射剂量学主要研究电离辐射与物质的相互作用而产生的能量转移，获得受照射物质的剂量分布，从而为辐射防护的设计与评价、放射治疗计划的制订、辐射损伤的医学诊断和治疗提供依据。

剂量学中常用的量可以分为随机量和确定量（非随机量）。受到统计波动影响的量称为随机量，而大量随机量的平均值则称为确定量。因此每一个随机量都有一个相应的确定量。以下部分将对辐射剂量学中的常用量进行介绍[9-12]。

1. 描述辐射和辐射场的物理量

（1）活度（activity, A）

放射性同位素源的活度是用于度量放射性强弱的物理量，用符号 A 来表示，其定义为单位时间内放射性核素发生衰变的原子的数量：

$$A = -\frac{\mathrm{d}N}{\mathrm{d}t} \tag{2.1}$$

其中 $\mathrm{d}N$ 是在时间 $\mathrm{d}t$ 内某种放射性核素发生的衰变数。放射性活度定量描述了放射性核素的衰变。假定某一时刻给定数量的某种放射性核素所含的原子核个数为 N，则活度 A 和 N 成正比，即

$$A = \lambda N \tag{2.2}$$

其中 λ 为该种放射性核素的衰变常数。

活度的国际单位是 Bq(贝可勒尔,简称贝可),表示每秒发生 1 次自发核衰变,即 1 Bq = 1 s^{-1};旧单位是 Ci(居里),1 Ci = 3.7×10^{10} Bq。

1 Ci 是很大的活度,而 1 Bq 则是很小的活度,每个人身体里的同位素^{40}K 的活度大于 1 000 Bq,许多放射源大于 100 000 Bq,放射治疗中的放射源活度通常大于 10^8 Bq。

(2) 半衰期($T_{1/2}$)

半衰期描述特定核衰变的速度,即放射性物质的原子数量衰变到原来的一半所需要的时间。衰变活度和半衰期的关系可以表示为

$$A(t) = A(0)e^{-t\lambda} \tag{2.3}$$

其中 $A(t)$ 为 t 时放射源的活度,$A(0)$ 为时间 $t = 0$ 时放射源的原始活度,t 为时间,衰变常数 $\lambda = \dfrac{\ln 2}{T_{1/2}}$。

(3) 粒子注量和粒子注量率

粒子注量(fluence,Φ)是用入射粒子数目来描述辐射场性质的物理量,辐射场某一点的粒子注量定义为:以该点为球心,进入截面积为 da 的小球体内的粒子数 dN 除以 da 所得的商,即

$$\Phi = \frac{dN}{da} \tag{2.4}$$

其中小球截面积 da 的单位为 m^2;dN 为进入小球体内的粒子数,不包括从小球体内射出的粒子数;粒子注量 Φ 的单位为 m^{-2}。粒子注量与粒子入射方向无关,一般通过单位面积的粒子数小于粒子注量,只有在粒子单向平行垂直入射的特定情况下才等于粒子注量。

粒子注量率(fluence rate,φ)或通量密度(flux density)表示单位时间内进入单位截面积的球体内的粒子数:

$$\varphi = \frac{d\Phi}{dt} \tag{2.5}$$

其中 dΦ 是时间间隔 dt 内进入单位截面积的球体内的粒子数,国际单位为 m$^{-2} \cdot$ s^{-1}。不难看出,粒子注量率的时间积分就是粒子注量。

(4) 能注量

能注量(energy fluence,Ψ)是用进入辐射场内某点处单位截面积球体内的粒子总动能描述辐射场性质的量,定义为进入截面积为 da 的球体内所有粒子动能的总和 dE 除以 da 的商,即

$$\Psi = \frac{dE}{da} \tag{2.6}$$

其中 dE 的单位是 J;da 的单位是 m^2;能量注量 Ψ 的单位是 J/m^2。

能量注量和粒子注量的关系如下:

对于动能为 E 的单能粒子束,$\Psi = E\Phi$;

如果粒子能量具有谱分布,能量在 E 到 $E + dE$ 之间的微分能量注量为 $\dfrac{d\varphi(E)}{dE} \cdot E dE$,则有 $\Psi = \displaystyle\int_0^\infty \frac{d\Phi(E)}{dE} \cdot E dE$。

能量注量率(energy fluence rate)表示单位时间内进入单位截面积球体内所有粒子的能量之和,也称为能量通量密度(energy flux density),定义为时间间隔 dt 内进入截面积为 da 的球体内的粒子能量之和 $d\Psi$ 除以 dt 的商:

$$\psi = \frac{d\Psi}{dt} \tag{2.7}$$

能量注量率 ψ 的单位是 $J/(m^2 \cdot s)$。

能量注量率和粒子注量率的关系如下:

如果是动能为 E 的单能粒子,则 $\psi = \varphi E$;

如果粒子能量具有谱分布,则 $\psi = \int_0^\infty \frac{d\varphi(E)}{dE} \cdot E dE$。

粒子注量和能量注量可以用于计算电离辐射授予单位质量受照射物质的能量,所以在辐射防护中是很重要的物理量。

2. 描述辐射电离辐射授予物质能量的量

辐射防护领域的委员会经常对一些特殊物理量的定义进行修改和更新,读者也应该参考国际放射单位和测量委员会(International Commission on Radiological Units and Measurements,ICRU)和国际放射防护委员会(International Commission on Radiological Protection,ICRP)等的最新出版物。

(1)比释动能

比释动能是一个与吸收介质中非直接电离辐射源(光子与中子)相关的一个非随机量。要定义比释动能,我们需要先定义与它相关的随机量——转移能 ε_{tr} 和辐射能 R。辐射能 R 定义为粒子发射、转移或接收的能量(除去静止能量之外)。在某一体积元 V 内转移的能量由以下式子给出:

$$\varepsilon_{tr} = (R_{in})_u - (r_{out})_u^{nonr} + \sum Q \tag{2.8}$$

这里 $(R_{in})_u$ 是进入 V 的所有不带电粒子的辐射能。$(R_{out})_u^{nonr}$ 是离开 V 的所有不带电粒子的辐射能,但不包含带电粒子在 V 内的辐射损失。辐射损失是指带电粒子通过产生光子(即辐射)的方式损失动能,如轫致辐射 X 射线的产生或者正电子的湮灭。在正电子飞行湮灭中,仅正电子湮灭时的动能部分被归为辐射能量损失(这部分能量被产生的光子随着 1.022 MeV的静止质量能量一起带走)。$\sum Q$ 是 V 内的静止质量变化产生的能量(由质量转化成能量符号为正,由能量转化为质量符号为负)。从转移能的定义式我们可以看出转移能是体积 V 内带电粒子接收的总能,无论该能量以何种方式损失掉。

现在我们可以定义体积 V 内的比释动能 K 为

$$K = \frac{d(\varepsilon_{tr})_e}{dm} \tag{2.9}$$

这里 $(\varepsilon_{tr})_e$ 是在某一时间间隔内转移在体积 V 内的能量期望值。$d(\varepsilon_{tr})_e$ 是在无限小体积 dv 内(其内物质质量为 dm)的能量转移期望值。由于可认为差商是非随机量,公式内的 $d(\varepsilon_{tr})_e$ 可以简写为 $d\varepsilon_{tr}$。

在吸收物质为空气的情况下,比释动能称为空气比释动能或者自由空气比释动能。

X 射线或者 γ 射线的比释动能包含单位介质内转移给电子和正电子的能量。快电子在物质中以两种方式损失能量:① 通过与靶物质原子核外电子发生库仑相互作用,以电离或者激发的方式损失能量,这种能量方式称作碰撞相互作用。② 通过与靶物质原子核的库仑场相互作用使电子减速,在此过程中发射出 X 射线光子(韧致辐射光子)。这些 X 射线光子相比于电子有更强的穿透能力,因此它们会把能量带到远离电子径迹的位置。此外,正电子也会通过飞行湮灭损失掉一部分可观的能量,这也是一种带电粒子初始动能的辐射损失方式。比释动能包含带电粒子的所有初始动能,不论其将以碰撞或者辐射方式损失掉其能量。因此我们可以根据带电粒子损失能量的方式,将比释动能 K 分为两个部分,分别记为 K_c 和 K_r,即

$$K = K_c + K_r \tag{2.10}$$

这里下标 c 和 r 分别代表碰撞(collision)和辐射(radiation)。我们定义 K_c 为碰撞比释动能。

对中子而言,由于其产生的带电粒子是质子或者重反冲核,K_r 小到可以忽略,因此对中子而言,可以认为 $K = K_c$。

我们再引入一个随机量净转移能。其定义如下:

$$\varepsilon_{tr}^n = (R_{in})_u - (R_{out})_u^{nonr} - r_u^r + \sum Q = \varepsilon_{tr} - R_u^r \tag{2.11}$$

式中 R_u^r 是体积 V 内产生的带电粒子通过辐射损失方式损失的辐射能。式(2.11)与式(2.8)中除了 R_u^r 项之外是一样的。从中我们可以看出,转移能和比释动能包含了辐射损失能量,而净转移能和碰撞比释动能则没有。现在我们可以定义碰撞比释动能为

$$K_c = \frac{d\varepsilon_{tr}^n}{dm} \tag{2.12}$$

这里 ε_{tr}^n 是某一时间间隔内在一有限的体积 V 中净转移能的期望值,$d\varepsilon_{tr}^n$ 则是无限小体积 dv 内(质量为 dm)的该值。因此碰撞比释动能是我们在感兴趣位置的单位质量物质中转移给带电粒子的净能量期望值,这其中不包含经过辐射损失的能量以及带电粒子之间互相传递的能量。

相应地,辐射比释动能 K_r 也可以定义如下:

$$K_r = \frac{dR_u^r}{dm} \tag{2.13}$$

(2) 吸收剂量

吸收剂量(D)是与所有类型的电离辐射场有关的一个物理量,包括直接电离和非直接电离。吸收剂量是辐射剂量学中一个应用广泛的物理量。要定义吸收剂量 D,我们需要先定义一个与之相关的随机量,即授予能 ε。授予能是有限体积 V(质量为 m)中由电离辐射授予的能量,其定义如下:

$$\varepsilon = (R_{in})_u - (R_{out})_u + (R_{in})_c - (R_{out})_c + \sum Q \tag{2.14}$$

这里 $(R_{in})_u$ 和 $\sum Q$ 的定义与式(2.8)相同,$(R_{out})_u$ 指离开体积 V 的所有非带电粒子的辐射能,$(R_{in})_c$ 是进入体积 V 所有带电粒子的辐射能,$(R_{out})_c$ 是所有离开体积 V 的带电粒子的辐射能。现在,我们可以定义体积 V 内的吸收剂量 D 如下:

$$D = \frac{d\varepsilon}{dm} \tag{2.15}$$

式中 ε 是某一时间间隔内授予给有限体积 V 内物质的能量期望值,$d\varepsilon$ 则是无限小体积 dv 内质量为 dm 的物质所获得的能量。因此吸收剂量 D 表示在某一点处授予给单位质量物质的能量期望值。其单位与比释动能相同。

需要认识到吸收剂量代表了留在某一点处单位质量物质内的能量,该辐射能量会产生一些与之相关的效应。一些效应直接与吸收剂量 D 成正比,而另外一些则与 D 相关。无论何种方式,如果 $D = 0$,则都不会有辐射效应产生。因此,吸收剂量是辐射物理中最重要的物理量。

（3）照射量

照射量是剂量学中一个重要的非随机量。1962 年以前照射量称为照射剂量,再之前（1956 年以前）没有专门的名字来定义照射量,而仅仅是一个以 1928 年 ICRU 定义的伦琴（R）为测量单位的量。通常来讲,照射量是只对 X 射线和 γ 射线定义的物理量。照射量的符号是 X,1980 年,ICRU 将其定义为 dQ 和 dm 的商。这里 dQ 是光子在质量为 dm 的空气中产生的所有电子和正电子,将其所有能量沉积在空气中时产生的某一种符号离子的绝对总电荷数。因此照射量由以下公式给出:

$$X = \frac{\mathrm{d}Q}{\mathrm{d}m} \tag{2.16}$$

ICRU 还特别说明 dQ 不包含由于电子轫致辐射光子产生的电离,也不包含正电子飞行湮灭光子产生的电离。从碰撞比释动能和照射量的定义及其物理意义上来看,照射量实质上是 X 射线和 γ 射线在空气中的碰撞比释动能的电离等效量。

（4）品质因子与剂量当量

辐射的质量和数量共同决定了辐射效应的严重程度。因此相同的吸收剂量未必引起同等程度的辐照生物学效应。辐照质量是与能量沉积的微观空间分布特征相关的。对带电粒子而言,该分布与辐照粒子的质量、电荷数以及能量相关,对非带电粒子而言,如 X 射线和 γ 射线,该分布则由其产生的次级带电粒子的特性决定。稀疏电离辐射如 X 射线和 γ 射线以及中高能电子和 β 射线被认为是低品质辐照源,而致密电离辐射如低能电子（如俄歇电子）、质子、中子和 α 粒子则属于典型的高品质辐照源。通常来讲,对于同等的吸收剂量,稀疏电离辐射（低品质辐射）造成的辐照生物学效应的严重程度比致密电离辐射（高品质辐射）要弱。

辐照品质可以通过传能线密度 L 或有限传能线密度来定量表征。带电粒子在某种材料中的有限传能线密度定义如下:

$$L_\Delta = \left(\frac{\mathrm{d}E}{\mathrm{d}l} \right)_\Delta \tag{2.17}$$

式中 dE 是带电粒子在物质中穿行一定距离时,能量转移小于某一能量值的历次碰撞损失的能量,dl 是带电粒子在物质中穿过的距离,称为截止能。从式（2.17）我们可以看出有限传能线密度需要指定相应的截止能。根据定义,无限传能线密度（或代表了当截止能取无限大时的情况,即带电粒子在物质中穿过一定距离时,能量转移取一切可能值的历次碰撞引起的总能量损失。无限传能线密度也简称为传能线密度。

对同样的吸收剂量,低 LET 辐射的辐照生物学效应的程度较高 LET 辐射要低。辐照品质对辐照生物学效应的影响可以通过辐射源 A 的相对生物学效应 RBE(A) 来量化,其定义如下:

$$\mathrm{RBE}(A) = \frac{D_{\mathrm{reference}}}{D_A} \tag{2.18}$$

这里 $D_{\mathrm{reference}}$ 是参考辐射源（常用的稀疏电离辐射源如 ^{60}Co 发射的 γ 射线是一种典型的参考源）产生一个特定的可量化的辐照生物学效应所需的吸收剂量,D_A 则是在其他条件尽量一致的情况下,辐射源 A 要产生同等程度辐照生物学效应所需的吸收剂量。产生相同辐射生物学效应所需 200 keV X 射线的能量与其他辐照源所需能量的比值称为该辐射的相对生物学效应。由于相对生物学效应代表的是吸收剂量的比值,它是一个无量纲的量。任何辐射种类的 RBE 值是与特定器官在特定辐照条件下的特定辐照生物学效应相关的。因此 RBE 这个术语是与具体的应用相关的。

实际的 RBE 值由很多因素决定,比如辐照生物学效应本身的机理、吸收剂量、吸收剂量率等,为了便于辐射防护,人们采用另外一个简化版的相对生物学效应度量,即品质因子 Q。国际辐射防护委员会(ICRP)的 60 号报告规定 Q 的值为水中非限制传能线密度的函数,其关系如表 2.1 所示。

表 2.1　Q 与 L_∞ 的关系

L_∞ /(keV/μm)	$Q(L)$
$\leqslant 10$	1
$10 \sim 100$	$0.32L - 2.2$
$\geqslant 100$	$300/\sqrt{L}$

由于吸收剂量 D 不足以反映和预测辐照生物学效应的严重程度,在辐射防护中,引入一个新的量来更好地关联辐照与其引发的生物学效应。这个量称为剂量当量,组织中某一点处的剂量当量定义如下:

$$H = QDN \tag{2.19}$$

这里 D 为吸收剂量,Q 为品质因子,N 为其他所有修正因子之积,ICRP 26 号报告推荐 N 值取 1。

然而由于随着能量的变化,辐射径迹上的 LET 以及相应的 RBE 和 Q 会发生改变,因此,某一点处的剂量当量 H 需要跟平均品质因子以及该点处的平均吸收剂量 D 关联起来。剂量当量的计算公式如下:

$$H = \bar{Q}DN \tag{2.20}$$

这里平均品质因子由以下式子定义:

$$\bar{Q} = \frac{1}{D} \int_0^\infty Q(L)D(L)\mathrm{d}L \tag{2.21}$$

式中 D 是吸收剂量,$Q(L)$ 是某一点处传能线密度为 L 的品质因子,$D(L)$ 是某一点处传能线密度为 L 的吸收剂量。

当辐射在某一点处对 L 的分布未知时,ICRP 规定对不同的辐射种类可以使用如下近似值:对 X 射线、γ 射线和电子,值取 1;对能量未知的静止质量大于一个原子质量的单电荷粒子,值取 10;对未知能力的 α 粒子和多电荷粒子(以及未知电荷粒子),值取 20。特别地,对热中子而言,其值可以从图 2.1 中查得,该图来自 ICRP 21 号报告,其中值被表示为中子能量的函数。美国核管局基于 ICRP 26 号报告制定了 10 CFR 20 号法规[13],对 Q 值进行了规定,如表 2.2 所示。

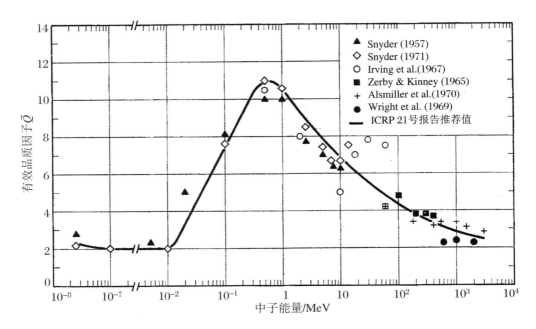

图 2.1 $\bar{Q}$ 与中子能量的关系图[14]

表 2.2 美国核管局规定的 Q 值[13]

辐 照 种 类	Q
X 射线、γ 射线、电子（所有能量）	1
中子	
热中子	2
0.01 MeV	2.5
0.1 MeV	7.5
0.5 MeV	11
未知能量	10
高能质子	10
α 粒子、裂变碎片、重核	20

（6）辐射权重因子与当量剂量

由于某一点处的能量、传能线密度以及品质因子的分布难以确定，因此品质因子和剂量当量没有太大的实际作用。此外，辐照生物效应也不仅仅由传能线密度决定，所以 ICRP 于 1990 年在其 60 号报告中定义了一个新的概念，即辐照权重因子，来代替品质因子 Q。辐照权重因子是基于低剂量情况下产生随机性生物效应的 RBE 来选择的。相应地，为了与之前的剂量当量的概念区分，ICRP 定义了一个新的概念：当量剂量。某一组织或者器官 T 中由于辐射 R 引起的当量剂量 $H_{T,R}$ 由以下式子给出：

$$H_{T,R} = W_R D_{T,R} \tag{2.22}$$

这里 W_R 是辐射权重因子，该因子是一个无量纲的量，用来考虑不同的辐射种类在相对辐照生物学效应上的区别，$D_{T,R}$ 代表了组织或者器官 T 中由于辐照 R 引起的平均吸收剂量。

当一个组织或者器官同时被不同的辐射源(不同辐照品质的放射源)照射时,组织或者器官 T 的当量剂量 H_T 为每一种辐射造成的平均组织或器官平均剂量乘以其相应的辐射权重因子之和,即

$$H_T = \sum_R W_R D_{T,R} \tag{2.23}$$

对于一个组织或者器官,当量剂量和剂量当量在概念上是不一样的。剂量当量是基于组织某一点处的吸收剂量以及该点处与 LTE 相关的品质因子分布 $Q(L)$。当量剂量则是基于组织或器官的平均吸收剂量以及作用在该组织或者器官上的辐射源的辐射权重因子 W_R。

ICRP 在其年度报告中对辐照权重因子的推荐值有持续的更新。ICRP 60 号报告中规定的辐照权重因子如表 2.3 所示。对于未包含在该表中的辐射类型及能量,可以取 W_R 等于 ICRU 球中 10 mm 深处的 $\bar{Q}$ 值,该值由式(2.21)给出。在 ICRP 60 号报告中,中子的 W_R 值用两种方式表示:一种是与能量相关的阶跃函数,如表 2.3 所示;另一种表述方式为与能量相关的连续函数,如图 2.2 所示。在实际应用中,列表中的中子 W_R 值很少用到,通常采用连续函数形式。在 ICRP 103 号报告中,对中子和质子的辐射权重因子进行了调整,并包含了带电 π 介子的权重因子,而对光子、电子、μ 子和 α 粒子则保持不变。ICRP 103 号报告中推荐的辐射权重因子如表 2.3 所示。ICRP 60 号和 103 号报告规定的中子辐射权重因子与能量的关系如图 2.2 所示。

表 2.3　ICRP 60 号和 103 号报告规定的辐射权重因子

辐射类型	辐射权重因子 W_R	
	ICRP 60 号报告	ICRP 103 号报告
光子	1	1
电子和 μ 子	1	1
中子	$\begin{cases} 5, & E_n < 10 \text{ keV} \\ 10, & 10 \text{ keV} \leqslant E_n \leqslant 100 \text{ keV} \\ 20, & 100 \text{ keV} < E_n \leqslant 2 \text{ MeV} \\ 10, & 2 \text{ MeV} < E_n \leqslant 20 \text{ MeV} \\ 5, & E_n > 20 \text{ keV} \end{cases}$	$\begin{cases} 2.5 + 18.2\exp\left\{-\dfrac{(\ln E_n)^2}{6}\right\}, \\ \quad E_n < 1 \text{ MeV} \\ 5.0 + 17.0\exp\left\{-\dfrac{[\ln(2E_n)]^2}{6}\right\}, \\ \quad 1 \text{ MeV} \leqslant E_n \leqslant 50 \text{ MeV} \\ 2.5 + 3.25\exp\left\{-\dfrac{[\ln(0.04E_n)]^2}{6}\right\}, \\ \quad E_n > 50 \text{ MeV} \end{cases}$
质子	5(反冲质子除外),$E_n > 2$ MeV	2
带电 π 介子	无	2
α 粒子、裂变碎片、重核	20	20

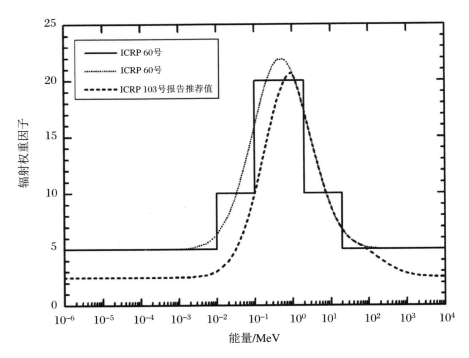

图 2.2　ICRP 60 号和 103 号报告规定的中子辐照权重因子与能量的关系

（7）组织权重因子与有效剂量

为了制定辐照安全标准，我们假设任何器官经辐照后产生有害生物效应的概率与该器官接受的剂量当量成正比。然而，由于各器官的辐射敏感程度存在差异，因此该比例应该与具体的器官有关。为了评估辐照产生的随机性效应对人体产生的总有害程度，ICRP 于1977 年在其 26 号报告中定义了有效剂量当量的概念，其定义为

$$H_E = \sum_T W_T H_T \tag{2.24}$$

这里 W_T 为组织权重因子，该因子由 ICRP 推荐，用以表示与器官或组织单位剂量当量相应辐照引起的头两代人癌症死亡率以及严重遗传病概率。不同的器官或组织的辐射敏感程度不同，因此其组织权重因子也有不同的数值。式中 H_T 为组织或器官的剂量当量值，其定义见式(2.19)。在 ICRP 引入辐射权重因子代替品质因子来计算式(2.24)中的 H_T，并将其更名为当量剂量后，有效剂量当量也相应地更名为有效剂量，用符号 E 表示。

ICRP 推荐的组织权重因子基于含有相同数量男性与女性的参考人群数据，并包含很大的年龄范围。有效剂量的定义适用于不同性别的放射性工作人员和大众。与辐射权重因子一样，ICRP 在其年度报告中对组织权重因子的推荐值也有持续的更新。表 2.4 为 1977 年的 ICRP 26 号、1990 年的 ICRP 60 号以及 2007 年的 ICRP 103 号报告中推荐的组织权重因子值。美国核管局根据 ICRP 26 号报告制定了辐射防护法规(10 CFR 20)，该法规于 1991年被批准并于 1994 年生效。

表 2.4　ICRP 26 号、60 号以及 103 号报告推荐的组织权重因子

组织或器官	W_T(ICRP 26)	W_T(ICRP 60)	W_T(ICRP 103)
性腺	0.25	0.20	0.08
红骨髓	0.12	0.12	0.12
结肠	—	0.12	0.12
肺	0.12	0.12	0.12
胃	—	0.12	0.12
膀胱	—	0.05	0.04
乳腺	0.15	0.05	0.12
肝	—	0.05	0.04
食道	—	0.05	0.04
甲状腺	0.03	0.05	0.04
皮肤	—	0.01	0.01
骨表面	0.03	0.01	0.01
大脑	—	—	0.01
涎腺	—	—	0.01
其余组织	0.30	0.05	0.12

（8）待积剂量

待积剂量是待积有效剂量和待积当量剂量的简称。这里我们首先定义待积吸收剂量 $D(\tau)$ 为

$$D(\tau) = \int_{t_0}^{t_0+\tau} D(t)\mathrm{d}t \tag{2.25}$$

式中 t_0 为摄入放射性物质的时刻，$D(t)$ 为 t 时刻的吸收剂量率，τ 为摄入放射性物质之后经过的时间。未对 τ 进行规定时，对成年人值取 50 年，对儿童则算至 70 岁。待积当量剂量 $H_T(\tau)$ 的定义为

$$H_T(\tau) = \int_{t_0}^{t_0+\tau} H_T(t)\mathrm{d}t \tag{2.26}$$

式中 t_0 为摄入放射性物质的时刻，$H_T(\tau)$ 为 t 时刻的器官或组织 T 的当量剂量率，τ 为摄入放射性物质之后经过的时间。未对 τ 进行规定时，对成年人值取 50 年，对儿童则算至 70 岁。待积有效剂量 $E(\tau)$ 的定义为

$$E(\tau) = \sum_T W_T H_T(\tau) \tag{2.27}$$

式中 $H_T(\tau)$ 为积分至时间 τ 时器官或组织 T 的待积当量剂量，W_T 为器官或组织 T 的组织权重因子。未对 τ 进行规定时，对成年人值取 50 年，对儿童则算至 70 岁。

2.1.3 辐射源

1. 电子源

（1）发生 β 衰变的电子源

辐射测量中常见的电子源通常来自 β 衰变，β 衰变的一般形式为

$$_Z^A X \rightarrow _{z+1}^A Y + \beta^- + \bar{\nu} \tag{2.28}$$

^{36}Cl 的 β 衰变过程为

$$_{17}^{36}Cl \rightarrow _{18}^{36}Ar + \beta^- + \bar{\nu} \tag{2.29}$$

常见的放射性同位素源有纯 β 衰变源，如^{32}P，^{3}H，^{36}Cl 等，以及 β-γ 衰变源，如^{203}Hg，^{131}I 等。发射的 β 射线的平均能量约为 β 射线的最大能量的 40%～50%，如图 2.3 所示。

图 2.4～图 2.6 分别是^{36}Cl，^{131}I，^{203}Hg 的衰变纲图。对于图 2.4 所示的^{36}Cl，标注出了半衰期为 3.08×10^5 a，衰变类型为 β 衰变，产物是^{36}Ar。

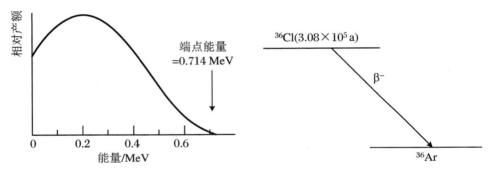

图 2.3 β粒子的能量分布和相对产额[11]　　　　图 2.4 ^{36}Cl 的衰变纲图

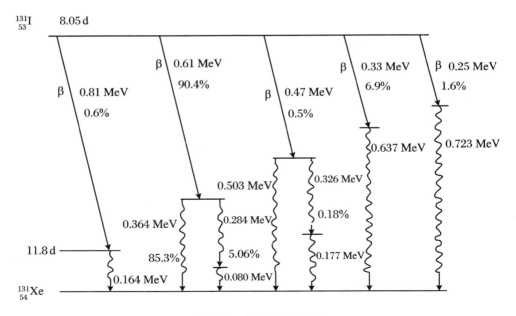

图 2.5 ^{131}I 的衰变纲图

对于图 2.5 所示的^{131}I,标注了半衰期为 8.05 d,并且所发生的 β 衰变有多条出射道,每条出射道得到的衰变产物都处于激发态,再通过发射 γ 射线退激产生基态的^{131}Xe,如发射平均能量为 0.81 MeV 的 β 射线,再发射平均能量为 0.164 MeV 的 γ 射线(这条出射道占比为 0.6%),也可以先发射平均能量为 0.61 MeV 的 β 射线,再发射平均能量为 0.364 MeV 的 γ 射线(这条出射道占比为 85.3%),或先发射平均能量为 0.61 MeV 的 β 射线,再先后发射 0.284 MeV 的 γ 射线和 0.08 MeV 的 γ 射线(这条出射道占比为 0.506%)。其他出射道如图 2.5 所示,不再一一叙述。

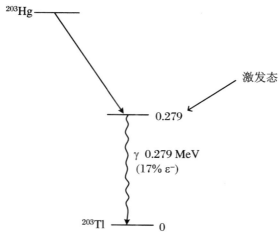

图 2.6 ^{203}Hg 的衰变纲图

对于图 2.6 所示的^{203}Hg 的 β 衰变过程,首先发射 β 射线,衰变为激发态的^{203}Tl,再通过发射 0.279 MeV 的 γ 射线,或者有 17%的概率发生内转换。内转换是指原子核从激发态跃迁到较低能态时,将能量直接传递给原子外层电子,使电子获得足够能量而发射。表 2.5 列出了一些纯 β 源的信息。

表 2.5   一些常见的纯 β 源

核素	半衰期	终点能量/MeV
^{3}H	12.26 a	0.0186
^{14}C	5730 a	0.156
^{32}P	14.28 d	1.710
^{33}P	24.4 d	0.248
^{35}S	87.9 d	0.167
^{36}Cl	3.08×10^{5} a	0.714
^{45}Ca	165 d	0.252
^{63}Ni	92 a	0.067
^{90}Sr/^{90}Y	27.7 a/64 h	0.546/2.27
^{99}Tc	2.12×10^{5} a	0.292
^{147}Pm	2.62 a	0.224
^{204}Tl	3.81 a	0.766

（2）发生 β⁺ 衰变的电子源

正电子指带正电荷的电子，和电子有着相同质量，只能在自然界中存在非常短的时间（μs 级）。正电子可以结合一个电子发生湮灭过程，从而产生两个能量为 0.511 MeV（相当于电子静止质量）的光子，如图 2.7 所示。

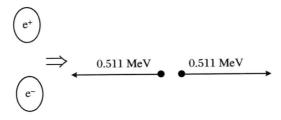

图 2.7　正负电子湮灭产生两个能量为 0.511 MeV 的光子

通常的 β⁺ 衰变的过程为

$$_Z^A X \rightarrow_{Z-1}^A Y + \beta^+ + \nu \tag{2.30}$$

^{22}Na 的 β⁺ 衰变的过程为

$$_{11}^{22} Na \rightarrow_{10}^{22} Ne + \beta^+ + \nu \tag{2.31}$$

其衰变纲图如图 2.8 所示。^{22}Na 可以发射 0.544 MeV 的正电子，随后发射 1.277 MeV 的 γ 射线，得到基态的 ^{22}Ne，这条出射道的份额为 89.8%。也可以先发生电子俘获（Electron Capture，EC）再发射 γ 射线，这条出射道的份额是 10.2%。

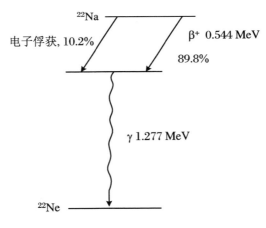

图 2.8　^{22}Na 的衰变纲图

（3）发生内转换的电子源

内转换过程开始于母核的激发态，此时退激的方式有两种：一种就是发射 γ 射线退激，另一种是通过内转换退激。如果发生内转换过程，则核的激发能 E_{ex} 直接转移到原子的一个轨道电子上，发射的电子的能量 E_{e^-} 等于激发能 E_{ex} 减去电子的结合能 E_b。内转换过程可以提供几乎都是单能的电子。在一些场合，如需要对电子探测器进行能量校准，那么内转换电子源比只能提供连续能量的 β 电子源更加合适。

图 2.9 展示了内转换电子能谱的一个例子，因为内转换电子的来源可以是核内的任意一个电子壳层，所以一个激发态的核可能产生几组能量不同的电子。激发能为 393 keV 的 ^{113}In 在发生内转换的时候就可能产生两组能量不同的电子，分别是来自 K 层的能量为

365 keV 的电子和来自 L 层的能量为 389 keV 的电子。

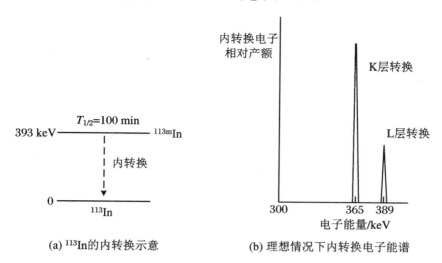

(a) ^{113}In 的内转换示意　　　(b) 理想情况下内转换电子能谱

图 2.9　^{113}In 的内转换电子能谱的例子

（4）轨道电子俘获过程中的俄歇电子

在某些条件下,原子核的轨道电子层中出现空缺,比如我们刚刚介绍的内转换过程导致一个轨道电子发射;或由于原子核中的中子与质子数量之比(N/P)比较高,一个核外电子被原子核捕获,并与核内的质子结合形成中子。通常,原子外层的电子会填补这个空位,并在这个过程中发射能量为两个电子壳层结合能之差的特征 X 射线;除了发射特征 X 射线外,原子的激发能也可能直接转移给一个外层的电子,发射能量为激发能和电子壳层结合能之差的俄歇电子。俄歇电子只在电子结合能较小的低 Z 元素中较容易发生。图 2.10 是俄歇电子产生的示意图。

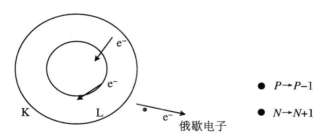

图 2.10　俄歇电子产生的示意图

2. 重带电粒子源

（1）发生 α 衰变的重带电粒子源

很多重核会发生 α 衰变,发射的 α 粒子(即氦原子核)基本是单能的,这一过程为

$$
{}^{A}_{Z}X \rightarrow {}^{A-4}_{Z-2}Y + {}^{4}_{2}He \tag{2.32}
$$

图 2.11 是 ^{226}Ra 的 α 衰变纲图。^{226}Ra 可以直接发射一个动能为 4.77 MeV 的 α 粒子并衰变为基态的 ^{222}Rn,这一出射道的份额是 94.3%;也可以先发射一个动能为 4.591 MeV 的 α 粒子,得到激发态的 ^{222}Rn,再通过发射一个 0.186 MeV 的 γ 光子退激(也可能通过内转换退

激,这一过程占比为 35%）。

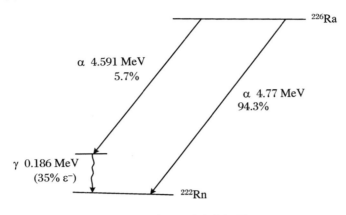

图 2.11 ^{226}Ra 的衰变纲图

图 2.12 展示了理想情况下 ^{226}Ra 衰变发射 α 粒子的能谱。可以看到,发射的 α 粒子几乎是单能的,并且有两个能群。^{226}Ra 衰变的反应式为

$$^{226}_{88}\text{Ra} \rightarrow ^{222}_{86}\text{Rn} + ^{4}_{2}\text{He} \tag{2.33}$$

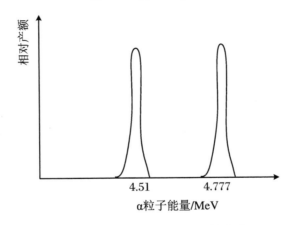

图 2.12 ^{226}R 衰变发射 α 粒子的能谱

（2）发生自发裂变过程的重带电粒子源

裂变过程是质量大于 α 粒子的高能重带电粒子的唯一自发来源。裂变碎片广泛用于重离子测量的探测器的校准。但是,除了一些质量非常大的超铀同位素外,自发裂变并不是一个重要的过程。

最广泛的自发裂变的例子是 ^{252}Cf。1 μg ^{252}Cf 每秒发生 6.14×10^{5} 次自发裂变,将会发射 1.97×10^{7} 个 α 粒子。两个裂变碎片向相反的方向发射。因为自发裂变源一般是摊在一个平面上的薄层,所以每次裂变只能有一个碎片从表面逃逸,另一个则沉积在平面上。除了裂变碎片,^{252}Cf 的每次自发衰变也会释放快中子和 γ 射线。

图 2.13 展示了 ^{252}Cf 自发裂变产生的裂变碎片的质量分布以及 ^{235}U 由于热中子引发裂变产生的裂变碎片的质量分布,可以看到裂变碎片的质量分别集中在一个质量较低的峰和质量较高的峰,平均质量数分别为 108 和 143。

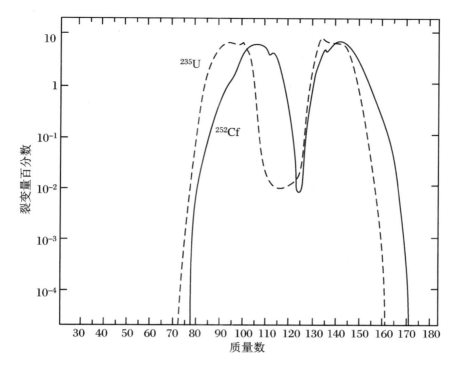

图 2.13　由²⁵²Cf(自发衰变)和²³⁵U(热中子诱发裂变)产生的裂变碎片质量分布

表 2.6 列出了一些常见的发射 α 粒子的放射性同位素源及其半衰期、α 粒子的动能和这部分 α 粒子的占比。

表 2.6　常见的发射 α 粒子的放射性同位素源

源	半衰期	α 粒子动能(具有不确定性)/MeV	分支百分数/%
¹⁴⁸Gd	93 a	3.18279 ± 0.000 024	100
²³²Th	1.4×10¹⁰ a	4.012 ± 0.005	77
		3.953 ± 0.008	23
²³⁸U	4.5×10⁹ a	4.196 ± 0.004	77
		4.149 ± 0.005	23
²³⁵U	7.1×10⁸ a	4.598 ± 0.002	4.6
		4.401 ± 0.002	56
		4.374 ± 0.002	6
		4.365 ± 0.002	12
		4.219 ± 0.002	6
²³⁶U	2.4×10⁷ a	4.494 ± 0.003	74
		4.445 ± 0.005	26

源	半衰期	α粒子动能(具有不确定性)/MeV	分支百分数/%
^{230}Th	7.7×10^4 a	4.6875 ± 0.0015	76.3
		4.621 ± 0.0015	23.4
^{234}U	2.5×10^5 a	4.7739 ± 0.009	72
		4.722 ± 0.009	28
^{231}Pa	3.2×10^4 a	5.059 ± 0.0008	11
		5.0297 ± 0.0008	20
		5.0141 ± 0.0008	25.4
		4.9517 ± 0.0008	22.8
^{239}Pu	2.4×10^4 a	5.1554 ± 0.0007	73.3
		5.1429 ± 0.0008	15.1
		5.1046 ± 0.0008	11.5
^{240}Pu	6.5×10^3 a	5.1683 ± 0.00015	76
		5.12382 ± 0.00023	24
^{243}Am	7.4×10^3 a	5.2754 ± 0.001	87.4
		5.2335 ± 0.001	11
^{210}Po	138 d	5.30451 ± 0.00007	>99
^{241}Am	433 a	5.48574 ± 0.00012	85.2
		5.44298 ± 0.00013	12.8
^{238}Pu	88 a	5.49921 ± 0.0002	71.1
		5.4565 ± 0.0004	28.7
^{244}Cm	18 a	5.80496 ± 0.00005	76.4
		5.76284 ± 0.00003	23.6
^{243}Cm	30 a	6.067 ± 0.003	1.5
		5.992 ± 0.002	5.7
		5.7847 ± 0.0009	73.2
		5.7415 ± 0.0009	11.5
^{242}Cm	163 d	6.11292 ± 0.00008	74
		6.06963 ± 0.00012	26
^{254}Es	276 d	6.4288 ± 0.0015	93
^{253}Es	20.5 d	6.63273 ± 0.00005	90
		6.5916 ± 0.0002	6.6

3．光子(γ 射线)源

(1) 在 β 衰变后退激产生 γ 光子

γ 射线可以通过激发态原子核跃迁到较低的稳定能级而发射出来,而很多激发态的核的来源是母核的衰变。由于激发态和基态的能量是确定的,所以退激产生的 γ 射线的能量也几乎是单能的。图 2.14 展示了常见的由于 β 衰变产生激发态的核而放出 γ 射线的例子。需要注意的是,对于图 2.14 中^{57}Co 的例子,γ_1,γ_2 和 γ_3(不考虑 Fe 的特征 X 射线)的占比加起来为 107%,表示^{57}Co 平均每 100 衰变产生 107 个 γ 光子,且 γ_1,γ_2 和 γ_3 在每 100 次衰变中平均产生的个数分别为 11,87 和 9。

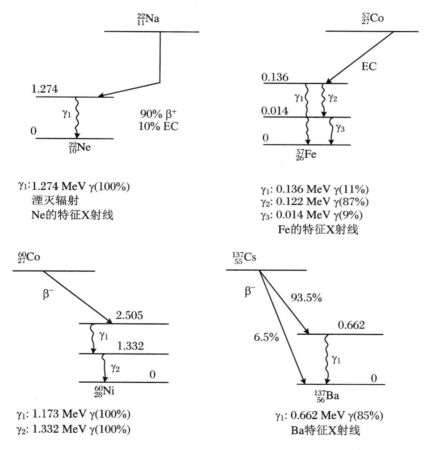

图 2.14　常见的 γ 光子源的衰变纲图

(2) 正负电子湮灭产生光子

当母核发生 β⁺ 衰变时,正电子将在源周围的材料中损失动能,然后与材料中的负电子结合。正电子和电子将消失,取而代之的是两个光子,每个光子的动能均为 0.511 MeV,以相反的方向运动。这个过程叫作正负电子湮灭。

(3) 韧致辐射

当动能较高的电子与物质相互作用时,由于电子与原子核的库仑相互作用导致电子的运动方向发生改变。此时,电子的一部分动能会转化为 X 射线,这种能量连续的 X 射线称为轫致辐射。随着吸收材料原子序数的增加和电子动能的增大,电子动能转化为 X 射线的比例将增加。而对于重带电粒子(如质子),只有在能量非常高的情况下才可能产生轫致辐射。

(4)特征 X 射线

高速电子撞击材料后,材料内层电子形成空位,外层电子向空位跃迁,这一过程可能伴随着 X 射线的发射,且 X 射线的能量等于两个壳层电子的结合能之差。不同材料的这种 X 射线的能量不同,所以叫特征 X 射线。与 L 层和 M 层的特征 X 射线相比,K 层的特征 X 射线的能量最大。特征 X 射线的产生过程如图 2.15 所示,需要注意的是特征 X 射线也是单能的。

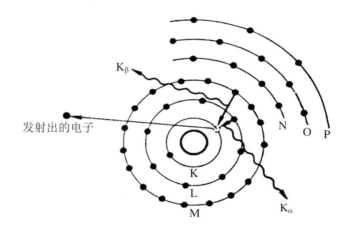

图 2.15 特征 X 射线的产生过程

4. 中子源

放射性同位素中子源的选择比较有限,它们要么由自发裂变产生中子,要么由核反应产生中子。而核反应的入射中子通常是常规衰变过程的产物。

(1)发生自发裂变的中子源

很多超铀重核素可以发生自发裂变,产物包括前文所述的裂变碎片、γ 射线、裂变产物 β 衰变的 β 射线以及中子。作为中子源使用时,这些核素通常封装在足够厚的容器中,所以只有穿透能力比较强的快中子和 γ 射线能从源中发射出来。

最常见的自发裂变中子源是 ^{252}Cf,该核素的半衰期是 2.65 a,主要的衰变机制是 α 衰变,α 衰变的速率是自发裂变的 32 倍,中子的能谱如图 2.16 所示,峰值在 0.5~1 MeV 范围。

裂变的能谱的形状可以用下式表示:

$$\frac{\mathrm{d}N}{\mathrm{d}E} = \sqrt{E}\mathrm{e}^{-E/T} \tag{2.34}$$

对于 ^{252}Cf 的自发裂变,式(2.34)中 $E = 1.3$ MeV。^{252}Cf 每次裂变平均产生 3.8 个中子和大约 8 个 γ 光子。

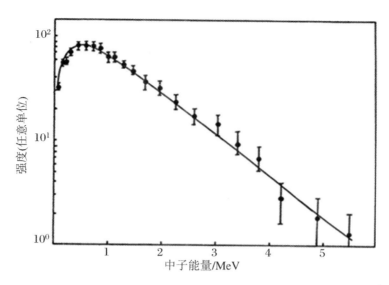

图 2.16 ^{252}Cf 的自发裂变的中子能谱

（2）放射性同位素的（α，n）源

高能的 α 粒子可以较为方便地从一些放射性核素的 α 衰变中直接获得，所以可以通过将发射 α 粒子的同位素与合适的靶材结合制造一个通过（α，n）反应发射中子的中子源。而通过式（2.35）所示的核反应可以获得很大的中子产率，该过程中 $Q = 5.71$ MeV。表 2.7 展示了一些 Be（α，n）反应的特征，表 2.8 展示了一些其他利用（α，n）反应的同位素中子源。Be（α，n）反应式为

$$^{4}_{2}\alpha + ^{9}_{4}\text{Be} \rightarrow ^{12}_{6}\text{C} + ^{1}_{0}\text{n} \tag{2.35}$$

表 2.7 不同的 Be（α，n）中子源的特征

源	半衰期	E_α/MeV	每 10^6 个初级 α 粒子的中子产率		产率百分数/%（$E_n < 1.5$ MeV）	
			计算值	实验值	计算值	实验值
^{239}Pu/Be	24 000 a	5.14	65	57	11	9～33
^{210}Po/Be	138 d	5.30	73	69	13	12
^{238}Pu/Be	87.4 a	5.48	79	—	—	—
^{241}Am/Be	433 a	5.48	82	70	14	15～23
^{24}Cm/Be	18 a	5.79	100	—	18	29
^{242}Cm/Be	162 d	6.10	118	106	22	26
^{226}Ra/Be + 衰变产物	1602 a	多种能量	502	—	26	33～38
^{277}Ac/Be + 衰变产物	21.6 a	多种能量	702	—	28	38

表 2.8 其他的 (α, n) 反应的同位素中子源

靶	反应物	Q 值	每 10^6 个 α 粒子中子产额
天然 B	^{10}B(a, n)	$+1.07$ MeV	13（对于 ^{241}Am α 粒子）
	^{11}B(a, n)	$+0.158$ MeV	
F	^{19}F(ax, n)	-1.93 MeV	4.1（对于 ^{241}Am α 粒子）
^{13}C	^{13}C(a, n)	$+2.2$ MeV	11（对于 ^{238}Pu α 粒子）
天然 Li	^{7}Li(a, n)	-2.79 MeV	
Be（为了比较）	^{9}Be(x, n)	$+5.71$ MeV	70（对于 ^{241}Am α 粒子）

（3）光子-中子源

这类中子源利用的核反应是 (γ, n) 反应，且 γ 射线光子的能量必须大于反应中 Q 值的绝对值，才有可能发生反应。这种中子源的优点是，如果 γ 射线是单能的，则产生的中子也是单能的；缺点是需要很强的光子源才能有较好的中子产额。(γ, n) 反应式如下：

$$^{9}_{4}\text{Be} + \gamma \rightarrow {}^{8}_{4}\text{Be} + {}^{1}_{0}\text{n}, \quad Q \approx 1.666 \text{ MeV} \tag{2.36}$$

$$^{2}_{1}\text{H} + \gamma \rightarrow {}^{1}_{1}\text{H} + {}^{1}_{0}\text{n}, \quad Q \approx 2.226 \text{ MeV} \tag{2.37}$$

对于这样的光子-中子源，可以通过下式计算得到中子的能量：

$$E_{\text{n}}(\theta) \approx \frac{M(E_\gamma + Q)}{m + M} + \frac{E_\gamma \sqrt{(2mM)(m + M)(E_\gamma + Q)}}{(m + M)^2} \cos\theta \tag{2.38}$$

其中 θ 为光子和中子方向的夹角，E_γ 为光子的能量（假定远小于 931 MeV），M 为反冲核的静止质量（MeV），m 为中子的质量，约为 939.656 MeV。

表 2.9 给出了一些常见的光子-中子源。

表 2.9 一些常见的光子-中子源

γ 射线发射体	半衰期	γ 射线能量/MeV	靶	中子能量/keV	活度为 ^{10}Bq 的放射源对应的中子产率/s^{-1}
^{24}Na	15.0 h	2.754 1	Be	967	340 000
		2.754 1	D	263	330 000
^{28}Al	2.24 min	1.7787	Be	101	32 600
^{38}Cl	37.3 min	2.167 6	Be	446	43 100
^{56}Mn	2.58 h	1.810 7	Be	129	91 500
		2.113 1		398	
		2.959 8		1 149	
		2.959 8	D	365	162
^{72}Ga	14.1 h	1.861 1	Be	174	64 900
		2.201 6		476	
		2.507 7		748	
		2.507 7	D	140	25 100
^{76}As	26.3 h	1.787 7	Be	109	3 050
		2.096 3		383	

γ 射线发射体	半衰期	γ 射线能量/MeV	靶	中子能量/keV	活度为10^{10}Bq 的放射源对应的中子产率/s^{-1}
^{88}Y	107 d	1.836 1 2.734 0	Be	152 949	229 000
		2.734 0	D	253	160
^{116m}In	54.1 min	2.112 1	Be	397	15 600
^{124}Sb	60.2 d	1.691 0	Be	23	210 000
^{140}La	40.3 h	2.521 7	Be	760	10 200
		2.521 7	D	147	6 600
^{144}Pr	17.3 min	2.185 6	Be	462	690

(4) 通过带电粒子的核反应产生中子

最常见的两个通过带电粒子的核反应产生中子的过程为 D-D 反应和 D-T 反应,分别如下:

$$\ce{^2_1H + ^2_1H -> ^3_2He + ^1_0n}, \quad Q = 3.26\,\text{MeV} \tag{2.39}$$

$$\ce{^2_1H + ^3_1H -> ^4_2He + ^1_0n}, \quad Q = 17.6\,\text{MeV} \tag{2.40}$$

由于入射氘核和作为靶核的轻核之间的库仑势垒相对较小,所以氘核不需要加速到很高的能量就能有较好的中子产额。一般入射氘核的能量比这两个核反应的 Q 值小得多,所以产生的中子能量几乎是固定的(对于 D-D 反应,中子的动能约为 3 MeV;对于 D-T 反应,中子的动能约为 14 MeV)。除了这两种核反应,^{9}Be(d,n),^{7}Li(p,n),^{3}H(p,n)等反应也可以用于产生中子。

2.2　重带电粒子与物质的相互作用

2.2.1　相互作用的性质

重带电粒子,如 α 粒子,主要吸引原子轨道内的电子,通过正电荷和负电荷之间的库仑力与物质相互作用。尽管粒子与原子核的直接相互作用也是可能的,但这种情况很少发生。

一旦进入某种介质,带电粒子就会与许多电子同时相互作用。当粒子经过原子附近时,电子都会受到库仑力的作用。根据带电粒子与原子的距离,这种库仑力的作用可能足以将电子提升到原子内更高的壳层(即激发),或者让电子从原子中脱离(即电离)。转移到电子上的能量来源于带电粒子的动能,因此带电粒子的速度会降低。在一次碰撞中,可以从质量为 m、动能为 E 的带电粒子转移到质量为 m_0 的电子的最大能量为 $4Em_0/m$,或约为每个核子粒子能量的 1/500。因为这只是总能量的一小部分,所以入射的带电粒子在通过介质的过程中,通过许多这样的相互作用连续损失能量,结果是带电粒子的速度不断降低,直到带电粒子停止。

如果入射的带电粒子和原子作用的距离足够近,电子就可能获得足够多的动能,在电子离开母核后,它仍然可能有足够的动能来产生更多的离子。这些高能电子有时称为 δ 射线,代表了带电粒子能量转移到介质的间接方式。在典型的条件下,带电粒子的大部分能量损失是通过这些 δ 射线发生的。与入射高能粒子的射程相比,δ 射线的射程总是很小,因此电离仍然在靠近主轨道的地方形成。

2.2.2　阻止本领

给定介质中带电粒子的线性阻止本领 S 定义为材料内该粒子的单位路径的能量损失:

$$S = -\frac{\mathrm{d}E}{\mathrm{d}x} \tag{2.41}$$

沿着粒子轨道的 $-\mathrm{d}E/\mathrm{d}x$ 值也称为它的比能量损失,或者称为能量损失的速率。

对于具有给定电荷状态的粒子,S 随着粒子速度的降低而增加。描述比能量损失的经典表达式称为贝特(Bethe)公式:

$$-\frac{\mathrm{d}E}{\mathrm{d}x} = \frac{4\pi e^4 z^2}{m_0 v^2} NB \tag{2.42}$$

此处

$$B \equiv Z\left[\ln\frac{2m_0 v^2}{I} - \ln\left(1 - \frac{v^2}{c^2}\right) - \frac{v^2}{c^2}\right]$$

在上述表达式中,v 和 z 分别是初级粒子的速度和电荷,N 和 Z 分别是吸收原子的数量密度和原子序数,m_0 是电子的静止质量,e 是电子电荷。参数 I 为介质的平均激发和电离电势,通常被视为每个元素的实验确定的参数。对于非相对论带电粒子($v \ll c$),只有 B 中的第一项是有意义的。式(2.41)通常适用于不同类型的带电粒子,前提是它们的速度与介质原子中轨道电子的速度相比保持较大。

B 的表达式随粒子能量缓慢变化。$\mathrm{d}E/\mathrm{d}x$ 的变化可以从式(2.42)中参数的变化中推断出来。因此,对于给定的非相对论粒子,$\mathrm{d}E/\mathrm{d}x$ 的变化为 $1/v^2$,或者与粒子能量成反比。可以注意到,当带电粒子的速度较低时,由于带电粒子在电子附近花费的时间较长,因此电子受到的库仑相互作用时间较长,带电粒子传递给电子的能量也就越大。对于相同速度的不同带电粒子,Z 较大的粒子将具有更大的比能量损失。例如,α 粒子将以大于相同速度的质子但小于更高电荷离子的速度损失能量。在比较不同材料的介质时,$\mathrm{d}E/\mathrm{d}x$ 主要取决于乘积 NZ。乘积 NZ 表示介质的电子密度。因此,高原子序数、大密度材料将产生更大的线性阻止本领。

许多不同带电粒子的比能量损失在大能量范围内的变化如图 2.17 所示,可见许多不同类型的带电粒子的 $\mathrm{d}E/\mathrm{d}x$ 值在能量达到几百兆电子伏时接近恒定的最小值,此时它们的速度接近光速。在轻质材料中,比能量损失约为 $2\ \mathrm{MeV \cdot cm^2/g}$。由于它们相似的能量损失行为,这种相对论粒子有时称为"最小电离粒子"。能量低至 1 MeV 的快电子也属于这一类,因为它们的质量小得多,即使在低能情况下也会产生相对论速度。

贝特公式在粒子能量较低时失效,此时粒子和介质之间的电荷交换变得很重要。带正电的粒子将倾向于从介质中吸收电子,从而有效地减少其电荷和随之而来的线性能量损失。在射程的末端,粒子积累了 z 个电子,成为一个中性原子。

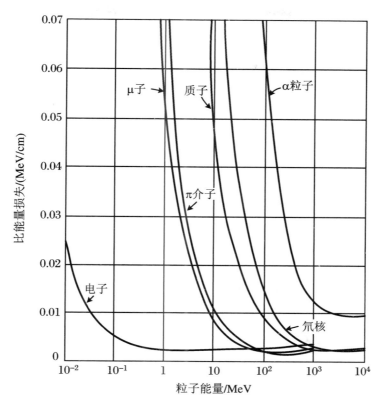

图 2.17　在空气中比能量损失随带电粒子能量变化的变化[11]

2.2.3　能量损失特性

1. 布拉格峰

　　沿着带电粒子路径的比能量损失曲线,如图 2.18 所示,称为布拉格曲线(Bragg curve)。α 粒子上的电荷量在大部分路径上是两个正电荷,比能损失大约与 $1/E$ 成正比。在轨道末端附近,α 粒子的电荷通过与电子的结合而减少,曲线下降。图 2.18 中显示了单个 α 粒子的 $\mathrm{d}E/\mathrm{d}x$ 随穿透距离的变化和具有相同初始能量的 α 粒子平行束的 $\mathrm{d}E/\mathrm{d}x$ 随穿透距离的变化。

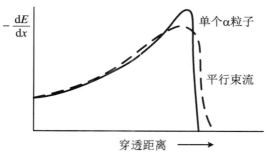

图 2.18　α 粒子路径上的比能量损失

　　图 2.19 给出了一些不同重带电粒子的 $-\mathrm{d}E/\mathrm{d}x$ 与粒子能量的关系。这些例子表明离子与负电荷结合会产生较为明显的能量。具有较多核电荷的带电粒子在其减速过程的早期就开始吸收电子。在铝介质中,质子在低于约 100 keV 时表现出强烈的与电子结合的效应,但带有两个正电荷的 ^{3}He 离子在约 400 keV 时表现出与电子结合的效应。

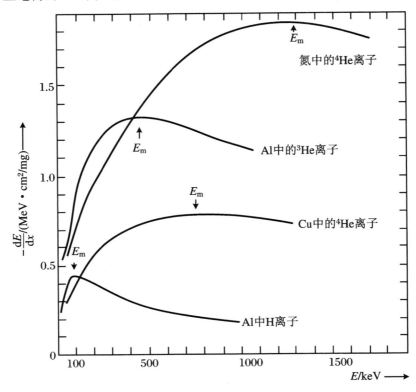

图 2.19　比能量损失作为氢离子和氦离子能量的函数

E_m 表示 $\mathrm{d}E/\mathrm{d}x$ 最大化时的能量。[11]

2. 能量歧离

　　辐射粒子所经历的微观相互作用的细节是随机的,其能量损失是一个统计过程或随机过程。单能带电粒子束通过给定厚度的介质后会产生能量歧离(energy straggling)。这种能量分布的宽度是能量歧离的度量,随着粒子在介质中通过的距离而变化。图 2.20 为初始单能粒子束在其射程内不同点处的能量分布示意图。在前面阶段,随着穿透距离的增加,分布变得更宽(更偏斜),表明能量歧离的程度越来越大。在接近射程的末端,由于平均粒子能量已经大大降低,分布再次变窄。

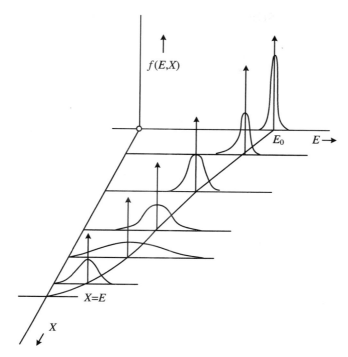

图 2.20　初始单能带电粒子束在不同穿透深度下的能量分布图

E 是粒子能量，X 是沿着路径的距离。

2.2.4　粒子射程

1. 射程的定义

为了理解粒子射程（range）的定义，图 2.21 展示了一个简化的 α 粒子穿透实验。单能 α 粒子的准直源在经过厚度可变的介质后由探测器计数。对于较薄的吸收介质厚度，α 粒子通过介质的能量损失不大，到达探测器的总数保持不变。在介质厚度接近该材料中 α 粒子的最低穿透能力之前，α 粒子的数量不会减少。继续增加厚度会阻止越来越多的 α 粒子穿透介质，探测到的束流强度会迅速下降至零。

吸收介质中 α 粒子的射程可以通过这个类似实验获得的曲线来确定。平均射程的定义是将 α 粒子数减少到其初始值一半的介质厚度，如图 2.21 所示。这个定义最常用于射程值的数字表格中。文献中出现的另一个版本是外推射程，它是通过将曲线末端的线性部分外推到零而获得的。

因此，给定能量的带电粒子的射程在特定的吸收材料中是可以确定的。在辐射测量的早期，图 2.21 所示类型的实验被广泛用于通过确定相当于 α 粒子平均射程的介质厚度来间接测量 α 粒子的能量。图 2.22 给出了常见探测器材料中各种带电粒子的平均射程。

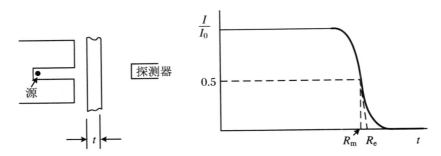

图 2.21 α 粒子穿透实验

I 是通过吸收介质厚度 t 时探测到的 α 粒子的数量,而 I_0 是在没有吸收介质的情况下探测到
的数量。图中标示了平均射程 R_m 和外推射程 R_e。

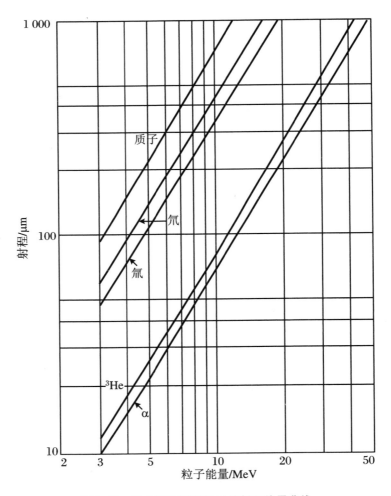

图 2.22 硅中不同带电粒子的射程能量曲线

在所示的能量范围内,双对数坐标图的近似线性表明 $R = aE^b$ 的经验关系,其中与
斜率相关的参数 b 对各种粒子没有太大的差异[11]。

2. 射程歧离

带电粒子也会受到射程歧离(range straggling)的影响,这定义为具有相同初始能量的单个粒子的路径长度的波动。在给定穿透距离处会引起能量离散的随机因素,也导致每个粒子的总路径长度略有不同。对于质子或 α 粒子等重带电粒子,离散量仅为平均射程的百分之几。图 2.18 中绘制的曲线末端的陡峭程度表明了歧离的程度。对该曲线进行微分会产生一个峰值,其宽度通常用于衡量测量的粒子在指定介质中的射程歧离的重要性。

3. 停止时间

使带电粒子停止在介质中所需的时间可以从其射程和平均速度推断出来。对于质量为 m 和动能为 E 的非相对论粒子,速度为

$$v = \sqrt{\frac{2E}{m}} = c\sqrt{\frac{2E}{mc^2}} = (3 \times 10^8 \text{ m/s})\sqrt{\frac{2E}{(931 \text{ MeV/u})m_A}} \tag{2.43}$$

其中 m_A 是以原子质量 u 表示的粒子质量,E 是以 MeV 表示的粒子能量。如果我们假设粒子速度减慢时的平均粒子速度为 $\langle v \rangle = Kv$,其中 v 是在初始能量下的速度,那么停止时间 T 可以由射程 R 计算得到:

$$T = \frac{R}{\langle v \rangle} = \frac{R}{Kc}\sqrt{\frac{mc^2}{2E}} = \frac{R}{K(3.00 \times 10^8 \text{ m/s})}\sqrt{\frac{931 \text{ MeV/u}}{2}}\sqrt{\frac{m_A}{E}} \tag{2.44}$$

如果粒子在做匀减速运动,那么 $\langle v \rangle = v/2, K = 0.5$。然而带电粒子通常在其射程的末端附近以更大的速率损失能量,则 K 应该是更大的分数。通过假设 $K = 0.60$,可以将停止时间估计为

$$T \approx 1.2 \times 10^{-7} R\sqrt{\frac{m_A}{E}} \tag{2.45}$$

其中 T 以 s 为单位,R 以 m 为单位,m_A 以原子质量 u 为单位,E 以 MeV 为单位。在关注的大部分能量范围内,这种近似对于重带电粒子(质子、α 粒子等)是相当精确的。然而,它不能用于相对论粒子,如快电子。通常带电粒子的停止时间在固体或液体中为几皮秒,在气体中为几纳秒。这些时间通常很短,除了响应最快的辐射探测器外,其他探测器都可以忽略。

2.2.5　薄介质中的能量损失

对于被给定带电粒子穿透的薄介质(或探测器),介质内沉积的能量可以如下计算:

$$\Delta E = -\left(\frac{\mathrm{d}E}{\mathrm{d}x}\right)_{\text{avg}} t \tag{2.46}$$

式中 t 是介质厚度,$\left(\frac{\mathrm{d}E}{\mathrm{d}x}\right)_{\text{avg}}$ 是在介质中粒子能量的平均线性阻止本领。如果能量损失很小,阻止本领变化不大,可以通过其在入射粒子能量下的值来近似。

对于能量损失不小的介质厚度,直接从这些数据中获得合适的加权$(-\mathrm{d}E/\mathrm{d}x)$平均值并不容易。在这些情况下,更容易通过使用图 2.23 中绘制的射程-能量数据来获得沉积能量。该方法的步骤如下:设 R_1 表示吸收材料中能量为 E_0 的入射粒子的总射程。通过从 R_1 中减去介质的物理厚度 t,获得表示从介质的表面出射的那些 α 粒子的射程值 R_2。通过

找到对应于 R_2 的能量,获得穿透后的带电粒子能量 E_t。沉积的能量 ΔE 则等于 $E_0 - E_t$。

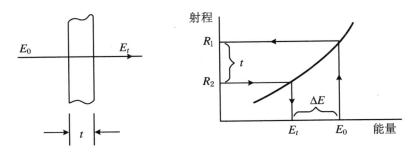

图 2.23　通过带电粒子的射程推算带电粒子在介质中的能量沉积

该过程基于带电粒子轨迹在介质中近似线性的假设,所以该方法不适用于粒子在介质中的径迹有明显偏转的情况(例如快电子)。

2.2.6　裂变碎片的行为

由中子诱导或重核自发裂变产生的重碎片是高能带电粒子,其性质与此处讨论的重带电粒子的性质有些不同。这些裂变碎片一开始被剥离了许多电子,它们具有非常大的有效电荷,导致的比能量损失比前文中讨论的其他任何粒子都要大。然而,由于初始能量也很高,通常裂变碎片的射程约为 5 MeV 的 α 粒子的一半。

裂变碎片径迹的一个重要特征是,比能量损失($-\mathrm{d}E/\mathrm{d}x$)随着粒子在介质中损失能量而减少。这种行为与较轻的粒子(如 α 粒子或质子)形成鲜明对比,这是因为裂变碎片携带的有效电荷随着速度的降低而不断减少。

裂变碎片吸收电子的行为很快就会开始,因此式(2.42)中分子的因子 z 连续下降。由此产生的 $-\mathrm{d}E/\mathrm{d}x$ 的下降幅度足够大,足以克服通常伴随带电粒子速度下降而出现的增加。对于初始电荷状态低得多的粒子,如 α 粒子,直到接近射程的末端,与电子结合才变得显著。

2.2.7　从介质表面发射的次级电子

当带电粒子在减速过程中失去动能时,来自介质的许多电子会受到足够的库仑力作用,并在介质中行进一小段距离。其中包括前面提到的 δ 射线,其能量高到足以电离其他的介质原子;也包括动能只有几电子伏、低于进一步电离所需最小能量的电子。如果一个高能带电粒子入射到介质表面或从介质表面射出,则其中一些电子可能会迁移到介质表面,并有足够的能量逃逸。这些逃逸的低能电子称为次级电子(次级电子也用于描述本章稍后介绍的在 γ 射线与介质相互作用中形成的电子)。

一个重离子(如裂变碎片)可以产生数百个这样的次级电子,而一个较轻的 α 粒子通常产生 10 个或更少的次级电子。β 电子等快电子产生次级电子的可能性要小得多,只有百分之几。次级电子的产率将与带电粒子在介质表层内损失的能量成比例,此处表层的厚度指电子从起始点迁移并仍能保留足够能量从表面逃逸的条件下,起始点与表面的最大距离。因此,由粒子的 $\mathrm{d}E/\mathrm{d}x$ 值可以合理预测给定材料次级电子产额。

这些从表面逃逸的次级电子的能谱是连续的,其平均值与初级粒子的平均能量相比非常低。例如,对于 α 粒子来自碳表面的次级电子,其平均能量为 60~100 eV,对于裂变碎片则为 290 eV,由较轻粒子(如快电子)产生的次级电子的能量更低。因此,通常很难观察到这些次级电子,因为它们即使在空气中也很容易被重新吸收。然而,如果它们被发射到真空或低压气体中,由于它们的初始速度低,可以很容易地被电场加速并引导。例如,在表面施加 1 000 V 电压产生的电场,将对能量为 100 eV 的电子的轨迹产生强烈影响,但对能量为 1 MeV 的快电子几乎没有影响。这种特性可以用于通过表面次级电子的发射来检测 α 或 β 粒子从表面出现的位置,以及 X 射线和快速电子的成像。

2.3　电子与物质的相互作用

与重带电粒子相比,电子的能量损失率较低,在吸收材料中的径迹要曲折得多。来自单能电子源的一系列径迹可能如图 2.24 所示。

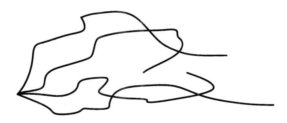

图 2.24　单能电子在介质中的轨迹示意

电子路径可能会出现大的偏转,因为它的质量等于与其相互作用的核外电子的质量,并且在一次相互作用中可能会损失更大的能量。此外,有时还会发生电子与原子核的相互作用,这种相互作用也可以改变电子的方向。

2.3.1　比能量损失

贝特还推导了一个类似于式(2.42)的表达式,用于描述电子电离和激发引起的比能量损失(即碰撞能量损失):

$$-\left(\frac{\mathrm{d}E}{\mathrm{d}x}\right)_{c} = \frac{2\pi e^4 NZ}{m_0 v^2}\Big[\ln\frac{m_0 v^2 E}{2I^2(1-\beta^2)} - (\ln 2)(2\sqrt{1-\beta^2} - 1 + \beta^2)$$
$$+ (1-\beta^2) + \frac{1}{8}(1-\sqrt{1-\beta^2})^2\Big] \tag{2.47}$$

式中的参数与式(2.41)中参数的含义相同,并且 $\beta = v/c$。

电子与重带电粒子的不同之处还在于,除了库仑相互作用,电子相比于重带电粒子更容易通过辐射损失过程损失能量。这些辐射损失以韧致辐射或电磁辐射的形式出现,可以从电子轨道的任何位置发出。电荷在改变运动状态时会向外辐射能量,而电子在与介质相互作用时的偏转属于这种情况。通过该辐射过程的线性比能量损失为

$$-\left(\frac{dE}{dx}\right)_r = \frac{NEZ(Z+1)e^4}{137m_0^2c^4}\left(4\ln\frac{2E}{m_0c^2} - \frac{4}{3}\right) \tag{2.48}$$

对于本节中感兴趣的粒子类型和能量范围,只有快电子才能产生显著的韧致辐射,重带电粒子的产率可以忽略不计。式(2.48)分子中的 E 和 Z^2 项表明,辐射损耗对于高能电子和高原子序数的吸收材料来说是非常重要的。对于低能电子,平均韧致辐射的光子能量非常低,因此通常在相当接近其原点的地方被重新吸收。然而,在某些情况下,韧致辐射的逃逸会影响小型探测器的响应,这部分内容将会在我们讲解闪烁体探测器的时候进一步介绍。

电子的总线性阻止本领是碰撞损失和辐射损失的总和:

$$\frac{dE}{dx} = \left(\frac{dE}{dx}\right)_c + \left(\frac{dE}{dx}\right)_r \tag{2.49}$$

比能量损失的比率近似为

$$\frac{(dE/dx)_r}{(dE/dx)_c} \approx \frac{EZ}{700} \tag{2.50}$$

其中 E 以 MeV 为单位。对于我们在这里讨论的电子(如 β 粒子或 γ 射线相互作用产生的次级电子),能量一般为几兆电子伏。因此,辐射损失总是占能量损失的一小部分,并且只有在高原子序数的吸收材料中才是显著的。

2.3.2　电子射程

1. 单能电子的吸收

电子的穿透实验如图 2.25 所示。对于单能电子源,即使介质厚度很薄也会导致一些电子从探测到的束流中损失,因为电子的散射降低了到达探测器的通量。因此,探测到的电子数量与介质厚度的关系曲线从原点立即下降,并且对于大的介质厚度逐渐接近零。

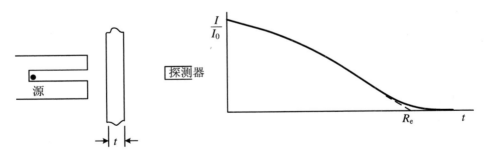

图 2.25　单能电子的传输曲线(R_e 是外推射程)

与重带电粒子相比,电子的射程概念不太明确,因为电子的总路径长度远大于沿初始速度方向的穿透距离。通常,电子射程概念来源于图 2.25 所示的曲线,通过将曲线的线性部分外推至零,确保几乎没有电子能穿透整个厚度所需的介质厚度,这样得到了电子的外推射程 R_e。

对于相同的能量,电子的比能量损失远低于重带电粒子,因此它们在介质中的路径长度要大数百倍。经粗略的估计,在低密度材料中,电子射程往往为 2 mm/MeV,或在中等密度材料中约为 1 mm/MeV。相同初始能量的电子,对于不同材料,其射程乘以介质密度的乘积近似是常数。图 2.26 给出了两种常见探测器材料中电子的射程图。

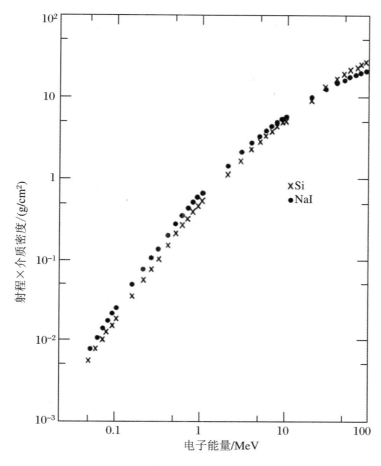

图 2.26　电子在 Si 和 NaI 中的射程-能量图

2. β 电子的吸收

　　放射性同位素源发射的 β 电子的穿透曲线,由于其能量的连续分布,与图 2.25 所示的单能电子有很大的不同。即使介质的厚度很小,低能量的 β 电子也会被迅速吸收,因此衰减曲线的初始斜率要大得多。对于大多数的 β 电子谱,曲线恰好具有接近指数的形状,所以在图 2.27 所示类型的单对数坐标图上几乎是线性的。这种指数形状只是一种经验近似。吸收系数 n 有时通过下式定义:

$$\frac{I}{I_0} = e^{-nt} \tag{2.51}$$

此处 I_0 为没有介质时的计数率,I 为有介质时的计数速率,t 为吸收介质的厚度(g/cm^2)。

　　对于特定的吸收介质,系数 n 与 β 源的端点能量有很好的相关性。对于铝,这种依赖关系如图 2.27 所示。通过使用这些数据,衰减测量可以用于间接识别未知 β 源的端点能量。

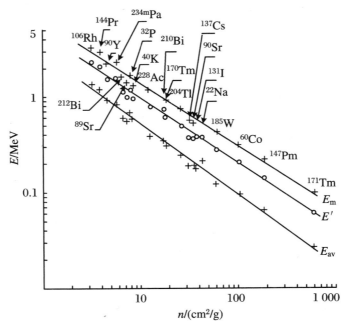

图 2.27 铝中的 β 粒子吸收系数 n 是不同 β 发射体的端点能量 E_m、平均
能量 E_{av} 和 $E' = 0.5(E_m + E_{av})$ 的函数

3. 背散射

电子沿着径迹经常发生大角度偏转,这导致了背散射现象。进入介质一个表面的电子可能会发生足够大的偏转,从而从其进入的表面重新发射出去。这些背散射的电子不会将其所有能量沉积在吸收介质中,因此会对用于测量外部入射电子能量的探测器的响应产生显著影响。在探测器入射窗口或死层(dead layer)中背散射的电子将完全逃脱探测。

背散射对于具有低入射能量的电子和具有高原子序数的介质最为明显。图 2.28 显示了正常入射到各种介质表面时被反向散射的单能电子的比例 η。

2.3.3　正电子的相互作用

库仑相互作用是电子和重带电粒子能量损失的主要机制。无论入射粒子和轨道电子之间的相互作用是排斥力还是吸引力,同等质量粒子的库仑相互作用和能量传递过程都大致相同。因此,正电子在介质中的径迹与正常负电子的径迹相似,并且在相同的初始能量下,它们的比能量损失和射程大致相同。

然而,正电子与电子的不同之处在于,正电子在径迹的末端可以通过与一个电子结合产生两个能量相等(0.511 MeV,相当于电子的静止质量)、方向相反的 γ 射线,称为湮灭辐射。由于这些 0.511 MeV 的光子与正电子的射程相比具有很强的穿透性,它们可以导致能量沉积远离最初的正电子径迹。

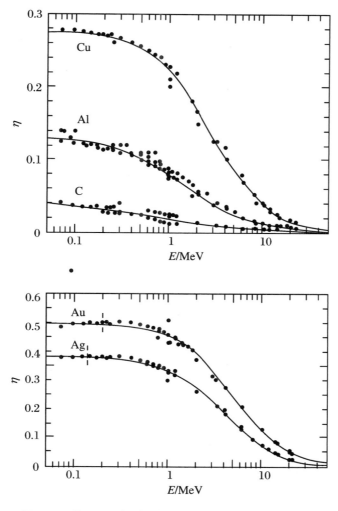

图 2.28　从不同材料的厚板背散射的入射电子的比例 η

2.4　γ 射线与物质的相互作用

2.4.1　γ 射线的衰减

对于如图 2.29 所示的 γ 射线穿透实验，单能量的窄束 γ 射线经过一个可变厚度的吸收材料后到达探测器，则探测到的 γ 光子数 I 和发射时的 γ 光子数 I_0 的比值随吸收材料厚度 t 的变化曲线是简单指数衰减关系。束流中的 γ 光子通过和吸收体材料的相互作用过程而被吸收或发生散射，从而减少窄束中的 γ 光子数，这一过程可以用吸收体中每单位路径长度内发生的固定概率来表征：

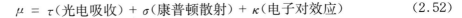

$$\mu = \tau(光电吸收) + \sigma(康普顿散射) + \kappa(电子对效应) \tag{2.52}$$

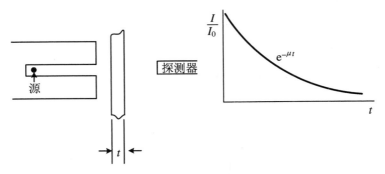

图 2.29 γ射线在理想的薄靶几何条件下测量得到的传输曲线

其中 μ 称为线性衰减系数(linear attenuation coefficient),则有

$$\frac{I}{I_0} = e^{-\mu t} \tag{2.53}$$

可以定义 γ 光子的平均自由程 λ,即 γ 光子穿透吸收材料时和材料中的原子发生一次相互作用前走过的平均距离:

$$\lambda = \frac{\int_0^\infty x e^{-\mu x} dx}{\int_0^\infty e^{-\mu x} dx} = \frac{1}{\mu} \tag{2.54}$$

平均自由程可以表示为线性衰减系数的倒数。对于常见的 γ 射线能量,在固体中,λ 的典型值范围从几毫米到几十厘米不等。线性衰减系数会随着吸收材料密度的变化而变化,因此,质量衰减系数(mass attenuation coefficient)被广泛使用,且定义为

$$质量衰减系数 = \frac{\mu}{\rho} \tag{2.55}$$

其中 ρ 为吸收材料的密度。对于给定能量的 γ 射线,质量衰减系数不会随着给定吸收材料的物理状态而改变(例如,液态和气态的水的质量衰减系数是相同的)。化合物或元素混合物的质量衰减系数可以表示为

$$\left(\frac{\mu}{\rho}\right)_c = \sum_i w_i \left(\frac{\mu}{\rho}\right)_i \tag{2.56}$$

其中 w_i 表示元素 i 在化合物或者混合物中的质量分数。

我们有质量衰减系数表达式

$$\frac{I}{I_0} = e^{-(\mu/\rho)\rho t} \tag{2.57}$$

其中 ρt 表示吸收材料的质量厚度(mass thickness),历史上采用 mg/cm^2 作为单位。在辐射测量中使用的吸收材料厚度通常用质量厚度而不是物理厚度。质量厚度在讨论带电粒子和快电子的能量损失时也是一个有用的概念,当以质量厚度为单位时,对于原子序数差异不大的材料,其阻止能力和射程大致相同。

在 γ 射线衰减实验中,γ 射线在击中吸收材料之前被聚焦成一窄束,其基本特征是只有从源头发出且在吸收材料中没有发生任何相互作用的 γ 射线才能被探测器计数。真实的测量情况通常有所不同(图 2.30)。

在实际测量情况下,探测器可以探测到的 γ 光子包括直接来自源头的、没有和吸收材料

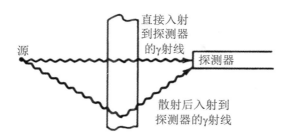

图 2.30　更接近真实情况的 γ 射线衰减实验示意

发生任何相互作用的(称为初级 γ 射线),经过吸收介质散射后到达探测器的 γ 光子,或其他类型的次级 γ 光子辐射(称为次级 γ 射线)。大部分探测器无法进行区分,因此所测量的信号将大于在理想窄束条件下记录的信号。由于次级 γ 光子的额外贡献,这种情况通常通过用下式来计算:

$$\frac{I}{I_0} = B(t, E_\gamma) \mathrm{e}^{-\mu t} \tag{2.58}$$

其中 $B(t, E_\gamma)$ 称为积累因子(buildup factor)。指数项用于描述 γ 射线计数率随吸收材料厚度的主要变化,是为了修正积累因子。积累因子的大小取决于所使用的 γ 射线探测器类型,因为这将影响初级和次级 γ 射线的相对权重(对于仅响应初级 γ 射线的探测器,积累因子为 1)。积累因子还取决于实验中的吸收材料的几何形状。根据经验,对于较厚的吸收材料,积累因子往往约等于以入射 γ 射线的平均自由程单位测量的吸收材料厚度(探测器能探测的 γ 射线能量范围要较广)。

2.4.2　γ 射线和物质的相互作用类型

　　γ 射线与物质有许多相互作用机制,但只有三种主要类型在辐射测量中发挥重要作用:光电吸收(也称为光电效应)、康普顿散射和电子对效应。本书主要对这三种相互作用进行介绍。对于光子的相干散射和光核反应则不再介绍。这些过程导致 γ 射线光子能量向电子转移,使得 γ 光子要么完全消失,要么以显著的角度散射。这种行为与本章前面讨论的带电粒子的行为形成了鲜明对比,即带电粒子通过与许多原子连续的相互作用逐渐减速,而 γ 射线和介质相互作用导致能量损失的过程则是离散的。

1. 光电吸收

　　在光电吸收过程中,光子与原子发生相互作用,光子完全消失,而一个光电子被原子从一个束缚的壳层中发射。在这种情况下,光子与整个原子相互作用,而不是直接与自由电子相互作用。对于足够能量的 γ 射线,光电子最可能的来源是原子中结合最紧密的 K 层。光电子的能量为

$$E_{\mathrm{e}^-} = h\nu - E_{\mathrm{b}} \tag{2.59}$$

此处 $h\nu$ 为入射光子的能量,E_{b} 为光电子在其原始壳层中的结合能。对于能量超过 $100\,\mathrm{keV}$ 的 γ 射线,光电子将带走光子大部分的初始能量。

　　除了光电子外,这种相互作用还产生了一个电离的原子,该原子的壳层中有一个空位,

这个空位通过从介质中捕获自由电子或原子其他壳层中的电子而迅速被填补。因此,还可以产生一个或多个特征 X 射线光子。在大多数情况下,这些 X 射线通过光电吸收在靠近初始位置的地方被重新吸收,但它们的迁移和可能存在的逃逸均会影响辐射探测器中的响应。有时候俄歇电子的发射可以代替特征 X 射线带走原子激发能。

下面给出这些相互作用的例子。假定有能量在 30 keV 以上的入射光子,这些光子在氙中进行光电吸收。约 86% 的氙原子在 K 层发生光电吸收。其中,87.5% 的氙原子产生 K 层特征(或荧光辐射)X 射线,12.5% 的氙原子因俄歇电子发射而退激发。未在 K 层发生相互作用的其余 14% 的入射光子通过与 L 层或 M 层的电子发生光电吸收。这将导致很多低能特征 X 射线或俄歇电子,它们的射程很短,并且在最初发生相互作用的位置附近被重新吸收。

光电吸收是能量相对较低的 γ 射线(或 X 射线)的主要相互作用模式。高原子序数的吸收介质比低原子序数的吸收介质更容易发生光电吸收。在光电吸收所涉及的 E_γ 和 Z 的范围内,每个原子的光电吸收概率粗略近似为

$$\tau \approx \text{constant} \times \frac{Z^n}{E_\gamma^{3.5}} \tag{2.60}$$

其中指数 n 的取值在 4~5 内(对于我们感兴趣的 γ 射线能量范围)。光电吸收概率对介质原子序数的严重依赖性是 γ 射线屏蔽中一般选用高 Z 的材料(如铅)的主要原因。

2. 康普顿散射

康普顿散射的相互作用过程发生在入射的 γ 射线光子和吸收介质中的核外电子之间,这是放射性同位素源的 γ 射线与介质原子的主要相互作用机制。

在康普顿散射中,入射的 γ 射线光子相对于其原始方向偏转角度 θ。光子将其一部分能量传递给电子(假设电子最初处于静止状态),该电子通常称为反冲电子(图 2.31)。通过联立能量和动量守恒方程,可以简单地导出任何给定相互作用的能量传递和散射角的表达式。因为所有散射角都是可能的,所以传递给电子的能量可以在零到 γ 射线能量的很大一部分之间变化。图 2.32 展示了康普顿散射到散射角为 θ 的单位立体角的光子数(从左侧入射)的极坐标图。

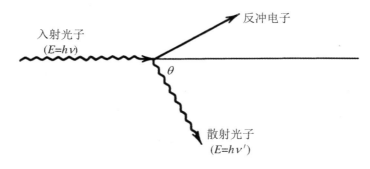

图 2.31　康普顿散射过程示意和符号的定义

我们可以得

$$h\nu' = \frac{h\nu}{1 + \frac{h\nu}{m_0 c^2}(1 - \cos\theta)} \tag{2.61}$$

其中 $m_0 c^2$ 是电子的静止质量能量($0.511\,\mathrm{MeV}$)。

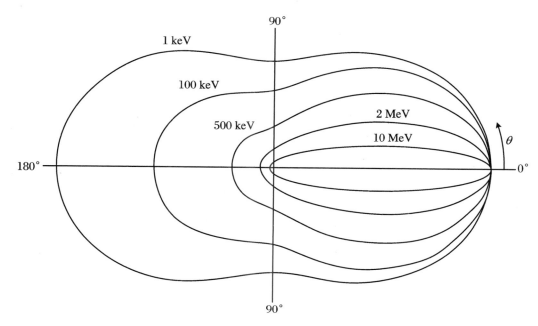

图 2.32　康普顿散射到散射角为 θ 的单位立体角的光子数(从左侧入射)的极坐标图
所标能量为入射光子的初始能量。

介质中每个原子的康普顿散射概率取决于可以发生散射的电子数量,因此概率随 Z 线性增加。

散射 γ 射线的角分布由微分散射截面 $\mathrm{d}\sigma/\mathrm{d}\Omega$ 的克莱因-仁科公式预测:

$$\frac{\mathrm{d}\sigma}{\mathrm{d}\Omega} = Zr_0^2 \left[\frac{1}{1 + \alpha(1 - \cos\theta)}\right]^2 \frac{1 + \cos^2\theta}{2} \left\{1 + \frac{\alpha^2(1 - \cos\theta)^2}{(1 + \cos^2\theta)[1 + \alpha(1 - \cos\theta)]}\right\}$$

(2.62)

其中 $\alpha = h\nu/(m_0 c^2)$,r_0 是经典电子半径($2.817\,9\times10^{-15}\,\mathrm{m}$)。

3. 电子对效应

如果 γ 射线的能量超过了一个电子静止质量的 2 倍($1.022\,\mathrm{MeV}$),那么电子对效应这一过程就有可能发生。较高能量的 γ 射线和高 Z 的介质更容易发生这一过程。当电子对效应发生时,光子消失,并产生电子-正电子对,光子的能量中高于 $1.022\,\mathrm{MeV}$ 的部分作为动能被电子和正电子平分。因为正电子可以和电子结合发射湮灭,产生两个湮灭光子,所以电子对效应往往会有湮灭光子作为次级产物产生。湮灭光子对 γ 探测器的响应信号有重要影响,这一点我们会在闪烁体探测器的章节中进行描述。

为了定性地对比光电吸收、康普顿散射和电子对效应的相对重要性,图 2.33 把这些反应与 γ 光子能量以及介质的 Z 值的关系绘制成一张广为使用的图。由该图可以看到,对于能量较低的入射光子和 Z 较高的介质,光电吸收是光子与介质会发生的最主要的相互作用。相比之下,中等能量的光子主要通过康普顿散射与介质产生相互作用。而对于较高能量的光子(光子能量大于阈值 $1.02\,\mathrm{MeV}$)和高 Z 的材料,电子对效应是最主要的相互作用。

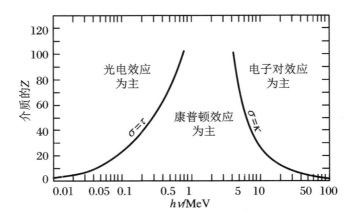

图 2.33　三种 γ 光子和物质相互作用过程的相对重要性

2.5　中子与物质的相互作用

2.5.1　中子的基本特征

中子是组成原子核的基本核子之一,其静止质量为 939.565 420 52(54) MeV/c^2 (1.008 664 915 95(94)u)。中子在原子核外自由存在时不稳定,会发生 β 衰变而转变为质子,其半衰期约为 10.3 min。中子和光子一样不能直接使物质电离,而主要通过与介质原子核的相互作用产生质子、α 粒子、反冲核、γ 等次级粒子,再通过这些次级粒子间接损失能量。中子与物质的相互作用主要指中子与原子核的相互作用。

中子和其他粒子一样具有波粒二象性,但通过物质的波动理论,能量为 E(单位:eV)的中子的约化波长[15]为

$$\bar{\lambda} = \frac{4.55 \times 10^{-12}}{\sqrt{E}} m \tag{2.63}$$

即使中子能量只有 0.01 eV,波长也只有约 4.55×10^{-11} m,而氢原子的直径约为 10^{-10} m。因此,除了能量非常低的中子外,一般在描述中子的运动和中子与原子核相互作用时,把中子当作粒子来描述。

中子按照能量可划分为热中子、超热中子、快中子等。如热中子一般指与周围分子处于热平衡的中子,符合热运动的麦克斯韦分布,当温度为 20 ℃时,热中子的能量为 0.025 eV。不同研究领域的划分标准有所差异。

在 BNCT 的应用中,2023 年国际原子能机构(IAEA)发布的 BNCT 技术报告按照如下的能量范围进行划分[16]:

(1) 热中子:能量低于 0.5 eV 的中子。

(2) 超热中子:能量高于热中子的截止能量 0.5 eV、低于 10 keV 的中子。

（3）快中子：能量大于 10 keV 的中子。

在反应堆物理的应用中，一般以某个分界能量 E_c 以下的中子称为热中子[15]。较高能量的中子（如快中子）减速成低速中子（如热中子）的过程称为中子的慢化。

2.5.2　描述中子和物质相互作用的基本物理量

1. 微观截面 σ

微观截面（microscopic cross section）的物理含义是给定能量的中子和原子核之间发生特定反应的概率。为了描述中子与物质相互作用的概率，我们进行如下推导：对强度为 I（个中子/($cm^2 \cdot s$)）的单能中子束，垂直入射到薄靶（薄靶单位平面内的原子数为 N_A 个/cm^{-2}）上，中子与靶核原子发生反应的速率与中子束的强度和靶核的原子数成正比，比例常数定义为微观截面（σ，cm^2）。这样一来，中子与单位面积的薄靶在单位时间上发生反应的次数 R（$cm^{-2} \cdot s^{-1}$）为

$$R = \sigma I N_A \tag{2.64}$$

微观截面的专用单位是巴恩（barn，符号为 b），$1\ b = 10^{-28}\ m^2$。根据中子和物质相互作用的类型不同，一般会用不同的角标来表示不同相互作用的截面。如散射的微观截面 σ_s、弹性散射的微观截面 σ_e、非弹性散射的微观截面 σ_{in}、吸收的微观截面 σ_a、辐射俘获的微观截面 σ_γ、裂变的微观截面 σ_f、总截面 σ_t 等，并且有

$$\sigma_s = \sigma_e + \sigma_{in} \tag{2.65}$$

$$\sigma_a = \sigma_\gamma + \sigma_f + \cdots（其他会吸收中子的反应的微观截面） \tag{2.66}$$

$$\sigma_t = \sigma_s + \sigma_a \tag{2.67}$$

2. 宏观截面 Σ

接下来，我们考虑一个有一定厚度的靶（图 2.34），入射的中子流强度为 I_0，设 $I(x)$ 为穿透距离 x（在这段距离内没有与物质发生反应）并进入靶物质的中子束流的强度。我们求 $I(x)$ 的表达式。在靶中取一层厚度为 dx 的薄片，这样我们可以使用之前推导得到的结论对 x 到 $x+dx$ 进行分析。

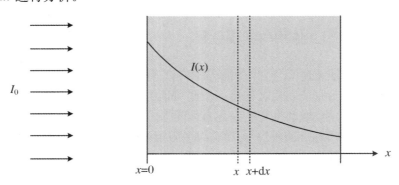

图 2.34　中子束入射到有一定厚度的介质后强度的衰减

在 $\mathrm{d}x$ 中，单位面积上的原子数为 $\mathrm{d}N_\mathrm{A} = N\mathrm{d}x$，其中 N 为单位体积内的原子数（cm^{-3}）。

这样，$\mathrm{d}x$ 中中子和原子核的总反应速率 $\mathrm{d}R$ 为

$$\mathrm{d}R = \sigma_\mathrm{t} I \mathrm{d}N_\mathrm{A} = \sigma_\mathrm{t} I N \mathrm{d}x \tag{2.68}$$

所以从 x 到 $x + \mathrm{d}x$ 与原子发生反应而减少的中子数为

$$-\mathrm{d}I(x) = -\left[I(x + \mathrm{d}x) - I(x)\right] = \sigma_\mathrm{t} I N \mathrm{d}x \tag{2.69}$$

从 0 到 x 进行积分，我们就能得到

$$I(x) = I_0 \mathrm{e}^{-N\sigma_\mathrm{t} x} = I_0 \mathrm{e}^{-\Sigma_\mathrm{t} x} \tag{2.70}$$

其中 Σ_t 是宏观截面（macroscopic cross-section，cm^{-1}），等于原子的总微观截面（σ_t，cm^2）乘以单位体积内的原子总数 N（cm^{-3}）。$I(x)$ 表示中子在介质中每走过单位路径长度与介质中的原子发生相互作用的概率。

$\mathrm{e}^{-\Sigma_\mathrm{t} x}$ 表示一个中子穿过距离 x 并且没有与介质原子发生任何相互作用的概率。

$\Sigma_\mathrm{t} \mathrm{e}^{-\Sigma_\mathrm{t} x} \mathrm{d}x$ 表示一个中子不与介质原子发生任何相互作用的情况下通过距离 x，并且在之后的 $\mathrm{d}x$ 中和介质原子发生相互作用的概率。

如果与中子发生相互作用的介质是化合物或者均匀混合物，则中子与该介质某种反应宏观截面 Σ_x（x 代表在微观截面中介绍过的代表不同作用类型的下标 $\mathrm{e}, \mathrm{in}, \gamma$ 等）是组成该物质的各个元素的宏观截面的总和，即

$$\Sigma_x = \sum N_i \sigma_{xi} \tag{2.71}$$

其中 σ_{xi} 为第 i 种元素的 x 反应类型的微观截面；N_i 为单位体积内第 i 种元素的原子个数。

3. 平均自由程 λ

平均自由程（mean free path）是宏观截面的倒数，表示中子在与介质原子发生两次反应之间走过的平均距离，常用符号 λ 表示：

$$\lambda = \frac{1}{\Sigma} \tag{2.72}$$

同样，对于中子和靶核的不同类型的相互作用，可以定义不同类型的平均自由程，如散射的平均自由程 $\lambda_\mathrm{s} = 1/\Sigma_\mathrm{s}$，吸收的平均自由程 $\lambda_\mathrm{a} = 1/\Sigma_\mathrm{a}$，并且有

$$\frac{1}{\lambda_\mathrm{t}} = \frac{1}{\lambda_\mathrm{s}} + \frac{1}{\lambda_\mathrm{a}} \tag{2.73}$$

2.5.3 中子与物质相互作用的物理过程

中子不携带电荷，不通过库仑力与物质发生相互作用。因此中子几乎不与核外电子相互作用，只与吸收材料的原子核相互作用。中子可能通过与介质原子的几次相互作用就失去全部或失去大部分的能量，产生具有一定能量的质子、α 粒子、其他重带电粒子以及 γ 射线。由于中子与原子核的相互作用不受库仑势垒阻挡，即使中子能量很低，也可以与靶核发生核反应，产生各种次级粒子。这也体现了中子和介质相互作用的另一个特点，即次级粒子的多样性[9]。

不同类型的中子与物质的相互作用可以按照以下三种机制的一种或者几种发生[15]：

① 势散射：是最简单的核反应，是中子波与核表面势相互作用的结果，此种情况下中子并未进入靶核，而是将一部分动能传递给靶核，转化为靶核的动能，势散射前后中子与靶核

系统的能量和动量守恒,是一种弹性散射。

　　② 直接相互作用:能量很高的入射中子直接与靶核内的一个核子碰撞,使得该核子从靶核内发射出来,中子留在靶核内。

　　③ 复合核形成:入射中子被靶核吸收而形成复合核,中子和靶核在质心系中的总动能 E_c 和中子与靶核的结合能 E_b 转给复合核,使其处于激发态。该机制可以分为两个过程:首先,入射中子被核吸收,形成复合核,n + 靶核 $\begin{bmatrix} A \\ Z \end{bmatrix}$ → 复合核 $\begin{bmatrix} A+1 \\ Z \end{bmatrix}$;之后复合核分解为反冲核加散射粒子复合核, $\begin{bmatrix} A+1 \\ Z \end{bmatrix}$ → 反冲核 + 散射粒子。若复合核释放出一个中子且回到基态,则称这个过程为复合弹性散射(或共振弹性散射)。若释放出中子后,剩余核处于激发态,则称这个过程为复合核非弹性散射或共振非弹性散射。

　　若入射中子的能量具有某些特定值,恰好使形成的复合核激发的态接近某个量子能级,则形成复合核的概率会显著增加,可以分为共振吸收和共振散射。

　　原子核与原子核,或原子核与其他粒子(中子、光子等)相互作用引起的各种变化称为核反应,对 A + a→B + b 这样的核反应,一般简写为 A(a,b)B,其中 A 表示靶核,a 表示入射粒子,B 表示剩余核,b 表示出射粒子。同时将核反应过程的反应能 Q 定义为

$$Q = \left[(m_B + m_b) - (m_A + m_a) \right] c^2 = (E_B + E_b) - (E_A + E_a) \qquad (2.74)$$

其中 m_i 表示反应前后相应粒子的原子质量, E_i 表示相应粒子的动能(i 代表 a,A,b 或 B 等下标)。即 Q 可以表示为反应前后静止能量的释放或者参与反应的粒子动能的改变。

　　若 $Q>0$,则称为放热反应,反应后产生的粒子的动能增加;若 $Q<0$,则称为吸热反应,粒子的动能是减少的。

　　根据中子与靶核作用前后的粒子种类,将中子与原子核的反应分为两大类:

　　① 散射:中子与原子核(靶核)发生碰撞,出射中子的能量和方向发生变化,原子核类型不变,但受到反冲或被激发。散射包括弹性散射(n,n)和非弹性散射(n,n′)。② 吸收:中子被靶核吸收,之后产生其他种类的次级粒子,包括(n,γ)、(n,f)、(n,α)、(n,p)反应等。

　　具体而言,散射包括弹性散射和非弹性散射,吸收包括俘获反应和裂变反应等。

　　了解中子和物质相互作用的类型对中子的探测等十分重要。如对中子的探测,通常就是通过探测中子与物质相互作用后产生的次级粒子(γ 射线或者其他次级带电粒子)进行间接探测。

1. 弹性散射

　　若中子与靶核相互作用后,其同位素成分和内能都没有发生变化,则称之为弹性散射。弹性散射包括势散射和复合弹性散射。中子的弹性散射改变其方向和能量,若入射中子动能小于 0.1 MeV,则认为中子在和靶核的质心系中散射是各向同性的,当能量大于 1 MeV时,散射呈现显著的各向异性。这里我们在描述中子的散射时引入质心系,指相对于相互作用的中子和靶核的质心是静止的坐标系,用质心系来描述中子和靶核的相互作用可以大大简化散射过程的运动学计算。质心系一般用 C 表示,而实验室坐标系一般用 L 表示。C 系和 L 系中的运动参数对比见图 2.35,n 代表入射中子,A 代表靶核,C 代表中子和靶核的质心, v_{nL} 和 v_{nC} 分布代表中子在 C 系和 L 系中的速度, v_{CL} 代表质心在 L 系中的速度, v_{AL} 和 v_{AC} 分布代表靶核在 C 系和 L 系中的速度。有关中子和靶核在 C 系和 L 系中的运动学描述也可以参考文献[17]。

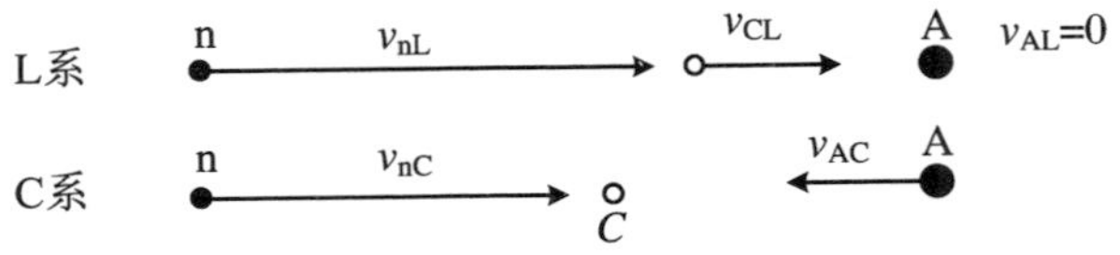

图 2.35　C 系和 L 系中的运动学参数对比

把质心系中能量为 E 的入射中子的散射角余弦记为 μ_C。如果质心系中散射各向同性，则可以直接抽样，$\mu_C = 2\xi - 1$，其中 ξ 是 0 到 1 之间均匀分布的随机数，可以根据能量守恒和动量守恒推导出实验室坐标系中散射角余弦 μ_L 为

$$\mu_L = \frac{1 + A\mu_C}{\sqrt{1 + A^2 + 2A\mu_C}} \tag{2.75}$$

散射中子的能量 E' 为

$$E' = E\frac{1 + A^2 + 2A\mu_C}{(A + 1)^2} = E\frac{(1 + \alpha) + (1 - \alpha)\mu_C}{2} \tag{2.76}$$

其中 $\alpha = \left(\dfrac{A - 1}{A + 1}\right)^2$。可以看出，散射中子的角度和散射后的能量是可以一一对应的，通过抽样确定中子在质心系中的散射角，就可以确定中子在实验室坐标系中的散射角和散射中子的能量。有关中子弹性散射后的角度分布的推导也可以参考文献[18]。

弹性散射是中子非常重要的核反应之一，在中子的所有能量范围内都可能发生，低能中子与低 Z 材料（水、石蜡等含氢较多的材料）更容易发生弹性散射（即反应截面较大），从而快速损失能量。在弹性散射过程中，散射前后中子-靶核系统的动能和动量守恒，靶核的内能没有变化，所以可以根据能量守恒和动量守恒定律，用经典力学的方法来处理。

能量为 E 的快中子被减速为 E_N 时需要的平均碰撞次数和每次碰撞的平均对数能量损失为

$$\xi = \frac{1}{N}\ln\frac{E_1}{E_N} \tag{2.77}$$

其中 ξ 是仅与靶核质量 M_A 有关的量，当 $M_A > 2$ 时，有

$$\xi \approx \frac{2}{M_A + 2/3} \tag{2.78}$$

对于 2 MeV 的快中子，如果要减速到热中子（约 0.025 eV），对于不同的靶核所需要的平均碰撞次数如下：^{1}H，18 次；^{12}C，114 次；^{238}U，2 172 次。可以看出，随着靶核质子数的增大，平均每次碰撞的能量损失减少，轻元素（特别是 ^{1}H）是良好的中子减速剂。在中子防护中也常选用含氢物质（如水、聚乙烯、石蜡、石墨、氢化锂等）作为快中子的屏蔽材料。中子和 ^{1}H 的弹性散射反应 ^{1}H(n,n)p 也是快中子探测的重要方法，这一反应是第 1 章查德威克的实验中，中子与石蜡主要发生的反应。查德威克通过探测这一反应产生的反冲质子，间接实现了对中子的探测。

2. 非弹性散射

中子和靶核发生散射后，靶核的成分没有改变，但是处于激发态，这个过程称为非弹性散射。非弹性散射的机制可以分为直接相互作用和复合核过程。这种过程中靶核会发射一个动能较低的中子，自身处于激发态，随后通过发射一个或多个 γ 光子返回基态。非弹性散

射过程中,入射中子损失的动能不仅使靶核受到反冲,还有一部分转化为靶核的内能,使得靶核处于激发态。因此中子和靶核虽然总能量守恒,但是靶核的内能发生了改变,总动能不守恒。

　　和弹性散射不同,非弹性散射具有阈能,只有入射中子的动能高于靶核的第一激发能级时才能使靶核激发。如中子和^{1}H 就无法发生非弹性散射,因为^{1}H 没有激发态能级。靶核的第一激发能级越低就越容易发生非弹性散射,重核的第一激发能级比轻核低,快中子和重核相互作用时,与弹性散射相比,非弹性散射占优势。一次非弹性散射可以使中子损失大量能量,快中子经历几次非弹性散射就可以把能量降低到靶核的第一激发能级下,从而不再发生非弹性散射,而是继续通过弹性散射损失能量。因此在中子的屏蔽设计中,往往采用重金属和轻元素交替组成的屏蔽,重金属可以起到减速高能量的中子和吸收中子产生的次级 γ 射线的作用,而轻元素可以高效慢化能量较低的中子[9]。

3. 俘获反应

（1）辐射俘获

辐射俘获是很常见的吸收反应。在这一过程中,中子被靶核吸收,靶核进入激发态,通过释放 γ 射线来退激,用(n, γ)表示,它的反应式一般为

$$^1_0 n + ^A_Z X \rightarrow (^{A+1}_Z X)^* \rightarrow ^{A+1}_Z X + \gamma \tag{2.79}$$

辐射俘获可以在所有中子能量下发生,但低能中子与中等质量的核、重核作用时更容易发生这种反应。生成的核$^{A+1}_Z X$往往具有放射性,但核也可能是稳定的。这一反应对于医用放射性同位素的制备十分重要。不同核素的热中子俘获截面差别很大。如金属镉 Cd 具有非常大的热中子辐射俘获截面,它常用于做热中子的吸收剂或者控制反应堆功率。

（2）带电粒子反应：(n, α),(n, p)等

通常需要中子具有较高的能量才能发生这类反应,但有一个明显的例外：^{10}B$(n, \alpha)^7$Li。该反应对低能量的中子有非常大的反应截面,如当中子的能量在热中子范围时,该反应的微观截面可以达到 3 840 b,相比之下热中子和氢的弹性散射截面只有 20 b 左右。该反应可以用于核反应堆的反应性控制,热中子探测（如 BF$_3$ 计数管）,也是硼中子俘获治疗的基本原理。在重核中,因为发射的电荷粒子必须克服库仑势垒才能逃离原子核,所以反应截面非常小。

　　此外,在反应堆中,还有另一个重要的(n, p)反应：^{16}O$(n, p)^{16}$N。该反应是反应堆中水的放射性的主要来源。^{16}N 会发生 γ 衰变,释放出三种高能 γ 射线：7.12 MeV（5%）,6.13 MeV（69%）,2.75 MeV（1%）。由于^{16}N 的半衰期只有 7.13 s,所以该反应一般不会造成环境污染,也不会对检修造成危害。

（3）可以实现中子增值的反应：$(n, 2n)$,$(n, 3n)$

这类能让中子增值的反应一般分为两步：第一步是入射中子与靶核发生非弹性散射；第二步,如果剩余能量的激发能高于最后一个中子的结合能,则中子可以自由逃逸。$(n, 2n)$的能量阈值一般为 7～10 MeV,对 Be 是 1.8 MeV。$(n, 3n)$的能量阈值一般是 11～30 MeV。图 2.36 展示了^{238}U 发生$(n, 2n)$,$(n, 3n)$反应的截面随能量的变化。

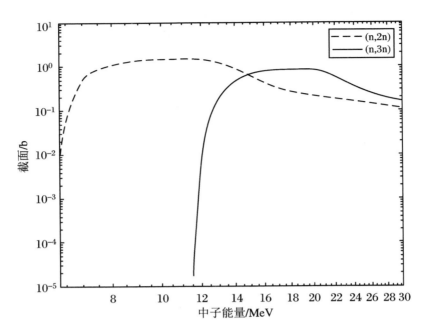

图 2.36 ^{238}U 的(n,2n),(n,3n)反应截面随能量的变化

(核数据来源:ENDF Ⅷ.0 核数据库)

4. 裂变反应

中子和某些重核发生碰撞时,核会分裂成两个大的碎片,同时释放出大量能量,这一过程称为裂变:

$$_{0}^{1}n + _{Z}^{A}X \longrightarrow _{Z_{1}}^{A_{1}}X + _{Z_{2}}^{A_{2}}X + n + 200\ MeV \tag{2.80}$$

一些核素(^{233}U,^{235}U,^{239}Pu,^{241}Pu 等)在各种能量的中子作用下均能发生裂变,并且与低能量的中子发生裂变的可能性较大,它们称为易裂变核素。还有一些同位素(^{232}Th,^{238}U 和^{240}Pu 等)只有在能量高于一定阈值的中子作用下才能发生裂变,通常称为可裂变核素。

2.5.4　微观截面的能量相关性

一般情况下,微观截面随着入射中子的能量增加而减小。在低能区段($<1\ MeV$),(n,n)反应的截面接近定值;(n,γ)反应的截面和$1/v$(v 是中子速度)成正比。在能量为 keV 的区域,对于中等质量的核和重核,由于有共振吸收的现象,吸收截面会偏离$1/v$,如图 2.37 所示。

对于重核,在 eV 的能量区段,会产生共振峰;到了 keV 的能量区段,共振峰会非常接近,以至于难以区分;到了 MeV 的能量区段,共振峰更宽更小,微观截面变得平滑。

对于轻核,共振只在 MeV 的能量区段发生,图 2.38 展示了^{12}C 的共振峰。其共振峰又宽又小。氕和氘是例外,它们完全没有共振峰,原因是这两种核素的原子核没有激发能级。除此之外,质子数和中子数为幻数(magic number)的核素的行为可能更像轻核。

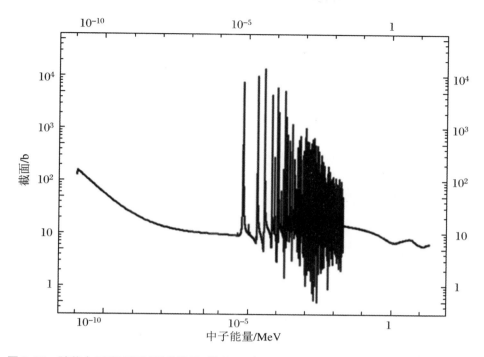

图 2.37　随着中子速度(动能)的降低,热中子(在 $1/v$ 区域)的吸收截面增加(核数据来源:CENDL-3.2 核数据库)

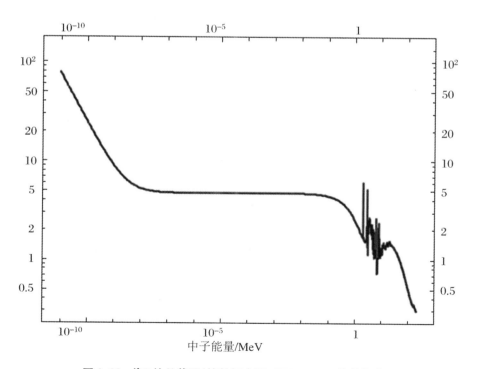

图 2.38　^{12}C 的总截面(核数据来源:CENDL-3.1 核数据库)

5. 热中子散射的修正

一般对于能量较高的超热中子和快中子,在考虑中子和靶核的相互作用时,通常假定靶核是静止的。然而对于能量较低的中子(能量为 eV 级),不能忽略靶核的热运动、化学束缚或晶格效应,需要对碰撞进行修正。一般有两种修正方法:自由气体模型(free gas model)和 $S(\alpha,\beta)$ 模型。两种模型的说明可以参考文献[19]。自由气体模型通过抽样靶核的速度获得中子和靶核的相对能量,然后模拟碰撞,反应后再把粒子状态转换为实验室坐标系下。此时弹性散射的截面需要基于 0 K 时的截面进行一定的修正。对于非裂变核,修正因子[18]为

$$F = (1 + 0.5/a^2)\mathrm{erf}(a) + \exp(-a^2)/(a\sqrt{\pi}) \tag{2.81}$$

其中 $a = \sqrt{AE/(kT)}$,A 为原子质量,E 为中子能量,T 为温度。而对于裂变核,需要基于"零"温截面的多温截面在线多普勒(Doppler)展宽,需要更精细的拟合插值公式。

对于某些物质,由于化学束缚和晶格效应,自由气体模型无法精确描述热中子在这些物质中的热散射,因此需要用到 $S(\alpha,\beta)$ 模型。$S(\alpha,\beta)$ 模型的做法是产生特殊的热中子库,根据这个库对热中子散射后的状态进行抽样。一般对于 4 eV 以下的中子和特定的物质需要使用该模型,目前的 ENDF/B Ⅷ.0 核数据库的热中子散射子库提供了轻水、重水、聚乙烯、石墨、二氧化铀、铍、氧化铍、二氧化硅、有机玻璃、氢化锂、碳化硅、轻水冰、反应堆石墨、单质氮化铀、铝、苯、液态正/反-氢、液态正/反-氘、液态和固态甲烷、铁和氢化锆这 24 种材料的评估数据[20]。

2.5.5　在辐射探测的角度下中子和物质的相互作用

探测中子并得到我们想了解的中子源的信息(中子的能量、中子源的通量等),对于利用中子十分重要。探测中子的基本方法是利用中子和介质的相互作用产生的次级粒子,通过探测这些次级粒子来间接实现对中子的探测。由于不同能量的中子和介质相互作用的过程不同,因此探测不同能量的中子的基本原理会有一定的差异。

当中子的能量较低时,中子和介质发生两种反应的截面较高,这两种反应是弹性散射和辐射俘获。当发生弹性散射时,由于中子本身的能量也很低,只有很少的能量可以转移到原子核,难以产生次级带电粒子,很难通过利用这种物理过程来间接探测中子;如果发生的是辐射俘获(n,γ),则可以产生次级 γ 射线,可以通过探测次级 γ 射线来间接探测中子。也可以通过其他俘获反应(如 $^{10}\mathrm{B}(\mathrm{n},\alpha)$)实现探测。

当中子的能量较高时,即使是中子和介质原子发生弹性散射,也会有较多的能量转移到靶核,可能产生反冲核,从而实现对中子的探测。也可以用含氢较高的材料作为慢化层将快中子慢化,然后再采用上述思路通过探测次级 γ 射线或者其他次级粒子实现对中子的探测。但后一种方法会丢失入射中子的能量信息。

2.6　核 数 据 库

2.6.1　简介

　　核数据是指描述原子核自身特性以及原子核与其他粒子或辐射相互作用的数据集合，比如微观截面、次级粒子的能量和角度分布等。这些数据可以描述核反应、放射性衰变、辐射输运等核能领域的现象。在核能领域中，核数据是进行反应堆设计、核能源系统性能评估和放射性废物管理等方面的必要输入数据。这些数据的质量和准确性对于核能领域中的许多应用都非常重要，例如想要提高核设计的精度，既可以努力改进计算模型和方法，提高计算的准确性，也可以提高核数据的精确性。因此核数据的研究和评价一直是核能领域中的热门研究课题之一，关系到从事粒子输运问题研究和计算能否得到正确的结果[21]。

　　自从 19 世纪法国的贝可勒尔（A. H. Becquerel）发现天然放射性后，科学家们就开始了原子核特性的核数据研究；1932 年查德威克发现中子后，人们就开始测量中子诱发核反应的数据，特别是美国在曼哈顿计划实施前后对中子的核数据的搜集。20 世纪 60 年代后期，随着原子核基础研究的进步，和平利用原子能与核技术的需求增大，国际上科技发达的国家和地区相应建立起各自的核数据研究机构和制定研究计划。如 1966 年美国启动截面评价工作组（Cross Section Evaluation Working Group，CSEWG）计划，经济合作与发展组织（Organization for Economic Co-operation and Development，OECD）的核能署（Nuclear Energy Agency，NEA）建立数据银行（Data-Bank），制定国际核数据评价合作组织计划（Working Party on International Nuclear Data Evaluation Co-operation，WPEC），IAEA 建立核数据科，并牵头组建国际核反应数据中心网络（International Network of Nuclear Reaction Data Centres，NRDC）以及国际核数据评价网络（International Nuclear Data Evaluation Network，INDEN）等。这些计划包括核数据实验测量、核数据评价建库以及核数据宏观检验技术研究。同时，美、欧、俄等国家和地区与 IAEA 的核数据国际合作也逐渐展开，我国于 1975 年正式成立了中国核数据中心（CNDC），并于 1984 年正式加入 IAEA 后参与了核数据研究的国际合作。随着计算机技术的发展，核数据库的规模和精度也在不断提高。未来，随着核能领域的不断发展和需求的不断增加，核数据库的研究和应用将继续成为核能领域中的热门研究课题之一[21]。

　　核科学和工程的实践需要很全面的核数据，实验测量核数据面临的问题包括：① 目前人类所掌握的知识和技术无法用实验获得所有的原子核特性，以及各种粒子与原子核发生反应的信息；② 一些已有的实验测量结果之间存在很大的分歧，需要进行评价分析才能提供给用户使用；③ 核工程、核装置的设计研制通常需要全能区完整的数据，但是实验测量只能给出部分数据[21]。

　　为了解决上述的问题，需要开展核数据评价研究，利用核反应、原子核结构模型相关的理论知识预测无法测量或者实验测量有分歧的核数据，并结合已有的实验测量数据评价给出物理上合理、数据种类齐全和能区全的评价核数据。评价后的核数据根据需要形成不同种类和格式的评价核数据库,如全套评价中子核数据库、裂变产额核数据库、衰变数据库等。目前,国际上主要的核数据评价计划包括美国 ENDF、欧洲 JEFF、日本 JENDL、中国 CEN-DL 和俄罗斯 BROND,基于这些研究计划,形成了相应的国际五大主流评价核数据库。近年来,随着欧洲 TALYS 程序的发展成熟,基于 TALYS 程序计算得到的 TENDL 数据库也越来越得到认可。下面将简单介绍这些核数据库。

2.6.2 不同的核数据库介绍

1. ENDF 数据库

ENDF(Evaluated Nuclear Data File)数据库[20]是以美国布鲁克海文国家实验室(Brookhaven National Laboratory,BNL)为主,并和美国、加拿大的近 20 个实验室进行合作的产物(https://www.nndc.bnl.gov/endf/)。其目的是提供适用于各种中子学和光子学计算所需要的通用格式的数据,包括中子和光子的截面库和一系列程序代码。ENDF 数据库最初的版本是在 1968 年发布的,此后经过多次更新和扩展,已经成为了世界上使用非常广泛的核数据库之一。ENDF 数据库由 ENDF/A 和 ENDF/B 两个库组成。ENDF/A 主要储存各种核素的原始核数据。ENDF/B 则是经过评价后的核数据,对某一特定核只包括一组评价过的截面,被认为是核反应堆设计的标准截面库或核数据来源,能够为反应堆物理、屏蔽设计及燃料管理计算提供所需的核数据。目前,最新的 ENDF/B 是 2018 年发布的 ENDF/B-Ⅷ.0,该版本包括 15 个子库,包括过去六年来美国和国际核科学界的工作成果。该库以传统的 ENDF-6 格式发布,同时还以一种新的通用核数据库结构(GNDS)格式发布。

与以往的 ENDF 版本一样,ENDF/B-Ⅷ.0 库并非独立开发,而是通过与世界各地平行组织的密切互动不断交流开发。与 ENDF/B-Ⅶ.1 相比,ENDF/B-Ⅷ.0 库在主要锕系元素和其他核素的中子反应方面发生了重大变化,此外,重要的同位素^{1}H,^{16}O,^{56}Fe,^{235}U,^{238}U 和^{239}Pu 的进展已纳入 ENDF/B-Ⅷ.0。ENDF/B-Ⅷ.0 的其他改进包括对次要锕系元素、结构材料、轻核素、剂量测定截面、裂变释放能、衰变数据、带电粒子反应以及模拟低能量下热中子散射数据的更新。

2. JEFF 数据库

JEFF(Joint Evaluated Fission and Fusion File)[22]是由 OECD 下属的核能署发布的核数据库。目前,最新的版本是 2017 年 11 月发布的 JEFF-3.3(https://www.oecd-nea.org/dbdata/jeff/jeff33/index.html),预计会在 2024 年正式发布 JEFF-4.0。JEFF-3.3 是一个用于核技术应用领域的通用库,包括核能和非能源应用。该版本的更新集中在改进中子输运计算的子库,以更好地用于工业和实验核反应堆的设计、性能和安全评估、核燃料的临界安全分析、核保障与安全以及基础科学。JEFF-3.3 的开发针对多种新型反应堆、加速器驱动系统和聚变技术发展计划的需求,以及支持压水堆和沸水堆的维护或改进。该数据库包括中子、质子、氘、氚、氦、α 粒子、光子、电子等的反应数据,以及衰变数据的文件,裂变产物产额数据的文件、热中子散射数据的文件、活化的数据的文件和原子位移数(displacements per atom,dpa)文件。JEFF-3.3 从 TENDL 库中获取了大量中子诱导反应的数据,同时采用了 TENDL-2017 库用于光子、质子、氘、氚、氦和 α 粒子的诱导反应,替换了 JEFF-3.1 和以前版本的活化库的质子库。对于轻元素,则从 ENDF/B-Ⅷ.0 中选取了一些文件。JEFF-3.3 库基于早期版本进行了大量改进,区别包括:

- 新的主要锕系元素评价;
- 一些用于结构和屏蔽材料、冷却剂和裂变产物的新评价核数据;
- 光子发射方面的改进;
- 缓发中子;
- 新的衰变数据库;
- 新的裂变产额库;
- 新的热散射评价。

3. CENDL 数据库

中国评价核数据库(Chinese Evaluated Nuclear Data Library,CENDL)[23]是用于核工程、核能开发、核技术应用与基础研究等领域的通用评价核数据库,主要包含中子诱发核反应的各种评价核反应数据,如反应截面、角分布、能谱、双微分截面等数据,是核反应重要的基础数据库(http://www.nuclear.csdb.cn/endf.html)。2020 年 6 月,我国发布了最新版评价核数据库 CENDL-3.2[23]。用户可以在线检索数据。

CENDL-3.2 采用国际通用的 ENDF-6 数据格式,中子入射能量范围为 10^{-5} eV～20 MeV。相较前一版本 CENDL-3.1,核素数量由 240 种增加至 272 种,数据质量、数据种类均有大幅度提升。使用我国自主研发的核反应模型程序系统 UNF 的最新版,利用包含我国自主测量在内的最新实验测量数据,对 135 个核素的中子反应数据进行了重新评价和计算,其中包括核能和核技术应用中重要的核素氢、^{6}Li、^{7}Li、^{56}Fe、^{235}U、^{238}U 和 ^{239}Po、^{240}Po 等的中子反应数据。对于核数据用户急需的截面数据协方差文档,基于我国自主研制的利用广义最小二乘法评估理论模型参数的不确定性,CENDL-3.2 给出了 70 个裂变产物核的主要核反应截面模型相关协方差数据,实用性较前一版本有大幅提高。

4. JENDL 数据库

JENDL(Japanese Evaluated Nuclear Data Library)[24]是由日本原子能研究所建立和维护的核数据库。目前,最新的版本是 JENDL-5.0,发布于 2021 年(https://wwwndc.jaea.go.jp/index.html)。此前于 2010 年发布的 JENDL-4.0 是针对微量锕系元素和裂变产物的核数据开发的,旨在促进新型核反应堆的设计、轻水反应堆中钚铀氧化物(MOX)燃料的使用、商业核电反应堆的长期运行等。JENDL 计划开发多种不同的功能文件以用于不同的研究目的,JENDL-5.0 是出于核数据通用目的和对于上述的特殊目的核数据文件的集成而开发的,由 11 个子库组成,包括中子反应、热中子散射、裂变产物产额、衰变数据、质子反应、氘的反应、α 粒子的反应、光核反应、光原子反应、电原子反应和原子弛豫。

5. BROND 数据库

BROND[25]是俄罗斯的评价核数据库,第一个版本发布于 1986 年。1993 年后发布的 BROND-2.2 中,包括从 ^{1}H 到 ^{244}Cm 的 121 种材料,给出了所有相关的截面和中子诱导反应的微分数据,能量范围从 1.0×10^{-5} eV 到 20 MeV;此后更新的 BROND-3 涵盖了中子在

10^{-5} eV 到 20 MeV 能量范围内引起 14 种导致核素活化的阈值反应,如$(n,2n)$,$(n,3n)$,(n,p),(n,np),(n,α),$(n,n\alpha)$,(n,d),(n,t)反应以及辐射俘获反应,该库包括 219 个文件。目前,该数据库最新的版本是 2016 年发布的 BROND-3.1,包括 372 个文件,涵盖了从氢到锝元素和从热中子到 20 MeV 的中子能量范围的数据,所有文件都经过了国际格式 ENDF-6 的格式验证。可以通过访问 https://vant.ippe.ru/en/brond-3-1.html 下载该数据库的文件。

6. TENDL 数据库

TENDL(TALYS Evaluated Nuclear Data Library)[26]是基于模拟核反应的开源的核数据模型程序 TALYS [27]等开发的核数据库,用于基础物理和应用,当前的最新版是 2021 年发布的 TENDL-2021(https://tendl.web.psi.ch/tendl_2021/reference.html)。目前 TENDL 的开发人员主要来自 IAEA 和瑞士保罗·谢勒研究所(Paul Scherrer Institute,PSI)。TENDL 库的开发工具是称为 T6(TALYS,TEFAL,TASMAN,TARES,TAFIS 和 TANES)的代码包,每个代码都产生库的一部分,这些代码和处理方法由该库的开发人员贡献,但社区的帮助与反馈也为库的建立起到了重要作用。TENL-2021 共有 10 个子库,包括中子、质子、氘、氚、^{3}He、α 粒子、γ 等粒子的数据库,适用于所有寿命超过 1 s 的同位素,从 ^{1}H 到^{291}Mc,共约 2800 个同位素,最高粒子能量可达 200 MeV;还有 3 个分别用于裂变产物、热中子散射和天体物理的数据库。TENDL-2021 有部分内容来自其他数据库,如主要的锕系元素数据来自 ENDF/B-Ⅷ数据库,因为这些部分优于当前 TALYS 的能力。TENDL 主要用于非临界性分析,如非扩散、活化、衰变热、辐射损伤等。它覆盖了其他库中通常缺少的一些核数据。

习　　题

选择题:根据题干,选出最合适的一个或多个选项。

1. 下面有关粒子和物质相互作用的过程和相关物理量说法正确的是(　　)。

A. 压水堆和沸水堆采用水作为慢化剂是利用低能中子和 H 的非弹性散射过程降低中子的能量

B. 光电吸收、康普顿散射和电子对效应都属于光子和物质相互作用的类型

C. 放射性活度单位 Ci 和 Bq 的关系是 1 Ci = 3.7×10^{9} Bq

D. 照射量用于衡量间接电离辐射(中子、X 射线、γ 射线等)在空气中电离产生的电荷数量

2. 以下对放射性衰变和辐射源说法正确的是(　　)。

A. 产生裂变碎片的辐射源一般具有线谱,原因是入射粒子能量确定后,反应的 Q 值确定,则裂变碎片的动能是一定值

B. β^+ 衰变产生的正电子的结果一般是和材料中的电子发生湮灭,产生一个能量等同于这两个电子静止质量之和的光子

C. 特征 X 射线、α 衰变产生的 α 粒子以及 β 衰变产生的 β 射线一般都是单能的

D. 轫致辐射一般来源于快速电子和物质的相互作用,且具有连续的能谱

3. 下面关于散射光子的说法正确的是(　　)。

A. 散射光子的极角余弦 μ 服从 $[0,2\pi]$ 上的均匀分布

B. 散射光子的方位角 θ 服从以克莱因-仁科公式为特征的概率分布

C. 极角余弦 μ 和方位角 θ 唯一地定义了散射光子的飞行方向

D. 低能状态下散射光子更容易发生小角度的散射(趋前性更明显)

简答题:根据提供的材料或题干,对问题进行简要回答与分析。

4. 一个动能为 4 MeV 的电子进入体积 V 中,当它离开 V 时,将 0.5 MeV 的能量携带出体积 V。同时,它将产生一个 1.5 MeV 的 X 射线,这个 X 射线将会逃逸出体积 V。问:

(1) 被转换的能量为多大?

(2) 被转换的净能量为多大?

(3) 给予体积 V 的能量为多大?

5. 辐射能谱可以主要分为两类:由一个或多个离散的能量组成的能谱(线谱,line spectra)和由一个连续的能量分布(连续能谱,continuous spectra)构成的能谱。对于下面列出的每种辐射源,说明"线"或"连续"中的哪一个是对源更好的描述:

(1) α 粒子;

(2) β 粒子;

(3) γ 射线;

(4) 特征 X 射线;

(5) 内转换电子;

(6) 俄歇电子;

(7) 裂变碎片;

(8) 轫致辐射;

(9) 湮没辐射。

6. 如果产生自同样的核激发能,则以下哪一种电子有更高的能量?

(1) 来自 L 层的内转换电子;

(2) 来自 M 层的内转换电子。

7. 在光子与物质的三种主要相互作用(光电吸收、康普顿散射、电子对效应)中,哪种在如下的情况中起主导作用(可以参考图 2.33)?

(1) 1 MeV 的 γ 射线与铝(Al)发生相互作用;

(2) 100 keV 的 γ 射线与氢(H)发生相互作用;

(3) 100 keV 的 γ 射线与铁(Fe)发生相互作用;

(4) 10 MeV 的 γ 射线与碳(C)发生相互作用;

(5) 10 MeV 的 γ 射线与铅(Pb)发生相互作用。

8. 压水堆和沸水堆通过低能的热中子与核燃料发生裂变而释放能量,同时采用水作为

反应堆产生的中子的慢化剂。请从中子与物质相互作用的类型和反应截面两方面回答：为什么水适合做中子的慢化剂？

9. 已知对于制备 ^{60}Co 的涉及的主要核反应为 ^{59}Co$(n,\gamma)^{60}$Co。请判断该反应属于哪一大类核反应（吸收或散射）和哪种核反应的机理。

计算题：根据题干，请写出计算公式与步骤。

10. 计算 1 MeV 的 γ 光子发生散射角为 90° 的康普顿散射后的能量。

11. 水的密度为 10^3 kg/m^3，对能量为 0.0253 eV 的中子，氢核和氧核的微观吸收截面分别为 0.332 b 和 2.7×10^{-4} b，计算水对该能量的中子的宏观吸收截面。

12. 一个在火车上的点状源每秒向四面八方各向同性地发射出 10^8 个中子，中子落到其屏蔽装置之外而入射到与铁轨的水平距离为 3 m 的铁路站台上。火车从远处以 60 km/h 的速度直线经过站台，并继续驶向远处。忽略中子的散射和减弱，问打到站台上的旅客身上的中子的注量为多少？（假定旅客上身高于铁轨高度，与源距铁轨的高度相同）

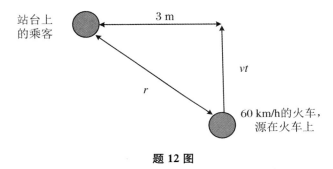

题 12 图

第 3 章　辐射探测器

辐射探测器是核科学技术领域中的重要工具,在基础研究、工业应用、医学成像等方面发挥着不可或缺的作用。本章将介绍辐射探测器的基本原理、主要类型及应用,分为四节:3.1 节着重介绍辐射探测器的基本性质和工作原理;3.2 节介绍常见的气体探测器、闪烁体探测器和半导体探测器以及它们的主要应用;3.3 节介绍 γ 光子探测和能谱学;3.4 节介绍中子探测和壁效应。通过本章的学习,读者可以对辐射探测方法和辐射探测器有基本的认识,并了解本书附录 B 中模拟辐射探测器的背景知识。

3.1　辐射探测器的一般性质

辐射粒子在探测器室中与介质发生相互作用的时间非常短(气体中通常为几纳秒,固体中为几皮秒),因此,大多数情况下认为辐射能量的沉积是瞬时的。假设在 $t = 0$ 时刻,由于单个粒子相互作用而在探测器内产生电荷 Q,探测器需收集这个电荷以形成基本电信号。

通过在探测器内施加电场来收集电荷,这使由辐射产生的正负电荷沿相反方向移动。完全收集电荷所需的时间在不同的探测器中差异很大。例如,在电离室中,收集时间长达几毫秒,而在半导体探测器中,该时间为几纳秒。这些时间反映了探测器的灵敏体积内电荷载流子的迁移率,以及粒子在到达收集电极之前的平均移动距离。探测器对单个粒子或辐射粒子的响应是一个电流,其持续时间等于电荷收集时间。图 3.1 展示了探测器中电流可能呈现的时间依赖关系,t_c 表示电荷收集时间。

电流在整个持续时间内的时间积分等于 Q,即在该特定相互作用中产生的总电荷量:

$$\int_0^{t_c} i(t)\mathrm{d}t = Q \tag{3.1}$$

通常情况下,入射的辐射粒子会在一段时间内持续与探测器发生相互作用。如果辐射通量密度很高,则多个相互作用产生的电流可能同时存在。假设电流响应的速率足够低,以便每个单独的相互作用引起的电流可以与其他所有电流区分开来。每个电流脉冲的幅度和持续时间可能因相互作用类型而异,然后探测器中流动的瞬时电流的示意图可能如图 3.2 所示。

由于辐射粒子的到达分布是由泊松统计控制的随机现象,因此连续电流脉冲之间的时间间隔也是随机分布的。

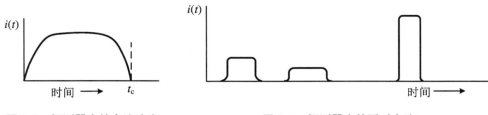

图 3.1　探测器中的电流响应　　　　图 3.2　探测器中的瞬时电流

3.1.1　探测器工作方式

辐射探测器通常有三种工作模式：电流模式（current mode）、均方电压模式（mean square voltage mode，简称 MSV 模式，也称为坎贝尔模式）和脉冲模式（pulse mode）。脉冲模式是最常见的应用模式，电流模式也有许多应用。均方根电压模式仅限于一些利用其独特性质的专业应用。

1. 电流模式

在图 3.3 中，展示了一种测量电流的装置，连接在辐射探测器的输出端子上。

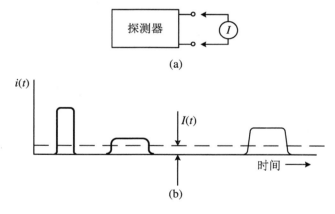

图 3.3　(a)测量电流的装置和(b)辐射探测器的输出信号

假设测量设备具有固定的响应时间 T，则来自一系列事件的记录信号将是一个随时间变化的电流，其表达式为

$$I(t) = \frac{1}{T}\int_t^{t+T} i(t')\mathrm{d}t' = 单个电流脉冲的平均值 \qquad (3.2)$$

响应时间 T 通常比来自探测器的单个电流脉冲之间的平均时间长得多，所以其效果是许多单个辐射相互作用间隔的波动的平均，并记录了一个平均电流，该电流取决于相互作用速率和每次相互作用的平均电荷的乘积。在电流模式下，这些单个电流脉冲的时间平均值作为基本信号被记录下来。

然而由于事件到达时间的随机波动，该信号存在统计不确定性。选择大的 T 将最小化信号中的统计波动，但也会减缓对辐射相互作用率或性质的快速变化的响应。

平均电流由事件发生的速率和每个事件产生的平均电荷的乘积给出：

$$I_0 = rQ = r\frac{E}{w}q \tag{3.3}$$

此处 r 为事件发生的速率，Q 为每个事件的电荷，E 为每次事件的平均能量沉积，w 为产生一个电子-离子对所需的平均能量，q 为 1.6×10^{-19} C。

在稳态辐照情况下，这个平均电流也可以被重写为一个恒定电流 I_0 与一个时间相关的波动成分 $\sigma_i(t)$ 的和，如图 3.4 所示。

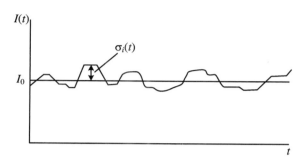

图 3.4　平均电流与时间相关的波动

这里的 $\sigma_i(t)$ 是一个随时间变化的随机变量，该随机分量的统计度量是方差或均方值，定义为随时间变化的电流 $I(t)$ 与平均电流 I 之间差的平方的时间平均值。这个均方值可以表示为

$$\overline{\sigma_I^2(t)} = \frac{1}{T}\int_{t-T}^{t}\left[I(t')-I_0\right]^2 \mathrm{d}t' = \frac{1}{T}\int_{t-T}^{t}\sigma_i^2(t')\mathrm{d}t' \tag{3.4}$$

如果每个脉冲都贡献相同的电荷，则由于脉冲到达时间的随机波动，测量信号的相对标准偏差可表示为

$$\frac{\overline{\sigma_I(t)}}{I_0} = \frac{\sigma_n}{n} = \frac{1}{\sqrt{rT}} \tag{3.5}$$

其中 t 是测量电流标准差的时间平均值，T 为电流表的响应时间，I_0 是测量仪器读数的平均。

需注意的是，在推导中，假设每个事件产生的电荷量 Q 是恒定的。因此，该结果仅考虑脉冲到达时间的随机波动，而不考虑脉冲幅度的波动。当辐射粒子密度非常大时，许多探测器都使用电流模式进行测量。用于辐射剂量测量的探测器也采用电流模式。

2. 均方电压模式

电流信号通过一个电路元件时，该元件会阻止平均电流 I，只传递波动成分 $\sigma_i(t)$。通过提供额外的信号处理元件，现在计算 $\sigma_i(t)$ 的振幅平方的时间平均值，这些处理步骤如图 3.5 所示。

图 3.5　均方电压模式工作示意图

可以预测以这种方式推导出的信号大小为

$$\overline{\sigma_I^2(t)} = \frac{rQ^2}{T} \tag{3.6}$$

这种模式最适合在存在多种辐射混合的环境中进行测量,其中某种辐射产生的电荷需要不同于其他辐射产生的电荷。在均方电压模式下,测量得到的电信号与每个事件产生的电荷的平方成正比。因此,这种模式将进一步增强探测器对产生更大平均电荷的辐射类型的响应。均方电压模式在反应堆仪表中有广泛应用,如在 γ 射线与中子的混合辐射场的情景下,用于增强与 γ 射线事件引起的响应相比振幅较小的中子信号。

3. 脉冲模式

在多数情况下,仅有脉冲模式才能提供各个事件的振幅和时间信息。单个事件产生的信号脉冲的性质取决于探测器连接的电路(通常是前置放大器)的输入特性。等效电路通常如图 3.6 所示。

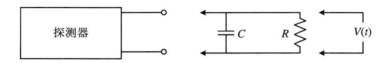

图 3.6 脉冲模式的等效电路图

在图 3.6 中,电路输入电阻 R 和等效电容 C 决定了信号的处理方式。R 是前置放大器的输入电阻,而 C 包括探测器、连接电缆和前置放大器的电容。时间常数 $\tau = RC$ 影响信号电压 $V(t)$ 的变化,关键在于它与电荷收集时间 t_c 的相对大小。当 τ 远小于 t_c 时,负载电阻上电流反映探测器内的瞬时电流,适合高事件率或重视时间信息时使用(图 3.7(a))。相反,当 τ 远大于 t_c 时,电荷积累并随后通过负载电阻放电,使电压逐渐归零(图 3.7(b)),常见于需要获得精准的能量信息的场合。这种操作模式下,脉冲的上升时间由探测器内电荷收集速率决定,而下降时间则由 RC 时间常数控制。脉冲模式操作的探测器输出由多个信号脉冲组成,每个脉冲对应于探测器内部一次辐射粒子的相互作用,脉冲频率反映了辐射事件的速率,而脉冲幅度 $V_{max} = CQ$ 与相互作用产生的电荷量成比例,提供了事件能量的信息。与电流模式不同,脉冲模式能够保留每次相互作用的详细信息,因此是辐射探测器所研究的重点。

在电流模式和均方电压模式中,有关单个脉冲幅度的信息会丢失,所有相互作用,无论幅度如何都会对平均测量电流做出贡献。由于脉冲模式的这些固有优势,核仪器中的重点主要集中在脉冲电路和脉冲处理技术上。

3.1.2 脉冲高度谱

在脉冲模式下操作辐射探测器时,每个单独脉冲的幅度都携带探测器中该次辐射相互作用所产生电荷的信息。不同脉冲的幅度分布反映了入射辐射能量的差异或探测器对单能辐射固有响应的波动,是探测器输出的基本特性,常用于推断入射辐射或探测器本身运行情况的信息。

脉冲幅度信息最常用的显示方法是差分脉冲高度分布,如图 3.8 所示。横坐标为线性的脉冲高度刻度,纵坐标为单位幅度增量内观察到的脉冲数与增量的比值(dN/dH)。

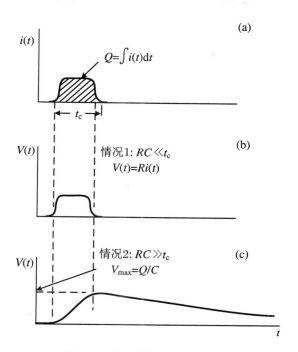

图 3.7 时间常数对电源的影响

（a）假设的来自一个理想探测器的电流输出；（b）在负载电路时间常数很小的情况下，所得到的信号电压 $V(t)$；（c）在负载电路时间常数很大的情况下，所得到的信号电压 $V(t)$

两个特定幅度值 H_1 和 H_2 之间的脉冲数可以通过对该区间内分布曲线下的面积积分获得：

$$\text{在 } H_1 \text{ 和 } H_2 \text{ 间的脉冲数} = \int_{H_1}^{H_2} \frac{\mathrm{d}N}{\mathrm{d}H} \mathrm{d}H \tag{3.7}$$

该分布所代表的脉冲总数可以通过计算整个谱下的面积来获得：

$$N_0 = \int_0^\infty \frac{\mathrm{d}N}{\mathrm{d}H} \mathrm{d}H \tag{3.8}$$

差分脉冲高度谱的物理解释取决于给定区间内曲线下的面积，而纵坐标本身无物理意义。分布的峰值表示大量脉冲幅度所在的区间，低点则表示相对较少的脉冲幅度所在的区间。

积分脉冲高度分布是另一种显示方式，如图 3.8(b) 所示。积分谱的横坐标与差分谱相同，纵坐标表示幅度超过给定值的脉冲数，因此曲线是一个单调递减函数，积分谱在零处的值等于总脉冲数，在最大幅度处下降到零。

差分分布在任意点的幅度等于积分分布在相同点斜率的绝对值。差分谱的峰值对应积分谱斜率的局部最大值，最小值对应斜率的最小区域。因为差分分布更容易显示细微差异，所以它已成为显示脉冲高度分布信息的主要方式。

3.1.3　计数曲线和坪区

在脉冲计数模式下，辐射探测器产生的脉冲被送到具有固定分辨率的计数设备。只有超过给定水平 H_d 的信号脉冲才能被计数设备记录。通过在测量过程中改变 H_d，可获得有关脉冲幅度分布的信息。测量的计数直接位于图 3.8 所示的曲线上。

为了获得长期稳定的脉冲计数测量结果，需要建立一个能长时间提供最大稳定性的工作点，并希望计数设备中测量水平发生变化时，对测量计数的影响最小。这样的工作点是类似于图 3.8(b) 中的工作点 H_3。由于该点处的斜率是最小的，因此也称该点周围的区域为计数曲线中的坪区。如图 3.8 所示，将鉴别点 H_d 设置在积分曲线斜率最小的坪区 H_3 处，可以实现鉴别水平漂移的最小灵敏度的稳定操作点。

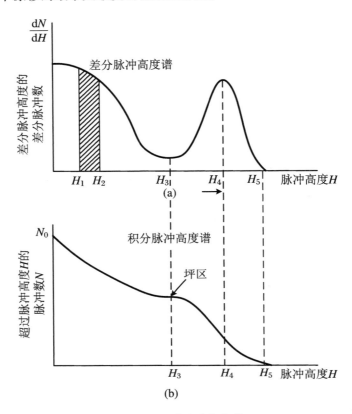

图 3.8 两种脉冲高度谱

(a) 假设脉冲源的差分脉冲高度谱；(b) 脉冲源对应积分脉冲高度谱。

计数数据中的坪区也可以通过改变探测器的电荷增益或放大倍数来观察。图 3.9 给出了相同脉冲源在三个不同电压增益值下的差分脉冲高度分布。增益的值定义为参数改变前后，给定辐射响应事件在探测器中引起的电压幅度之比。最大电压增益会产生最大的脉冲高度，但差分分布下的总面积保持不变。

图 3.9(a) 中的三幅图显示了不同增益下的差分脉冲高度谱，增益 $G = 1$ 时不会记录任何计数，因为所有脉冲都小于 H_d。随着增益 G 从 1 增加到 2，开始记录脉冲。测量记录的脉冲数与增益之间的关系称为计数曲线。计数曲线的最小斜率对应于增益约为 3 的位置，此时 H_d 接近差分脉冲高度谱曲线中的极小值对应的横坐标处。

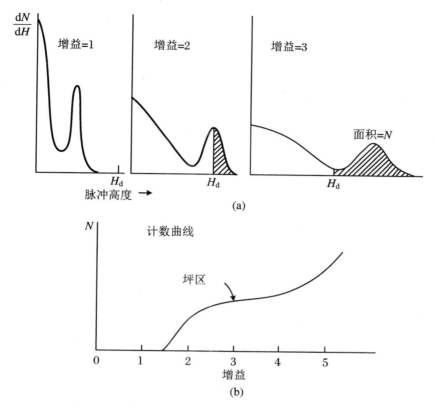

图 3.9 恒定源条件下(a)不同增益下的差分脉冲高度谱和(b)通过改变增益生成的计数曲线

3.1.4 能量分辨率

　　探测器对单能辐射源的响应是辐射能谱学中诊断探测器性能的重要指标。探测器的能量分辨率可以由差分脉冲高度分布表征。图 3.10 展示了两种分辨率不同的探测器在单能辐射源下可能产生的差分脉冲高度分布,即探测器响应函数。高分辨率探测器的响应函数在平均脉冲高度 H_0 附近呈现一个较窄的分布,而低分辨率探测器的响应函数则明显宽于前者。在记录相同脉冲数量的情况下,两个响应函数的面积相等。

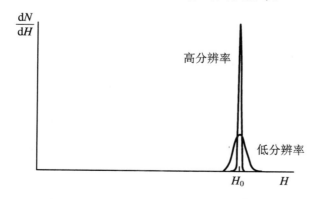

图 3.10 具有相对较好分辨率和相对较差分辨率的探测器响应函数

探测器响应函数的宽度反映了在每次事件中沉积相同能量时,从脉冲到脉冲记录的波动量 H_0。当这些波动减小时,响应函数的宽度也会变窄,峰值将趋近于一个锐利的 δ 函数。响应函数宽度的减小意味着探测器区分入射辐射能量的能力提高。

如图 3.11 所示,探测器能量分辨率定义为响应函数的半高宽(FWHM)除以峰值中心位置,是一个无量纲分数,通常以百分数表示。能量分辨率越小,探测器区分能量接近的两种辐射的能力越强。经验法则表明,两种辐射的能量差距应大于探测器的 FWHM,才能被有效区分。

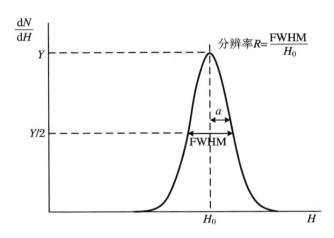

图 3.11 探测器能量分辨率的定义

在只记录单一能量辐射假设下,形状呈高斯分布,探测器的能量分辨率
R 定义为半高宽除以峰值中心的位置 H_0。

影响探测器能量分辨率的因素包括探测器工作特性的漂移、探测器和仪器系统内部的随机噪声,以及测量信号本身的离散性质导致的统计噪声。其中,统计噪声是最重要也是不可避免的波动来源,对探测器性能有重要影响。

在辐射探测器中,假设电荷载流子的产生服从泊松分布。若平均产生 N 个电荷载流子,则内在统计波动的标准差为 $\sqrt{N}$。

高斯分布的半高宽 FWHM 可由公式 $\text{FWHM} = 2.35\sigma$ 计算得出,其中 σ 为标准差。许多探测器的响应曲线近似为线性的,平均脉冲幅度 $H_0 = KN$,其中 K 为比例常数。考虑电荷载流子数统计涨落的影响,极限分辨率 R 可表示为

$$R\ \big|_{\text{Poisson limit}} \equiv \frac{\text{FWHM}}{H_0} = \frac{2.35K\sqrt{N}}{KN} = \frac{2.35}{\sqrt{N}} \tag{3.9}$$

可见,极限分辨率 R 只与电荷载流子数 N 有关,N 越大,分辨率越高。要获得优于 1% 的能量分辨率,N 必须大于 55 000。理想探测器应在每个事件中产生尽可能多的电荷载流子,以降低极限分辨率。

实际测量发现,某些探测器的能量分辨率 R 可能会是其统计论预测的最小值的 1/4~1/3,表明电荷载流子的形成过程并非相互独立,总数不能用简单的泊松统计描述。为量化电荷载流子数统计波动与泊松统计的偏差,引入了法诺(Fano)因子

$$F \equiv \frac{\text{观测到的 } N \text{ 个计数的方差}}{\text{泊松分布预测的方差}(=N)} \tag{3.10}$$

其中方差由 σ^2 给出，所以式(3.10)等价于

$$R \Big|_{\text{Statistical limit}} = \frac{2.35K\sqrt{N}\sqrt{F}}{KN} = 2.35\sqrt{\frac{F}{N}} \tag{3.11}$$

半导体二极管探测器和比例计数器的法诺因子明显小于1,而某些闪烁探测器的法诺因子接近于1,与泊松统计一致。

法诺因子小于1可视为由入射粒子能量在探测器材料中的分配过程所致。在粒子轨迹上形成电荷载体时,热传递过程能量损失存在样本间变化,但所有能量损失之和必须等于初始粒子能量,因而产生的电荷载体数量波动的方差小于泊松分布。

信号链中其他任何波动源都会与探测器固有统计波动叠加,影响测量系统的总能量分辨率。如果多个对称独立的波动源共存,总响应函数将趋向于高斯形状,总 FWHM 为各波动源 FWHM 平方和的平方根:

$$(\text{FWHM})^2_{\text{overall}} = (\text{FWHM})^2_{\text{statistical}} + (\text{FWHM})^2_{\text{noise}} + (\text{FWHM})^2_{\text{drift}} + \cdots \tag{3.12}$$

因此,高斯函数常用于表征存在多个分辨率影响因素的探测器系统的响应函数。

3.1.5　探测效率

所有辐射探测器原则上都会对每个在其灵敏体积内相互作用的辐射粒子产生一个输出脉冲。对于像 α 或 β 粒子这样带电的直接电离辐射,将在进入灵敏体积时立即发生电离或者激发。在经过其路径的一小段距离后,入射粒子将形成足够多的电子-离子对,以确保所产生的脉冲幅度大到足以被记录。因此,通常很容易满足这样的情况,让探测器能够探测到进入其灵敏体积的每个 α 或 β 粒子,此时,探测器的计数效率可以达到100%。

另外,像 γ 射线或中子这样的不带电的间接电离辐射必须先在探测器中通过相互作用产生次级带电粒子,再通过探测带电粒子实现对 γ 射线或中子的间接探测。由于这些非带电辐射穿透性很强,因此探测器的效率通常不到100%,需要确定探测器的效率。

可以将探测效率分成两类:绝对效率(absolute efficiency)和固有效率(intrinsic efficiency)。绝对效率 ϵ_{abs} 和固有效率 ϵ_{int} 分别定义为

$$\begin{aligned} \epsilon_{\text{abs}} &= \frac{\text{记录的脉冲数}}{\text{放射源发射的总粒子数}} \\ \epsilon_{\text{int}} &= \frac{\text{记录的脉冲数}}{\text{探测器接收的粒子数}} \end{aligned} \tag{3.13}$$

绝对效率综合考虑了探测器的固有效率和实际测量条件下的几何因素。它表示探测器在特定几何条件(如辐射源与探测器的距离、位置等)下对辐射源发出的所有辐射的探测概率。因此,绝对效率不仅取决于探测器本身的特性,还与测量条件密切相关。

固有效率则是探测器本身的一种特性,它表示探测器对射入其敏感体积的辐射的探测概率。固有效率只与探测器的材料、尺寸和结构等固有特性有关,而不受探测器与辐射源之间的几何关系影响。换句话说,固有效率反映了探测器在理想条件(即辐射源紧贴探测器表面)下的探测能力。

在实际应用中,绝对效率更为实用。如果我们知道辐射源的活度(即单位时间内发出的辐射量)和测量几何条件,就可以利用绝对效率估算探测器在给定时间内可以探测到的辐射量。这对于定量分析和辐射剂量评估非常重要。

3.2 常见的探测器

3.2.1 气体探测器

气体探测器是在核科学技术领域中较早被采用的探测器类型之一,对早期核物理的发展起到了关键作用。在过去的 20 年中,尽管如半导体探测器等其他类型探测器的发展导致气体探测器在进行能谱分析和带电粒子能量测量应用方面的重要性有所下降,但气体探测器仍因其设计简单、使用便捷且易于制作成各种尺寸的电离室,在工业生产、空间探测和 X 射线测量领域保持着广泛的应用[28]。

此外,随着技术进步,新型气体探测器正在不断地发展中。例如,气体闪烁正比计数器(GSPC)已被安装在火箭和人造卫星上,用于宇宙 X 射线的探测。气体探测器还在穆斯堡尔谱仪的运用、荧光 X 射线谱仪测量元素特征 X 射线,以及环境放射性测量和核医学等领域得到了应用。近年来,球形电离室和重离子电离室等新型气体探测器的研制成功,引起了广泛关注。

气体探测器分为电离室、正比计数管、盖革-米勒计数器等等。接下来,根据气体探测器内部原理对不同的气体探测器进行分类界定。

气体探测器是利用收集辐射与气体中的原子或分子相互作用产生的电离电荷来探测核辐射的。为了有效地收集电荷,必须在气体电离空间加电场,即在探测器上设置两个电极,在电极上加电压形成电场,使电子、正离子沿电场方向向两极漂移。

入射带电粒子在气体中产生的电子和正离子可能与气体探测器中的气体分子原子发生这些相互作用:① 扩散:指电子和正电子从密度大的区域向密度小的区域扩散;② 电子俘获:指电子被中性气体分子俘获,形成负离子;③ 复合:电子和正离子复合形成中性粒子;④ 漂移:指电子和正离子在探测器电极所施加的外加电场的作用下向两极漂移。

设带电粒子在气体探测器的有效气体空间形成 N_0 个电子-离子对,收集的电子-离子对数 N 和外加电压的关系如图 3.12 所示,图中划分为五个区域:

区域 I :复合区。在此区域,施加的电压 V 较低,离子的漂移速度缓慢,主要受扩散和复合效应影响。由于复合现象的存在,电极实际收集到的离子对数低于初始产生的电子-离子对数 N_0。

区域 II :饱和区。随着电压增加,收集到的电子-离子对数 N 也相应增加。当电压增至某个特定值 V_c 时,复合效应消失,所有 N_0 个初始电子-离子对被完全被收集并达到饱和。在电压 $V_a \sim V_b$ 区间内,收集到的电荷量 $Q_0 = N_0 e$ 与入射粒子的种类和能量直接相关,电离室通常在此区域工作。

区域 III$_a$:正比区。外加电压超过 V_b 之后,电场强度增加导致电子获得足够大的动能,进而引发更多次级电子-离子对,总电子-离子对数大于初始电子-离子对数 N_0。此现象称为气体放大,气体放大倍数 $M = \theta/\theta_0 = N/N_0$。在此区域,电极上收集到的电荷 $Q(N_e) >$

$Q_0(N_0 e)$,与初始电子-离子对数 N_0 成正比,即与入射粒子的能量成正比。正比计数管正是在此区域工作。

区域III_b:有限正比区。随着次级电子-离子对数的增加,正离子形成的空间电荷抵消了部分外电场,限制了次级电子-离子对的增加,这称为空间电荷效应。在此区域,气体放大倍数 M 随 N_0 变化,脱离了与 N_0 成正比的关系,故称之为有限正比区。

区域IV:盖革-米勒计数区(盖革-米勒区)。在此区域,次级电子-离子对剧增,直至正离子形成的空间电荷足以抑制整个有效区域内的进一步电离。此时,初始电离仅引发点火,而收集到的电荷量与初始电子-离子对数 N_0 无关,即与入射粒子的能量无关。

区域V:连续放电区。在更高电压下,发生气体连续放电现象,伴有光产生,对应于闪烁室、火花室和流光室的工作区域。

综上,在这些不同的工作区域内,气体探测器依据离子与气体分子的作用机制和输出信号的特性可分为电离室、正比计数管、盖革-米勒计数器以及连续放电型探测器等不同类别。

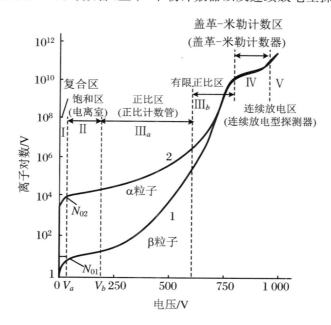

图 3.12　收集的电子-离子对数与外加电压的关系[29]

1. 电离室

电离室是工作在图 3.12 中饱和区的气体探测器,既不涉及复合现象,也不存在气体放大效应。这意味着由入射粒子电离产生的电子和正离子全部被收集至设备的正负电极。为了确保电离产生的电荷能够被完全收集(达到饱和状态),该设备的工作电压需维持在特定范围内,即介于图中的 V_a 和 V_b 之间。电离室的尺寸、结构以及内充气体的不同,导致达到饱和所需的外加电压值存在显著差异,这些电压值可能从几十伏变化至上千伏。

典型的电离室由两个电势不同的电极以及保护环构成。其中一个电极直接与高压电源相连,施加所需电压后,该电极称为负高压电极或阴极;另一电极则与记录用的电子仪器相连,并通过负载电阻 R 接地,这个称为收集电极或阳极。两电极之间通过绝缘物质隔离。保护环安置在两电极间,主要用途是保持收集极边缘的电场均匀,确保电离室有固定的灵敏体积(即辐射与气体相互作用的有效区域),同时防止高压电极至地的漏电流经过收集电极。通过保护环的设置,保障灵敏体积内形成的所有离子对都被收集电极完全收集。

电离室主要应用于如下场景:

(1) 辐射剂量监测:用于监测环境、场所或设备中的 γ 射线、X 射线剂量率。

(2) 人员剂量监测:用于测量辐射工作人员的外照射剂量。

(3) 辐射加工过程控制:用于实时监测和控制辐照装置的辐射剂量率,确保辐照剂量的均匀性和稳定性。

(4) 医学影像剂量控制:用于测量和优化 X 射线成像设备的辐射剂量,减少患者和工作人员的辐射风险。

2. 正比计数管

工作在气体探测器特性曲线正比区的气体探测器称为正比计数管。其工作原理是基于气体电离和电子倍增效应。当辐射粒子或光子穿过正比计数管内的工作气体(通常为惰性气体与淬灭气体的混合物)时,沿其轨迹电离气体分子,产生初级电子-离子对。在外加电场的作用下,电子向中心的细金属丝阳极漂移,而离子向圆筒形阴极漂移。当电子在阳极附近的高电场区漂移时,它们在两次碰撞之间获得足够大的能量,可以再次电离气体分子,产生新的电子-离子对,并引发电子雪崩效应,使得初级电离信号放大。在正比计数管工作的电压范围内,气体放大倍数与初级电离电子数成正比,放大倍数可达 $10^3 \sim 10^6$,输出信号幅度与入射辐射的能量成正比。

正比计数管主要应用于以下场景:

(1) X 射线和 γ 射线能谱学:正比计数管可用于 X 射线和低能 γ 射线的能谱测量,在 X 射线荧光分析、X 射线衍射等领域有广泛应用。与多通道分析器结合,可以得到辐射源的能量分布信息。

(2) 中子能谱测量:通过在正比计数管内添加中子敏感材料(如 ^3He,BF_3),可用于热中子和慢中子的能谱测量。在中子散射实验、中子活化分析等领域有重要应用。

(3) 宇宙射线探测:大体积的正比计数管阵列可用于探测高能宇宙射线粒子,如 μ 子、π 介子等,在空间科学、高能物理实验中发挥重要作用。

(4) 环境辐射监测:正比计数管可用于环境中氡、钍等放射性气体的监测,评估公众的辐射风险。

3. 盖革-米勒计数器(又称盖革计数器)

其工作在气体探测器特性曲线的盖革-米勒区。当辐射粒子或光子进入盖革-米勒计数器内部时,电离管内的工作气体(通常为惰性气体与淬灭气体的混合物)会产生初级电子-离子对。在外加高压(几百伏到几千伏)电场的作用下,初级电子被很快加速并获得足够的能量,在阴极、阳极之间引发气体放电,形成大量的次级电子和离子。这些次级电子和离子在电场力的作用下,分别向阳极和阴极运动,并在运动过程中与气体分子碰撞,引发更多的电离和激发,形成电子雪崩效应,使得放电得以扩展和持续。当放电扩展到整个阴极、阳极之间的空间时,大量的离子和自由电子使得管内的电场强度急剧下降,放电被淬灭,盖革-米勒计数器恢复到初始状态,等待下一个辐射事件的到来。在放电过程中,盖革-米勒计数器两端产生一个幅度较大(通常为几毫伏至 100 mV)、持续时间较短(通常为 μm 级至 ms 级)的电压脉冲信号,这个脉冲信号的数量与辐射强度成正比,通过计数电路可以得到单位时间内的计数率,从而实现对辐射剂量率的测量。

盖革-米勒计数器的主要应用于如下场景:

(1) 环境辐射监测:用于测量环境中的 γ 辐射和 X 射线剂量率,评估公众受照剂量,监测核设施周边的辐射水平等。

(2) 放射性污染探测:用于探测物品表面、水源、食品等可能受到放射性污染的情况,快速筛查和定位污染源。

(3) 个人剂量监测:用于测量辐射工作人员的外照射剂量,评估职业辐射风险,指导防护措施的制定。

(4) 实验室辐射测量:用于测量放射性样品、X 射线机等辐射源的剂量率和能量分布,进行辐射防护和实验设计。

(5) 工业无损探测:用于测量 X 射线、γ 射线穿过被测工件后的强度变化,评估工件内部的缺陷和结构完整性。

3.2.2　闪烁体探测器

闪烁体探测器由闪烁体、光电倍增管等器件组成,其基本工作原理如下:粒子进入闪烁体并损失能量,使闪烁体的原子和分子电离或激发,并通过退激放出具有一定波长的光,这些光通过反射层等尽可能地在光阴极被收集,通过在光阴极发生光电效应转化为光电子,光电子在光电倍增管中倍增,随后被阳极收集而产生电压脉冲,作为输出的信号被之后的电子学器件记录。

1. 理想闪烁体的特性

闪烁体是闪烁体探测器中与粒子相互作用的部分。理想的闪烁材料应具有以下特性:

(1) 它应该将带电粒子的动能转换为具有高闪烁效率的可见光(表 3.1)。

(2) 这种转换应该是线性的,光产量应该在尽可能宽的范围内与沉积的能量成比例。

(3) 介质对于其自身发射的波长应该是透明的,以获得良好的光收集。

(4) 感应发光的衰减时间应该很短,以便可以产生快速的信号脉冲。

(5) 该材料应具有良好的光学质量,并可制造出足够大的尺寸,以作为实用的探测器。

(6) 它的折射率应该接近玻璃的折射率(约 1.5),以允许闪烁光有效地耦合到光电倍增管或其他光传感器。

一般材料难以同时满足这些标准,因此选择特定的闪烁体总是各种因素之间的折中。应用广泛的闪烁体包括无机碱卤化物晶体,如碘化钠,以及有机基液体和塑料。无机物往往具有较好的光输出和线性,但一般响应时间相对较慢。有机闪烁体响应速度通常更快,但产生的光更少。预期的应用对闪烁体的选择也有重大影响。组分的高 Z 值和无机晶体的高密度有利于在于 γ 射线能谱测量中的应用,而有机物常用于 β 谱和快中子探测(因为它们的氢含量较高)。

表 3.1　可见光谱

颜色	波长/nm	光子能量/eV
紫光	410	3.02
蓝光	470	2.64
绿光	520	2.38
黄光	580	2.14
橙光	600	2.07
红光	650	1.91

2. 有机闪烁体

有机物中的闪烁过程源于单个分子的能级的跃迁,因此闪烁过程不受其物理状态(固态、液态或气态)的影响。例如,观察到蒽(anthracene)这种有机材料,以固体、蒸气或多组分溶液的一部分形式都可以发出荧光。这种行为与碘化钠等晶体无机闪烁体形成鲜明对比,后者需要规则的晶格结构作为闪烁过程的基础。

实用的有机闪烁体是基于具有某些对称性的有机分子,这些对称性会产生所谓的"π 电子结构"。这种分子的 π 电子能级如图 3.13 所示。能量可以通过将电子构型激发成多种激发态中的任何一种来吸收。一系列的单态(自旋为 0)被标记为 S_0,S_1,S_2,一组类似的三重态(自旋为 1)电子能级标记为 T_1,T_2,T_3,对于作为有机闪烁体的分子,S_0 和 S_1 的能量间距为 3 eV 或 4 eV,而较高能级的间距通常较小。这些电子构型中的每一个都被进一步细分为一系列具有更精细间距的能级,这些能级对应于分子的各种振动状态。这些能级的典型间距约为 0.15 eV。通常添加第二个下标来区分这些振动状态,如符号 S_{00} 表示基态的最低振动状态。

由于振动态的间距与室温下分子平均热运动的动能(0.025 eV)相比较大,因此几乎所有分子在室温下都处于 S_{00} 状态。在图 3.13 中,分子对能量的吸收由指向上方的箭头表示。对于闪烁体探测器而言,该过程表示从附近的带电粒子吸收的动能。被激发的较高单线态电子态通过无辐射内部转换被快速(皮秒量级)退激为 S_1 电子态。此外,任何具有过量振动能量的能级(例如 S_{11} 或 S_{12})与周围不处于热平衡态,并且再次快速地失去该振动能量。因此,简单有机晶体中激发过程的净效应是在可忽略的短时间段后产生 S_{10} 状态的激发分子群。

主闪烁光(或即时荧光)在 S_{10} 状态和基态的一个振动状态之间的跃迁中发射。这些过渡由图 3.13 中的向下箭头表示。如果 T 表示 S_{10} 水平的荧光衰减时间,则激发后时间 t 的即时荧光强度应简单地表示为

$$I = I_0 \mathrm{e}^{-t/T} \tag{3.14}$$

在大多数有机闪烁体中是几纳秒,因此即时闪烁分量相对较快。

第一三重态 T_1 的寿命比单态 S_1 的寿命长得多。通过一种称为系间窜越的跃迁,一些激发的单重态可以转化为三重态。T_1 的寿命可以长达 10.3 s,从 T_1 到 S_0 的退激中发射的辐射是以磷光为特征的延迟发光。因为 T_1 低于 S_1,所以该磷光谱的波长将比荧光谱的波长更长。当处于 T_1 状态时,一些分子可能被热激发回到 S_1 态,随后通过正常荧光衰减。这个

过程代表了有时观察到的有机物的延迟荧光的来源。

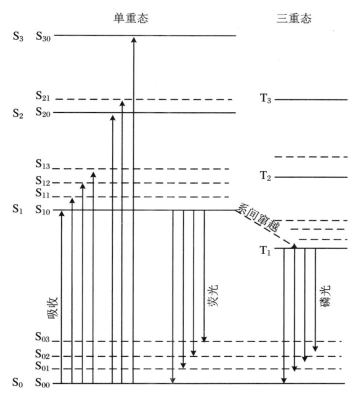

图 3.13 带有 π 电子结构的有机闪烁体的能级

图 3.13 也可以用来解释为什么有机闪烁体对其自身的荧光发射是透明的。向上箭头线段的长度对应于那些将在材料中被强烈吸收的光子能量。由于所有由向下箭头线段表示的荧光跃迁（S_{10}，S_{00}除外）的能量都低于激发所需的最小能量，因此光学吸收谱和发射谱之间几乎没有重叠，该现象称为斯托克斯位移（Stokes shift）。所以荧光的自吸收也很小。图 3.14 给出了典型有机闪烁体的一些谱。

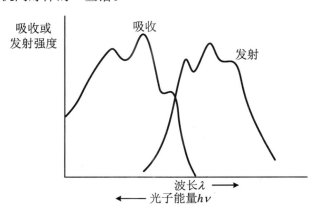

图 3.14 典型有机闪烁体的一些谱

3. 无机闪烁体

无机材料中的闪烁机制取决于材料晶格所决定的能态。如图 3.15 所示,在绝缘体或半导体的材料中,电子只有离散的能带可用。较低的带,称为价带,代表那些基本上结合在晶格位置的电子,而导带代表那些具有足够能量在整个晶体中自由迁移的电子。存在一个称为禁带的能量中间带,在纯晶体中这个能量中间带上不存在电子。能量的吸收会导致电子从价带上的正常位置脱离,穿过间隙进入导带,在正常填充的价带上留下一个空穴。在纯晶体中,电子随着光子的发射而返回价带是一个效率很低的过程。此外,典型的间隙宽度使得产生的光子的能量太高而不在可见光范围内。

图 3.15　一个受激的无机闪烁体的能带结构(原带位于导带与价带之间)

为了提高退激过程中可见光子发射的概率,通常向无机闪烁体中添加少量杂质。这种特别添加的杂质,称为激活剂(activator),在晶格中会产生特殊的位置,在该位置处,纯晶体的能带结构改性。因此,在禁带内会产生能态,电子可以通过这些能级退激回到价带。由于能量小于完整禁带的能量,这种跃迁现在可以产生可见光子,因此可以作为闪烁过程的基础。这些退激位点称为发光中心或复合中心。它们在主体晶格中的能量结构决定了闪烁体的发射谱。

通过探测介质的带电粒子将形成大量的电子-空穴对,这些电子-空穴对是由电子从价带上升到导带而产生的。因为杂质的电离能小于典型晶格位点的电离能,空穴将迅速漂移到激活剂位点的位置并使其电离。同时,电子可以自由迁移而通过晶体,直到它遇到电离激活剂。在这一点上,电子可以落入激活位点,形成一个中性构型,该构型可以具有自己的一组激发能态。这些状态如图 3.15 所示,即禁带内的水平线。如果所形成的激发态是允许跃迁到基态的激发态,则其退激将非常迅速地发生,并且发射相应光子。如果激活剂选择得当,这种转变可以在可见能量范围内。这种激发态的典型寿命在 30~500 ns 量级。由于电子的迁移时间要短得多,故所有激发的杂质构型基本上是同时形成的,随后将以激发态的半衰期特征退激。因此,正是这些状态的衰减时间决定了发射的闪烁光的时间特性。一些无机闪烁体一般可以通过单个衰变时间或简单的指数函数来充分表征。

有些过程与上面描述的过程相竞争。例如,电子在到达杂质位置时可以产生一种被激发的构型,其向基态的跃迁是被禁止的。然后,这种状态需要额外的能量增量,以将它们提升到更高的状态,从该状态可以退激到基态。这种能量的一个来源是热激发,由此产生的缓慢的光成分称为磷光。它通常是闪烁体中背景光或"余辉"的重要来源。

此外,电子在激活剂位点被捕获时,在由电子捕获形成的一些激发态和基态之间可能存在某些无辐射跃迁,在这种情况下不会产生可见光子。这种过程称为淬灭,代表了粒子能量转化为闪烁光的损失机制。

4. 光电倍增管

光电倍增管是闪烁体探测器的重要组件,它将闪烁体产生的微弱光信号转换为可测量的电信号,使闪烁体探测器能够在辐射探测和能谱学领域得到广泛应用。

光电倍增管的基本结构如图 3.16 所示,主要由真空玻璃外壳、光阴极和电子倍增器组成。真空玻璃外壳维持管内高真空环境,确保低能电子在内部电场作用下能够有效加速。光阴极是一层光敏材料,用于将入射光子转换为低能电子。如果光是由闪烁晶体发出的脉冲,那么产生的光电子也将是具有类似时间持续性的脉冲。然而,一个典型的闪烁脉冲可能只包含几百个光电子,难以直接形成可测量的电信号,需要经过电子倍增器的放大。

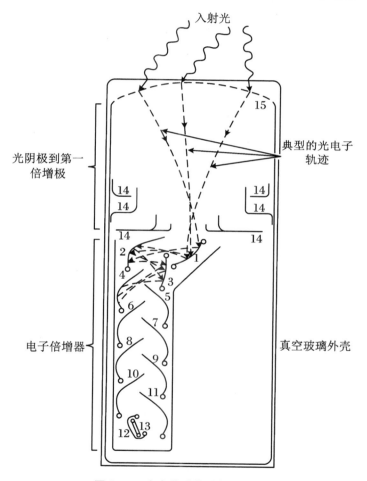

图 3.16　光电倍增管的基本结构

1~12. 倍增极;13. 阳极;14. 聚集电极;15. 光阴极。

光电倍增管中的电子倍增器为光电子提供了高效的收集结构,并起到近乎理想放大器的作用,大幅增加电子数量。电子倍增器通常由一系列倍增极级联而成,每级由一个倍增极(dynode,也称为打拿极)构成。光电子在电场加速下依次轰击各个倍增极,在每次碰撞中激发出更多次级电子,从而实现电子数量的倍增。经过多级放大后,一个典型的闪烁脉冲可产生 $10^{7}\sim10^{10}$ 个电子,形成足以代表原始闪烁事件的电荷信号。这些电子最终被收集到阳极或输出级,形成光电倍增管的输出脉冲。

大多数光电倍增管的电荷放大呈现出优异的线性特性,在较宽的动态范围内,输出脉冲幅度与原始光电子数量成正比。同时,光电倍增管还能够保留原始光脉冲的时间信息。当受到持续时间很短的光脉冲激发时,典型的光电倍增管在 20～50 ns 的延迟时间后,可输出宽度为几纳秒的电子脉冲。

5. 常用的闪烁体及其应用

(1) 无机闪烁体

① NaI 闪烁体:NaI 晶体是透明的单晶体,有纯 NaI 和铊激活的 NaI(Tl),经常使用的是 NaI(Tl)。其密度为 $3.67\ \text{g/cm}^3$,平均原子序数为 53。具有良好的光产额(1 MeV 能量沉积产生约 38 000 个光子)和能量分辨率。能够制成大体积闪烁体,是目前探测 γ 射线的优良闪烁体,被广泛应用于核医学、环境监测和科学研究等领域。

② CsI(Tl)闪烁体:CsI(Tl)具有比 NaI(Tl)更大的密度($4.51\ \text{g/cm}^3$)和有效原子序数,因此对高能 γ 射线有更强的阻止本领。它的衰减时间较长(约 1 μs),适合与硅光电二极管耦合形成紧凑型探测器。主要应用于高能 γ 射线能谱测量、核医学成像、高能物理实验探测等领域。

③ BGO($Bi_4Ge_3O_{12}$)闪烁体:属于密度和原子序数较大的闪烁体之一。具有比 NaI(Tl)更大的密度($7.13\ \text{g/cm}^3$)和原子序数,对 γ 射线有极强的阻止能力。但是它的光产额较低,衰减时间长(约 300 ns),能量分辨率较差(662 keV 处约 12%)。该闪烁体是高能物理实验室重要的闪烁体之一。

(2) 有机闪烁体

① 塑料闪烁体:塑料闪烁体多为掺杂波长位移剂的聚苯乙烯基质,如 BC-408,EJ-200等。它们的密度小,可以制备成大尺寸和不同形状的闪烁体,价格低,光产额适中,衰减时间极短(2～3 ns),但能量分辨率较差。由于其响应速度快,主要用于高能物理实验中的粒子鉴别、β 射线探测、宇宙射线以及辐射防护领域中的个人剂量监测。

② 液体闪烁:通常由芳香族溶剂、初级闪烁溶质和次级闪烁溶质组成。它们的透明度好、易制备,对电离辐射有良好的阻止能力。主要用于低能 β 射线和 α 射线的测量,广泛应用于放射性碳测年、生物样本的放射性标记测量和环境监测中。

③ 有机晶体闪烁体:常见种类包括蒽、芘、联三苯等。它们具有较高的光产额(如蒽的光产额为 17 000 个光子/MeV),衰减时间比无机晶体少 1～2 个数量级(如蒽的衰减时间约为 30 ns),因此适于高速高通量粒子探测。其能量分辨率较低,通常在 γ 射线能谱学中不如无机闪烁体,但对 α、β 射线和带电粒子的响应良好。与塑料闪烁体相比,有机晶体具有较大的密度和较好的光学透明性,但机械强度较差,且难以制备大尺寸闪烁体。主要应用于核辐射探测、高能物理实验中的粒子鉴别、宇宙射线研究等场景,尤其适于带电粒子能谱测量。

3.2.3 半导体探测器

半导体探测器是一种利用半导体材料的电学性质对辐射进行探测和测量的装置,是现代辐射探测技术的重要组成部分。其基本工作原理是基于辐射与半导体材料相互作用产生的电离效应。当带电粒子、光子等辐射穿过半导体材料时,会将半导体材料中的价电子激发到导带,在价带中留下空穴,形成电子-空穴对。在外加电场的作用下,电子和空穴分别向阳极和阴极漂移,在电极上感应出电荷信号,通过电荷灵敏放大器可以将其转化为电压脉冲信号输出。辐射在半导体材料中沉积的能量与产生的电子-空穴对数成正比,因此通过测量电荷脉冲的幅度,可以得到入射辐射的能量信息。

半导体探测器的发展历史可以追溯到 20 世纪 40 年代末,最早使用的是硒化亚铜(CuSe)和氧化亚铜(Cu_2O)等材料。20 世纪 50 年代,以硅(Si)和锗(Ge)为代表的元素半导体材料开始应用于辐射探测,标志着半导体探测器技术的重大突破。此后,砷化镓(GaAs)、碲化镉(CdTe)、碲化汞镉(CdZnTe)等多种化合物半导体材料相继问世,进一步拓宽了半导体探测器的应用范围。近年来,金刚石、碳化硅等宽禁带半导体材料以及硅光电倍增管(SiPM)等新型器件的出现,为半导体探测器的发展注入了新的活力。

1. 半导体材料的特性

(1) 能带

固体中的周期性晶格结构决定了电子存在的允许能带。能带是电子在固体中所允许存在的能量范围,不同能带之间可能存在能隙。绝缘体和半导体的能带结构如图 3.17 所示,包括价带、导带和禁带。

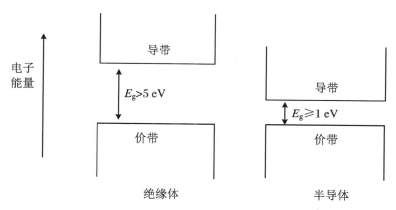

图 3.17 绝缘体和半导体的能带结构

被电子填满的能带称为价带(valence band),价带中电子与原子核的结合能最大,对应于束缚在晶格位置上的电子,这些电子主要参与化学键的形成。在硅和锗中,价带电子参与形成共价键。导带(conduction band)是价带之上的未占据的能带,电子可以在其上自由移动。当价带中的电子获得足够能量而跨过带隙时,可进入导带,成为自由电子,使材料导电。导带电子对材料的电导率有贡献。禁带(intermediate band,也称中间带)处于价带和导带之间,带隙能量 E_g 是区分绝缘体和半导体的关键参数。绝缘体的 E_g 通常大于 5 eV,而半导体的 E_g 相对较小,一般为 1~3 eV。

(2) 电子-空穴对单位时间热能产生的概率与迁移率

在非零温度下,半导体中的电子会获得一定的热能。价带电子有可能获得足够的热能,跃迁至导带,在导带中形成自由电子,同时在价带中留下空穴。电子和空穴分别作为负电荷和正电荷的载流子,在外加电场作用下定向迁移,形成电流,使半导体具有一定的导电性。电子-空穴对单位时间内由热激发产生的概率 $P(T)$ 可表示为

$$P(T) = C T^{3/2} \exp\left(-\frac{E_g}{2kT}\right) \tag{3.15}$$

其中 T 表示绝对温度,E_g 表示带隙能量,k 为玻尔兹曼常量,C 为材料的比例特性常数。宽禁带的绝缘材料的概率 $P(T)$ 很低,表现出绝缘体的特性;窄禁带的半导体的概率 $P(T)$ 相对较高,表现出一定的导电性。在无外加电场时,热激发产生的电子-空穴对最终复合,达到动态平衡,载流子浓度正比于产生速率。

在外加电场 E 作用下,电子和空穴都会发生定向迁移,其漂移速度 v 与电场强度成正比,满足

$$v_h = \mu_h \varepsilon \tag{3.16}$$

$$v_e = \mu_e \varepsilon \tag{3.17}$$

其中 μ 为载流子迁移率,E 为电场强度,v_h 为空穴飘移速度,v_e 为电子漂移速度。在半导体中,$\mu_h \approx \mu_e$;在空气中,$\mu_{e-} \gg \mu_{e+}$。电子漂移速度反映了载流子在单位电场下的迁移能力。在硅和锗中,电子和空穴的迁移率大小相当。随着电场强度进一步增大,v 逐渐趋于饱和状态,不再随 E 增大而变化。

2. 本征半导体

在完全纯净的半导体中,导带中的所有电子和价带中的所有空穴都是由热激发产生的(在无入射的电离辐射的情况下)。在这种情况下,每个电子都会在价带中留下一个空穴,因此导带中的电子数一定与价带中的空穴数完全相等。这种材料称为本征半导体(intrinsic semiconductors)。虽然本征半导体的性质可以通过理论描述,但在实践中几乎不可能实现。即使是纯度最高的硅和锗,其电学性质也往往被杂质主导。

在下面的讨论中,我们用 n 表示导带中电子的浓度(每单位体积的数量),p 表示价带中空穴的浓度。在本征材料(下标 i)中,热激发电子从价带跃迁到导带,并随后复合所建立的平衡导致电子和空穴的数量相等,即

$$n_i = p_i \tag{3.18}$$

其中 n_i 和 p_i 称为本征载流子浓度。这些浓度在禁带宽度大和低温下使用时最低。在室温下,硅中的本征空穴或电子浓度为 1.5×10^{10} cm^{-3},锗中为 2.4×10^{13} cm^{-3}。

3. n 型半导体

n 型半导体是通过向纯半导体中添加五价元素制成的材料。为了说明杂质对半导体性质的影响,我们以晶体硅为例。锗和其他半导体材料的行为类似。硅是四价元素,在正常晶体结构中与四个最近的硅原子形成共价键。图 3.18(a)示意性地描述了这种情况,其中每条线表示一个参与共价键的正常价电子。本征材料中的热激发包括释放其中一个共价电子,留下一个未饱和键或空穴。

考虑半导体中可能存在的少量杂质的影响,这些杂质可能是经过最佳提纯过程后残留的,也可能是有意添加到材料中的少量"掺杂剂",以定制其性质。我们假设杂质是五价的,或者是周期表第 V 族元素。当以较小浓度(通常为百万分之几或更低)存在时,杂质原子将占据晶格中的替代位置,取代正常的硅原子。由于杂质原子周围有五个价电子,因此在形成所有共价键后还剩下一个电子。这个额外的电子只与原始杂质位置松散地结合,只需很小的能量就可以被移出,形成导电电子而没有相应的空穴。这种类型的杂质称为施主杂质

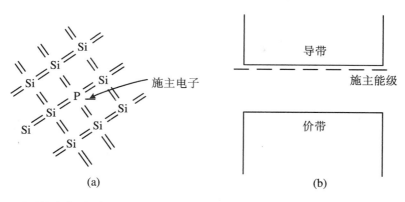

图 3.18　**(a)施主杂质(磷)占据硅晶体中的替代位置;(b)施主能级在硅的能带间隙中形成**

(donor impurities),因为它们很容易向导带提供电子。由于它们不是晶格的正常部分,施主杂质相关的额外电子通常情况下可以占据禁带中的能级。这些结合非常松散的电子将具有接近能隙顶部的能量,如图 3.18(b)所示。这些施主能级与导带底部之间的能量间距足够小,以至于由式(3.15)给出的热激发概率足够高,可以确保大部分施主杂质都是电离的。在几乎所有情况下,杂质浓度(N_d)与本征材料中导带中的电子浓度相比要大得多。因此,导带电子的数量完全由施主杂质的贡献主导,我们可以写成

$$n \approx N_d = \text{施主杂质浓度} \gg n_i \tag{3.19}$$

与本征值相比,导带中电子浓度的增加提高了复合速率,改变了电子和空穴之间的平衡。结果,空穴的平衡浓度减少了一定量,使得电子和空穴浓度的乘积与本征材料相同:

$$np = n_i p_i \tag{3.20}$$

4. p 型半导体

p 型半导体是通过向纯属半导体中添加三价元素制成的。向硅晶格中添加三价杂质(如周期表第Ⅲ族元素)会导致图 3.19(a)所示的情况。如果杂质占据替代位置,它比周围的硅原子少一个价电子,因此有一个共价键未饱和。这个空位代表了一个类似于正常价电子激发到导带时留下的空穴,但其能量特性略有不同。如果电子被俘获以填充该空位,则它参与形成的共价键与晶体中其他共价键不同,因为参与的两个原子之一是三价杂质。填充该空穴的电子虽然仍然束缚在特定位置,但比典型的价电子结合得稍微松散一些。因此,这些受主杂质(acceptor impurities)也在通常禁止的能隙中创建电子位置。在这种情况下,受主能级位于能隙底部附近,因为它们的性质与正常价电子占据的位置非常接近。

晶体中的正常热激发确保始终有一些电子可用于填充受主杂质创建的空位或占据图 3.19(a)所示的受主位置。由于典型受主位置与价带顶部之间的能量差较小,因此很大一部分受主位置被这种热激发电子占据。这些电子来自整个晶体中其他正常的共价键,所以在价带中留下空穴。这近似于每添加一个受主杂质,就会在价带中额外产生一个空穴。如果受主杂质的浓度(N_a)远大于空穴的本征浓度 p_i,则空穴的数量完全由受主的浓度主导,即 $p \approx N_a$。

空穴可用性的增加提高了导带电子与空穴之间的复合概率,从而降低了导带电子的平衡数量。同样,前面讨论的平衡常数仍然成立:$np = n_i p_i$。在 p 型材料中,空穴多数是载流子,主导电导率。被占据的受主位置代表固定的负电荷,平衡多数空穴的正电荷。

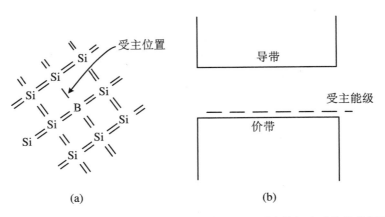

图 3.19 (a)受主杂质(硼)占据硅晶体中的替代位置;(b)受主能级在硅的能带间隙中形成

5. 常用的半导体探测器

常用的半导体探测器根据所使用的半导体材料、器件结构、工作模式等特点,可以分为以下几类:

(1) 硅探测器

硅是较早应用于辐射探测的半导体材料之一,具有禁带宽度适中、载流子迁移率高、工艺成熟等优点。硅探测器主要包括硅表面势垒探测器、硅 PIN 探测器、硅漂移探测器等。其中,硅表面势垒探测器利用硅表面的肖特基势垒实现耗尽区的形成和载流子的收集,多用于 α 粒子和重离子的探测。硅 PIN 探测器由 p 型、本征型和 n 型硅材料构成,具有较宽的耗尽区和较好的能量分辨率,适用于 X 射线和 γ 射线的能谱测量。硅漂移探测器利用横向电场使电子在硅材料中漂移,实现较大的有效探测面积和较好的位置分辨率,在 X 射线天文学和粒子物理实验中得到广泛应用。

(2) 锗探测器

锗是另一种重要的半导体探测材料,具有较小的禁带宽度和较大的原子序数,因此具有更优异的 γ 射线探测性能。锗探测器主要包括高纯锗探测器、锂漂移锗探测器等。高纯锗探测器(HPGe)利用高纯度($>10^{10}$ cm^{-3})的锗材料制作,具有极低的本底噪声和极高的能量分辨率(可达 0.1%),是 γ 射线能谱学的首选探测器。高纯锗的制备过程复杂,需要在真空条件下反复进行区熔提纯,直到杂质浓度降低到 10^{10} cm^{-3} 以下。高纯锗的禁带宽度仅为 0.67 eV,因此必须在低温(通常为液氮温度 77 K)下操作,以减少热噪声。高纯锗探测器的耗尽层厚度可达几厘米,对高能 γ 射线具有较高的探测效率。高纯锗探测器的一个优点是可以在两次使用之间升温到室温,这为实际应用提供了很大的便利。目前,高纯锗探测器已经成为 γ 射线能谱学最常用的探测器之一。锂漂移锗探测器通过向锗材料中扩散锂原子,形成更厚的耗尽区,提高了对高能 γ 射线的探测效率,但是需要在液氮温度下工作,使用不便。通过锂漂移工艺生产的锗探测器被命名为 Ge(Li),它在 20 世纪 60 年代初开始商业化,并作为普通类型的大体积锗探测器使用了 20 年。20 世纪 80 年代初,高纯度锗的广泛使用为锂漂移提供了一种替代方案,制造商现在已经停止生产 Ge(Li)探测器,转而生产 HPGe 型。

(3) 化合物半导体探测器

以 GaAs,CdTe,CdZnTe 等为代表的化合物半导体材料,具有较大的禁带宽度、较大的原子序数和电阻率,适合制作室温下工作的辐射探测器。其中 GaAs 探测器对 X 射线和 γ 射线有较高的探测效率,且耐辐照能力强,在卫星搭载的天文观测设备中得到了应用。CdTe 和 CdZnTe 探测器的禁带宽度高达 1.5 eV 以上,可以在室温下获得较低的漏电流和较好的能量分辨率,多用于便携式能谱仪和医学成像设备。

（4）金刚石探测器

金刚石是一种极端耐辐照的宽禁带半导体材料,禁带宽度高达 5.5 eV,可以在高温、强辐射环境下长期稳定工作。金刚石探测器利用合成金刚石薄膜或单晶制作,对 α 粒子、β 粒子和 X 射线有较高的探测效率和能量分辨率,在核物理实验、聚变堆监测等极端条件下具有独特优势。

（5）硅光电倍增管（SiPM）

SiPM 是一种新型的半导体光电探测器,由大量微小的雪崩光电二极管（APD）阵列组成,对微弱光信号有极高的灵敏度和增益。SiPM 通常与闪烁体耦合使用,将闪烁体中的光信号转化为电信号输出,在粒子物理、核医学、天文观测等领域展现出广阔的应用前景。

（6）不同半导体探测器的应用场景

高纯锗探测器的应用场景:

① 核物理实验:用于测量原子核的能级结构、衰变模式、寿命等,研究核结构、核反应等前沿课题。

② 天文观测:用于探测超新星遗迹、脉冲星、黑洞等天体的高能辐射,研究宇宙中的极端天体物理过程。

③ 环境监测:用于分析土壤、水体、空气中的放射性核素种类和含量,评估环境的辐射水平和危害程度。

④ 核电站监测:用于监测反应堆内的 γ 辐射水平,指导燃料装卸、维修等操作,确保反应堆的安全运行。

⑤ 核材料管控:用于表征核材料的同位素组成和丰度,防止核材料的丢失或盗窃,维护国家安全。

CdZnTe 探测器的应用场景:

① 便携式能谱仪:利用其室温工作、高探测效率等特点,开发出了大量用于现场快速分析的手持式 γ 能谱仪。

② 医学成像:用于单光子发射计算机断层扫描（SPECT）、正电子发射断层扫描（PET）等医学成像设备,对人体内的病变部位进行定位和代谢功能评估。

③ 安全检查:用于航空安检、货物检查等,利用其对 X 射线和 γ 射线的高灵敏度,实现危险品和违禁品的快速筛查。

硅像素探测器的应用场景:

① 粒子物理实验:用于重建带电粒子的运动径迹,精确测量粒子的能量、动量等物理量,是探索希格斯玻色子、超对称粒子等未知粒子的利器。

② 同步辐射成像:利用其高位置分辨率和快速读出的特点,用于蛋白质晶体学、纳米材料表征等领域的高分辨率 X 射线成像。

③ 卫星望远镜:用于 γ 射线暴、X 射线脉冲星等极端天体的高分辨率成像观测,填补了地面望远镜的盲区。

SiPM 探测器的应用场景:

① 核医学：与闪烁体耦合使用，可以大幅提高 PET 和 SPECT 等设备的灵敏度和信噪比，实现低剂量、高分辨率的分子影像。

② 粒子物理：用于 γ 射线、中微子、暗物质等稀有事件的探测，其单光子探测能力可以大大提高探测器的能量阈值和灵敏度。

③ 辐射剂量学：利用其高动态范围、高计数率等特点，用于加速器辐射场、核反应堆等极端辐射环境的实时剂量监测。

3.3　γ 光子探测和能谱学

3.3.1　γ 射线能谱介绍

X 射线和 γ 射线光子是不带电的，不会对其穿过的材料产生直接电离或激发。因此，对光子的探测在很大程度上取决于将全部或部分光子能量转移到吸收材料中的电子的相互作用。

由于初级 γ 光子对探测器来说是"不可见的"，只有 γ 射线相互作用中产生的快速电子才能为入射 γ 射线的性质提供信息。这些电子的最大能量等于入射 γ 射线光子的能量，并且将以与其他快速电子（如 β 粒子）相同的方式（电离、激发、韧致辐射等）损失能量。

为了使探测器充当 γ 射线能谱仪，它必须具有如下功能：① 能充当一种将 γ 射线转化为次级电子的转换介质，γ 射线与探测器相互作用的概率足够高；② 能作为这些次级电子的常规探测器。在接下来的讨论中，我们首先假设探测器尺寸足够大，使得次级电子（以及次级电子产生的韧致辐射）的逃逸并不显著。对于几兆电子伏量级的入射 γ 射线，也将产生具有相应动能的次级电子，这些次级电子在典型固体探测器介质中的相应射程为几毫米（这些次级电子产生的多数韧致辐射光子能穿透的距离要短得多）。因此，完全电子吸收的假设意味着探测器的尺寸至少为 cm 量级，只有一小部分位于接近探测器表面的次级电子可能逃逸。

由于气体的低阻止本领，对次级电子的全能量吸收的要求通常导致人们不使用气体探测器进行 γ 能谱测量。只有当气体处于非常高的压力下或入射光子的能量非常低时，这种说法才有可能例外。1 MeV 电子在 STP 气体中的穿透距离为数米，因此实际尺寸的普通气体探测器一般都无法吸收所有的次级电子能量。更复杂的是，气体探测器探测到的大多数脉冲源于 γ 射线与探测器的固体壁面相互作用产生的次级电子，这些电子在穿过壁面进入气体的过程中在固体壁面损失了不确定的能量，这使得电子的脉冲难以与入射 γ 射线能量联系起来。

在光子测量的能谱学中，全能峰（full energy peak）是一个很重要的概念，指的是在能谱上出现的代表辐射源中某一特定能量的 γ 射线在探测器中完全吸收的事件峰。差分脉冲高度谱中的全能峰如图 3.20 所示。

当一个 γ 光子进入探测器时，它可能会通过三种主要的相互作用方式（光电效应、康普顿散射和电子对效应)将其能量全部或部分地沉积在探测器中。如果一个 γ 光子通过一次或多次相互作用将其全部能量沉积在探测器中,那么这个事件就会在差分脉冲高度谱上的特定能量位置处产生一个计数。

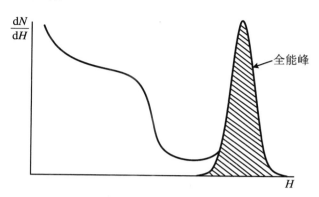

图 3.20　差分脉冲高度谱中全能峰示例

全能峰就是这些完全吸收事件在能谱上形成的峰。这个峰的能量对应于 γ 射线源的特征能量。全能峰的面积与辐射源的活度和探测器的探测效率有关,因此可以用来进行定量分析。

3.3.2　γ 射线与物质的相互作用对测量能谱的影响

γ 射线在物质中相互作用的各种方式中,只有三种相互作用机制在 γ 射线能谱中具有真正的意义:光电吸收、康普顿散射和电子对效应。低能量 γ 射线(几百千电子伏)以光电吸收为主,高能 γ 射线(5～10 MeV 及以上)以电子对效应为主,康普顿散射是几百千电子伏～几兆电子伏的能量范围内最可能发生的过程。相互作用介质的原子序数对这三种相互作用的相对概率有很大影响。这些变化中最引人注目的涉及光电吸收的截面,其变化约为 $Z^{4.5}$。由于光电吸收是我们最希望发生的相互作用模式,因此从含有高原子序数元素的材料中选择 γ 射线能谱探测器是非常重要的。

1. 光电吸收

光电吸收是一种入射 γ 射线光子消失的相互作用。取而代之的是,光电子由吸收原子的一个电子壳层产生,其动能由入射光子能量 $h\nu$ 减去电子在其原始壳层中的结合能(E_b)。这个过程如图 3.21 所示。对于典型的 γ 射线能量,光电子最有可能在 K 层中出现,对于 K 层,典型的结合能范围从低 Z 材料的几千电子伏到原子序数较高的材料的几万电子伏。动量守恒要求原子在这个过程中反冲,但它的反冲能量很小,通常可以忽略不计。

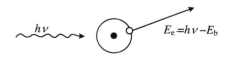

图 3.21　光电吸收示意图

由于光电子发射,在电子壳层中产生的空位被电子重排而迅速填补。在这个过程中,结合能以特征 X 射线或俄歇电子的形式释放出来。俄歇电子由于能量低、射程极短,特征 X 射线在通过与吸收体原子的结合不太紧密的电子壳层的光电相互作用被重新吸收之前,可以行进一定距离(通常为 1 mm 或更短)。尽管这些 X 射线的逃逸有时可能很严重,但目前我们假设它们也被完全吸收,这与我们的简化模型一致。

如果没有任何辐射粒子从探测器中逃逸,那么产生的电子动能之和一定等于 γ 射线光子的原始能量。

图 3.22　光电效应对探测器结果的影响

因此,如果可以测量原始 γ 射线的能量,则可将光电吸收视为理想的过程。总电子动能等于入射 γ 射线能量,并且如果涉及单能 γ 射线,则总电子动能将始终相同。在这些条件下,一系列光电吸收事件的电子动能的微分分布将是一个简单的 δ 函数,如图 3.22 所示。单峰出现在与入射 γ 射线的能量相对应的总电子能量处。

2. 康普顿散射

康普顿散射相互作用的结果是产生反冲电子和散射的 γ 射线光子,两者之间的能量分配取决于散射角,如图 3.23 所示。

散射前　　　　　　　　　　　　　　　　　　　散射后

图 3.23　康普顿散射示意图

散射的 γ 射线在散射角为 θ 时的能量为

$$h\nu' = \frac{h\nu}{1 + h\nu/(m_0 c^2) \cdot (1 - \cos\theta)} \tag{3.21}$$

其中 $m_0 c^2$ 是电子的剩余质量能量(0.511 MeV)。因此,反冲电子的动能为

$$E_{\mathrm{e}^-} = h\nu - h\nu' = h\nu \cdot \frac{h\nu/(m_0 c^2) \cdot (1 - \cos\theta)}{1 + h\nu/(m_0 c^2)(1 - \cos\theta)} \tag{3.22}$$

我们可以给出两种极端情况:

(1) 掠角散射,其中 $\theta \approx 0$。由式(3.19)和式(3.20)预测 $h\nu' \approx h\nu$ 和 $E_{\mathrm{e}^-} \approx 0$。在这种极端情况下,反冲康普顿电子的能量非常小,散射的 γ 射线的能量与入射的 γ 射线几乎相同。

(2) 迎头碰撞,其中 $\theta = \pi$。入射的 γ 射线沿其初始方向反向散射,而电子则沿入射方向反冲。这个极值代表了在单个康普顿相互作用中可以传递给电子的最大能量。对于这种情况,由式(3.21)和式(3.22)可得

$$h\nu'\big|_{\theta=\pi} = \frac{h\nu}{1 + 2h\nu/(m_0 c^2)} \tag{3.23}$$

$$E_{\mathrm{e}^-}\big|_{\theta=\pi} = h\nu \cdot \frac{2h\nu/(m_0 c^2)}{1 + 2h\nu/(m_0 c^2)} \tag{3.24}$$

在正常情况下,所有散射角都会出现在探测器中。因此,一个连续的能量可以转移到电

子上,范围从零到式(3.24)。预测的最大值(图 3.24)。对于具有特定能量的 γ 射线,电子能量分布具有如图 3.24 所示的一般形状[14]。

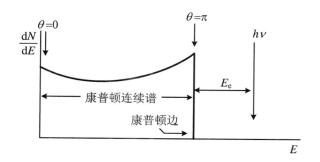

图 3.24 康普顿效应对探测器结果的影响

最大康普顿反冲电子能量和入射 γ 射线能量之间的间隙由下式给出:

$$E_C \equiv h\nu - E_{e^-} \Big|_{\theta=\pi} = \frac{h\nu}{1 + 2h\nu/(m_0 c^2)} \tag{3.25}$$

在入射 γ 射线能量较大的极限下,或 $h\nu \gg m_0 c^2/2$ 时,该能量差趋向于下式给出的常量:

$$E_C \approx \frac{m_0 c^2}{2} (= 0.256\,\text{MeV}) \tag{3.26}$$

3. 电子对效应

第三个重要的 γ 射线相互作用是电子对效应,入射 γ 射线光子完全消失时产生电子-正电子对。因为产生正负电子对需要 $2m_0 c^2$ 的能量,所以这一过程如果要发射,则需要 γ 射线的能量至少为 1.022 MeV。如果入射 γ 射线能量超过这个值,多余的能量就会以正负电子对共享的动能形式出现。因此,这个过程包括将入射的 γ 射线光子转换为电子和正电子动能:

$$E_{e^-} + E_{e^+} = h\nu - 2m_0 c^2 \tag{3.27}$$

通常,电子和正电子在吸收介质中损失所有动能前最多行进几毫米。入射 γ 射线产生的总(电子+正电子)带电粒子动能的能谱同样是一个简单的 δ 函数,但它现在位于入射 γ 射线能量下方 $2m_0 c^2$,如图 3.25 所示。在我们的简单模型中,每次探测器内发生电子对效应,都会沉积大量的能量。该峰对应于下一节 γ 射线脉冲高度谱中双逃逸峰的位置。

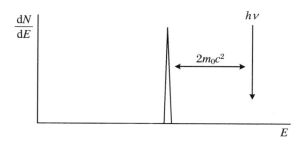

图 3.25 电子对效应对探测器探测结果的影响

正电子不是一个稳定的粒子。一旦正电子的动能变得非常低(相当于吸收材料中正常电子的热运动能量),正电子就会在吸收介质中与电子发生湮灭,两者消失并产生两个方向

相反的能量均为 $m_0c^2(0.511\,\text{MeV})$ 的湮灭光子。正电子减速和湮灭所需的时间很短,因此湮灭辐射与最初的电子对效应相互作用几乎一致。

3.3.3 探测器的预期响应函数

1. 尺寸足够小的探测器

当探测器尺寸小于 γ 射线相互作用产生的次级 γ 辐射(康普顿散射 γ 射线和正电子湮灭光子)的平均自由程时,探测器被认为是"小"的。这通常意味着探测器尺寸不超过 2 cm。假设所有带电粒子(光电子、康普顿电子、对电子和正电子)的能量都在探测器内完全吸收。

在这种情况下,电子能量沉积谱由康普顿散射和光电吸收的组合效应产生,如图 3.26 所示。康普顿散射电子形成连续谱,称为康普顿连续谱;光电子形成窄峰,称为光电峰(photopeak)。(对于中低能 γ 射线而言,探测到的光电峰可能和全能峰为一个峰值;但对于高能 γ 射线的探测而言,因为康普顿散射的影响,全能峰可能包含多个能量相近的光电峰,不可将两者混淆。)光电峰与康普顿连续谱下方面积之比等于探测器材料中光电截面与康普顿截面之比。

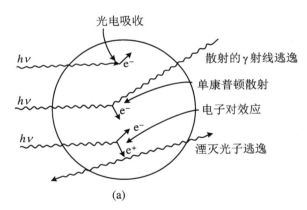

(a)

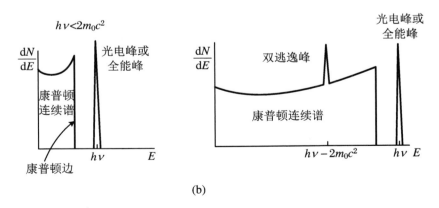

(b)

图 3.26 当探测器的尺寸足够小时探测器可能的响应函数

(a) 探测器尺寸及入射粒子发生物理过程示意;(b) 对应两种粒子能量下的探测器响应函数。

对于入射 γ 射线能量足够高(MeV)的情况,电子能谱中会出现电子对效应。小型探测器只能沉积电子和正电子的动能,而湮灭辐射逃逸。这将在光电峰能量下方1.022 MeV 处产生一个逃逸峰。

2. 尺寸足够大的探测器

假设 γ 射线可以在一个非常大的探测器中心附近引入(图3.27),且探测器尺寸足够大,使得所有次级辐射(包括康普顿散射 γ 射线和湮灭光子)也在探测器灵敏体积内相互作用,没有从表面逃逸。这通常需要几十厘米量级的探测器尺寸,通常探测器基本没有满足该尺寸要求的。

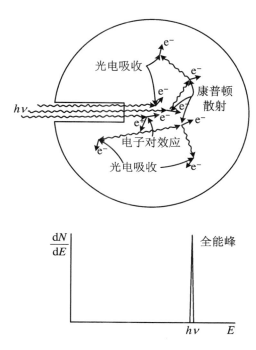

图 3.27　当探测器的尺寸足够大时探测器可能的响应函数
(a) 探测器尺寸及入射粒子发生物理过程示意;(b) 对应能量下的探测器响应函数。

当初始相互作用为康普顿散射时,散射 γ 射线将在探测器内的其他位置继续相互作用,直至发生光电吸收。整个过程通常在 ns 量级内完成,小于大多数探测器的固有响应时间。因此,探测器产生的脉冲是各个散射点产生的电子引起的响应之和。如果探测器对电子能量响应是线性的,则脉冲幅度与所有电子的总能量成正比,而这个总能量等于原始 γ 射线光子的能量。

对于涉及电子对效应的事件,正电子湮灭光子将在探测器其他地方经历康普顿散射或光电吸收。同样,如果探测器足够大,则电子-正电子对和湮灭辐射相互作用产生的次级粒子的动能之和等于原始 γ 射线的能量。

因此,对于具有相同能量的 γ 射线光子,如果探测器响应线性依赖于电子动能且尺寸足够大,则无论相互作用历史如何,输出信号脉冲都相同。响应函数由单一全能峰组成(图 3.27),而非复杂的多峰结构(图 3.26),这大大简化了复杂 γ 射线能谱的分析。

3. 中等尺寸探测器

实际应用中 γ 射线探测器大多为中等尺寸,其响应函数结合了小型和大型探测器的特点,并具有与次级 γ 射线能量部分恢复相关的附加特征(图 3.28)。这是由于 γ 射线从外部入射到探测器表面,即使对于大体积探测器,一些相互作用也会在入射表面附近发生,导致散射光子逃逸。

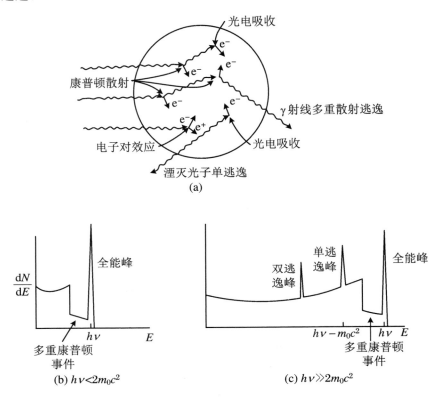

图 3.28 中等尺寸探测器可能的响应函数
(a) 探测器尺寸及入射粒子发生物理过程说明图;(b)～(c) 对应两种能量下的探测器响应函数。

在低、中等能量范围内,γ 射线能谱主要由康普顿连续谱和光电峰组成。由于多重康普顿散射事件对光电峰的额外贡献,光电峰与康普顿连续谱面积比显著增大。入射 γ 射线能量越小,康普顿散射对应的光子平均能量和迁移距离越小,对于中等尺寸的探测器而言,光电峰与康普顿坪的面积之比随能量降低而增加。在非常低的能量(如小于 100 keV)下,康普顿连续谱可能消失。

当 γ 射线的能量处于中等水平时,不仅单次康普顿散射事件影响能谱,多次散射事件也变得重要。这些多次散射可能导致散射光子从探测器中逃逸,从而产生高于预期的能量沉积。这种现象可能改变康普顿边与光电峰之间的距离,使得能谱的连续分布形态与单次散射预测的不同。

当 γ 射线的能量高到一定程度,足以触发电子对效应时,情况进一步复杂化。在这个过程中,γ 射线消失并产生正负电子对。如果这些由正电子湮灭产生的湮灭光子逃离探测器,或者其中部分被其他过程吸收,将在能谱上形成新的特征峰值。

γ 射线探测器的响应不但取决于其物理尺寸和材料组成,还受到入射 γ 射线源的相对位置和配置的影响。由于响应函数的复杂性,通常借助 MC 模拟来进行精确的预测和分析。

3.3.4 其他影响探测器响应函数的过程

1. 次级电子逃逸

当探测器尺寸相对于次级电子的射程较小时,可能会有显著数量的次级电子从探测器表面逃逸。这导致电子的能量未能完全被探测器收集,尤其在遭遇高能量 γ 射线时,这一效应更加明显。电子逃逸主要造成响应函数中事件幅度降低,从而影响康普顿连续谱的形状,并可能导致光电峰对应事件的部分损失,相应地减小光分数。

2. 韧致辐射逃逸

次级电子在失去能量过程中可能会通过韧致辐射发射光子。这种光子的产生随着电子能量的增加而加剧,尤其在原子序数较高的探测器材料中。韧致辐射光子有时可能在未被探测器重新吸收的情况下逃逸,造成能量损失。韧致辐射逃逸对响应函数的影响与次级电子逃逸类似,特别是在处理高能量的入射 γ 射线时,这一现象尤为关键,但它不会在响应函数中引入新的峰值或产生明显特征。

3. 特征 X 射线逃逸

在光电吸收事件中,原子可能会发射特征 X 射线。这些 X 射线在大多数情况下能够在探测器内被重新吸收。然而,如果光电吸收在探测器表面附近发生,特征 X 射线就有可能从探测器中逃逸(图 3.29)。这种逃逸导致响应函数中出现新的峰值,即 X 射线逃逸峰,它位于全能峰之下,由初始 γ 射线能量减去特征 X 射线能量确定的能级处。这种逃逸峰在低能 γ 射线以及探测器表面积与体积比较大时更为显著。

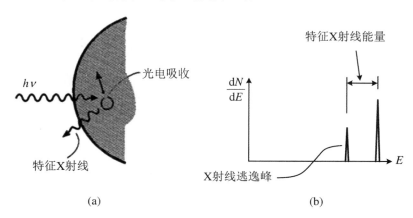

图 3.29　特征 X 射线逃逸对响应函数的可能影响

(a) 特征 X 射线逃逸过程;(b) 探测器的响应函数。

在这种情况下,原本沉积在探测器中的能量相应减少了逃逸的特征 X 射线的能量。如果没有 X 射线逃逸,最初的 γ 射线将被完全吸收,由此产生的脉冲将导致光峰。通过逃逸,产生了一类新的事件,其中等于原始 γ 射线能量减去特征 X 射线能量的能量被重复沉积在探测器中。因此,一个新的峰值将出现在响应函数中,并且将位于与光峰值下方的特征 X 射线的能量相等的距离处。这些峰通常标记为 X 射线逃逸峰,并且在低入射 γ 射线能量和表面与体积比大的探测器中往往特别突出。

对于能量高于吸收体的 K 层结合能的 γ 射线,大多数光电吸收涉及原子中这些结合最紧密的电子。因此,主要特征 X 射线逃逸峰位于全能峰之下 K 层结合能给出的量。由于弱束缚电子壳层中的相互作用和跃迁,原则上也存在更微妙的效应,但由于所涉及的 X 射线能量低得多,相应的逃逸峰通常很难从全能峰中分辨出来。

4. 源附近产生的次级辐射

(1) 湮灭辐射

当 γ 射线源包含通过正电子发射衰变的同位素时,停止的正电子与电子相遇发生湮灭,生成能量为 0.511 MeV 的光子,从而在谱中形成附加峰值。大多数标准 γ 射线源的封装足够厚,可防止所有正电子逃逸,使其在源附近区域内被湮灭。因此,这一区域成为 0.511 MeV 湮灭辐射的源头,与源本身的衰变预期谱叠加。在特定探测器几何形状下,能同时探测到来自单一衰变的两个湮灭光子,能谱中还可观察到 1.022 MeV 的峰值。

(2) 韧致辐射

典型的 γ 射线源经 β 衰变产生,并通常封装得足够厚以阻止 β 粒子逃逸。在某些情况下,通过外部 β 射线吸收剂防止 β 粒子到达探测器,以避免 γ 射线能谱复杂化。然而,吸收 β 粒子可能产生韧致辐射,作为次级辐射进入探测器,对测量谱造成影响。韧致辐射的谱线通常延伸至最大 β 粒子能量,但显著的产量仅限于远低于该值的能量部分。如图 3.30 所示,韧致辐射谱形状偏向于低能量光子发射,这在记录的谱中不形成峰值,而是形成一个重要的连续区间,即 γ 射线能谱的其他所有特征均叠加在这一连续区间之上。韧致辐射的贡献难以作为背景简单去除,包含可能导致 γ 射线能谱的定量测量误差。通常,采用低原子序数(如铍)制成的 β 射线吸收剂来最小化韧致辐射的产生。

(3) 周围材料的影响

实际应用中 γ 射线探测器通常被其他材料包围,这些材料可能影响探测器的响应。探测器一般被封装或安装在真空外壳内以防潮防光,并通常在屏蔽外壳内运行以减少本底辐射影响。γ 射线源通常是较大材料样本的一部分,或封装在某种容器中。所有这些材料都可能成为次级辐射的来源,通过与源发射的初级 γ 射线相互作用产生。如次级辐射达到探测器,它们将显著影响所记录能谱的形状。

(4) 背散射 γ 射线

探测器的脉冲高度谱通常在 0.2~0.25 MeV 显示背散射峰值。该峰值由经过探测器周围材料康普顿散射相互作用的源 γ 射线引起。

反向散射峰值的能量对应于方程

$$h\nu' \big|_{\theta=\pi} = \frac{h\nu}{1 + 2h\nu/(m_0 c^2)} \tag{3.28}$$

在一次 γ 射线能量较大($h\nu \gg m_0 c^2/2$)的极限下,该表达式减少到

$$h\nu' \big|_{\theta=\pi} \approx \frac{m_0 c^2}{2} \tag{3.29}$$

因此,反向散射峰值总是出现在 $0.25\,\mathrm{MeV}$ 或更小的能量处。

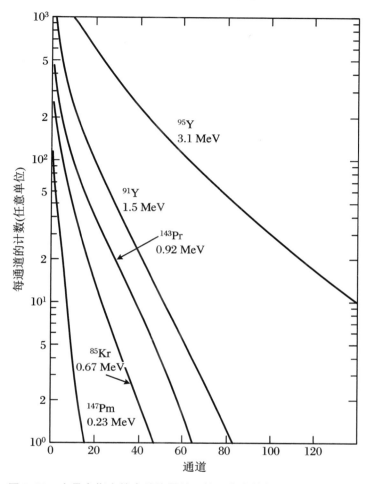

图 3.30 由具有指定的末端能量的 β 粒子产生的轫致辐射谱的形状

3.4 中子探测和能谱学

3.4.1 慢中子探测技术

在本小节中,我们讨论的是对能量低于约 $0.5\,\mathrm{eV}$ 的中子探测的重要方法。慢中子在现代核反应堆中具有特殊意义,因此这个能量区域开发的大部分仪器是用于测量反应堆中子通量的。

在核辐射探测领域,开发高效且尺寸紧凑的慢中子探测器面临着特定的挑战。这主要涉及选择具有较大反应截面的核反应,以实现对慢中子的高效探测。关键因素包括靶材的气态是否易于整合、目标核素在自然界的丰度以及是否可以经济地获取富集的同位素。此外,在许多应用情景中,探测器必须能够在强 γ 射线背景下准确探测慢中子,这就要求慎重选择核反应以及考虑反应的 Q 值,即中子被俘获后释放的能量。理想情况下,反应的 Q 值越高,生成的反应产物能量越大,从而便于通过振幅来区分 γ 射线事件。

值得指出的是,用于探测慢中子的所有常见反应都会产生重带电粒子,可能的反应产物如下:

$$\text{靶材的原子核} + \text{中子} \rightarrow \begin{cases} \text{反冲核} \\ \text{质子} \\ \alpha\text{粒子} \\ \text{裂变碎片} \end{cases}$$

反应产物的射程对探测器设计有显著影响。为了捕获产物释放的全部动能,探测器的有效体积必须足够大。在固体探测介质中,由于反应产物的射程通常不超过几分之一毫米,较容易实现全能量的捕获。相反,在气体探测介质中,反应产物的射程可能达到数厘米,相对于探测器的尺寸而言较大,可能导致部分粒子能量未被完全沉积。

如果探测器尺寸足够大,以至于可以忽略未沉积能量的损失,则其响应函数将非常简单,仅包含一个全能峰(图 3.31)。此时,探测器能够表现出平坦的计数响应,并能最大化识别低振幅事件(如由 γ 射线引起的过程)的能力。然而,如果存在大量未能沉积全部能量的中子引起的事件,低能量连续谱将增加至脉冲高度分布中,从而影响探测器在抗干扰方面的性能。

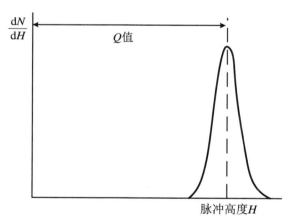

图 3.31　探测器尺寸足够大时的响应函数

1. $^{10}B(n,\alpha)$ 反应

将慢中子转换成可直接探测的粒子的经典反应是 $^{10}B(n,\alpha)$ 反应。该反应可写为

$$^{10}_{5}B + ^{1}_{0}n \rightarrow \begin{cases} ^{7}_{3}Li + ^{4}_{2}\alpha, & Q = 2.792\,\text{MeV(基态)} \\ ^{7}_{3}Li^{*} + ^{4}_{2}\alpha, & Q = 2.310\,\text{MeV(激发态)} \end{cases} \tag{3.30}$$

当使用热中子(0.025 eV)诱导反应时,约 94% 的反应会产生激发态的 ^{7}Li,^{7}Li 通过发射一个能量约为 478 keV 的 γ 光子退激;6% 的情况会直接产生基态的 ^{7}Li。无论哪种情况,与慢中子的入射能量相比,反应的 Q 值都非常大(2.310 MeV 或 2.792 MeV),传递给反应产物(^{7}Li 和 α)的能量基本上就是 Q 值本身。因此,无法提取有关入射的慢中子动能的信息。另外,由于入射中子的动量非常小,反应过程也需要保持动量守恒,所以产生的 α 和 ^{7}Li 会以

相反的方向发射,反应的能量始终以相同的比例共享给它们。

图 3.32 是与中子探测相关的核反应的截面和中子能量之间的关系图。$^{10}B(n,\alpha)$ 反应的热中子截面为 3840b。随着中子能量的增加,反应截面迅速下降,并在许多范围内与 $1/v$ (v 为中子速度)成反比。该反应的实用性源于其相当大的热中子截面,以及高富集度的 ^{10}B 很容易获得(^{10}B 的自然同位素丰度为 19.8%)。

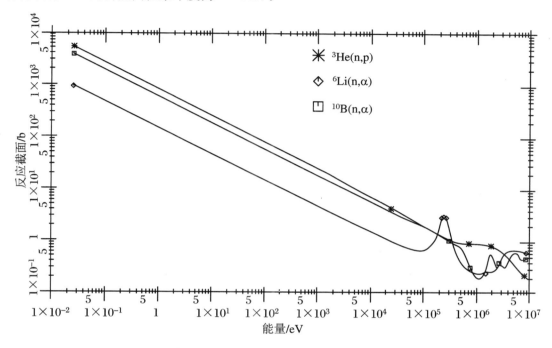

图 3.32　与中子探测相关的反应截面随着中子能量的变化

2. $^6Li(n,\alpha)$ 反应

另一种普遍的探测慢中子的反应是 $^6Li(n,\alpha)$ 反应。在这里,反应只产生处于基态的产物,反应式为

$$^{6}_{3}Li + ^{1}_{0}n \rightarrow ^{3}_{1}H + ^{4}_{2}\alpha, \quad Q = 4.78\ \text{MeV} \tag{3.31}$$

忽略入射中子的能量,则反应产物的能量如下:

$$E_{^3H} = 2.73\ \text{MeV}, \quad E_\alpha = 2.05\ \text{MeV} \tag{3.32}$$

当入射中子能量较低时,该反应产生的 α 粒子和氚离子的出射方向必须相反。

该反应用于慢中子探测的缺点是较小的截面(热中子截面为 940 b),但这部分被较高的 Q 值和由产物得到的更大能量所抵消。^6Li 的天然同位素丰度为 7.40%,在经过分离提纯后,用途更加广泛。

3. $^3He(n,p)$ 反应

气体 ^4He 同样被广泛应用于中子探测,利用的反应为

$$^{3}_{2}He + ^{1}_{0}n \rightarrow ^{3}_{1}H + ^{1}_{1}p, \quad Q = 0.764\ \text{MeV} \tag{3.33}$$

对于慢中子诱导的反应,分配给反应产物的能量仍然接近反应的 Q 值,且分配给每种产物的能量约为

$$E_{\mathrm{p}} = 0.573\,\mathrm{MeV}, \quad E_{^3\mathrm{H}} = 0.191\,\mathrm{MeV} \tag{3.34}$$

这个反应的热中子截面为 5 330 b,比^{10}B 反应的截面大得多,其值也按 $1/v$ 能量依赖关系下降(图 3.32)。但是^{3}He 相对较高的成本和有限的供应限制了某些场景中的应用。

4. 中子诱发裂变反应

利用具有较大裂变截面(图 3.33)的材料如^{233}U,^{235}U 和^{239}Pu 作为慢中子探测器基体是一种有效的方法。这些材料在低能中子区域的裂变截面显著增大,使得它们成为理想的慢中子探测介质。裂变反应的显著特性之一是其特别大的 Q 值(大约 200 MeV)。这意味着相较于其他竞争反应或入射 γ 射线引起的脉冲,基于裂变反应的输出脉冲的幅度要大得多,从而能够实现明确的事件判别。

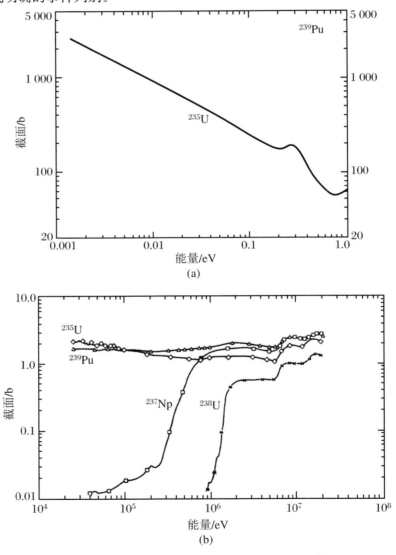

图 3.33　一些在裂变室中使用的常见靶核的裂变截面

(a) 慢中子区域,所示截面相对较大;(b) 快中子区域,使用含有^{237}Np 或^{238}U 的探测器测量,仅对快中子敏感。

5. ^{157}Gd(n,γ)反应

^{157}Gd 对热中子俘获的截面高达 255 000 b。该同位素在天然 Gd 中的丰度为 15.7%，中子俘获会产生包括 γ 射线和内转换电子在内的各种反应产物。这种反应产生的快电子是中子探测和成像应用中的重要产物，如 72 keV 的内转换电子。在约 39% 的俘获反应中会发射这种内转换电子。这些电子在典型的含 Gd 层中的射程约为 20 μm，因此可以使用接近这种厚度的含 Gd 层作为中子的转换器，将入射中子转化为可在相邻探测器中记录的快电子。这种反应常用于中子成像。由于反应产物是快电子和 γ 射线，相比于其他生成重带电粒子的反应，γ 射线背景问题也更加突出。

3.4.2　BF$_3$正比计数管

BF$_3$ 正比计数管是广泛用于慢中子探测的探测器。在这种设备中，BF$_3$ 是慢中子转换成次级粒子的靶材。由于在较高压力下 BF$_3$ 作为比例气体的性能较差，因此在典型管中其绝对压力被限制在 0.5～1.0 atm。

1. BF$_3$ 管脉冲高度谱和壁效应

在尺寸足够大的 BF$_3$ 探测器中，预期的理想脉冲高度谱如图 3.34(a)所示。对于足够大的管子，几乎所有的反应都发生在离探测器壁足够远的地方，以至于产物的全部能量都沉积在 BF$_3$ 气体中。反应的所有能量都沉积在探测器中，热中子的分支比约为 6% 的反应产生基态 ^{7}Li，94% 产生激发态 ^{7}Li。因此，图 3.34(a)中峰下的面积比例应该是 94∶6。

一旦管子的大小不再比反应中产生的 α 粒子和反冲锂核的射程大，一些事件就不再在气体中沉积全部的反应能量。如果任一粒子撞击探测器壁都会产生较小的脉冲，则这种过程的累积效应在气体计数器中称为壁效应。由于反应中产生的 α 粒子的射程对于典型的 BF$_3$ 气体压力来说约为 1 cm，而几乎所有实用管子的直径都小于 1 cm，所以壁效应是显著的。

图 3.34(b)给出了一个壁效应显著的管子中预期的差分脉冲高度谱。与图 3.33(a)中的谱相比，主要变化是在对应于气体管中部分能量沉积的峰的左侧添加了一个连续谱。连续谱中的两个不连续点是谱的特征，可以通过以下论证加以解释。

由于入射中子几乎没有动量，两个反应产物必须是相反方向的。如果 α 粒子撞击壁，则 ^{7}Li 反冲核会远离壁，并且很可能在气体中沉积其全部能量。相反，如果 ^{7}Li 反冲核撞击壁，则来自同一反应的 α 粒子的全部能量通常被完全吸收。

因此，我们只期望看到一种反应产物因撞击探测器壁而损失能量。有两种可能性：① α 粒子在将其能量的一部分沉积在充填气体中后撞击壁，而 ^{7}Li 反冲核则在充填气体中被完全吸收；② ^{7}Li 反冲核在沉积部分能量后撞击壁，α 粒子被完全吸收。在情况①中，反应可能发生在距离壁为 0 到完整的 α 粒子射程之间的任何地方。相应地，沉积在气体中的能量可以从 $E_{^7Li}$ 到 $E_{^7Li} + E_α$ 变化，如图 3.35 所示。

由于反应发生的位置几乎是等可能的，所以沉积的能量将在这两个极端之间近似均匀分布，如图 3.36 所示。

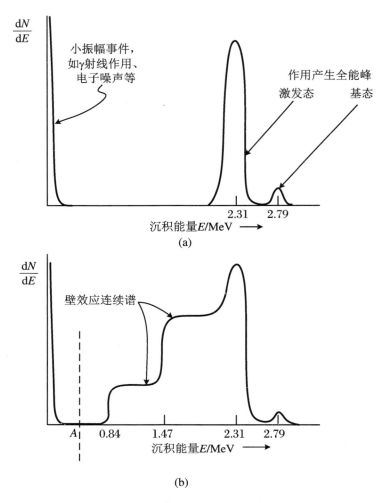

图 3.34　预期的 BF₃ 探测器脉冲高度谱图

（a）来自一个大探测器的谱图，所有反应产物都被完全吸收；（b）由于壁效应而产生的额外连续谱。

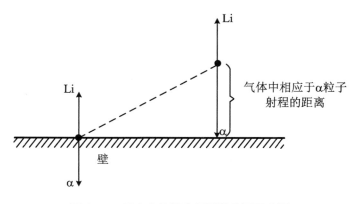

图 3.35　反应产物撞击探测器壁面示意图

　　类似的分析也适用于情况②，表明在气体中沉积的能量将从 E_α 变化到 $E_\alpha + E_{^7\mathrm{Li}}$，如图 3.37所示。

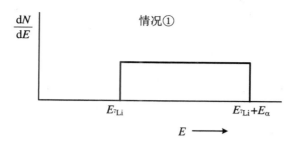

图 3.36　由于反应产物撞击探测器壁面导致沉积在气体中的能量变化（Ⅰ）

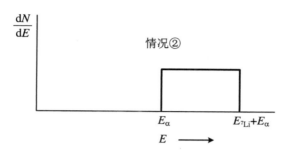

图 3.37　由于反应产物撞击探测器壁面导致沉积在气体中的能量变化（Ⅱ）

　　两种反应产物中的任何一种撞击到壁上的事件中,所有事件的总能量沉积分布将是两种情况的总和,最终探测器的响应函数可能如图 3.38 所示。

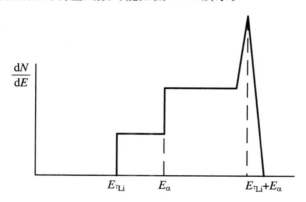

图 3.38　因为"壁效应"导致的探测器的可能的响应函数

　　除了壁效应事件,前面的示意图还显示了全能峰的位置,该全能峰是由所有反应产生的,其中两种产物在气体中都被完全吸收。壁效应的连续谱从 $E_{^7Li}$ (0.84 MeV) 一直延伸到 $E_{^7Li} + E_\alpha$ (2.31 MeV) 的全能峰。我们仅考虑导致 ^7Li 激发态的反应,因为与极不常见的基态相关的壁效应连续谱通常非常小,以至于被整个谱域淹没。

2. γ 射线区分

　　BF$_3$ 管在许多应用中非常重要的一个考虑因素是它们对伴随中子流测量的 γ 射线的区分能力。γ 射线主要在计数管的壁上发生相互作用,并产生次级电子,可能在气体中产生电离。由于气体中电子的阻止本领非常低,一个典型的电子在到达计数管相对壁之前只会沉积其初始能量的一小部分,因此应该预计大多数 γ 射线相互作用将产生低幅度脉冲,可以在图 3.34 中点 A 左侧的尾部看到这些脉冲。通过简单的振幅判别可以轻松地消除这些 γ 射线,而不损失中子探测效率。

如果 γ 射线通量足够高,则这些问题可能降低振幅判别的有效性:在高通量下,脉冲堆积可能导致 γ 射线的表观峰值振幅比任何单个脉冲要大得多。短时间常数有助于减少 γ 射线的脉冲堆积,但由于电荷积分不完全而可能降低中子诱导脉冲的幅度。在非常高的 γ 射线通量下,有证据表明,由于分子解离引起 BF_3 气体中的化学变化,导致中子诱导事件的脉冲高度谱降低。如果这种降低过于严重,可能导致无法区分 γ 射线和中子诱导事件。在极端情况下,辐射引起的化学变化可能会导致 BF_3 管的永久性损坏。有文献报道了使用 BF_3 管内活性炭作为吸附剂去除污染物的发展管。这些 BF_3 管在高达 1 000 R/h 的 γ 射线通量下具有良好的操作特性。

3. BF_3 管的探测效率

沿着 BF_3 管轴线入射的中子探测效率可近似表示为

$$\varepsilon(E) = 1 - \exp[-\Sigma_a(E)L] \tag{3.35}$$

其中 $\Sigma_a(E)$ 为 ^{10}B 对能量为 E 的中子宏观吸收截面,L 为探测管的灵敏区域的长度(探测器内部有氟化硼的区域长度)。

根据式(3.35),我们可以计算得到填充气压为 600 torr(80 kPa)、长为 30 cm(96% 富集的 ^{10}B)的 BF_3 管在热中子能量(0.025 eV)下的探测效率为 90.4%,但在 100 eV 时降至 3.6%。这些数据适用于沿着管子完整长度穿行的中子。对于斜向轴线入射的中子,在典型长圆柱形管子内的预期路径长度要短得多。对于 2 cm 的路径长度,热中子的探测效率下降至 14.5%,在 100 eV 时为 0.25%。因此,暴露于混合能量中子的 BF_3 管主要响应慢中子组分。

3.4.3 快中子探测概述

快中子探测与慢中子探测不同,直接使用慢中子探测手段去探测快中子时,探测器的介质与快中子的反应截面会随着其能量的升高而迅速降低,从而导致探测效率降低。因此必须使用不同的探测方法,以确保探测效率可以接受。

弹性散射是快中子和介质原子相互作用时的重要过程。在这种相互作用中,入射中子将其部分动能转移到靶核,产生反冲核。对于慢中子,弹性散射转移的能量非常小,产生的反冲核能量太低,一般无法产生可用的探测器信号。然而,一旦中子能量达到 keV 量级,就可以直接探测反冲核,这对快中子探测具有重要意义。此时最合适的靶核是氢:氢与中子的弹性散射的横截面相当大,且入射中子可以在与氢核的单次碰撞中转移其大部分能量,而在与重核的碰撞中只能转移一小部分能量。因此,由此产生的反冲质子相对容易探测,并可作为一些快中子探测器的基础。

快中子探测相比于慢中子探测的一个重要区别为是否尝试测量入射中子的能量。对于前文讨论的所有慢中子探测方法,初始中子动能的信息在探测过程中丢失了,因为慢中子的动能与反应的 Q 值相比非常小。然而,如果入射中子能量与反应的 Q 值相比不可忽略(这意味着对于上一节中讨论的大多数反应为 10~100 keV),反应产物的能量开始随着中子能量的变化而发生明显变化。原则上,可以通过精确测量的反应产物的能量减去反应的 Q 值来推断入射的中子能量。弹性散射的 Q 值为零,因此可以通过测量反冲核的能量推测入射中子的动能,这也是第 1 章中我们介绍过的查德威克通过实验测量入射中子动能的方法。

　　然而,在某些情况下,探测的目的只是记录快中子的存在,而无需探测能量。这种快中子探测器可以将中子转换为带电粒子,然后直接记录来自探测器的所有脉冲。这种探测器的效率受入射中子能量影响较大,但如果入射中子能量范围不大,就可以提供有关快中子通量的相对强度的有用信息。

3.4.4　快中子探测技术

1. 基于中子慢化的探测器

　　可以通过用厚度几厘米的含氢慢化材料包围探测器来在一定程度上提高慢中子探测器对快中子的探测效率。入射快中子在慢化剂中损失其初始动能的一部分,然后作为低能量中子到达探测器,对于低能量中子,慢中子探测器效率通常更高。通过使慢化剂厚度更大,慢化剂中的碰撞次数将趋于增加,导致中子到达探测器时最可能的能量值降低。因此,如果慢化材料厚度是唯一考虑的因素,人们会期望探测效率随着慢化剂厚度的增加而提高。然而,随着慢化剂的厚度不断增加,入射快中子到达探测器的概率将不可避免地降低,这会降低探测效率。这里有几种过程在起作用,如图 3.39 所示。随着探测器在系统总体积中所占比例越来越小,一般的中子路径在逃离慢化剂表面之前与探测器相交的概率也会降低。此外,中子可能在到达探测器之前被其他材料吸收。由于吸收截面通常随中子能量降低而增大,因此随着慢化剂厚度的增加,中子被吸收的概率将迅速增加。由于这些因素,当使用单能快中子源时,包裹慢化剂的慢中子探测器的效率将在特定的中子源物质厚度处达到最大值。假设慢化剂是通常选择的氢化物材料,如聚乙烯或石蜡,对于几千电子伏的中子最佳厚度一般是几厘米,对几兆电子伏能量范围内的中子是几十厘米。

　　邦纳球(Bonner spheres)中子谱仪和长计数器是典型的基于中子慢化的探测器。邦纳球中子谱仪由一系列不同尺寸的球体组成。这些球体由内部的中子探测器和包围探测器的慢化材料(通常是聚乙烯等含氢量高的材料)构成。每个球体对不同能量范围的中子具有不同的响应,通过结合这些响应可以得到中子的能谱。计数效率不依赖于中子能量的探测器在中子物理学的许多领域应用广泛。这种类型的理想探测器的探测效率与中子能量的关系图是一条水平线,因此命名为平坦响应探测器。长计数器就是这样一种受欢迎的平坦响应探测器。它将慢中子探测器 BF_3 管放置在慢化介质中心,并且该系统设计为仅在中子从特定方向入射时才能正确得到响应,来自其他方向的入射物一般慢化后在吸收介质(如硼)被俘获,不会产生计数。长计数器的许多操作特性来自其设计所基于的 BF_3 管。长计数器通常具有良好的长期稳定性,已作为中子通量监测仪在各种中子物理实验中获得了广泛的应用。

2. 基于快中子瞬发反应的探测器

　　如果将上一小节中描述的探测器用于快中子探测,则需要在探测快中子前通过慢化材料将快中子慢化。这有两方面的问题:① 慢化过程消除了有关入射快中子能量的信息,当

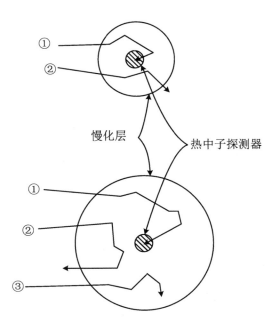

图 3.39　慢化探测器探测中子过程的示意图

中心的小型热中子探测器被不同厚度的慢化剂包围。标记为①的历史代表成功慢化和探测到的入射
快速中子。标记为②的被部分或完全慢化，但在没有到达探测器的情况下逃逸。历史③代表那些被
慢化剂俘获的中子。较厚的慢化剂将倾向于增强进程③，同时减少进程②。

试图提取中子的能量信息时，通常无法使用上述的方法。② 探测过程相对较慢，中子必须与慢化剂材料的原子核发生多次碰撞，从而慢化为热中子（可能需要数十或数百微秒），然后才能产生探测信号。因此，这种探测器无法提供许多中子探测应用所需的快速探测信号。

如果快中子在不需要慢化的情况下直接发生合适的核反应，则可以克服这两个限制。然后，反应产物将具有由入射中子动能和反应的 Q 值之和给出的总能量。对反应产物能量的测量将通过简单地减去 Q 值来得到中子能量。此外，探测过程可能很快，因为入射的快中子在探测器的有效体积中通常不会超过几纳秒，并且只需要一个反应发生来提供探测器信号。然而，典型的快中子诱导反应的截面比相应的热中子截面低几个数量级，导致快中子的探测效率比热中子低得多。

对于快中子有两个重要的反应：^{3}He(n,p) 和 ^{6}Li(n,α)。快中子区域的截面随中子能量的变化如图 3.40 所示。我们现在强调这些反应在中子谱中的应用，其中中子能量是通过测量反应产物的能量来推断的。在中子能谱学中对裂变反应不感兴趣，因为与反应相关的 Q 值非常高，但如果不需要能量信息，裂变过程可以作为快中子计数器的基础。

（1）基于 ^{6}Li(n,α) 反应的探测器

从图 3.40 可以看出，除了在约 250 keV 的中子能量下有明显的共振，^{6}Li(n,α) 反应的截面随着中子能量的增加而下降得相当平稳。相对较大的 Q 值为 4.78 MeV，在热中子探测中是一个优势，但限制了在快中子能谱学中的应用，能量至少为几百千电子伏的中子。竞争反应 ^{6}Li(n,n'd)^{4}He 的 Q 值为 -1.47 MeV，在能量高于约 2.5 MeV 时成为主要的中子诱导反应。因为这种反应产物之一是中子，所以即使对于单能入射中子，也在预期探测到的能谱中有连续的能量沉积曲线，这是人们不希望在测量入射中子能量的探测器响应中产生的部分。

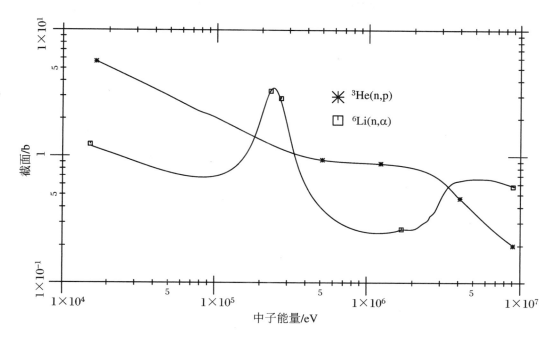

图 3.40　快中子区的 ^{3}He(n,p) 和 ^{6}Li(n,α) 反应截面随中子能量的变化

如果我们忽略后一种反应可能引入的连续能量沉积曲线，那么基于锂反应的快中子探测器的响应函数应该是位于等于入射中子能量加上反应的 Q 值（4.78 MeV）的能量处的单个峰。在实际情况中，经常在 4.78 MeV 处观察到一个额外的峰值，这是由热中子引起的，入射中子可能通过实验室壁屏蔽探测器附近的其他材料的慢化而成为热中子。如果不屏蔽这部分低能中子，它们将与 ^{6}Li 相互作用并在探测器中沉积相同的能量（反应的 Q 值），表现为超热峰，可以为探测器输出提供方便的能量校准点。

（2）基于 ^{3}He(n,p) 反应的探测器

^{3}He(n,p) 反应也已广泛应用于快中子探测和能谱学。图 3.38 中绘制的对于快中子这一反应的截面随着中子能量的增加而不断下降。对基于该反应的探测器都需要考虑几种竞争反应。其中最重要的是中子与氦核的弹性散射。弹性散射的截面总是大于（n,p）反应的截面，并且随着中子能量的变大，这种优势变得更加明显。例如，在 150 keV 的中子能量下，两种反应的截面大致相等，但在 2 MeV 时，中子与 ^{3}He 弹性散射的截面大约是 ^{3}He(n,p) 反应的三倍。此外，在中子能量超过 4.3 MeV 时，中子可能与 ^{3}He 发生（n,d）的竞争反应，不过只要中子能量约低于 10 MeV，中子与 ^{3}He 的（n,d）反应的截面就很低。因此，（n,p）反应和弹性散射解释了除了高中子能量之外的所有 ^{3}He 探测器响应的主要特征。

基于中子与 ^{3}He 反应的探测器的脉冲高度谱应显示三个不同的特征。忽略壁效应，反应产物的全部能量始终在探测器内完全吸收，谱如图 3.41 所示。第一个特征是对应于入射中子直接诱导的所有（n,p）反应的全能峰。该峰值等于中子能量加上反应的 Q 值。第二个特征是，脉冲高度谱中的连续响应曲线是由中子的弹性散射将能量部分转移到反冲氢核的结果。连续谱的最大能量可以用方程（3.36）计算，并且是入射中子能量的 75%。第三个特征是一个超热中子峰，对应于通过外部材料中慢化后的低能入射中子发生的 ^{3}He(n,p) 反应，这个峰值等于该反应的 Q 值（764 keV）。

若探测器的尺寸与这些反应中产生的次级粒子的射程相比不大，就会产生壁效应。与

BF$_3$ 管相比,对脉冲高度谱的影响是填充图 3.41 所示峰左侧的区域。

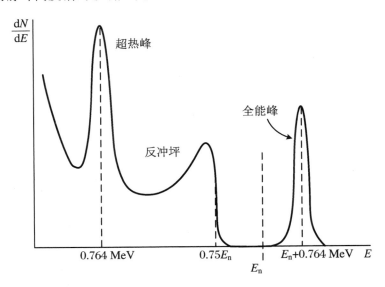

图 3.41　入射在^{3}He 探测器上的快中子预期带电粒子的理想能谱

3. 基于快中子散射的探测器

(1) 一般特性

更常见的快中子探测方法是基于轻原子核对中子的弹性散射。散射相互作用将部分中子动能传递到靶核,从而产生反冲核。气氙和氦都是合适的靶核,其中氢是最受欢迎的。由^{1}H 与中子的弹性散射产生反冲质子,基于这种中子相互作用的装置通常称为质子反冲探测器。

弹性散射的 Q 值为零。在实际运算时,一般假定靶核处于静止状态,因此反应产物(反冲核和散射中子)的动能之和一定等于入射中子携带的动能总和。对于氢中的单次散射,转移到反冲质子的能量可以是零和入射中子的动能之间的任意值,因此平均反冲质子的能量约为入射中子的一半。在 γ 射线或其他低能背景存在时,通常可以优先探测到快中子,但是随着入射中子能量降至几百千电伏以下,判别变得更加困难。通过采用脉冲形状或上升时间判别等技术来消除 γ 射线诱导的事件,专门的质子反冲探测器可用于低至 1 keV 的中子能量。反冲法不适用于热中子的探测。

我们首先定义一些要在以下公式中使用的符号:A 为靶核质量或中子质量,E_n 为入射中子动能(实验室系),E_r 为反冲核动能(实验室系),Θ 为中子在质心坐标系中的散射角,θ 为实验室坐标系中反冲核的散射角。这些符号如图 3.42 所示。

对于具有非相对论动能($E_n \ll 939$ MeV)的入射中子,根据质心系中的动量和能量守恒给出反冲核能量与入射中子能量的关系:

$$E_r = \frac{2A}{(1+A)^2}(1 - \cos \Theta)E_n \tag{3.36}$$

为了转换为实验室系,其中靶核在和入射中子发生碰撞前处于静止状态,我们使用以下变换:

$$\cos\theta = \sqrt{\frac{1 - \cos\Theta}{2}} \tag{3.37}$$

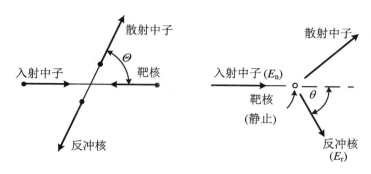

图 3.42　质心系和实验室系的中子弹性散射图

当与方程(3.36)结合使用时,根据其自身的散射角给出反冲核能量与入射中子能量的关系:

$$E_r = \frac{4A}{(1 + A)^2}(\cos^2\theta)E_n \tag{3.38}$$

从式(3.38)可以看到,给予反冲核的能量是由散射角唯一决定的。对于中子仅轻微偏转的掠角情况,反冲几乎垂直于入射中子方向($\theta \approx 90°$)发射,反冲核能量接近于零。对于另一种极端情况,入射中子与靶核的正面碰撞产生同一方向的反冲($\theta \approx 0°$),对应于可能出现的最大反冲核能量,

$$E_r\Big|_{max} = \frac{4A}{(1 + A)^2}E_n \tag{3.39}$$

表3.2列出了在各种靶核的单次碰撞中可以转移到反冲核的入射中子能量的最大比例。随着靶核质量的增加,单次碰撞可能转移的最大能量减少。只有在与 ^1H 的碰撞中,中子才能一次转移其所有能量。表中显示的趋势解释了为什么反冲探测器中只有轻原子核尤其是氢。

表 3.2　对于不同靶核中子的弹性散射在一次散射中转移的最大能量的比例

靶核	A	$\left(\dfrac{E_r}{E_n}\right)_{max} = \dfrac{4A}{(1 + A)^2}$
^1_1H	1	1
^2_1H	2	$8/9 \approx 0.889$
^3_2He	3	$3/4 = 0.750$
^4_2He	4	$16/25 = 0.640$
$^{12}_6C$	12	$48/169 \approx 0.284$
$^{16}_8O$	16	$64/289 \approx 0.221$

(2) 反冲核能量分布

我们还必须关注表3.2中给出的零和最大值之间的反冲能量分布方式。因为所有散射

角都是允许的,原则上,应该预期这些极端情况之间可能的反冲能量沉积的连续曲线。如果我们将 $\sigma(\Theta)$ 定义为质心系中的微分散射截面,那么根据定义,中子散射到 Θ 附近 $\mathrm{d}\Theta$ 中的概率满足

$$P(\Theta)\mathrm{d}\Theta = 2\pi\sin\Theta\mathrm{d}\Theta\frac{\sigma(\Theta)}{\sigma_{\mathrm{s}}} \tag{3.40}$$

其中 σ_{s} 是在所有角度上积分的总散横截面。我们对反冲核能量的分布更感兴趣,并让 $P(E_{\mathrm{r}})\mathrm{d}E_{\mathrm{r}}$ 表示在 E_{r} 附近产生能量在 $E_{\mathrm{r}}\sim E_{\mathrm{r}}+\mathrm{d}E$ 范围的反冲核的概率。现在,由于 $P(E_{\mathrm{r}})\mathrm{d}E_{\mathrm{r}} = P(\Theta)\mathrm{d}\Theta$,因此

$$P(E_{\mathrm{r}}) = 2\pi\sin\Theta\frac{\sigma(\Theta)}{\sigma_{\mathrm{s}}}\cdot\frac{\mathrm{d}\Theta}{\mathrm{d}E_{\mathrm{r}}} \tag{3.41}$$

由以上两式子,得

$$P(E_{\mathrm{r}}) = \frac{(1+A)^2}{A}\frac{\sigma(\Theta)}{\sigma_{\mathrm{s}}}\cdot\frac{\pi}{E_{\mathrm{n}}} \tag{3.42}$$

式(3.42)表明,反冲能量沉积曲线的预期形状与微分散射截面 $\sigma(\Theta)$ 的形状相同,是中子质心散射角的函数。对于大多数靶核,$\sigma(\Theta)$ 的形状趋于某种峰值,有利于向前和向后散射,如图 3.43 所示。

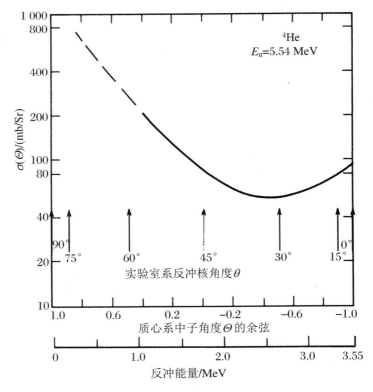

图 3.43 ⁴He 对中子能量为 5.54 MeV 的微分散射截面
标明了在实验室系下相应的角度和反冲氦核的能量。

如果散射过程在质心系中是各向同性的,则一个非常重要的简化成立:$\sigma(\Theta)$ 不会随 Θ 变化,等于常量 $\sigma_{\mathrm{s}}/(4\pi)$。这个假设并非总是成立,但对中子与氢的散射,适用于在大多数感兴趣的能量范围内。因此,预期的质子反冲能量分布是一个简单的矩形,从零延伸到全入射

中子能量,如图 3.44 所示。基于简单氢散射的探测器的响应函数应具有相应的简单矩形。平均质子能量是中子能量的一半,但同时许多复杂的因素可能会扭曲这个简单的矩形响应曲线。

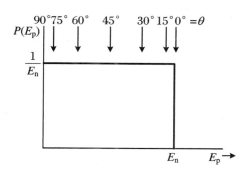

图 3.44　单能入射中子产生的反冲质子 E_p 的能量分布

（3）探测效率

基于反冲质子或其他反冲核的器件的探测效率可以从散射截面 σ_s 计算出来。如果探测器中仅存在一种物质的原子,则内在效率由下式给出：

$$\varepsilon = 1 - \exp(-N\sigma_s d) \tag{3.43}$$

其中 N 是靶核的密度,σ_s 是这些原子核的散射截面,d 是入射中子通过探测器的路径长度。

通常碳与氢同时出现在质子反冲探测器中,然后必须考虑由于碳散射引起的竞争影响。忽略多重散射的计数效率由下式给出：

$$\varepsilon = \frac{N_H \sigma_H}{N_H \sigma_H + N_C \sigma_C} \{1 - \exp[-(N_H \sigma_H + N_C \sigma_C)d]\} \tag{3.44}$$

其中下标 H 和 C 是指上述定义的各种量单独对氢元素和碳元素的值。

习　　题

选择题：根据题干,选出最合适的一个选项。

1. 对于探测器的三种工作模式（电流模式、均方电压模式、脉冲模式）,以下说法正确的是（　　）。

A. 三种工作模式均适用于高事件率的测量条件

B. 均方电压模式的测量结果包括定量的能量信息描述

C. 如果想要测量辐射能谱,需要使用脉冲模式

D. 电流模式适合在中子和 γ 射线的混合场中进行测量

2. 下面有关闪烁体和闪烁体探测器的说法正确的是（　　）。

A. 有机闪烁体需要加入微量的活化剂以提高发光效率

B. 无机闪烁体产生荧光不受其物理状态（固态、气态和液态）的影响

C. 有机闪烁体相比于无机闪烁体光产量低、响应时间短、大体积应用更便宜

D. NaI(Tl)光电倍增管预期的信号脉冲幅度只和 γ 光子在闪烁体内的能量沉积有关

简答题：根据提供的材料或题干，对问题进行简要回答与分析。

3. 比较脉冲模式、均方电压模式和电流模式操作在辐射测量系统中的特性，并在表格中列出每种操作模式的优缺点。

4. 在一个典型的无机闪烁体（比如 NaI）和典型的有机闪烁体（比如塑料闪烁体）之间对于以下的特性进行比较：

(1) 响应时间；

(2) 光输出；

(3) 产生的光子和能量沉积之间的线性关系；

(4) 对高能 γ 射线的探测效率；

(5) 成本。

5. 说明在许多无机闪烁体中加入微量的活化剂的作用，为什么有机闪烁体不需要活化剂？

6. 解释以下说法：有机晶体闪烁体在溶剂中溶解时仍然是良好的能量-光转换器，而无机闪烁体在溶解时不再起到闪烁体的作用。

7. 热中子探测器放置在一个暴露于 5 MeV 的中子源的球形慢化剂的中心。如果慢化剂直径在保持其他所有条件不变的情况下发生变化，请你绘制计数率的相应预期变化。对该曲线在较大直径和较小直径下的行为进行物理过程的说明。

8. 在小直径 BF₃ 管中，脉冲高度谱中 1.47 MeV 的峰"阶跃"具有有限的正斜率，这比 0.84 MeV 时的峰阶跃更为明显。请对此给出物理解释。

绘图题：根据题干绘图

9. 对于下面每个给定的差分脉冲高度谱，请你绘制出对应的积分脉冲高度谱和计数曲线。

(1)

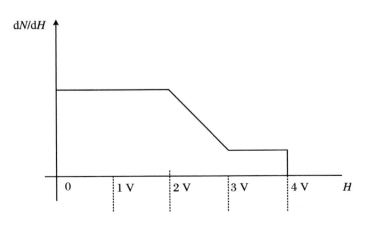

（2）

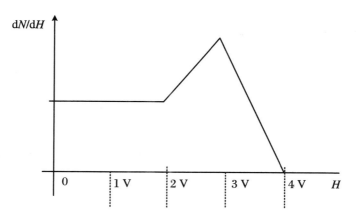

计算题：根据题干，请写出计算公式与步骤。

10. 推导：$\overline{\sigma_T^2(t)} = \dfrac{rQ^2}{T}$。

11. 计算在 100 pF 的电容上收集等于 10 个电子所携带的电荷所产生的电压脉冲的幅度（$e = 1.602 \times 10^{-19}$ C）。

12. 伽马射线谱仪记录对应于 435 keV 和 490 keV 两种不同伽马射线能量的峰值。为了区分这两个峰，系统的能量分辨率必须是多少（用百分数表示）？

13. 如果通过气体的路径长度为 10 cm，计算填充至 80 kPa 的 BF_3 管（富集 ^{10}B 96%）对入射热中子的探测效率。

14. 计算 4 mm 厚的 ^6LiI 闪烁体对入射能量为 1 MeV 的中子的探测效率，并对热中子进行同样的计算。

第 4 章　输运理论和输运方程

输运理论通常指对中子、光子、电子、各类重带电粒子或其他分子等微观粒子在物质中的输运的数学描述,通过求解输运方程可以获得粒子在物质中的分布。输运理论被广泛应用于很多涉及粒子输运的场景,如描述中子在核反应堆中的扩散、光在大气中的传输等[8]。早期粒子输运理论与分子运动论紧密相关[18],之后天体物理学对辐射在大气中输运的研究,以及 20 世纪 30 年代后反应堆内中子光子输运的研究很大程度上推动了该理论的发展。由于各个领域的独特性,不同学科使用输运理论描述的物理过程可能存在很大的差异。尽管如此,不同学科的输运理论所使用的数学工具始终十分相似,了解通用的输运方程的推导过程有助于读者进一步理解中子、光子等粒子输运方程的推导。本章将简单介绍输运过程、输运理论和输运方程的推导,并以中子为例介绍其输运方程和单能中子扩散方程,为便于读者理解,尽可能不涉及复杂的数学推导,最后介绍目前国际上与粒子输运有关的资源信息。

4.1　输运过程和输运理论

输运过程是指微观粒子(如中子、光子、电子、分子等)在介质内的运动过程。由于粒子与介质原子核发生无规则碰撞,因此该运动过程具有杂乱无章的统计性。对微观粒子在介质内输运过程的数学表述称为输运理论,这一理论研究的是大量粒子运动所表现出的非平衡统计运动规律。早期粒子输运理论是与分子运动论紧密相关的。输运理论的发展已有100 多年的历史。1872 年,玻尔兹曼推导出了分子分布函数随时间和空间变化的微分-积分方程,奠定了分子运动论的基础。这一方程实质是微观分子在介质内迁移的守恒关系表达式,这一数学表达称为玻尔兹曼输运方程。事实上,对任意微观粒子都可以导出类似的粒子守恒方程,即输运方程或玻尔兹曼方程[7]。

输运理论在物理和工程领域都显得十分重要,这是由于粒子输运过程出现在很多物理现象中。在玻尔兹曼一个多世纪前提出的气体动力学理论中,输运过程的基本物理描述已经高度发展。当时的天体物理学对辐射能量在行星大气中的转移的研究,很大程度上推动了输运理论的早期发展。求解输运方程的数学方法是在 20 世纪 30 年代发展起来的,以用于分析辐射传输问题。在 20 世纪七八十年代,为了描述核系统(如核反应堆)中光子和中子的输运,输运理论得到了快速的发展。用于分析输运过程的数学工具在稀薄气体动力学和等离子体物理的问题中的应用也取得了一定的成功[8]。

图 4.1　玻尔兹曼

输运理论在涉及粒子输运的各类场景中得到了应用:在反应堆中,用于确定反应堆堆芯内的中子通量分布,以及对中子和 γ 射线的屏蔽计算;在天体物理学中,用于描述光在恒星大气中的扩散和在行星大气中的穿透;在气体动力学领域,应用到上层大气物理研究、声传播和气体分子的扩散;输运理论还可以用于带电粒子输运的计算,如电子的多重散射、气体放电物理、半导体中空穴和电子的扩散、宇宙线簇射的发展;输运理论也可以用于描述湍流大气中雷达波的多次散射、X 射线穿透物质过程等;在等离子体物理学领域,输运理论与微观等离子体动力学理论相结合,用于预测等离子体的不稳定性等问题;另外,还有其他涉及输运理论的应用场景,例如沿公路的车流运动等。中子输运方程是玻尔兹曼方程的一个特例,由于核系统中中子输运问题的高度专业化性质,以及各个国家和研究机构对于核能的高度重视,各种基于计算机求解中子输运方程的高性能计算技术持续得到开发。

4.2　基本物理量

在粒子输运过程的研究中,粒子相互作用事件的随机性要求我们引入一个概率密度或分布函数,即我们无法确定在某一时刻特定区域内粒子数的准确值,只能定义粒子密度 $N(r, t)$ 的期望值:

$$N(r, t)dV = t \text{ 时刻在 } r \text{ 处体积微元 } dV \text{ 内粒子数的期望值}$$

如图 4.2 所示,假定粒子的运动速度为 v,粒子的速度方向 Ω 可以定义为

$$\Omega = \frac{v}{|v|} = e_x \sin\theta\cos\varphi + e_y \sin\theta\sin\varphi + e_z \cos\theta \tag{4.1}$$

且有

$$\mathrm{d}\Omega = \sin\theta\mathrm{d}\theta\mathrm{d}\varphi \tag{4.2}$$

为了描述粒子在介质中的分布情况,需要给出粒子的空间坐标 $r(x,y,z)$、能量 E、运动方向 Ω(由方位角 φ 和极角 θ 描述)随时间 t 的分布,因此我们引入粒子角密度 $n(r,E,\Omega,t)$,其定义为:在 t 时刻,在位置 r 附近的单位体积内能量为 E 的单位能量间隔内、运动方向为 Ω 的单位立体角元内的粒子数目。所以 $n(r,E,\Omega,t)\mathrm{d}r\mathrm{d}E\mathrm{d}\Omega$ 表示 t 时刻,在位置 r 附近 $\mathrm{d}r$ 中,能量在 E 附近 $\mathrm{d}E$ 中,方向在 Ω 附近 $\mathrm{d}\Omega$ 内的粒子数目。

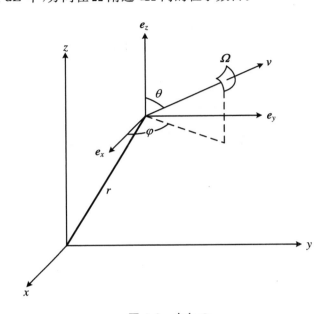

图 4.2　方向 Ω
φ 代表方位角, θ 代表极角, e_x,e_y,e_z 分别代表 x,y,z 方向的单位矢量。

不难得到

$$N(r,t) = \iint n(r,E,\Omega,t)\mathrm{d}E\mathrm{d}\Omega \tag{4.3}$$

定义粒子的速度矢量 v 与粒子角密度的乘积为角流密度,即

$$j(r,E,\Omega,t) = vn(r,E,\Omega,t) \tag{4.4}$$

则 $|j(r,E,\Omega,t)\mathrm{d}S\mathrm{d}E\mathrm{d}\Omega|$ 表示在 t 时刻,每秒通过面 S 上的面积元 $\mathrm{d}S$,能量在 E 附近的单位能量间隔 $\mathrm{d}E$ 中,方向在 Ω 附近 $\mathrm{d}\Omega$ 内的粒子数的期望值。

对角流密度进行积分,可以得到总的粒子流密度

$$J(r,t) = \iint j(r,E,\Omega,t)\mathrm{d}E\mathrm{d}\Omega \tag{4.5}$$

粒子在指定方向上通过面 S 上面积元 $\mathrm{d}S$ 的速率定义为分流密度,记为 $J_{\pm}(r,t)$。假定 e_s 是 $\mathrm{d}S$ 表面上的单位法向量,则分流密度可以写为

$$J_{\pm}(r,t) = \pm\iint_{\pm} e_s \cdot j(r,E,\Omega,t)\mathrm{d}E\mathrm{d}\Omega \tag{4.6}$$

由这个定义可以得出总的流密度和分流密度的关系(图 4.3):

$$e_s \cdot J(r,t) = J_{+}(r,t) - J_{-}(r,t) \tag{4.7}$$

可以看出,总的流密度代表单位时间内穿过某个区域的净粒子数,即"净流量"。

虽然粒子密度概念的定义很简单,但是多数场景下不能直接得到粒子密度的方程,因此

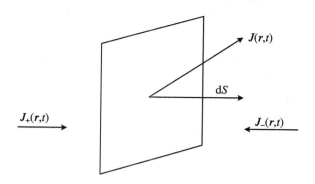

图 4.3　分流密度和总流密度的关系

我们引入角通量密度,定义为角密度和粒子速度大小的乘积,即

$$\phi(r,E,\boldsymbol{\Omega},t) = vn(r,E,\boldsymbol{\Omega},t)$$

表示 t 时刻,位置在 r 附近 dr 中,能量在 E 附近 dE 中,方向在 $\boldsymbol{\Omega}$ 附近 $d\boldsymbol{\Omega}$ 内,粒子在单位时间内走过的总路径长度。同样,对于角通量密度积分,可以定义总通量密度

$$\phi(r,t) = \int \phi(r,E,\boldsymbol{\Omega},t)dEd\boldsymbol{\Omega}$$

总粒子流密度和角通量密度的单位均为 $\mathrm{cm}^{-2}\cdot\mathrm{s}^{-1}$,但需要注意,前者是矢量,描述粒子沿指定方向穿过某一表面的净速率,而角通量密度不考虑方向,用于描述粒子通过某单位面积的总速率。从定义可以看出,粒子流密度适合描述粒子通过表面流入或者流出某个体积的量,而角通量更适合描述粒子的反应速率。

4.3　输运方程的基本形式

下面我们基于粒子数守恒对通用情况下的输运方程进行推导。对于位置 r 附近的某个体积 V(图 4.4)内的粒子角密度 $n(r,E,\boldsymbol{\Omega},t)$,在忽略可能改变粒子轨迹的宏观作用力(如磁场对带电粒子的作用)的条件下,可以导致其发生改变的机制只有三种:

(1) 粒子从体积 V 的表面 S 泄漏;

(2) 粒子与体积 V 中的原子发生碰撞,改变粒子的能量 E 和方向 $\boldsymbol{\Omega}$;

(3) 粒子源 Q 的存在。

根据上述分析,可以直接写出瞬态情况下微分-积分形式的输运方程:

n 随时间的变化 = 通过面积 S 的泄漏导致的变化
　　　　　　　　　 + 碰撞导致的变化 + 源导致的变化

上述平衡条件的数学形式可以写为

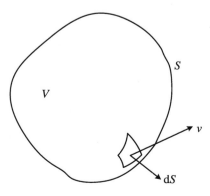

图 4.4　具有表面积 S 的任意体积 V

$$\frac{\partial}{\partial t} \int_V n(r, E, \Omega, t) \mathrm{d}r \mathrm{d}E \mathrm{d}\Omega$$

$$= -\int_S e_s \cdot j(r, E, \Omega, t) \mathrm{d}S \mathrm{d}E \mathrm{d}\Omega + \int_V \left(\frac{\partial n}{\partial t}\right)_{\mathrm{coll}} \mathrm{d}r \mathrm{d}E \mathrm{d}\Omega + \int_V Q(r, E, \Omega, t) \mathrm{d}r \mathrm{d}E \mathrm{d}\Omega \tag{4.8}$$

上式左边第一项为体积 V 中粒子数目随时间的总变化率；右边第一项是泄漏项，是相空间流密度对速度和面积的积分，代表粒子从体积 V 的表面 S 泄漏而导致的体积 V 中粒子数随时间的变化率；右边第二项是碰撞项，代表因为碰撞导致的体积 V 中粒子数目随时间的变化率；右边第三项是源项，代表因为粒子源导致的体积 V 中粒子数目随时间的变化率。

由此，我们得到了相空间密度的输运方程的基本形式。

对于泄漏项，使用高斯定律将面积分转化为体积分：

$$\int_S e_s \cdot j(r, E, \Omega, t) \mathrm{d}S = \int_V \nabla \cdot j(r, E, \Omega, t) \mathrm{d}r = \int_V \nabla \cdot \Omega v n(r, E, \Omega, t) \mathrm{d}r$$

$$= \int_V v\Omega \cdot \nabla n(r, E, \Omega, t) \mathrm{d}r \tag{4.9}$$

因为粒子的速度大小和方向与位置 r 无关，所以有

$$\nabla \cdot \Omega v n(r, E, \Omega, t) = v\Omega \cdot \nabla n(r, E, \Omega, t) \tag{4.10}$$

因此可以将平衡条件重新写为

$$\int \left[\frac{\partial n}{\partial t} + v\Omega \cdot \nabla n - \left(\frac{\partial n}{\partial t}\right)_{\mathrm{coll}} - Q\right] \mathrm{d}r \mathrm{d}E \mathrm{d}\Omega = 0 \tag{4.11}$$

若该平衡条件对于任意体积 V 均满足，就需要积分内的式子等于 0，即要求

$$\frac{\partial n}{\partial t} + v\Omega \cdot \nabla n = \left(\frac{\partial n}{\partial t}\right)_{\mathrm{coll}} + Q \tag{4.12}$$

这样我们得到了描述相空间密度 $n(r, E, \Omega, t)$ 的方程。这是在各种各样的应用中表征粒子输运过程的输运方程所采取的一般形式。

对于碰撞项 $\left(\frac{\partial n}{\partial t}\right)_{\mathrm{coll}}$ 进行进一步的推导。为了描述散射过程或者粒子与介质原子相互作用后被吸收并产生多个次级粒子的过程（如核裂变），引入散射概率函数 $f(E' \to E, \Omega' \to \Omega)$，则 $f(E' \to E, \Omega' \to \Omega) \mathrm{d}E \mathrm{d}\Omega$ 表示能量为 E'、方向为 Ω' 的入射粒子产生能量为 E、方向为 Ω 的次级粒子的概率。同时定义 $c(r, E, \Omega)$，用于表示能量为 E、方向为 Ω 的入射粒子在位置 r 处平均每次碰撞产生的次级粒子数，再结合宏观截面 $\Sigma(r, E, \Omega)$，可以定义能量为 E'、方向为 Ω' 的入射粒子穿过单位距离后发生碰撞而产生能量为 E、方向为 Ω 的次级粒子的概率（注意：这里所说的次级粒子包括只通过散射改变了能量和方向的原本的粒子，如发生了弹性散射的中子）：

$$\Sigma(r, E' \to E, \Omega' \to \Omega) = \Sigma(r, E', \Omega') c(r, E', \Omega) f(E' \to E, \Omega' \to \Omega) \tag{4.13}$$

需要注意的是，这些定义只有在碰撞事件是在局部发生且彼此不相关的情况下才有用。例如，如果粒子是光子或其他需要用量子力学描述的粒子，则相互作用的平均自由路径必须比粒子波长大得多，即平均自由程必须比表征碰撞事件的相互作用力的范围大得多。

同样，可以给出碰撞频率 $v\Sigma(r, E, \Omega)$ 的定义，表示能量为 E、方向为 Ω 的粒子发生碰撞事件的频率，则在一个单位体积内粒子发生反应的速率为 $v\Sigma(r, E, \Omega) n(r, E, \Omega, t)$，这也是因为碰撞导致 $n(r, E, \Omega, t)$ 减少的速率。

因此，由碰撞导致的粒子相空间密度的变化可以写为

$$\left(\frac{\partial n}{\partial t}\right)_{\text{coll}} = \int \Sigma(r, E' \to E, \Omega' \to \Omega) n(r, E', \Omega', t) \mathrm{d}E' \mathrm{d}\Omega' - v\Sigma(r, E, \Omega) n(r, E, \Omega, t)$$

$$(4.14)$$

经过上述各项的推导，我们可以使用粒子角通量密度 $\phi(r, E, \Omega, t)$ 重新将输运方程写为

$$\frac{1}{v}\frac{\partial \phi(r, E, \Omega, t)}{\partial t} + \Omega \cdot \nabla \phi(r, E, \Omega, t) + \Sigma \phi(r, E, \Omega, t)$$

$$= \int_0^\infty \mathrm{d}E' \int_{4\pi} \mathrm{d}\Omega' \Sigma(r, E' \to E, \Omega' \to \Omega) \phi(r, E', \Omega', t) + Q \qquad (4.15)$$

上述的输运方程是对于未知粒子的角通量密度 $\phi(r, E, \Omega, t)$ 的微分-积分方程，有 7 个变量：$x, y, z, E, \theta, \phi, t$。如果宏观反应截面与粒子角通量密度 $\phi(r, E, \Omega, t)$ 无关，则这个方程是线性的。但在气体动力学等领域，这些参数可能与粒子的分布有关，此时输运方程是非线性的。

4.4　中子输运方程

本节介绍输运方程对反应堆中的中子输运过程的描述。如前文所述，单个中子在介质内的输运过程是随机的，其在介质中经过的轨迹也是杂乱无章的，但是当中子密度足够大时，可以参考气体分子动力学中的处理方法，推导出描述空间中中子密度的宏观期望分布的中子输运方程。需要注意，由于我们忽略了中子间的碰撞，因此得到的中子输运方程是线性的，而气体分子输运理论中，气体分子之间的碰撞十分重要，因此有非线性的碰撞项。在给出中子的输运方程前，一般会作出如下假设[6-7]：

（1）中子被视为点粒子，即可以完全用位置和速度来描述中子，而不考虑中子的波动性。这是考虑到，即使是对于 0.01 eV 的中子，使用德布罗意方程计算得到的约化波长也比固体中的原子间距小 1 个数量级，比输运介质的宏观尺寸和中子的平均自由程更是小几个数量级，因此，将中子的位置看作可以精确测量的量是合理的。而能量非常低，以至于需要量子力学的知识来描述的中子，在反应堆的场景下是极少的，可以忽略。

（2）中子在介质内输运时只考虑中子和介质原子核的相互作用，而不考虑中子之间的相互作用。由于通常核反应堆内的中子密度（一般小于 10^{11} cm^{-3}）远小于介质原子核的密度（约 10^{22} cm^{-3}），所以可以忽略中子与中子之间的碰撞。

（3）中子的密度足够大，可以忽略输运过程的随机性对输运方程求出的期望值的影响。

（4）中子在介质中会不断与介质原子核发生相互作用（即与介质原子核发生碰撞），认为两次碰撞之间中子穿行的路径是直线。依据是中子不带电，不受电和磁的影响。

（5）认为中子与核的相互作用瞬时发生，但反应堆物理分析中的缓发中子例外。关于缓发中子的描述可以参考反应堆动力学的相关理论或者反应堆物理分析的相关教科书。

（6）忽略相对论效应。原因是在反应堆中，由裂变产生的中子的最大动能约为 20 MeV，仅仅相当于其静止质量的 2%。

（7）中子衰变为质子的过程可以忽略不计，因为中子在反应堆中被吸收之前的寿命（$10^{-5} \sim 10^{-3}$ s，取决于反应堆的类型）要比中子的半衰期（约 10 min）短得多。

考虑上述假设,任意时刻 t 在相空间($\boldsymbol{r} \times E \times \boldsymbol{\Omega}$)上的中子输运方程为

$$\frac{1}{v}\frac{\partial \phi}{\partial t} + \boldsymbol{\Omega} \cdot \nabla \phi + \Sigma_t(\boldsymbol{r}, E)\phi = \int_0^\infty \mathrm{d}E' \int_{4\pi} \mathrm{d}\boldsymbol{\Omega}' \Sigma(\boldsymbol{r}, E' \to E, \boldsymbol{\Omega}' \to \boldsymbol{\Omega})\phi(\boldsymbol{r}, E', \boldsymbol{\Omega}', t) + Q$$

$$(4.16)$$

对于反应堆的中子输运方程,其中的源项 Q 包括:

(1) 核裂变产生的中子的贡献 s_f,假设一个能量为 E' 的中子引发核裂变产生的平均中子数为 $\nu(E')$,$\chi(E)$ 是裂变中子的能谱(图 4.5),如 $\chi(E)\mathrm{d}E$ 表示裂变中子的能量在 E 附近 $\mathrm{d}E$ 能量间隔内的概率,且有 $\int_0^\infty \chi(E)\mathrm{d}E = 1$,则这一项可以表示为

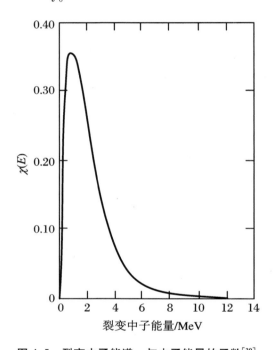

图 4.5 裂变中子能谱 χ 与中子能量的函数[30]

$$s_f(\boldsymbol{r}, E, \boldsymbol{\Omega}, t) = \frac{\chi(E)}{4\pi} \int_0^\infty \mathrm{d}E' \int \mathrm{d}\boldsymbol{\Omega}' \nu(E') \Sigma_f(E') \phi(\boldsymbol{r}, E', \boldsymbol{\Omega}', t)$$

(2) 外部独立的中子源,指不依赖于系统内中子的密度而独立存在且强度也与系统无关的源,如自发裂变源、天然放射性源或其他中子源,这一项记为 s,则有

$$Q = s_f + s$$

4.5 单能中子扩散方程

对于前文所介绍的中子输运方程,如果中子通量密度的角分布接近于各向同性,如在大型反应堆的堆芯部分,则可以近似认为中子通量密度的角分布与中子的运动方向 $\boldsymbol{\Omega}$ 依赖性

很弱甚至无关。通过这种近似简化可以得到扩散方程。如果所有中子都有相同的能量,则可以进一步简化问题,此时中子通量密度仅是空间坐标 r 的函数。本节简单介绍描述扩散过程的斐克(Fick)定律和单能中子扩散方程,有关中子扩散理论的详细推导可以参考[15]。

4.5.1　斐克定律

物理学中可以用斐克定律描述分子的扩散现象,即分子之间无规律的碰撞运动,分子从浓度大的地方向浓度小的地方扩散,且扩散速率与分子密度的梯度成正比。而介质中的中子源中子也会从源点扩散开。与分子扩散现象的不同在于,分子扩散主要由于分子间的相互碰撞,而中子的扩散主要源于中子和介质原子核的碰撞散射。与分子的扩散类似,中子也总是从密度高的地方向密度低的地方扩散。

在使用斐克定律描述稳态情况下的中子扩散时,一般假设:① 介质无限、均匀;② 实验室系中中子的散射各向同性;③ 介质的吸收截面远小于散射截面;④ 中子通量密度随空间位置缓慢变化。此时,中子流密度 J 和中子通量密度 ϕ 的关系为

$$J = J_x e_x + J_y e_y + J_y e_z = - D \operatorname{grad} \phi \tag{4.17}$$

上式就是斐克定律,表示中子流密度 J 正比于负的中子通量密度梯度,比例常数 D 称为扩散系数,且有 $D = \lambda_s/3$。也就是说,任意一处净中子流通的方向与中子通量密度分布的梯度方向相反,J 的指向是 ϕ 减小最快的方向。

需要指出,我们所做的实验室系中中子的散射各向同性假设一般只对重核近似成立。一般情况下,为了对中子散射的各向异性进行修正,需要使用输运过程的平均自由程 λ_{tr} 代替 λ_s,即有 $D = \lambda_{tr}/3$。而 $\lambda_{tr} = \lambda_s/(1 - \bar{\mu}_0)$,式中 $\bar{\mu}_0$ 代表实验室系内的平均散射角余弦,$\bar{\mu}_0 = 2/(3A)$。对于 A 较大的重核,$\bar{\mu}_0 \ll 1$,此时 $\lambda_{tr} \approx \lambda_a$。

4.5.2　单能中子扩散方程的建立

同样,可以由中子数守恒推导中子扩散方程:

n 随时间的变化 = 通过面积 S 的泄漏导致的变化 + 碰撞导致的变化 + 源导致的变化

这样,对任意体积都应该有

$$\frac{\partial n}{\partial t} = Q(r, t) - \nabla J(r, t) - \Sigma_a \phi(r, t) \tag{4.18}$$

其中 $Q(r, t)$ 表示源项,$\nabla J(r, t)$ 表示泄漏项,$\Sigma_a \phi(r, t)$ 表示吸收项。

对泄漏项,有

$$\nabla J = \operatorname{div} J = - \operatorname{div} D \operatorname{grad} \phi = - \left[\frac{\partial}{\partial x} \left(D \frac{\partial \phi}{\partial x} \right) + \frac{\partial}{\partial y} \left(D \frac{\partial \phi}{\partial y} \right) + \frac{\partial}{\partial z} \left(D \frac{\partial \phi}{\partial z} \right) \right]$$

如果扩散系数 D 和空间位置无关,就有

$$\nabla J = - D \left(\frac{\partial^2 \phi}{\partial x^2} + \frac{\partial^2 \phi}{\partial y^2} + \frac{\partial^2 \phi}{\partial z^2} \right) = - D \nabla^2 \phi$$

因此,在斐克定律成立的情况下,可以把式(4.17)写为

$$\frac{1}{v} \frac{\partial \phi}{\partial t} = Q(r, t) + D \nabla^2 \phi(r, t) - \Sigma_a \phi(r, t)$$

其中 ∇^2 是拉普拉斯算符。对于反应堆中常见的坐标系,该算符的表达式见表 4.1。

表 4.1　拉普拉斯算符在反应堆计算时常见坐标系里的表达式

直角坐标系	$\nabla^2 = \dfrac{\partial^2}{\partial x^2} + \dfrac{\partial^2}{\partial y^2} + \dfrac{\partial^2}{\partial z^2}$
柱坐标系	$\nabla^2 = \dfrac{\partial^2}{\partial r^2} + \dfrac{1}{r}\dfrac{\partial}{\partial r} + \dfrac{1}{r^2}\dfrac{\partial^2}{\partial \theta^2} + \dfrac{\partial^2}{\partial z^2}$
球坐标系	$\nabla^2 = \dfrac{\partial^2}{\partial r^2} + \dfrac{2}{r}\dfrac{\partial}{\partial r} + \dfrac{1}{r^2}\dfrac{\partial^2}{\partial \theta^2} + \dfrac{1}{r^2}\cot\theta\dfrac{\partial}{\partial \theta} + \dfrac{1}{r^2\sin^2\theta}\dfrac{\partial^2}{\partial \phi^2}$

如果中子通量密度不随时间变化,则得到稳态单能中子扩散方程

$$Q(\boldsymbol{r}, t) + D\,\nabla^2 \phi(\boldsymbol{r}, t) - \Sigma_{\mathrm{a}} \phi(\boldsymbol{r}, t) = 0$$

这个方程仅适用于单能中子的情况,同时受到斐克定律适用条件的限制

4.6　求解粒子输运问题的资源

通过前文的介绍可以看出,描述粒子输运过程的微分-积分方程很复杂,往往需要借助计算机进行求解。而使用计算机求解粒子输运问题往往需要使用特定数值算法的程序。经过几十年的发展,世界上有很多辐射输运场景求解粒子输运过程的文献、代码和工具(如计算机人体模型)。这里以美国辐射屏蔽计算中心的网站资源(https://rsicc. ornl. gov/Default. aspx)为例,介绍网站上公开的与辐射输运有关的文献、软件等在线资源。

4.4.1　网站基本信息介绍

位于橡树岭国家实验室(Oak Ridge National Laboratory,ORNL)的美国辐射屏蔽信息中心(Radiation Shielding Information Center,RSIC)成立于 1962 年,其面向辐射输运领域,满足国际屏蔽社区的需求。1996 年 8 月,RSIC 更名为辐射安全信息计算中心(Radiation Safety Information Computational Center,RSICC)。这一变化是由于中心的计算代码技术范围(即辐射传输和安全)以及 RSICC 的计算机硬件的扩展,工作人员可以访问其他主要计算中心进行软件分析和测试。RSICC 收集、组织、评估、传播与裂变和聚变反应堆、宇宙空间辐射、加速器、医疗设施和核废物管理相关的辐射屏蔽与防护的技术信息。该中心提供的辐射输运相关资源包括各类放射源、反应堆临界安全分析、辐射防护和屏蔽、辐射探测和测量、屏蔽材料性质、辐射废物管理、屏蔽和运输设计、辐射安全评估、大气扩散和环境剂量。

除了处理软件请求外,RSICC 社区工作人员还提供技术咨询,回答有关辐射输运的技术问题。

4.4.2　在线资源

图 4.6 展示了 RSICC 官网上提供的软件目录(https://rsicc. ornl. gov/Catalog. aspx?

c＝CCC），软件的下载需要在 RSICC 网站上注册并提出申请，且受到 Single-User Software License（https：//rsicc. ornl. gov/documents/export_control. pdf）和 Software Export Control Agreement（https：//rsicc. ornl. gov/documents/export_control. pdf）的限制，但是软件的基本信息、开发者、功能，以及软件相关的公开文献均可以在该网站上直接阅读。

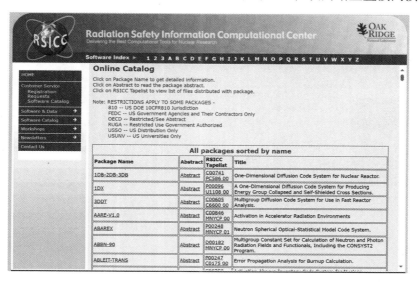

图 4.6　RSICC 官网上可提供的软件目录

除了直接使用的软件，网站还公布了计算机人体模型等与粒子输运代码密切相关的资源，如图 4.7 展示了网站上列出的徐榭教授和他在美国伦斯勒理工学院的两个学生在 2000 年公布的 VIP-MAN 体模的信息，该体模在 MCNP/MCNPX 代码中以 4 mm × 4 mm × 4 mm 的体素模型实现。VIP-MAN 的详细介绍和围绕该体模在健康和医学物理方面进行的大量工作可以参考徐榭教授的另一本书《用于放射物理和生物医学工程的计算机人体模型：历史和未来》[12]。

图 4.7　RSICC 网站列出的 VIP-MAN 体模的信息

　　RSICC 网站上还给出了其他可以在线访问的与粒子输运有关的代码和数据,如图 4.8 所示。例如包括 LANL 开发的 ATTILA,这是使用 S$_N$ 方法(该方法将在第 5 章中介绍)求解任意阶各向异性散射条件下 3D 多群输运方程的代码,以及 EGSnrc,FLUKA,GEANT4, PHITS 等多种知名 MC 软件的网站链接。读者可以自行访问网站,了解粒子输运领域代码开发的工作进展。

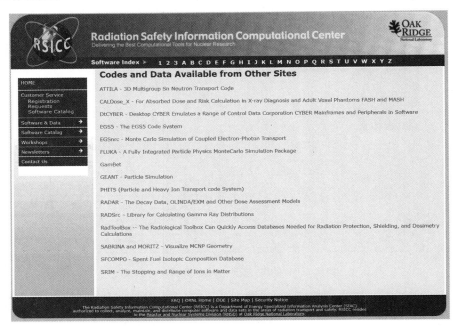

图 4.8　RSICC 提供的其他各类求解粒子输运的软件网站链接

习　　题

简答题:根据提供的材料或题干,对问题进行简要回答与分析。

1. 推导中子输运方程的一般表达方式,列出所有可能的边界条件。
2. 请写出这些物理量的单位:$n(\boldsymbol{r},E,\boldsymbol{\Omega},t)$,$\phi(\boldsymbol{r},E,\boldsymbol{\Omega},t)$,$j(\boldsymbol{r},E,\boldsymbol{\Omega},t)$。
3. 简要说明本章介绍的输运方程是否可以准确描述下面的情景:
(1) 平均密度小于 1 个分子/cm^3 的极稀气体的气体分子分布;
(2) 大量中子通过单质材料的输运;
(3) 光从大气进入海洋;
(4) "十一"假期时高速公路上的车流。

计算题：根据题干，请写出计算公式与步骤。

4. 两束中子流分别从相反的方向垂直通过面积 A，从左往右的中子流强度为 1×10^{12} 个中子/$(cm^2 \cdot s)$，从右往左的中子流强度为 2×10^{12} 个中子/$(cm^2 \cdot s)$。请你计算通过面积 A 的中子流密度（从右往左为正方向）和中子通量密度。

5. 在某球形裸堆（$R = 0.5\,m$）内中子通量密度分布为

$$\phi(r) = \frac{5 \times 10^{13}}{r} \sin \frac{\pi r}{R} \quad (cm^{-2} \cdot s^{-1})$$

试求：$\Phi(0), \Phi(1), \Phi(2)$。

6. 如图所示的无限介质中有两个点中子源 A 和 B，每秒发出 10^8 个各向同性的热中子，$a = 1\,m$，不考虑中子的散射和吸收。求 P_1 点的中子通量密度和中子流密度。

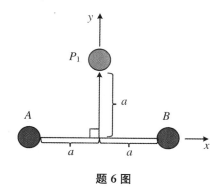

题 6 图

7. 设在 x 处中子密度的分布函数是

$$N(x, E, \boldsymbol{\Omega}) = \frac{n_0}{2\pi} e^{-x/\lambda} e^{aE} (1 + \cos \mu)$$

其中 λ, a 为常数，μ 是 $\boldsymbol{\Omega}$ 与 x 轴的夹角。求：

(1) 中子总密度 $n(x)$；

(2) 与能量相关的中子通量密度 $\phi(x, E)$；

(3) 中子流密度 $J(x, E)$。

8. 设有一强度为 $I(m^{-2} \cdot s^{-1})$ 的平行中子束入射到厚度为 a 的无限平板层上。试求：

(1) 中子不遭受碰撞而穿过平板的概率；

(2) 平板内中子通量密度的分布；

(3) 中子最终扩散穿过平板的概率。

9. 假定粒子角密度

$$n(\boldsymbol{r}, \boldsymbol{\Omega}) = \frac{n_0}{4\pi} (1 - \cos \theta)$$

其中 θ 为方向 $\boldsymbol{\Omega}$ 与 z 轴的夹角。如果 A 是垂直于 z 轴的面积。在 $\theta = 45°$、粒子入射方向是沿着 z 负方向到 z 轴正方向的情况下，分别求出粒子通过 A 的净流速和总流速。

第5章　粒子输运方程的数值解法：确定论方法

描述粒子输运过程的方程很复杂，我们通常会使用数值算法（即基于计算机的）求解。这些数值算法包括确定论和非确定论两类方法，其中确定论方法是基于粒子输运方程的解析或半解析解法。使用计算机求解玻尔兹曼方程的确定论方法的基本思路是基于相空间的离散化，同一种变量的不同离散化处理方法也导致了不同数值算法的发展。国内外很多著作涉及输运方程的确定论求解算法：戴维森（B. Davison）和赛克斯（J. B. Sykes）在 1957 年出版的 *Neutron Transport Theory* 一书中对中子输运理论所使用的主要数学方法进行了说明，并提到其中一些方法是基于恒星大气辐射转移理论的文献[31]；杜德尔斯塔特（J. J. Duderstadt）和马丁（W. R. Martin）在 1979 年出版的 *Transport Theory* 一书中，对各个领域粒子输运方法进行了介绍，涉及反应堆物理、天体物理学、等离子体动力学以及统计力学等应用领域[8]；谢仲生和邓力老师在 2002 年出版的《中子输运理论数值计算方法》一书中，对中子输运理论及其在核能工程中使用的确定论算法进行了介绍[7]；法国原子能委员会出版的 *Neutronics* 介绍了这些确定论方法[6]。几十年来，很多有关粒子输运的确定论方法的著作和文章都对其中的数学理论进行了详细的推导，因此本章侧重介绍经典确定论数值方法的原理，而不过多涉及数学理论。

5.1　相空间的离散化

相空间（phase space）是数学与物理学中用以表示某一系统所有可能状态的空间。系统的每个可能的状态都有一个相对应的相空间的点。比如对于一个三维空间中的稳态粒子输运系统，其中的每个粒子就可以用位置 r（3 个维度）、能量 E（1 个维度）和方向 Ω（2 个维度）来描述，我们就可以说这些粒子处于一个六维的相空间中。所谓相空间的离散化，就是指对其中的某个连续的维度，使用一组离散的值来替代。

通过上一章中定义的角通量密度 $\phi(r, E, \Omega)$，我们可以得到其他要计算的量。其中，总通量密度 $\phi(r)$ 十分重要，可以用来推导计算各种反应速率。

以确定论方法求解稳态玻尔兹曼方程的主要步骤在于将相空间的所有变量，即位置 r、能量 E 和方向 Ω 离散化。首先离散的变量通常是能量，然后是方向和位置变量。

在对中子能量进行离散化时，一般把 0～20 MeV 的能量范围分成几个区间，能量处于每个区间的中子组成一个"能群",或者更简洁地称为"群"。在接下来的描述中,一组能群记为 g。而在角度($\boldsymbol{\Omega}$)的离散化中,一般是分 100~1 000 个方向,从而得到角通量的精细描述,其中 $\boldsymbol{\Omega}_n$ 表示第 n 个离散后的方向。以核反应堆为例,系统空间尺寸为 m 量级,而局部非均质性(如燃料包壳厚度、棒内通量梯度特征长度等)的尺寸为 mm 量级,因此,反应堆中的空间变量通常被划分成每个维度 10^3 个网格。如果空间范围内的任意网格记为 i,将这样的离散化应用于输运方程,就可以用有限差分代替导数,离散求和或积分公式就会代替积分,如对于角通量密度 $\phi(r,E,\boldsymbol{\Omega})$,其离散形式 $\phi_i^g(\boldsymbol{\Omega}_n)$,$\phi_{i-1/2}^g(\boldsymbol{\Omega}_n)$ 或 $\phi_{i+1/2}^g(\boldsymbol{\Omega}_n)$,分别代表在 g 能群、网格中间 i 或网格边界 $i-1/2$ 或 $i+1/2$,方向为 $\boldsymbol{\Omega}$ 的中子角通量密度。鉴于输运方程的线性特性,将其离散化可得到一个线性方程系统,而 $\phi_i^g(\boldsymbol{\Omega}_n)$,$\phi_{i-1/2}^g(\boldsymbol{\Omega}_n)$ 或 $\phi_{i+1/2}^g(\boldsymbol{\Omega}_n)$ 是该系统中需要确定的未知量。为求解这个系统的未知量,一方面需要添加边界条件(例如反应堆芯边界处的角通量密度值),另一方面需要添加描述中间区间与其各自末端之间通量空间变化关系的公式。由于矩阵形式能够简洁地描述待解方程组,因此常常用矩阵来描述该线性方程系统。将上述各种离散化的变量的最高数量级相乘,得到一个具有很高自由度的系统。在每个时间步骤求解具备这个量级的自由度的系统在现今的计算能力下是无能为力的。

在核反应堆物理学中,最初盛行的是分析或半分析模型,这样可以显著减少自由度的数量,提高计算效率。但随着计算机的发展,这些模型可以与越来越复杂的数值技术相结合,进而对系统进行求解。

图 5.1 列出了一些在中子学中用于求解输运方程的方法。

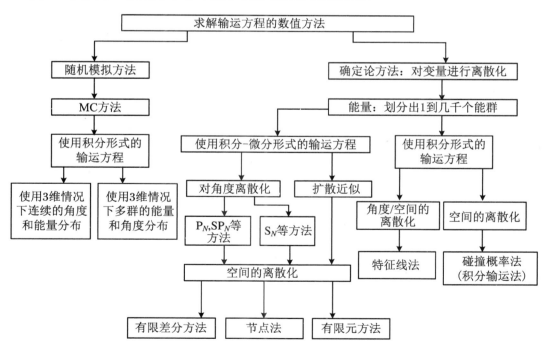

图 5.1　一些在中子学中用于求解输运方程的方法[6]

如上所述,使用数值计算方法求解输运方程需要用数值积分替代连续积分。这是一种数值近似,其误差取决于对感兴趣变量离散化的精细程度。以梯形积分法为例,假设问题的

维度为 d（例如空间的 3 个维度），离散化节点的总数为 n，所得到的误差与 $1/n^{2/d}$ 成正比，代表了选定的数值积分方法的收敛速度与离散化精细程度之间的关系。因此可以观察到，当问题的维度较高时，实现目标收敛（小于给定误差值）所需的计算时间成本更高。

相比之下，MC 方法的统计误差与问题维度无关，只与 $1/n$ 成正比，其中 n 是模拟的中子数。由此可见，当问题的维数较高时，MC 方法会更具有优势。

5.2 能量的离散化

因为一些包括中子截面在内的参数会随着中子能量变化而变化，所以输运方程的求解会特别复杂。输运方程既可以用逐点能量法求解，也可以用多群能量法求解。在第一种方法中，需要处理数据的"精确"能量变化，并计算中子作为能量函数的点分布。在第二种方法中，能量范围被离散成一定数量的"能群"，并且只评估每个能群内中子的平均分布，在这样的能群中，第一组通常表示中子的最大能量，最后一组通常表示中子的最小能量。以反应堆为例，堆中多数中子产生于裂变，并获得约 2 MeV 的动能，之后慢化成为热中子，这个范围的能量被分成几百到几千个能群。群中的中子角通量密度 $\phi(r,E,\Omega)$ 的积分称为多群角通量密度 $\phi^g(r,\Omega)$，即

$$\phi^g(r,\Omega) = \int_g \phi(r,E,\Omega)\mathrm{d}E \tag{5.1}$$

同样，标量通量可以表示为

$$\phi^g(r) = \int_g \phi(r,E)\mathrm{d}E \tag{5.2}$$

为了获得给出多群通量的方程，将玻尔兹曼方程对每个群进行积分，得到的方程也称为"多群方程"：

$$\frac{1}{v_g}\frac{\partial \phi_g}{\partial t} + \Omega \cdot \nabla \phi_g + \Sigma_{t,g}\phi_g = \sum_{g'=1}^{G}\int \mathrm{d}\Omega' \Sigma_{s,g'}(r,\Omega' \to \Omega)\phi_{g'}(r,\Omega',t) + Q_g \tag{5.3}$$

如果将总多群微观截面和多群散射截面定义为角通量密度 $\phi(r,E,\Omega)$ 加权的平均值，那么这些方程将不包含近似，这意味着这些微观多群截面将与空间和角度相关。实际上，为了避免角度依赖，这些截面被总通量密度加权，只依赖于空间的多群截面。例如，总截面定义为

$$\sigma^g(r) = \frac{\displaystyle\int_g \sigma(E)\phi(r,E)\mathrm{d}E}{\displaystyle\int_g \phi(r,E)\mathrm{d}E} \tag{5.4}$$

需要注意，尽管存在这种近似，但如何获取多群核数据仍然是中子学中最复杂的问题之一。

5.3　给定能群的角度离散

与相空间的方向变量 $\boldsymbol{\Omega}$ 相关的离散化称为角度离散化,它的依据是中子在材料输运时所具有的各向同性的近似。用于处理角度变量的方法主要有两种:一种是插值法,即离散纵标法(S_N 方法);另一种是基于球谐函数的角通量展开法,即球谐函数方法(P_N 方法)。

5.3.1　离散纵标法(S_N 方法)

1. S_N 方法的起源

意大利理论物理学家威克(G. C. Wick)在他 1943 年发表的著作中,使用一个微分方程组近似一个积分-微分方程,用一个正交公式代替积分项:

$$\int_{-1}^{+1} f(\mu) \mathrm{d}\mu \approx \sum_{j=1}^{n} a_j f(\mu_j) \tag{5.5}$$

上式称为威克求积公式,可以求出在区间$[-1,1]$内定义的任意函数 $f(\mu)$ 的近似积分。有几种方法可以计算常数 a_j 和 μ_j。威克认为高斯正交是最好的方法,因为它精确地描述了 μ 的 $2n-1$ 次多项式的上述关系。印度天体物理学家和数学家,同时也是 1983 年诺贝尔物理学奖获得者,钱德拉塞卡(S. Chandrasekhar)利用了威克之前提出的数值格式,使该方法在威克-钱德拉塞卡离散坐标法中得到广泛的应用。直到 1958 年,数学家安塞隆(P. M. Anselone)才在数学上证明了这种方法的收敛性。20 世纪 50 年代以来,美国洛斯阿拉莫斯科学实验室的卡尔森(B. G. Carslon)、李(C. E. Lee)和拉斯罗普(K. D. Lathrop)将该方法应用于求解中子输运方程,通常称为 S_N 方法。自此第一个用确定论方法求解中子输运方程的计算程序就出现了。

2. S_N 方法的基本原理

S_N 方法是在相空间中对方向自变量 $\boldsymbol{\Omega}$ 采用直接离散的方法。具体做法如下:对中子角通量密度 $\phi(\boldsymbol{r}, E, \boldsymbol{\Omega})$,首先将 $\boldsymbol{\Omega}$ 离散为 $\boldsymbol{\Omega}_1, \cdots, \boldsymbol{\Omega}_N$ 组成的点列(或子域 $\Delta\boldsymbol{\Omega}_i, i=1, \cdots, N$),随后求出每个离散点(或子域)上的函数值,并用所求得的函数值近似表达 ϕ。当离散点足够密时,便可以达到所需要的精度。对于所要求的中子角通量密度,可以得

$$\int_{\boldsymbol{\Omega}} \phi(\boldsymbol{r}, E, \boldsymbol{\Omega}) \mathrm{d}\boldsymbol{\Omega} = \sum_{n=1}^{N} \omega_n \phi(\boldsymbol{r}, E, \boldsymbol{\Omega}_n) \tag{5.6}$$

其中 ω_n 是 $\boldsymbol{\Omega}_n$ 对应的权重。此时,对于一个能群 g,其稳态输运方程为

$$\boldsymbol{\Omega}_n \cdot \nabla \phi^g(\boldsymbol{r}, \boldsymbol{\Omega}_n) + \Sigma^g(\boldsymbol{r}) \phi^g(\boldsymbol{r}, \boldsymbol{\Omega}_n)$$

$$= \sum_{g'} \int_{4\pi} \mathrm{d}\boldsymbol{\Omega}' \Sigma_s(\boldsymbol{r}, g' \to g, \boldsymbol{\Omega}' \to \boldsymbol{\Omega}_n) \phi^g(\boldsymbol{r}, \boldsymbol{\Omega}') + Q_n^g(\boldsymbol{r}, \boldsymbol{\Omega}_n) \tag{5.7}$$

对于方向和权重的选择有不同的方法。例如,在一维平面几何中,角度被简化为变量 $\mu = \cos\theta$(θ 是粒子输运方向与参考轴之间的夹角),图 5.2 表示方向余弦 μ 在 $(-1,1)$ 区间上

的离散化。离散过程中,区间的宽度为 $\Delta\mu = 2/N$,每个区间内中子通量密度线性变化,即在 $(-1,1)$ 区间内中子通量密度可用 N 段弦近似表示。尽管目前可使用更精确的数学方法进行离散化,但我们习惯上仍将方向自变量 $\boldsymbol{\Omega}$ 的直接离散方法统称为 S_N 方法,这里 S 是线段的英文缩写(segment),N 表示角度方向纵坐标上离散的数目。

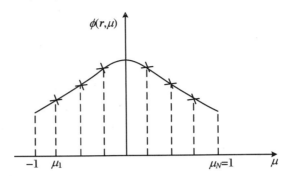

图 5.2　方向余弦($\mu = \cos\theta$)在$(-1,1)$区间上的离散化

综上,使用 S_N 方法求解中子输运方程需要以下三方面:

(1) 角度方向的离散数目和每个离散组的权重系数;

(2) 中子输运方程的离散方法和离散方程组的获得;

(3) 离散方程的求解,包括加速收敛方法的使用等。

S_N 方法的主要优点有:

(1) 对 $r,E,\boldsymbol{\Omega}$ 等所有自变量都采用直接离散,数值过程比较简单。

(2) 当使用迭代法求解时,源项为已知项,从而使得每个离散方向的方程都是相对独立的,并具有相似的数值求解过程,便于编程。

(3) 离散方向变量在方程中是一个参变量,可以用于编制适合不同离散方向数 N(阶)的通用程序,当需要提高或改变计算精度时,只要改变输入的离散方向数 N 即可,这给工程计算带来极大的方便。

但是,S_N 方法也有以下缺点:

(1) 需要比较大的存储空间和比较长的计算时间。这是限制 S_N 方法广泛应用以及其使用局限于低维(一、二维)问题计算的主要原因,当离散方向数比较大且维数较高(例如三维问题)时,该方法带来的问题更为突出。

(2) 存在射线效应(ray effect),即当中子源局部集中在一个小的扩散介质中时,一些选定的方向可能完全"错过"对源的描述,从而可能使计算出的通量几乎为零。这时需要通过细化角度网格来消除这个缺陷。

5.3.2　球谐函数法(P_N 方法)

稳态情况下的中子输运方程是一个含 $r(x,y,z)$,E 和 $\boldsymbol{\Omega}(\theta,\phi)$ 等 6 个自变量的微分-积分方程。要精确地求解这一方程很困难,一般只有在自变量极少的简单情况下才有可能。在实际问题的计算中,通常采用一些近似的方法求解。函数展开方法是其中常用的一种近似方法。这种方法把未知函数 $f(x)$ 用一组已知的正交函数列 $P_n(x)$(通常为多项式)展开成级数，因而 $P_n(x)$ 通常称为展开函数，即 $f(x) \approx \sum_n f_n P_n(x)$，其中 f_n 为一组待定系数。这样就把问题转化为求解一组待定系数，确定了系数 f_n 后，即可确定 $f(x)$。

P_N 方法是函数展开方法的一种，指用一个完备正交的球谐函数列作为展开函数，N 表示球谐函数展开的阶数，即只保留到 N 阶的球谐函数项。当 $N=0$ 时，P_N 方法相当于扩散近似。这种方法常用于理论物理研究。在中子输运理论中，P_N 方法是针对输运方程中的自变量 $\boldsymbol{\Omega}$ 所做的近似，它的实质是把方程中含 $\boldsymbol{\Omega}$ 的一些参数，例如中子角通量密度 $\phi(r, E, \boldsymbol{\Omega})$ 等，用球谐函数 $Y_m^l(\boldsymbol{\Omega})$ 作为展开函数展成级数，即

$$\phi(r, \boldsymbol{\Omega}) = \sum_{m=1}^{\infty} \sum_{l=-m}^{m} \phi_m^l(r) Y_m^l(\boldsymbol{\Omega}) \tag{5.8}$$

这样就可以把原来的方程化成为一组耦合的常微分方程组，结合适当的边界条件就能确定级数中的每个系数，将它们代回展开式，就可以得到所求的中子角通量密度。同时，反应堆计算中常见的扩散近似和中子扩散方程也可以通过球谐函数法推导得到。

P_N 方法的优点有：

(1) 没有直接对角方向离散，避免了射线效应，可以很好地处理各种复杂几何形状。

(2) 利用球谐函数的正交性，可以将输运方程转化为一组耦合的常微分方程，求解相对简单。

(3) 通过增加球谐函数的阶数 N，可以提高计算精度。

P_N 方法的缺点有：

(1) 当 N 增大时，需要解的常微分方程组中的方程数量急剧增加，计算量大幅增加。实际应用中一般只取 $N=1$ 或 2，很少采用高于 P_3 的计算。

(2) 对于深穿透问题，P_N 方法的收敛性较差，需要较大的 N 才能获得满意的精度。

(3) 边界条件的处理也具有一定的难度和不确定性。如在真空边界和材料界面处，需要特殊处理边界条件，增加了计算复杂度。

球谐函数法对中子输运理论的发展起了很大的作用，例如，目前在核反应堆物理计算中应用最为广泛的扩散理论就是基于 P_1 近似发展起来的。但是后来在工程实际计算问题中它并没有获得广泛的应用，其主要原因是它本身太复杂，而且所得到的方程都是紧密地互相耦合在一起的，难于解析或数值求解。此外，20 世纪 60 年代，为了降低高维 P_N 方程的复杂性，格尔巴德（E. M. Gelbard）开发出了一种简化的 P_N 方法，称为 SP_N（Simplified P_N）。读者可以参考[32]。

5.4 给定能群的空间离散

在这一节里我们将介绍几个空间离散方法：有限差分方法（finite difference method）、节点法（nodal method）和有限元方法（finite element method）。

核反应堆物理学界常用有限差分法和节点法求解扩散方程。有限元方法最初是由力学科学家发展起来的，基于最小能量计算原理。这些方法既可以用来解扩散方程，也可以用来解输运方程。对于给定的能群，这里介绍与源扩散方程相关的空间离散化方法。假设能量

（多群）离散化已经实现，这样我们可以对一个给定的群 g 进行分析。为了简化符号，在接下来的讨论中我们省略上标 g，一个给定能群的扩散方程可以写为

$$- D \nabla^2 \phi(r) + \Sigma_r(r)\phi(r) = Q(r) \tag{5.9}$$

其中 $\phi(r)$ 为总通量密度，Σ_r 表示由于散射、吸收等过程导致中子离开当前能群的反应总截面，D 为扩散系数，$Q(r)$ 为源项。在下文中，为了简化起见，我们先不使用边界条件。

5.4.1 有限差分方法

空间网格中子扩散方程（5.9）是一个偏微分方程，其中的微分项 $- D \nabla^2 \phi(r)$ 给求解带来了很大的困难，因此一种处理的思路是在网格节点处用差分代替微分项。有限差分方法的基本原理就是使用近似方法处理微分方程中的微分项。具体地说，就是通过空间离散将粒子输运的系统划分为离散的网格，在每个离散的网格点上，通过将扩散方程中的微分项进行离散近似（即使用某一点周围点的函数值近似表示该点的微分），从而将偏微分方程转化为一组代数方程组，再求解该代数方程组就能得到中子角通量密度。下面举一个简单的例子，考虑在一维几何 $\mathcal{R} = [x_0, x_{N+1}]$ 中建立一个空间网格：$x_0 < x_1 < \cdots < x_{i-1} < x_i < x_{i+1} < \cdots < x_{N+1}$。假设中子通量密度符合泰勒展开的条件，则

$$\phi(x) = \phi(x_0) + (x - x_0)\phi'(x_0) + \frac{1}{2}(x - x_0)^2 \phi''(x_0) + O((x - x_0)^3) \tag{5.10}$$

可以通过有限差分算子来替换扩散方程的微分算子：

$$- D \nabla^2 \phi(r)(x_i) \approx \frac{- D_i^+ \dfrac{\phi(x_{i+1}) - \phi(x_i)}{x_{i+1} - x_i} - D_i^- \dfrac{\phi(x_i) - \phi(x_{i-1})}{x_i - x_{i-1}}}{\dfrac{x_{i+1} - x_i}{2} + \dfrac{x_i - x_{i-1}}{2}} \tag{5.11}$$

其中 D_i^+ 和 D_i^- 分别代表区间 $[x_{i-1}, x_i]$ 和 $[x_i, x_{i+1}]$ 上的扩散系数。在空间离散化后的每个网格点上写出扩散方程并对微分项进行近似，再使用其他方法（如迭代法）求解最终得到的代数方程组就可以获得中子角通量密度的数值解。有限差分法原理简单，易于编程实现；对几何形状的适应性较好，可处理复杂的非正则几何，也可以较为自然地处理各种边界条件。在设计方形间距反应堆堆芯（如压水堆）时首先选用这种方法，因为求解堆芯系统的迭代方法有效且不需要太大的内存空间，与第一代计算机兼容。然而，有限差分法难以推广到六边形几何（如快中子反应堆），且在空间上收敛缓慢，这促使工程师们开发新的空间逼近方法，例如节点法。

5.4.2 节点法

节点法基于扩散方程的半解析解。为了说明该方法，让我们假设有一个二维笛卡儿几何集 $\mathcal{R}$ 和一个网格 $[x_i, x_{i+1}] \times [y_i, y_{i+1}]$，其中反应截面是定值。我们对扩散方程在区间 $[x_i, x_{i+1}]$ 上沿 x 方向积分，然后在区间 $[y_i, y_{i+1}]$ 上沿 y 方向积分，注意到

$$\phi^i(y) = \int_{x_i}^{x_{i+1}} \phi(x, y)\,dx \tag{5.12}$$

$$q^i(y) = \int_{x_i}^{x_{i+1}} q(x, y)\,dx \tag{5.13}$$

$$\Lambda^i(y) = -\left[D\frac{\partial\phi}{\partial x}(x_{i+1},y) - D\frac{\partial\phi}{\partial x}(x_i,y) \right] \tag{5.14}$$

以及

$$\phi^i(x) = \int_{y_i}^{y_{i+1}} \phi(x,y)\mathrm{d}y \tag{5.15}$$

$$q^i(x) = \int_{y_i}^{y_{i+1}} q(x,y)\mathrm{d}y \tag{5.16}$$

$$\Lambda^i(x) = -\left[D\frac{\partial\phi}{\partial y}(x,y_{i+1}) - D\frac{\partial\phi}{\partial y}(x,y_i) \right] \tag{5.17}$$

可以分别从 x 和 y 两个方向获得微分方程:

$$-D\frac{\mathrm{d}^2\phi^j}{\mathrm{d}x^2}(x) + \Sigma_r\phi^j(x) = q^j(x) - \Lambda^j(x) \tag{5.18}$$

$$-D\frac{\mathrm{d}^2\phi^i}{\mathrm{d}y^2}(y) + \Sigma_r\phi^i(y) = q^i(y) - \Lambda^i(y) \tag{5.19}$$

其中 $\Lambda^j(x)$ 和 $\Lambda^i(y)$ 分别是沿 x 和 y 方向泄漏的通量。

最后,对扩散方程在 $[x_i,x_{i+1}]\times[y_i,y_{i+1}]$ 上积分,可以推导出平衡方程

$$\int_{y_j}^{y_{j+1}}\Lambda^i(y)\mathrm{d}y + \int_{x_i}^{x_{i+1}}\Lambda^j(x)\mathrm{d}x + \Sigma_r\bar{\phi} = \bar{q} \tag{5.20}$$

其中

$$\bar{\phi} = \int_{x_i}^{x_{i+1}}\int_{y_j}^{y_{j+1}}\phi(x,y)\mathrm{d}x\mathrm{d}y, \quad \bar{q} = \int_{x_i}^{x_{i+1}}\int_{y_j}^{y_{j+1}}q(x,y)\mathrm{d}x\mathrm{d}y \tag{5.21}$$

在建立这个方程之前,可以观察到

$$\int_{y_j}^{y_{j+1}}\Lambda^i(y)\mathrm{d}y = \int_{y_j}^{y_{j+1}} -\left[D\frac{\partial\phi}{\partial x}(x_{i+1},y) - D\frac{\partial\phi}{\partial x}(x_i,y) \right]\mathrm{d}y$$

$$= -\left[D\frac{\mathrm{d}\phi^j}{\mathrm{d}x}(x_{i+1}) - D\frac{\mathrm{d}\phi^j}{\mathrm{d}x}(x_i) \right] \tag{5.22}$$

节点法在考虑平衡方程的情况下求解 x 和 y 方向的微分方程,可按以下步骤逐步求解式(5.18)~式(5.20):

(1) 假设已知 $\Lambda^i(y)$,对微分方程的 y 变量积分,得到 $\phi^i(y)$ 的解析表达式,最后得到 $\int_{x_i}^{x_{i+1}}\Lambda^j(x)\mathrm{d}x$;

(2) 假设已知 $\Lambda^j(x)$,同理,对微分方程的 x 变量积分,得到 $\phi^j(x)$ 的解析表达式,最后得到 $\int_{y_j}^{y_{j+1}}\Lambda^i(y)\mathrm{d}y$;

(3) 利用平衡方程计算网格内的中子角通量密度 $\bar{\phi}$。

式(5.20)中引入的未知量是网格界面处的横向泄漏量和网格内的通量。节点法已推广到六边形几何。节点法在引入一些高级数学概念方面可能会有困难。这可能会限制节点法在某些领域的适用性,特别是在需要更深入的数学分析的情况下。节点法的优点是,可以较好地处理复杂几何,但需要求解大规模的耦合方程组。同时,节点法中的划分方法对计算精度影响较大,需要合理设置。

5.4.3　有限元方法

有限元方法的基本原理是将计算区域离散为多个有限元单元(如三角形、四面体等),在

每个单元内,用基函数展开中子角通量密度的近似解。将这个近似解代入原始的偏微分输运方程,会有一个残差项,表示近似解与真解之间的差值。在单元内对残差项乘以加权函数进行积分,并令该加权残差的积分为零。由于未知函数已用基函数展开,由加权残差积分为零这一条件就会导出单元内未知系数的一组代数方程。这组代数方程中的未知量就是基函数展开式中的系数,求解这些未知系数就可以获得该单元内的近似解。对所有单元进行这样的操作,最终获得通量密度的数值解。将我们前文得到的中子扩散方程 $-D\nabla^2\phi(r)+\Sigma_r(r)\phi(r)=q(r)$ 重写为等效的变分形式,此时假设截面与空间无关。

1. 原始形式及其空间近似

问题的原始变分形式,最直接的写法如下:对于 $\phi\in V(\mathcal{R})$,

$$\int_{\mathcal{R}}D\nabla\phi\nabla w\mathrm{d}r+\int_{\mathcal{R}}\Sigma_r\phi w\mathrm{d}r=\int_{\mathcal{R}}qw\mathrm{d}r,\quad\forall w\in V(\mathcal{R}) \tag{5.23}$$

其中 V 是那些在 $\mathcal{R}$ 上本身及其导数都是 L^2 可积的函数所构成的索伯列夫(Sobolev)空间。这里我们同样不考虑边界条件。为简单起见,我们再次将讨论限制在一维几何及其空间网格 $(x_0,x_1,x_2,\cdots,x_{N+1})$ 中,其中假设点在区间 $[x_0,x_{N+1}]$ 中等距,h 为两个相邻点之间的距离。对于 k 阶有限元法,引入 V 的离散子空间 V_h,定义为

$$V_h=\phi_h\in C^0([x_0,x_{N+1}]) \tag{5.24}$$

且设 V_h 的一组基为 w_l。问题的离散形式就变成了:求 $\phi_h\in V_h$,使得

$$\sum_{i=1,\cdots,N}\int_i^{i+1}D\nabla\phi_h\nabla w_l\mathrm{d}x+\sum_{i=1,\cdots,N}\int_i^{i+1}\Sigma_r\phi_h w_l\mathrm{d}x=\sum_{i=1,\cdots,N}\int_i^{i+1}qw_l\mathrm{d}x,\ \forall w_l \tag{5.25}$$

对于整个网格,这个问题可以表示为一个矩阵方程 $\boldsymbol{A}\boldsymbol{\phi}=\boldsymbol{Q}$,其中未知量是通量 ϕ_h 在基 (w_l) 上的坐标。三维离散公式是通用的,它将作用域 $\mathcal{R}$ 离散成规则的直边或曲边多边形(四边形/矩形、平行六面体、棱柱体……)。可以证明,在定义域 $\mathcal{R}$ 足够规则且截面满足某些条件的情况下,离散问题的解是初始连续问题的近似,并且误差的阶数为 $O(h^{k+1})$。

这里提出的通量近似提供了定义域 $\mathcal{R}$ 上连续的通量密度解。但通量密度的导数,即中子流量不是连续的。这种通量密度的连续性有时约束区域的离散化,特别是在堆芯-反射体界面处。在这个界面上,中子通量密度会发生陡峭的升高,然后在反射体外迅速衰减为零。这种现象在两种不同性质组件的界面上也会出现。因此,要很好地逼近实际情况,就需要在界面附近对堆芯进行精细的离散化。另一种选择是放弃通量密度连续性的限制,这样就可以使用问题的混合形式,通过引入额外的变量或约束条件来处理原问题中的复杂部分。

2. 问题的混合形式

回到本小节开头的扩散方程,引入辅助未知量 $\boldsymbol{J}$,表示中子流密度:

$$\boldsymbol{J}=-D\nabla\phi(r) \tag{5.26}$$

$$\nabla\boldsymbol{J}+\Sigma_r\phi(r)=Q(r) \tag{5.27}$$

要求解的问题就变成了找到 $(\phi,\bar{p})\in V(\mathcal{R})\times W(\mathcal{R})$,使得

$$\int_{\mathcal{R}}\frac{1}{D}\bar{J}q\mathrm{d}r+\int_{\mathcal{R}}\phi\nabla q\mathrm{d}r=0,\quad\forall q\in W(\mathcal{R}) \tag{5.28}$$

$$\int_{\mathcal{R}}w\nabla\boldsymbol{J}\mathrm{d}r+\int_{\mathcal{R}}\Sigma_r\phi w\mathrm{d}r=\int_{\mathcal{R}}qw\mathrm{d}r,\quad\forall w\in V(\mathcal{R}) \tag{5.29}$$

其中 V 是 L^2 可积函数(及其导数)的索伯列夫空间,W 是 L^2 可积向量函数的索伯列夫空

间,具有 L^2 可积的散度。这个问题的离散公式是通过 V 和 W 的离散空间得到的。这里我们不讨论这些空间所要满足的条件,只在二维笛卡儿网格的情况下说明这种离散化。在这种特殊情况下,可以使用 Raviart-Thomas(RT)混合有限元方法(图 5.3),这是求解矢量场方程的一种有限元方法。RT 元将未知函数分为通量 ϕ(flux)和流 $\vec{p}$(current)两个未知量,分别用不同的基函数空间近似。一阶 RT 元在每个单元的边界上定义 1 个"流"未知量(箭头),单元内部有 1 个"通量"未知量,高阶 RT 元通过在单元内引入流量未知量以更精准地描述流量在单元内的分布,如二阶 RT 元在每个单元的边界上定义 2 个"流"未知量,单元内部有 4 个"通量"未知量和 4 个"流"未知量;三阶 RT 元在每个单元的边界上定义 3 个常数"流"未知量,单元内部有 9 个线性"通量"未知量和 12 个"流"未知量。

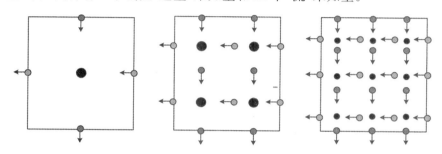

图 5.3　在笛卡儿几何中一阶、二阶和三阶 RT 混合有限元方法示意
●表示未知量 ϕ,●→表示未知量 J。

　　这样求解离散问题的做法就是,通过迭代的方式解出内部网格中未知的 ϕ,再将 ϕ 代回到方程中,然后对未知的 $\vec{p}$ 进行求解。

　　这种基于中子流离散的混合/不连续有限元方法放松了通量连续性约束,可以在网格界面处施加物理约束条件,即通量密度可以"跳跃"。这样就可以更准确地模拟界面处通量的不连续行为,从而获得更精确的数值解。这种方法适用于规则的笛卡儿六边形网格,因为在这些网格上计算可以迭代进行,而且可以轻松地对计算进行向量化处理,从而提高计算效率,如图 5.4 所示。实际应用中,使用不连续系数(discontinuity coefficients,ADF)模型,特别是在 UOX(uranium oxide,即铀氧化物燃料)和 MOX(mixed oxide,即混合氧化物燃料)组件界面,可以模拟通量的不连续性。有限元法适用于非结构化几何,能较好地处理复杂的非正则计算区域。

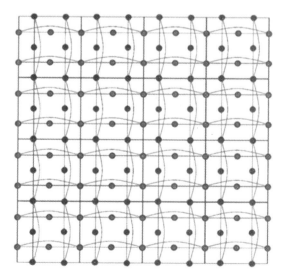

图 5.4　在二维笛卡儿几何中的 $\vec{p}$ 耦合

5.5 给定能群的角度和空间离散

一般在给定能量组内计算角通量时,需要同时对角度和空间变量进行离散化处理。这一节介绍特征线法(method of characteristics)和首次碰撞概率方法(first-collision probability method)。为简化问题,这里假设了宏观吸收截面在空间上是常数。

5.5.1 特征线法

特征线法通常用于燃料组件计算,其目的是处理非结构化几何形状(网格中的燃料芯块、导管等)。在数学中,特征线法是一种求解一阶偏微分方程的技术,特征线法的基本思想是根据特征方程积分获得特征曲线,并沿着特征曲线将偏微分方程化为常微分方程。由于其离散性,特征线法是一种特别适合求解输运型偏微分方程的计算方法。

在使用特征线法时,首先对空间和角度进行离散,即将空间 D 划分成 I 个区域,每个区域表示为 D_i;将角度划分成 N 个方向,每个子方向表示为 $\boldsymbol{\Omega}_n$,这个子方向对应的权重为 ω_n。对于每个子方向绘制一组特征线,这些特征线与计算区域的离散网格边界相交,这样就在每条特征线上获得了一组离散的交点。在这些离散交点之间的区域内应用均匀区域近似(homogeneous region approximation),即在每个小区域内,假设中子角通量分布是均匀的或者是已知的某种分布形式。这个近似允许我们将连续的输运方程离散为代数方程组,从而获得数值解,也就是说通过每个离散后的角度方向绘制特征线与网格边界的交点,我们可以将计算区域划分为一系列小区域。在这些小区域内,我们采用"均匀区域近似"简化输运方程,最终导出代数方程组求解。

图 5.5 展示了特征线法中对空间和角度的离散,$\boldsymbol{\Omega}$ 表示特征线 k 对应的方向,$\boldsymbol{\Omega}_\perp$ 表示和 $\boldsymbol{\Omega}$ 垂直的方向,这样特征线 k 上的每个点可以表示为 $\boldsymbol{r} = s_\perp \boldsymbol{\Omega}_\perp + s\boldsymbol{\Omega}$,其中 s 和 $s_\perp$ 分别表示沿特征线和垂直于特征线的距离。A_k 表示定义的网格。定义 $\boldsymbol{r}_{0k} = s_\perp \boldsymbol{\Omega}_\perp$。沿着特征线对式(5.9)积分,得到 $\boldsymbol{\Omega}$ 方向上 $\boldsymbol{r}_{0k} + s\boldsymbol{\Omega}$ 处的中子通量密度的表达式:

$$\phi(\boldsymbol{r}_{0k} + s\boldsymbol{\Omega}, \boldsymbol{\Omega}) = \phi(\boldsymbol{r}_{0k} + s'\boldsymbol{\Omega}, \boldsymbol{\Omega})\mathrm{e}^{-\tau(s)} + \int_{s'}^{s} \mathrm{d}s_1 q(\boldsymbol{r}_{0k} + s\boldsymbol{\Omega}, \boldsymbol{\Omega})\mathrm{e}^{-\tau(s_1)} \quad (5.30)$$

其中光程 $\tau(s_1)$ 的定义为

$$\tau(s_1) = \int_{s'}^{s_1} \Sigma(\boldsymbol{r}_{0k} + s_2\boldsymbol{\Omega})\mathrm{d}s_2 \quad (5.31)$$

因为假定区域 D_i 中源项 q 和截面不变,所以有

$$\phi(\boldsymbol{r}_{0k} + s\boldsymbol{\Omega}, \boldsymbol{\Omega}) = \phi(\boldsymbol{r}_{0k} + s'\boldsymbol{\Omega}, \boldsymbol{\Omega})\mathrm{e}^{-\Sigma_i(s-s')} + \frac{Q_i(\boldsymbol{\Omega})}{\Sigma_l}[1 - \mathrm{e}^{-\Sigma_i(s-s')}] \quad (5.32)$$

对特征线 k 与区域 D_i 表面的交点 s'',有

$$\phi(\boldsymbol{r}_{0k} + s''\boldsymbol{\Omega}, \boldsymbol{\Omega}) = \phi(\boldsymbol{r}_{0k} + s'\boldsymbol{\Omega}, \boldsymbol{\Omega})\mathrm{e}^{-\Sigma_i t_i^k} + \frac{q_i(\boldsymbol{\Omega})}{\Sigma_l}(1 - \mathrm{e}^{-\Sigma_i t_i^k}) \quad (5.33)$$

其中 $I_i^k = s'' - s'$。这样我们就得到了传输方程。

如果有沿着特征线的平均信息，那么可以把式(5.33)写为

$$\bar{\phi}_i^k = \frac{\phi(r_{0k} + s'\mathbf{\Omega}, \mathbf{\Omega}) - \phi(r_{0k} + s''\mathbf{\Omega}, \mathbf{\Omega})}{\Sigma_i I_i^k} + \frac{q_i(\mathbf{\Omega})}{\Sigma_l} \tag{5.34}$$

这个方程称为平衡方程。

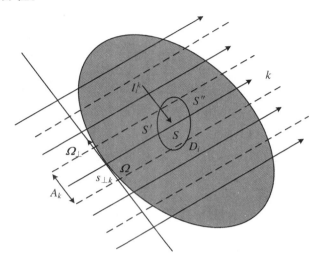

图 5.5　特征线法中空间和角度的离散

对于每个给定的角度方向，我们需要在该方向的垂直方向（横向）上定义一个网格划分，称为横向网格（即 A_k）。绘制所有通过这些横向网格中心的特征线轨迹(tracking)。轨迹只包含几何数据：中子输运的角度、经过的区域以及相应的相交长度。这一步只需在计算过程中完成一次，它包含求解所需的所有几何信息。为了获得所有区域的平均通量密度，我们还需要 $s_\perp$。通过定义横向网格，并沿每个方向绘制轨迹，我们可以将 $s_\perp$ 离散化，从而能够计算出每个区域内的平均角通量密度。对于具有体积 V_i 的区域 D_i，平均中子通量密度可以表示为

$$\bar{\phi}_i(\mathbf{\Omega}) = \frac{1}{V_i} \int dV \phi(s_\perp \mathbf{\Omega}_\perp + s\mathbf{\Omega}, \mathbf{\Omega}) = \frac{1}{V_i} \int d\,s_\perp \int ds \phi(s_\perp \mathbf{\Omega}_\perp + s\mathbf{\Omega}, \mathbf{\Omega}) \tag{5.35}$$

这个积分可以使用一个通过覆盖所求区域的一组平行轨迹得到的求积公式来近似：

$$\bar{\phi}_i = \frac{\Sigma_k A_k I_i^k \bar{\phi}_i^k}{\Sigma_k A_k I_i^k} \tag{5.36}$$

特征线法是工业计算中最常用的方法之一，因为它良好地平衡了精度和计算时间，使它更容易地精确描述复杂的任意几何形状，并确保严格的解（考虑到一般的边界条件）。特征线法常用于组件级计算，如燃料棒束、导管等非结构化几何，避免了过于密集的网格划分。该方法也在 CEA 的 APOLLO2 和 ALPLLO3 等代码中实现，用于压水堆和沸水堆的计算。

5.5.2　积分输运法

中子在介质内的运动是由中子输运方程来描述的，这是一个一阶偏微分方程。但是我们可以通过另一种方式导出积分形式的中子输运方程，这两种形式的输运方程完全等价。对于某些物理问题，从积分形式的输运方程出发进行求解则更加方便，比如研究反应堆栅元或者燃料组件等复杂几何形状的非均匀系统内的中子通量密度分布，广泛地采用积分形式

的中子输运方程,对它进行离散或者近似求解。这种对积分输运方程的求解方法称为积分输运方法。最早是由阿姆伊尔(A. Amouyal)、彼罗埃斯特(P. Benoist)和荷罗维茨(J. Horowitz)利用扩散理论与碰撞概率相结合的方法,计算了栅元的热中子利用系数(简称ABH方法),并得到了很高的精度。所以习惯上也称积分输运方法为碰撞概率方法。

积分输运法的基本方程为

$$\Sigma_t(r,E)\phi(r,E) = \int_V \left[q(r',E) + Q(r',E) \right] P(E;r' \to r)\mathrm{d}r'$$
$$+ \int_S \left(\frac{r - r_s}{|r - r_s|} \cdot n^- \right) \phi^-\left(r_s, E, \frac{r - r_s}{|r - r_s|}\right) P_s(E;r' \to r)\mathrm{d}S$$

$$(5.37)$$

其中 $q(r',E)$ 为散射源项,$Q(r',E)$ 为源项(包含裂变中子源和外中子源),$P(E;r' \to r) = \Sigma_t(r,E) \times \dfrac{\exp\left[-\tau(E,r'-r) \right]}{4\pi |r'-r|^2}$ 为在 r' 处单位体积内产生的中子能量为 E 的各向同性中子在 r 处首次发生碰撞的概率。相应地,P_s 为在外表面 r_s 处入射方向为 $\boldsymbol{\Omega} = \dfrac{r - r_s}{|r - r_s|}$、能量为 E 的中子在 r 处首次发生碰撞的概率。

使用积分输运法求解方程(5.37)时,首先把系统划分为 I 个不相交的均匀子区域 $V_i(i=1,2,3,\cdots,I)$,系统外表面也相应分割成 M 个子表面 $S_m(m=1,2,3,\cdots,M)$,将方程对每个子区域 V_i 的体积积分并结合平面源近似进行简化,得到含有 i 区平均中子通量密度的普通线性代数方程组,求解这个方程组就可以得到中子通量密度。这个方法的难点在于每个能群下首次碰撞概率矩阵(P_{ij})的求解。

积分输运方法是反应堆物理计算中一种重要的方法,特别是在栅元热中子通量密度能谱分布、轻水堆燃料组件中子通量密度分布以及组件参数均匀化的计算中被广泛应用。

积分输运方法的主要优点是计算简单并能得到相对较高的精度,因为对于燃料、控制栅元或燃料组件这样非均匀性比较强、结构比较复杂的问题,应用扩散理论(P_1 近似)将带来较大的误差,如果应用更高阶的 P_N 近似(例如 P_3 近似)或者其他精确的输运方法(例如 S_N 方法或 MC 方法),计算将十分复杂并需要很长的时间。积分输运方法的计算时间虽然比扩散理论略长,但可以达到比扩散理论高得多并接近于其他精确输运理论的精度。

5.5.3　特征线法和积分输运法的比较

积分输运法,在每个能群内通过求解积分形式的输运方程得到中子通量密度,使用了平面源近似。它提供了一个矩阵,将源项与每个区域的中子通量密度联系起来,矩阵元素可解释为碰撞概率。特征线法的计算也使用了平行特征线轨迹的概念。对于三维几何,如果使用相同的区域划分和特征线轨迹,则由碰撞概率法和特征线法可给出相同的结果。因此,特征线法可以看作对积分输运法的迭代求解,而认为积分输运法不涉及对角通量的处理的假设是错误的。但在二维几何中,两种方法并不完全等价。

积分输运法只适用于各向同性散射问题,对于各向异性严重的系统需要引入输运近似修正。而特征线法更适合各向异性散射问题的求解。总之,这两种方法虽然在理论上等价,但在实际应用中各有利弊。积分输运法简单高效,但受限于各向同性和区域数量;特征线法则更加通用和精确,但计算量较大,更适合复杂问题。

习　　题

选择题：根据题干，选出最合适的一个选项。

1. 下列关于球谐函数方法的说法，正确的是(　　)。

A. 目前在核反应堆物理计算中应用最广泛的扩散理论就是基于 P_1 近似发展起来的

B. P_N 近似在一般问题中常应用高于 P_1 近似的计算

C. 在真空边界或强吸收体附近，或者在介质非均匀性和中子通量密度各向异性比较严重的系统中，P_1 近似的误差比较小

D. 球谐函数方法(P_N 近似方法)对角度变量的处理是离散的，具有角度的旋转不变性

2. 对于离散纵坐标法，下列说法错误的是(　　)。

A. 当应用迭代法求解时，源项作为已知项，每个离散方向上的方程都是相对独立的，并具有相似的数值过程，便于编程

B. 对 r,E,Ω 等所有自变量都采用直接离散，数值过程比较简单

C. 离散纵标方法广泛应用于高维问题计算

D. 需要比较大的存储空间和比较长的计算时间

简答题：根据提供的材料或题干，对问题进行简要回答与分析。

3. 请你简要写出离散纵标法、球谐函数法、积分输运法计算中子输运时的优缺点。

4. 如果你需要用性能一般的个人计算机在较为有限的时间内对轻水堆燃料组件的中子通量密度分布进行计算，得到具有一定精度的解，请从离散纵标法、球谐函数法、积分输运法三种计算中子输运的方法中选择一种，并说明理由。

5. 为什么在核反应堆物理学中最初盛行的是分析或半分析模型？

6. 推导积分输运法的基本方程。

第 6 章　粒子输运方程的数值解法：MC 方法

MC 方法已在物理、工程、金融等诸多领域中得到了应用。与确定论方法不同，MC 方法使用随机抽样来获得难以解析求解的问题的数值解。在辐射输运领域，MC 方法在模拟粒子输运、求解输运方程等方面有着重要的用途。随着计算机和高性能计算的发展，MC 方法的应用场景也越来越广。很多学者包括谢仲生[2]、邓力[7,18]、李刚[7,18]、卡斯韦尔（E. D. Cashwell)[33]、卡特（L. L. Carter)[34]、布朗（F. B. Brown)[35]、哈吉哈特（A. Haghighat)[36]等已经详细介绍了 MC 方法的原理及其在粒子输运领域的应用。此外，MCNP，Geant4 等经典 MC 软件的用户手册也对该方法的物理模型和几何模型在多种粒子输运场景下的具体应用进行了很详细的说明。本章在上一章的基础上，从粒子输运方程的数值解法角度考虑，重点介绍 MC 方法的历史和基本原理。后续的章节将进一步介绍 MC 方法在各核科学技术领域的应用。

6.1　MC 方法概述

6.1.1　MC 方法的历史

MC 方法是一种随机模拟法（stochastic simulation method)或者统计试验法（statistical experimental method)，是随着第一代计算机在 20 世纪 40 年代的诞生而发展起来的。过去几十年来，计算机技术呈指数式快速发展使得 MC 方法逐渐被广泛应用于核科学、统计物理、生物、医学、量子力学、分子动力学、石油物探、金融、信息等领域[7]。

第二次世界大战期间，美国在位于新墨西哥州的洛斯阿拉莫斯国家实验室（Los Alamos National Laboratory，LANL)，秘密开展了有关核武器研究的曼哈顿计划，对核裂变工程技术进行了大量模拟计算研究。与此同时，第一台电子计算机 ENIAC 在费城宾夕法尼亚大学诞生，包括冯·诺依曼（J. von Neumann)、梅特罗波利斯（N. Metropolis)、弗兰克尔（S. Frankel)和乌拉姆（S. Ulam)在内的科研人员将 ENIAC 应用到各种核反应计算模型的测试。乌拉姆观察到，新的电子计算机可以用于执行此前因大量计算无法实现而被放弃的繁琐统计抽样，冯·诺依曼对乌拉姆的建议产生了兴趣。为了能够对中子与物质的相互作用的相关概率密度函数进行采样，冯·诺依曼还提出了一个称为"平方取中法"的伪随机数生成算法,后来莱默(H. Lehmer)等人用更有效的生成器取代了这一方法。最终,冯·诺依曼等人研制出了第一个用于模拟中子链式反应的计算机程序,并将其用摩纳哥著名赌城"Monte Carlo"来命名。

曼哈顿计划之后,MC 方法被进一步应用到核电站和高能物理领域。20 世纪 60 年代,MC 方法开始用于核电站的核反应堆堆芯设计和辐射屏蔽设计;70 年代是 MC 方法得到快速发展的时期,一方面,几何建模方法的发展使得 MC 方法可以用于精细复杂的核反应堆系统组件的功率的计算,另一方面,各种随机抽样方法、减方差技巧和通量估计方法也在这一时期得到了快速发展;80 年代,MC 方法被用于二维反应堆全堆模拟;90 年代,使用 MC 方法模拟的反应堆全堆模型扩充到了三维;到了 21 世纪,使用连续点截面的 MC 中子输运与燃耗耦合的计算方法已经可以对完整的核反应堆(即所谓的"全堆")问题进行模拟计算。如今,MC 方法已经成为核能技术领域不可或缺的研究方法[18]。

6.1.2　MC 方法的现状

MC 粒子输运技术的早期发展工作主要是由美国 LANL 的科学家开展的,LANL 也是最早的一些通用 MC 程序的主要来源,包括 1963 年的 MCS、1965 年的 MCN、1973 年的 MCNG,以及 1977 年的 MCNP(最新版本 MCNP6 发布于 2013 年)。除了 MCNP,目前世界上还有很多其他 MC 程序,比如 EGS,GEANT4,GATE,PENELOPE,FLUKA,SuperMC,JMCT 和 RMC 等,第 7 章将对部分 MC 程序进行更为详细的介绍。这些软件在粒子输运模拟计算领域有着广泛的研究和应用。在由美国核学会(American Nuclear Society,ANS)2022 年主办的第 14 届国际辐射屏蔽大会和辐射防护与安全分会联合会议(14th International Conference on Radiation Shielding and 21st Topical Meeting of the Radiation Protection and Shielding Division(RPSD 2022))会议上,7 个会前培训会中有 6 个主题与 MC 方法相关:FLUKA-CERN,MCNP6,PHITS,ADVANTG,ATTILA4MC 和 RayXpert。而且该会议发表的 123 篇学术报告中,超过 20% 涉及 MC 方法在不同领域(包括辐射屏蔽、粒子探测、医学物理、核工程、核聚变研究和剂量学等)的应用。此外,近三届的 RPSD 会议(RPSD 2016/2018/2022)的一些工作涉及了 MC 软件与 CAD,VR,GPU 和人工智能等新兴技术的结合,这表明 MC 技术的研究者在不断创新,在扩大应用领域的同时提高使用效率。

此外,在过去的 20 年中,有一些基于混合确定性 MC 技术的方法,比如用于处理复杂几何深穿透问题的 MC-S_N 耦合计算程序[18],其他一些混合算法在哈吉哈特的 *Monte Carlo Methods for Particle Transport* 一书中有详细的介绍[36],本书中不再进行讨论。各种与高性能 MC 计算相关的技术也在不断发展。法国原子能机构(French Commission for Atomic & Alternative Energies,CEA)于 2013 年在日本东京举办了第 2 届核应用超级计算与蒙特卡罗会议(Supercomputing in Nuclear Application and Monte Carlo,SNA + MC 2013),会议内容包括 MC 方法和高性能计算(High Performance Compwting,HPC)技术的突破和应用领域,并邀请了一些在 MC 程序开发中做出了突出工作的团队在 MC 软件专题会场进行工作介绍,如表 6.1 所示。定于 2024 年 10 月举办的国际核应用超级计算与蒙特卡罗联合会议(Joint International Conference on Supercomputing in Nuclear Applications + Monte Carlo,SNA + MC,2024),继续聚焦于 MC 方法和高性能计算技术的发展(https://www.

sfen. org/evenement/sna-mc-2024/）。此外，基于 GPU 加速的 MC 方法在近年来得到了快速的发展，并在光子放疗、质子/重离子放疗等放射治疗领域的剂量计算中被广泛应用；与人工智能学习相结合的 MC 去噪工作和实时 MC 也备受关注，这些内容将在第 8 章中进行介绍（https://sna-and-mc-2013-proceedings. edpsciences. org/）。

表 6.1 SNA＋MC 2013 会议上 MC 软件专题会场列出的 MC 软件、开发团队

MC 软件	开发团队所属机构
ARCHER	RPI
COG11	LLNL
DIANE	CEA
FLUKA	INFN & CERN
GEANT4	GEANT4 Collaboration
KENO & MONACO（SCALE）	ORNL
MC21	KAPL & Bettis
MCATK	LANL
MCCARD	首尔大学
MCNP6	LANL
MCU	Kurchatov 研究所
MONK & MCBEND	AMEC
MORETS	IRSN Fontenay-aux-Roses
MVP2	JAEA
OPENMC	MIT
PENELOPE	巴塞罗纳大学
PHITS	JAEA
PRIZMA	VNIITF
RMC	清华大学
SERPENT	VTT
SUPERMONTECARLO	中科院核能安全技术研究所
TRIPOLI-4	CEA

6.2　随机数的产生

6.2.1　随机数

MC 方法的关键步骤是利用随机数从已知分布的总体中抽取样本。原则上,一个随机数仅仅是指随机变量所取的某一个特定的值,一般可以使用符号 $\xi_1, \xi_2, \cdots, \xi_n$ 等表示一组随机数,MC 方法通常使用均匀分布的随机数组,数组中每一个值的量纲相同但相互独立。

6.2.2　随机数的产生与伪随机数

在实际应用中,通常在计算机中产生随机数以便 MC 程序使用。计算机中产生伪随机数序列通常用如下递推公式:

$$\xi_{n+k} = T(\xi_n, \xi_{n+1}, \cdots, \xi_{n+k-1}), \quad n = 1, 2, \cdots$$

从上述公式可以看出:

(1) 一旦递推公式 T 和初始值 $\xi_1, \xi_2, \cdots, \xi_n$ 确定,则整个随机数序列就唯一确定,严格意义上说并不满足随机数相互独立的要求。

(2) 由于随机数序列由递推公式确定,而计算机中能表示的[0,1]上的数是有限的,因此,可能会出现重复的随机数,并形成一定的周期循环。这也与随机数的要求不符合。

由于这些问题的存在,把计算机产生的随机数称为伪随机数(pseudo-random number)。对于以上两个问题,下面进行简单的分析。

对于问题(1),不能从本质上改变,但只要递推公式选取恰当,可以近似认为这些随机数满足相互独立和均匀分布的要求。对于问题(2),由于 MC 方法求解任何具体问题时,所使用的随机数个数都是有限的,所以只要使用的随机数个数不超过伪随机数序列出现循环现象时的长度即可。用上述数学方法得到随机数的过程容易在计算机上实现,因此被广泛使用。在本章之后的内容中提到的随机数均指这种计算机产生的伪随机数。

6.2.3　随机数生成器

随机抽样过程中需要找到合适的伪随机数产生器,从 20 世纪六七十年代至今,随机数生成器的发展已经十分成熟。随机数生成器的品质通过一系列属性反映出来,其中包括生成的随机数的随机性、独立性、均匀性、无连贯性、长周期性,同时也希望便于对算法进行适当的测试。

计算机上有几种不同类型的随机数生成器,如线性乘同余法生成器(Linear Congruential Generator,LCG)、线性反馈移位寄存器(Linear Feedback Shift Register,LFSR),以及斐波那契线性反馈移位寄存器(Fibonacci LFSR)或梅森旋转(Mersenne twister)算法、移位寄存器生成器(shift random number generator)、平方剩余伪随机数生成器、组合随机数生成器等[6]。在各种产生随机数的方法中,选择计算速度快、可复算和具有良好统计性的随机数发生器十分重要。下面以常见的线性乘同余生成器为例进行介绍。

线性乘同余法生成器生成由以下递推关系定义的一系列随机数:

$$X_{i+1} = (aX_i + c)(\bmod m), \quad i = 1, 2, \cdots, n$$

其中 a 是一个被选择的正整数,称为乘子,c 是一个正整数或零,称为增量,m 是一个正整数,称为模。而在 $(0,1)$ 范围的随机数 ξ 通过除法获得:

$$\xi_i = \frac{X_i}{m}$$

这个迭代过程是由第一项 X_0(也称为随机数种子)来启动的。数论中可以证明,当模和乘子取素数时,产生的随机数品质好、周期长、统计性好,不会出现负相关。

这样定义的伪随机数序列具有一个周期,在此周期之后,数列将以相同的方式再次生成。随机数生成器的质量可以通过其周期的长度(需要足够长的周期)、其可重现性、可移植性和生成速度来评估。举例来说,20 世纪 70 年代的 IBM System/360 计算机,作为一台 32 位机器,提供了一个类似如下的线性乘同余随机数生成器:

$$a = 7^5, \quad c = 0, \quad m = 2^{31} - 1, \quad X_{i+1} = 7^5 X_i = 16\,807 X_i$$

该生成器的最大周期为 $2^{31} - 2$。

并行随机数和量子随机数生成器的研究也在进行中。

6.3 随 机 模 拟

6.3.1 概率密度函数和累积分布函数

概率密度函数(Probability Density Function,PDF,图 6.1)是一个非负函数,用来描述一个连续随机变量在各个取值上的概率。对于一个随机变量 X,其概率密度函数 $p(x)$ 满足以下两个条件:

(1) 对于所有的实数 x,有 $p(x) \geqslant 0$;

(2) 对于所有可能的实数,有 $\int p(x)\mathrm{d}x = 1$,即所有可能的概率之和为 1。

如果 X 是一个连续随机变量,并且其概率密度函数为 $p(x)$,那么 X 在区间 $[a, b]$ $(a < b)$ 内的概率可以通过下式计算:

$$P(a \leqslant X \leqslant b) = \int_a^b p(x)\mathrm{d}x \tag{6.1}$$

累积分布函数(Cumulative Distribution Function,CDF,图 6.2)是概率密度函数从 $-\infty$ 到 x 的积分,即

$$F(x) = P(-\infty < X \leqslant x) = \int_{-\infty}^x p(x')\mathrm{d}x' \tag{6.2}$$

且有 $F(-\infty)=0, F(\infty)=1$。

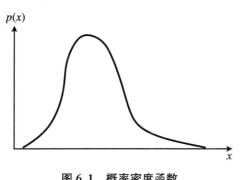

图 6.1　概率密度函数　　　　　　　　　图 6.2　累积分布函数

6.3.2　直接抽样法

在直接抽样法中,对于任意给定的分布函数 $F(x)$,首先求出其逆函数 $F^{-1}(x)$,然后取 $[0,1]$ 区间内均匀分布的随机数 ξ,代入逆函数,得到确定的随机变量

$$X = F^{-1}(\xi) \tag{6.3}$$

直接抽样方法对离散型分布和连续型分布均有效,下面分别给出例子。

1. 离散型分布的直接抽样

对于任意离散型分布,有

$$F(x) = \sum_{x_i < x} P_i \tag{6.4}$$

其中 $x_1, x_2, \cdots$ 为离散型分布函数的离散点,$P_1, P_2, \cdots$ 为相应的概率,且

$$\sum_{i=1}^{\infty} P_i = 1 \tag{6.5}$$

那么对 $F(x)$ 进行直接抽样,有

$$X_F = X_I, \quad \sum_{i=1}^{I-1} P_i \leqslant \xi < \sum_{i=1}^{I} P_i \tag{6.6}$$

例 1　反应核种类的确定。

模拟中子和化合物或者混合物发生反应时,需要通过随机抽样确定反应核的种类,假定中子入射到水箱中,且 H 和 O 与中子反应的总宏观截面分别为 Σ_H 和 Σ_O,则中子和每种核碰撞的概率分别为 $\dfrac{\Sigma_H}{\Sigma_t}$ 和 $\dfrac{\Sigma_O}{\Sigma_t}$,其中 $\Sigma_t = \Sigma_H + \Sigma_O$。那么确定碰撞核种类的方法如下:产生一个随机数 ξ,若 $0 < \xi \leqslant \dfrac{\Sigma_H}{\Sigma_t}$,则中子与 H 核反应;若 $\dfrac{\Sigma_H}{\Sigma_t} < \xi < 1$,则中子与 O 核反应。

2. 连续型分布的直接抽样

例 2　在 $[a,b]$ 上均匀分布的分布函数

$$F(x) = \begin{cases} 0, & x < a \\ \dfrac{x-a}{x-b}, & a \leqslant x \leqslant b \\ 1, & x > b \end{cases}$$

则 $X_F = a + (b - a)\xi$。

例 3 中子在介质中输运长度的确定。

中子在介质中的输运长度服从分布 $f(l) = \Sigma_t(l)\exp\left\{-\int_0^l \Sigma_r(l')\mathrm{d}l'\right\}$。假定介质中的元素的核密度是均匀分布的,也就是说,当中子能量不变时,宏观截面不随位置的改变而改变,则容易求得累积分布函数为 $F(l) = \int_0^l f(l)\mathrm{d}l = 1 - \mathrm{e}^{-\Sigma_t l}$。对应的反函数为 $F^{-1}(l) = -\frac{1}{\Sigma_t}\ln(1 - \xi) = -\lambda\ln\xi$,其中 λ 为前面介绍过的平均自由程。

中子在介质中发生两次核反应之间的输运长度为 $l = F^{-1}(\xi) = -\lambda\ln\xi$。

这个方法的优点是原理简单,使用方便;缺点是当累积分布函数比较复杂时,难以给出反函数。

6.3.3　拒绝采样法

这一方法适用于分布函数比较复杂而难以求得反函数的情况。这个方法的示意见图 6.3。该方法的步骤如下:

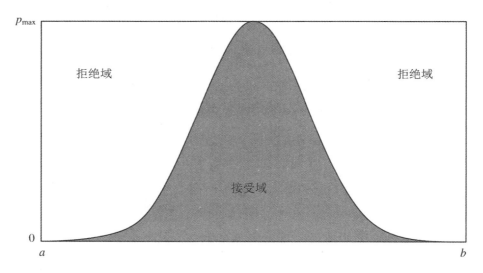

图 6.3　拒绝采样法的示意图

1. 准备阶段

找到一个简单的 PDF $g(x)$,其 CDF $G(x)$ 和相应的反函数 $G^{-1}(x)$ 都易于推导,找到一个常数 c,使得对任意 x 都满足 $p(x) \leqslant cg(x)$,如图 6.4 所示。

2. 采样阶段

(1) 生成 $[0,1]$ 上均匀分布的随机变量 ξ_1。

(2) 计算 $x_0 = G^{-1}(\xi_1)$。

(3) 生成 $[0,1]$ 上另一个均匀分布的随机变量 ξ_2。

（4）比较 $\xi_2 \leqslant \dfrac{p(x_0)}{cg(x_0)}$。若成立，接受 x_0；若不成立，拒绝 x_0，返回步骤（1）。

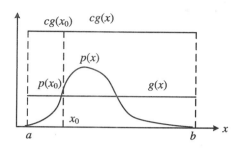

图 6.4　g(x) 的选择示意

为了简单起见，我们可以令 $g(x) \equiv g$，g 为常数，这样可以很容易求得

$$1 = \int_a^b g(x')\mathrm{d}x' = g \cdot (b - a) \quad \Rightarrow \quad g = \frac{1}{b - a} \tag{6.7}$$

$$G(x) = \int_a^x g(x')\mathrm{d}x' = \frac{x - a}{b - a} \tag{6.8}$$

$$G^{-1}(x) = (b - a)x + a \tag{6.9}$$

当 $g(x)$ 为常数时，常数 c 的理想选择是 $cg(x) = p_{\max}$（图 6.5）。

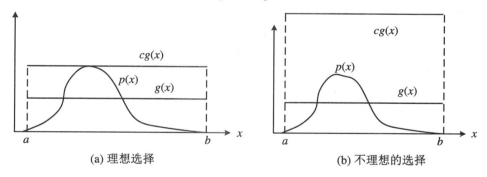

(a) 理想选择　　　　　　　　　　　　(b) 不理想的选择

图 6.5　理想和不理想常数 c 的选择

该方法的优点是能处理复杂的 $p(x)$。缺点是如果 $cg(x)$ 的选择不合适，会带来高拒绝（低接受）率，从而降低随机模拟的效率。

例 4　使用拒绝采样法进行抽样：

$$p(x) = \frac{1}{2}\sin x, \quad x \in [0, \pi]$$

准备阶段：选择 $g(x) = \dfrac{1}{\pi}$，$cg(x) = \dfrac{1}{2}$，则 $G(x) = \dfrac{x}{\pi}$，$G^{-1}(x) = \pi x$（图 6.6）。

采样阶段：

（1）生成均匀分布变量 ξ_1，计算出 $x_0 = G^{-1}(\xi_1) = \pi\xi_1$；

（2）生成另一个均匀分布变量 ξ_2；

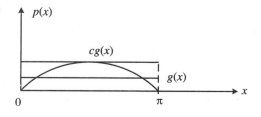

图 6.6　例 4 中的 p(x)

（3）判断 $\xi_2 \leqslant \dfrac{p(x_0)}{cg(x_0)} = \dfrac{\dfrac{1}{2}\sin x_0}{\dfrac{1}{2}} = \sin \pi\xi_1$ 是否成立；

（4）若成立，接受 x_0；若不成立，拒绝 x_0，返回步骤（1）。

6.3.4　MC 模拟的误差来源

粒子和物质相互作用的过程是一个随机过程，这种随机性导致每个粒子对计数的贡献不同，在使用 MC 方法模拟粒子输运时，我们一般会关注计数结果和结果的误差，以确保结果的可靠性。

MC 方法的计算结果有两种可能的误差来源：统计误差和系统误差。统计误差与 MC 方法的本身特点直接相关，往往取决于计算过程中模拟的粒子数量。一般来讲，在模拟的粒子数量超过 100 万的时候，MC 结果的统计误差就会小于几个百分比。因此，为了减少 MC 结果的统计误差，我们只需增加模拟的粒子数量。相比之下，MC 方法的系统误差比较复杂，它可能来源于以下一些原因：放射物理的公式和参数的误差、几何定义（包括计算体模）的不确定性、材料定义的不确定性、放射源定义的不确定性，以及人为的错误。MC 方法的系统误差是可以通过与实验比较来确定的。一个大型和通用的 MC 软件会在开发阶段用大量的实验数据来检查它用到的放射物理公式和参数的准确性。一旦放射物理的公式和参数得到确定，普通用户不再需要亲自做实验来验证。

MC 计算中的精确度（precision）和准确度（accuracy）有很大的差异（图 6.7）。精确度表示由 MC 过程采样的物理相空间部分的 x_i 的统计波动而引起的 $\bar{x}_i$ 的不确定性。由于对时间或能量的截断、方差缩减技术的不当使用，或对重要的低概率事件的采样不足，重要的物理相空间部分可能不会被采样。准确度是衡量 $\bar{x}_i$ 的期望值 $E(x)$ 与真值之间接近程度的指标。这个真实值（truth）与 $E(x)$ 之间的差异就是系统误差（systematic error）。对 MC 计算结果的误差或不确定性估计仅涉及结果的精度，而不涉及准确性。完全有可能计算出一个高度精确的结果，但由于没有准确地进行建模，模拟过程与真实的物理过程相距甚远，结果准确度低。

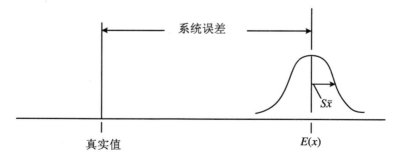

图 6.7　MC 计算中的精确和准确差异的示意[37]

为了描述 MC 计算结果的误差，接下来介绍一些概率论的基础知识，读者也可以通过参考其他数学教材详细了解这部分内容。

（1）数学期望：设 $p(x)$ 为随机变量 x 的 PDF，$F(x)$ 为其分布函数，则对于连续型随

变量 X,数学期望为 $E(X) = \int xp(x)\mathrm{d}x$,对于离散型随机变量 X,数学期望为 $E(X)$ $= \sum_i x_i p_i$。

(2) 方差: $\sigma^2(X) = E\{[x - E(x)]^2\} = E(x^2) - E^2(x)$。

若为连续型随机变量,则 $\sigma^2(X) = \int x^2 f(x)\mathrm{d}x - \left[\int xf(x)\mathrm{d}x\right]^2$。

若为离散型随机变量,则 $\sigma^2(X) = \sum_i x_i^2 p_i - \left(\sum_i x_i p_i\right)^2$。

(3) 大数定律和中心极限定理:MC 方法的理论基础来自概率论与数理统计,其中大数定律和中心极限定理是 MC 方法误差理论的基础。下面简单介绍一下它们。

大数定律　对于独立同分布的随机变量序列 $X_1, X_2, \cdots, X_n$,如果它们存在有限的数学期望 $E(X_i) = \mu$,那么随着样本容量的增加,样本均值 $\bar{X} = \dfrac{1}{n}\sum_{i=1}^{n} X_i$,对于任意 $\varepsilon > 0$,有

$$\lim_{n \to \infty} P(|\bar{X} - \mu| < \varepsilon) = 1 \tag{6.10}$$

大数定律说明了随机变量序列的均值会在大样本下稳定地接近其期望值,也定性地给出近似解与精确解偏差小于 ε 的概率。下面对 ε 和 P 进行量化,引入中心极限定理。

中心极限定理　对于独立同分布的随机变量序列 $X_1, X_2, \cdots, X_n$,它们具有有限的数学期望 μ,且 $0 < \sigma^2 < \infty$,则有

$$\lim_{n \to \infty} P\left(|\bar{X} - \mu| < \frac{\lambda\sigma}{\sqrt{n}}\right) = \frac{1}{\sqrt{2\pi}} \int_{-\lambda}^{\lambda} \mathrm{e}^{-t^2} \mathrm{d}t = \Phi(\lambda) \tag{6.11}$$

上式给出了 $\bar{X}$ 与 μ 的绝对误差小于 $\lambda\sigma/\sqrt{n}$ 的概率 $\Phi(\lambda)$,$1 - \Phi(\lambda)$ 称为置信水平。

中心极限定理说明,当 n 充分大时,在一定条件下,大量独立同分布的随机变量会近似服从正态分布,该定理定量地给出了近似解和精确解的偏差和概率。

定义相对标准偏差(Relative Standard Deviation,RSD):

$$\varepsilon(\lambda) = \frac{\lambda\sigma}{\sqrt{N}\bar{X}} = \frac{\lambda\sigma_{\bar{x}}}{\bar{X}} \tag{6.12}$$

其中 $\sigma_{\bar{x}}$ 为均值 $\bar{X}$ 的方差。$\varepsilon(1)$ 代表实际误差,也是 MC 程序计算中经常采用的。

MC 方法的结果通过一系列随机过程的模拟和在这些过程中的计数来确定(这些随机模拟的步骤将在后文介绍)。假设 x_i 是第 i 次模拟中我们感兴趣的统计量的计数,$f(x)$ 是对应选择某个随机过程并得到计数 x 的计数概率密度分布,则真实的结果(或均值)是 x 的期望,也就是说

$$E(x) = \int xf(x)\mathrm{d}x = 真实均值 \tag{6.13}$$

$f(x)$ 可能是未知的,因此由随机模拟过程隐式抽样,真实均值是由抽样得到的样品均值 $\bar{x}$ 估计:

$$\bar{x} = \frac{1}{N}\sum_{i=1}^{N} x_i \tag{6.14}$$

其中 N 为对于问题模拟的历史数。$\bar{x}$ 和 $E(x)$ 的关系由上文的大数定律给出,即如果 $E(x)$ 是有限的,则当 N 足够大时,$\bar{x}$ 的极限是 $E(x)$。

方差 σ^2 的平方根 σ 称为标准差。当 N 足够大时,可以由 S 估计出标准差 σ:

$$S^2 = \frac{1}{N-1}\sum_{i=1}^{N}(x_i - \bar{x})^2 \approx \overline{x^2} - \bar{x}^2 \qquad (6.15)$$

其中

$$\overline{x^2} = \frac{1}{N}\sum_{i=1}^{N}x_i^2$$

S 就是根据大量样本 x_i 估计得到的 x 的标准差。$\bar{x}$ 的方差的估计值可以由下式确定：

$$S_{\bar{x}}^2 = \frac{S^2}{N} \qquad (6.16)$$

经典的 MC 程序 MCNP 总是成对地输出计数结果和用于评估该结果可信度的误差,在 MC-NP 手册中其定义所使用的估计相对误差(estimated relative error)[37] 为

$$R \equiv \frac{S_{\bar{x}}}{\bar{x}} \qquad (6.17)$$

其中 R 就是上文介绍的 $\varepsilon(1)$。同时,对于不同的 R 值,MCNP 也给出了用于评估模拟结果可靠性的参考标准。

表 6.2　MCNP 对相对误差 R 的解释

R 值	质　　量
0.5~1	完全不可用
0.2~0.5	介于可疑和完全不可用之间
0.1~0.2	可疑
<0.10	对点探测器之外基本是可信的
<0.05	对点探测器也基本是可信的

可以看出 MC 方法具有以下特点：

(1) 收敛速度和问题的维数无关。从误差的推导可以看出,在置信水平一定的条件下,MC 方法的误差除了与方差有关外,只取决于样本的容量 N,而与空间维数、区域几何形状等因素无关。这是其他数值计算方法不具有的,因此 MC 方法特别适合计算维数高、几何形状复杂、被积函数光滑性差的积分。

(2) 收敛速度慢与误差的概率性有关。MC 方法的误差是一定概率保证下的误差,与确定论方法的误差有本质区别。此外,从误差公式可以看出,$\varepsilon \propto 1/\sqrt{N}$。因此,若要使 MC 方法的误差下降一个数量级,样本数需要增加平方数量级。

通常,从方差和计算时间两方面评估一种 MC 方法的优劣,因此给出品质因子(Figure Of Merit,FOM)的定义：

$$\text{FOM} = \frac{1}{\varepsilon^2 t} \qquad (6.18)$$

其中 t 为计算时间,ε 为误差。FOM 反映算法的优劣,FOM 越大,说明算法越好。当 FOM 趋于常数时,问题收敛。MC 方法求解问题的方案通常有很多种,通过少量样本数值试验,选择 FOM 值大的方案进行问题的模拟计算,可以达到事半功倍的效果。

6.4　MC 方法和输运方程

6.4.1　基本概念

我们将主要以中子为例,介绍如何使用 MC 方法求解中子输运过程,用 MC 方法求解其他粒子的输运过程的求解思路是类似的。MC 概率方法允许进行微观尺度(即辐射粒子与介质原子间的相互作用)的模拟,以得到宏观物理量:每个中子被单独跟踪,根据中子与介质中的各种原子核间发生的相互作用(如散射、俘获、裂变等),我们可以对感兴趣的物理量进行计数(如能量沉积、剂量、粒子的通量等),这一系列事件称为"历史"。模拟足够数量的中子历史是量化感兴趣的宏观物理量的关键。在正常运行的压水堆堆芯中,每秒生成的中子数量约为 10^{19} 个。目前,现有技术还不能同时跟踪如此多的粒子。

应用于求解中子输运方程的 MC 方法被认为是"精确的",因为它能够在具有任意三维几何结构的物理系统中"准确地再现粒子-物质相互作用现象",而不需要任何近似(确定性方法建模则需要引入近似,如多群近似)。然而,其代价是"时间成本",因为模拟的统计收敛速度较慢。

MC 方法可以用于通过数学方法求解积分形式输运方程的过程,也可以用于对单个粒子所有物理过程的模拟,从而得到我们所关注的物理量。在模拟中子输运的过程中,需要对大量中子的历史进行跟踪,从而通过统计学的方法得到某个物理量的估计值,并用该估计值作为问题的解。这里中子的历史包括一个中子从中子源产生、在介质随机输运、发生的各种核反应,直到中子"死亡"的全过程。这里的"死亡"指的是我们因为一些原因不再追踪中子,比如中子被吸收(如和介质原子发生 (n,γ)、(n,α) 等中子俘获反应)、中子飞出我们模拟时设定的几何边界、中子的能量低于我们所设定的下限或中子的输运时间达到我们设定的时间上限等。

玻尔兹曼输运方程的 MC 解与其他标准数值技术有很大不同,甚至在解的定义上也存在差异。输运方程的数值解通常提供了相空间中流量的相当完整的描述。MC 解不包括这种细节,而是提供了我们感兴趣的特定量的信息,这些量通常是积分量,比如相空间部分中的反应速率。

MC 方法在处理每个物理过程时的独特优势在于,相比于数值方法,模拟在概念上更为简单。然而,仅凭物理过程的建模通常是不够的。其中一些不足之处如下:

(1) 物理模拟可能需要较长的计算时间;

(2) 可能需要特殊的计数方法,如深空辐射场景下对于高能带电粒子,在考虑 LET 和次级粒子的情况下,当量剂量的计数;

(3) 建模不准确会导致系统误差。

在使用 MC 方法模拟粒子输运时,我们认为粒子输运这一随机过程属于马尔可夫(Markov)过程。马尔可夫过程是一种随机过程,其特点是具有马尔可夫性质:在给定当前状态的情况下，未来的状态只依赖于当前状态，而与过去的状态无关。换句话说，未来的发展完全由当前状态决定，与历史路径无关，即粒子下一步的输运过程只取决于粒子当前的能量、方向等参数。值得注意的是，虽然马尔可夫过程的物理建模在概念上很简单，但对 MC 方法在解决粒子输运问题中的应用进行更严格的数学处理并不简单。在本章接下来的内容中，将使用输运方程的积分形式来了解采样过程。最后，还将讨论关于马尔可夫过程的 MC 模拟的物理观点。

在使用 MC 方法求解输运方程前，我们假定：

（1）介质是均匀的；

（2）方程描述的是稳态问题，即各项与时间无关；

（3）方程描述的粒子输运过程属于马尔可夫过程，即粒子下一次所发生的物理过程只取决于当前的位置、能量、方向等参数；

（4）粒子只和介质原子发生反应，不考虑粒子和粒子之间反应的情况；

（5）粒子在两次碰撞之间是直线飞行的；

（6）材料的宏观参数（密度、元素组成等）不因粒子的相互作用而发生改变。

首先，我们定义粒子的碰撞密度

$$\psi(r, E, \boldsymbol{\Omega}) = \Sigma(r, E)\phi(r, E, \boldsymbol{\Omega}) \tag{6.19}$$

其中 $\Sigma(r, E)$ 为宏观反应截面，$\phi(r, E, \boldsymbol{\Omega})$ 为粒子角通量密度。并引入探测器响应 $R(Z)$，即相空间中限定区域 Z 内我们感兴趣的物理量，如中子通量或者反应速率等，可以写成如下形式：

$$R(Z) = \int_Z S_r(P)\phi(P)dP \tag{6.20}$$

其中 P 代表粒子的状态 $(r, E, \boldsymbol{\Omega})$，$S_r(P)$ 是描述 $R(Z)$ 的响应函数。例如，如果要计算通量密度，可以使用 $S_r(P) = 1$；如果要计算反应的速率，可以使用 $S_r(P) = \Sigma(r, E)$。

因此，可以把公式（6.20）转化为

$$R(Z) = \int_Z \frac{S_r(P)}{\Sigma(P)}\psi(P)dP \tag{6.21}$$

为了方便推导，将前文所提的积分形式的中子输运方程简写成如下形式：

$$\psi(P) = \int_D K(P' \to P)\psi(P') + Q(P) \tag{6.22}$$

其中 $K(P' \to P)$ 是积分输运算符的核，代表由于相互作用使得中子从相空间 P' 移动到 P。这一积分符号由以下两个算符贡献，分别是输运核 $T(r' \to r, E, \boldsymbol{\Omega})$ 和碰撞核 $C(r' \to r, E, \boldsymbol{\Omega})$。其中输运核 T 由下式给出：

$$T(r' \to r, E, \boldsymbol{\Omega})dr = \left[\exp\left(-\int \Sigma(r - s'\boldsymbol{\Omega}, E)ds'\right)\right]\Sigma(r, E)ds \tag{6.23}$$

且 $r = r' + s'\boldsymbol{\Omega}$。

通过把宏观截面 $\Sigma(r, E)$ 理解为中子在单位距离内和靶核发生碰撞的概率，我们可以把式（6.23）理解为中子经过距离 S 且没有与靶核发生碰撞的概率 $\exp\left(-\int_0^s \Sigma(r - s'\boldsymbol{\Omega}, E)ds'\right)$ 乘以中子在 s 和 $s + ds$ 之间和靶核发生碰撞的概率 $\Sigma(r, E)$。那么式（6.23）的物理含义可以理解为：中子经过 $s = |r - r'|$ 的距离没有和靶核发生碰撞，并且在 r 处和靶核发生碰撞的概率。

碰撞核 C 可以由下式给出：

$$C(r, E' \rightarrow E, \boldsymbol{\Omega}' \rightarrow \boldsymbol{\Omega}) = \frac{\Sigma_s(r, E' \rightarrow E, \boldsymbol{\Omega}' \rightarrow \boldsymbol{\Omega})}{\Sigma(r, E')} \tag{6.24}$$

其中 $\Sigma(r, E' \rightarrow E, \boldsymbol{\Omega}' \rightarrow \boldsymbol{\Omega})$ 是对中子在能量和方向上进行微分的宏观截面。

进一步，用 Q 表示从中子源产生后直接到达 P 且中途没有发生任何碰撞的中子，则有

$$Q(P) = \int_{DS} S(P_0) T(P_0 \rightarrow P) \mathrm{d}P_0 \tag{6.25}$$

其中 DS 指相空间中的源区域 $S(P_0)$。

6.4.2　诺依曼级数展开

可以证明，积分方程的解 $\psi(P)$ 可以用诺依曼级数来展开表示：

$$\psi(P) = \sum_{n=0}^{\infty} \psi_n(P) \tag{6.26}$$

并且其中的每一项 $\psi_n(P)$ 都可以有物理含义（图 6.8）：

$\psi_0(P) = Q(P)$ 代表直接来自源的对 $\psi(P)$ 的贡献；

$\psi_1(P)$ 代表只发生一次碰撞的中子对 $\psi(P)$ 的贡献；

$\psi_2(P)$ 代表发生两次碰撞的中子对 $\psi(P)$ 的贡献；

……

$\psi_n(P)$ 代表发生 n 次碰撞的中子对 $\psi(P)$ 的贡献。

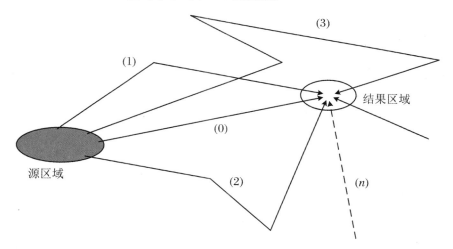

图 6.8　诺依曼级数展开示意图

(0),(1),…,(n)：表示碰撞的顺序编号，或者表示从源区域出发，在到达结果区域之前经历的碰撞次数。

那么，我们可以得到下面的式子：

$$\psi_n(P) = \int_{DS} \cdots \int_D S(P_0) T(P_0 \rightarrow P_1) \Big[\prod_{k=1}^{n-1} K(P_k \rightarrow P_{k+1}) \Big] K(P_n \rightarrow P) \mathrm{d}P_0 \cdots \mathrm{d}P_n \tag{6.27}$$

其中 $n \geqslant 1$。

式(6.27)表示对整个相空间进行积分。

可以观察到，中子传播的随机过程是一种我们前文介绍过的离散的马尔可夫过程，也就

是说,第 n 步的粒子状态是根据它在上一步($n-1$)的状态得到的。

将 $\psi(P)$ 分解成一个诺依曼级数后,可知不论粒子经历过几次碰撞,只要粒子最终到达结果区域,就会对我们所关注的量 $R(Z)$ 产生影响。这自然地引出通过 MC 方法解决输运方程的基本思想,即通过在计算机上模拟每个源中子经历的全部过程,包括散射、吸收、增值、从被研究的物理系统中泄漏等,最终求得关注的物理量 $R(Z)$。

6.4.3 使用 MC 方法求解输运方程

可以通过如下的步骤使用 MC 方法求解输运方程:

(1) 模拟粒子源产生粒子。每个粒子在介质中的输运和粒子与介质中原子的碰撞(也就是粒子与介质原子发生散射或者吸收)构成一个历史,这将产生一个事件链,包括源粒子的产生、输运以及死亡(被吸收或飞出物理系统等),表示为 $P_0, P_1, P_2, \cdots, P_n$。

(2) 定义与所关注的量 $R(Z)$ 相关的随机变量 $X(Z)$,$X(Z)$ 称为 $R(Z)$ 的估计器(estimator)。当中子在其历史过程中进入结果区域 Z 时,就会分配一个值 $\bar{\omega}$ 给 $X(Z)$ 来记录。例如,对于式(6.22),如果在区域 Z 中的点 P 发生相互作用,值 $\frac{S_r(P)}{\Sigma(P)}$ 将被分配给 $\bar{\omega}$,并被 $X(Z)$ 记录。$\bar{\omega}$ 称为计数(score)、计数器(tally)或记分器(payoff)。相反,如果一个中子在其历史过程中没有进入结果区域,对应的计数是 $\bar{\omega}=0$。

(3) 确定事件选择的概率密度。对于中子,这包括:① 通过随机抽样选择中子与介质原子发生两次碰撞间输运的长度;② 中子和介质原子发生的物理过程的种类(本书前文介绍的弹性散射、非弹性散射、辐射俘获等);③ 在散射(粒子没有被吸收,在碰撞后重复输运过程)情况下,碰撞后中子的能量和方向。这些随机抽样的过程需要符合中子与物质相互作用的规律。用于模拟粒子历史的随机变量必须满足以下方程:

$$E[X(Z)] = R(Z) \tag{6.28}$$

其中 $E[X(Z)]$ 是 $X(Z)$ 的数学期望。

(4) 对每个粒子进行模拟。假定对一个粒子进行了 M 次模拟,总共模拟了 N 个粒子,则得到相应的第 ν 个粒子对 $R(Z)$ 贡献的估计值 $\tilde{X}_\nu(Z)$($\nu=1,2,\cdots,N$):

$$\tilde{X}_\nu(Z) = \frac{1}{M} \sum_{m=1}^{M} \bar{\omega}_{m,\nu}(Z) \tag{6.29}$$

其中 $\bar{\omega}_{m,\nu}(Z)$ 是第 ν 个粒子的第 m 个历史。

(5) 通过应用大数定律(N 必须足够大),计算 $R(Z)$。使用 $\bar{X}_N(Z)$ 的经验平均值 $\tilde{X}_\nu(Z)$ 逼近 $R(Z)$:

$$\bar{X}_N(Z) = \frac{1}{N} \sum_{\nu=1}^{N} \tilde{X}_\nu(Z), \quad \lim_{N\to\infty} \bar{X}_N(Z) = R(Z) \tag{6.30}$$

图 6.9 给出了在物质中输运的中子历史的模拟算法。

值得一提的是,有两种类型的 MC 模拟:自然模拟(natural or analog simulation)和非自然模拟(non-analog simulation or biased simulation)。自然模拟使用中子引发的物理现象的自然发生规律;非自然模拟(通常称为有偏模拟)使用人为规定的中子引发的物理现象的发生规律,在保证方差相同的条件下,可以在更短的时间内得到结果。

选择自然模拟还是非自然模拟取决于 MC 模拟的具体要求以及对计算效率和准确性之

间的权衡。研究人员和实践者在设计事件抽样法时会仔细考虑这些因素，以确保模拟的可靠性和高效性。

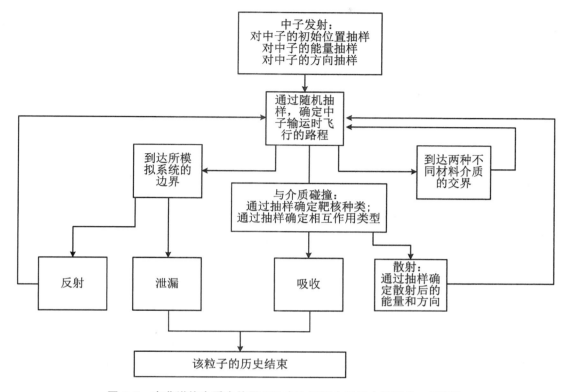

图 6.9　在非增值介质中使用 MC 方法进行中子历史模拟的一般算法

6.4.4　粒子输运中的随机抽样过程

如上所述，中子的历史是通过对从中子诞生到消失期间发生的连续事件进行抽样而构建的。这种事件的选择是根据控制这些事件的概率规律进行的，对于事件的概率密度，介绍如下。

历史的第一个事件是中子的诞生，这意味着确定属于源区域的相位空间中的点 P_0，该点包括源产生的中子的相空间信息。选择该点使用的概率密度 $f_0(P_0)$ 是根据源 $S_0(P_0)$ 在相位空间内的定义区域 DS 上的归一化分布构建的：

$$f_0(P_0) = \frac{S_0(P_0)}{\int_{DS} S_0(P_0)\mathrm{d}P_0} \tag{6.31}$$

实际上，源通常是由空间、能量、方向甚至时间的函数表示的。因此，需要通过对表示源产生的中子的位置、能量、方向等信息的概率密度分布函数进行随机抽样，以得到从源中发射的中子的信息。

一旦确定了中子的初始状态 P_0，下一个事件链的点 P_1 就可以通过使用从积分输运算符的核中推导出的概率密度 $f_1(P_1)$ 进行选择：

$$f_1(P_1) = f_0(P_0) \frac{K_0(P_0 \rightarrow P_1)}{\int_{DS} K_0(P_0 \rightarrow P_1)\mathrm{d}P_1} \tag{6.32}$$

同样,事件链 P_i 也可由概率密度 $f_i(P_i)$ 进行选择:

$$f_i(P_i) = f_{i-1}(P_{i-1}) \frac{K(P_{i-1} \rightarrow P_i)}{\int_{DS} K(P_{i-1} \rightarrow P_i)\mathrm{d}P_i} \tag{6.33}$$

实际上,概率密度具有符合式(6.23)和式(6.24)的分解形式:首先选择中子飞行长度,模拟中子的输运,根据飞行的长度和中子当前的方向更新中子的位置。接下来,选择相互作用,先通过介质中不同原子与中子相互作用的总截面大小抽样得到发生反应的核,再选择相互作用的类型,如果是吸收,则"杀死"中子,如果是散射,则需要通过随机抽样选择散射中子的特性(方向和能量)。

在两次碰撞之间,中子的飞行长度是通过式(6.23)进行采样的。中子在均匀介质中输运的概率密度可以简单地表示为

$$f(s) = \Sigma(E)\mathrm{e}^{-\Sigma(E)s} \tag{6.34}$$

其中 s 是路径长度,可以通过对 $f(s)$ 的反函数进行采样得到的,

$$s = -\frac{1}{\Sigma(E)}\ln(1-\xi) \tag{6.35}$$

这里 ξ 是前面介绍过的 0 到 1 之间的随机数。

式(6.24)与碰撞核相关,可以被明确表示与碰撞相关的不同事件的概率,这些事件包括核素的选择、相互作用类型的选择、中子方向的选择,以及可能的散射后的能量选择(如果所选择的相互作用是散射)。考虑一个由 j 个核素组成的均匀混合介质,碰撞核可以写成以下形式:

$$C(\boldsymbol{r}, E' \rightarrow E, \boldsymbol{\Omega}' \rightarrow \boldsymbol{\Omega}) = \sum_j \frac{\Sigma_j(\boldsymbol{r}, E')}{\Sigma(\boldsymbol{r}, E')} \sum_i \frac{\sigma_{sj}(E')}{\sigma_j(E')} \frac{\sigma_{ij}(E')}{\sigma_j(E')} v_{ij} f_{ij}(E' \rightarrow E, \boldsymbol{\Omega}' \rightarrow \boldsymbol{\Omega}) \tag{6.36}$$

其中 $\sigma_{sj}(E')$ 是能量为 E' 的中子对核素 j 的总微观散射截面,$\sigma_j(E')$ 是能量为 E' 的中子对核素 j 的总微观截面,$\sigma_{ij}(E')$ 是能量为 E' 的中子对核素 j 的 i 类相互作用过程(如弹性散射、非弹性散射、辐射俘获等)的微观散射截面,$\Sigma_j(\boldsymbol{r}, E')$ 是能量为 E' 的中子在 $\boldsymbol{r}$ 处对核素 j 反应的总宏观截面,$\Sigma(\boldsymbol{r}, E') = \sum_j \Sigma(\boldsymbol{r}, E')$ 是能量为 E' 的中子在 $\boldsymbol{r}$ 处的介质反应的总宏观截面,v_{ij} 是中子和核素 j 发生反应(如(n, 2n)、裂变等反应)后产生的中子倍数,$f_{ij}(E' \rightarrow E, \boldsymbol{\Omega}' \rightarrow \boldsymbol{\Omega})$ 是中子与核素 j 发生 i 类反应后的能量和角度发生改变的概率密度函数。

从式(6.36)我们可以得出,在 MC 模拟时需要使用如下的概率密度:

$\dfrac{\Sigma_j(\boldsymbol{r}, E')}{\Sigma(\boldsymbol{r}, E')}$:用于表示选择核素 j 发生反应的概率;

$\dfrac{\sigma_{sj}(E')}{\sigma_j(E')}$:用于表示中子没有被吸收的概率(或者表示中子存活的概率);

$\dfrac{\sigma_{ij}(E')}{\sigma_{sj}(E')}$:用于表示中子选择 i 类散射反应的概率;

$f_{ij}(E' \rightarrow E, \boldsymbol{\Omega}' \rightarrow \boldsymbol{\Omega})$:用于表示中子与核素 j 发生 i 类反应后能量和角度改变的概率密度。

其中前三项是离散的概率密度，第四项是连续的概率密度。

6.4.5　中子的权重

在一个严格的自然模拟中，中子的权重为 1。这意味着，当一个模拟的中子到达计数区域时，这个中子对于结果的贡献只记录成 1 个中子对结果的贡献。

为了优化计算时间，不再明确地模拟中子的俘获过程，而是在模拟的开始乘以中子的权重，也就是中子存活的概率，即中子的散射截面与中子的总截面之比 $\dfrac{\sigma_{sj}(E')}{\sigma_j(E')}$。同样，对于每次碰撞也可以进行这样的处理。这个过程所乘以的比值通常称为隐性俘获因子（implicit capture factor）。

由于 $\sigma_{sj}(E') < \sigma_j(E')$，中子的权重 w 将随着一次次碰撞降低，当碰撞的次数趋于无穷时，中子的权重也趋于 0，即 $w_\infty = \lim\limits_{n \to \infty}\left[\dfrac{\sigma_{sj}(E')}{\sigma_j(E')}\right]^n = 0$。

这表明，随着中子和介质原子的一次次碰撞，中子的潜在重要性也一次次降低。因此，当碰撞的次数足够大时，中子并不会对结果贡献更多的信息，所以从优化计算时间的角度考虑，当中子的重要性低于一个固定阈值时，可以使用一种名为"俄罗斯轮盘赌"的统计学方式来消除中子。因此，我们关注的结果的估计器也与中子的权重相关。这类模拟技术的应用产生了我们前文提到的非自然模拟方法。

对于给定的响应函数，可以关联不同数学形式的估计器（表 6.3），其选择受它们向感兴趣的值收敛的速度的影响。例如，在较为稀疏的介质中，径迹长度估计器比碰撞估计器收敛更快。在某些情况下，借助点核估计器（point kernel estimator），可以在相空间的一个点上计算物理量。

表 6.3 给出了部分物理量的估计器。

表 6.3　部分物理量的估计器

	径迹长度	wl
体积内通量的估计器	碰撞	$\dfrac{w}{\Sigma(r,E)}$
表面通量的估计器		$\dfrac{w}{\boldsymbol{\Omega} \cdot \boldsymbol{n}}$
表面注量的估计器		w
点通量估计器		$\propto w\dfrac{\Sigma_s(r, E' \to E, \boldsymbol{\Omega}' \to \boldsymbol{\Omega})}{\Sigma(r, E')}\dfrac{\mathrm{e}^{-\tilde{\Sigma}}}{s^2}$

表 6.3 中各个符号的含义如下：

w：中子在碰撞前的权重；

l：中子在两次碰撞之间经过的距离；

Σ：给定的介质对能量为 E 的中子的总宏观截面；

Σ_s：给定的介质对能量为 E 的中子的总宏观散射截面；

$\boldsymbol{\Omega}$：中子输运的方向；

n :所考虑的曲面的法向量;

$\widetilde{\Sigma}$:碰撞点和通量计算点之间的距离,且有 $\widetilde{\Sigma} = \int_0^s \Sigma(r - s'\boldsymbol{\Omega}, E)\mathrm{d}s'$,其中 s 是碰撞点 r' 和计算点 r 之间的距离。

在给定空间体积 V 内,通过记录在其中发生的每个事件期间相应估计量的取值,可以实现通量的体积估计。而反应速率是通过将通量的计数乘以与所考虑反应相关的微观或宏观截面获得的。

所谓的点核估计器,是根据把任何碰撞视为次级中子源来构建的。在该估计器的表达式中,出现的项 $e^{-\widetilde{\Sigma}}/s^2$ 对应于在计算点处,由位于距离 s 处的单位中子源产生且途中没有发生碰撞的中子的通量。这种估计器适用于真空或非常低密度介质中的响应评估。然而,在其他类型的介质中,使用点核估计器会导致奇异性问题,这是由于碰撞点可能非常接近计算点,甚至与计算点重合。

也可以使用不同的估计器来评估有效增值因子:

wv :每次裂变产生的裂变中子数 v 与中子的权重 w 的乘积;

$wv\dfrac{\Sigma_f}{\Sigma}$:在每次与裂变核发生相互作用时,裂变中子的数量被计算;

$wlv\Sigma_f$:在裂变介质中的每条路径 l 上,记录该表达式的取值。

6.5 MC 程序中的几何建模

几何建模是 MC 算法中最重要的部分之一,因为它可以显著影响算法的应用领域、输入准备、精度大小和计算时间。多年来,不同的团队根据其需求和限制,引入了不同的几何算法。常用方法包括:

(1) 组合不同的几何形状,如使用布尔代数对立方体、圆柱体、椭球体进行组合,形成一个模型。这种方法限制用户只能对简单或理想化的对象进行建模。

(2) 使用体素化或三角网格生成模型。这种方法在医学物理中应用广泛,如使用 CT 等医学影像生成体素化的体模,然后导入治疗计划系统进行剂量计算。然而这种技术的分辨率可能较低,且由于网格划分的原因,不便于对变形体进行建模。

(3) 使用标准计算机辅助设计(CAD)软件包进行模型搭建,将在 CAD 软件中设计好的模型导入 MC 程序。如本章前文所述的 RPSD 2022 会议介绍的 ATTILA4MC 网格生成器,该生成器能够从包含数百个或数千个零件的 CAD 装配体中构建非结构化网格模型,并实现在 MCNP6.2 上的运行。

(4) 使用更灵活的组合几何,定义表面而不是对象,然后通过布尔代数将这些表面组合成单元,最终形成整个几何模型。MCNP 代码系统中使用的就是这种方法。

无论采用哪种方法,几何模型都可以显著影响 MC 模拟的精度和计算时间,用户应避免不必要的几何细节或使用复杂的逻辑来构建模型。接下来,我们以 MCNP 为例,介绍其实现几何建模的方法。

在 MCNP 的几何定义过程中，首先描述了曲面(surface)，通过这些曲面的布尔组合定义了栅元(cell)，再利用栅元间的布尔运算定义其他复杂的栅元。在组合几何领域，布尔运算符包括交($\cap$)、并($\cup$)和补($\sharp$)。曲面结合交与并运算符一起用于构成栅元，补运算符用于构成栅元的补集。

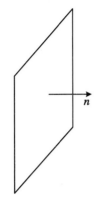

图 6.10　平面及其正方向的单位向量示意

6.5.1　曲面

需要不同的曲面来表示不同形状的栅元。例如，一个平面可以用下式表示：

$$f(x,y,z) = ax + by + cz + d = 0$$

对每个曲面都定义正向和负向，例如对于图 6.10 所示的平面 $f(x,y,z)$ 和空间中的某个点 (x',y',z')，当 $f(x',y',z') > 0$ 时，说明点在平面的正向($+$)，而当 $f(x',y',z') < 0$ 时，说明点在平面的负向($-$)。

表 6.4 给出了在 MCNP 代码中实现的不同曲面的解析形式。每个曲面都有一组自由参数，这些参数用于描述曲面的位置和形状等属性。

表 6.4　MCNP 代码中不同曲面的解析形式[37]

曲面类型		方　程
平面		$ax + by + cz + d = 0$
球面		$(x-a)^2 + (y-b)^2 + (z-c)^2 - R^2 = 0$
柱面	平行于 x 轴	$(y-b)^2 + (z-c)^2 - R^2 = 0$
	平行于 y 轴	$(x-a)^2 + (z-c)^2 - R^2 = 0$
	平行于 z 轴	$(x-a)^2 + (y-b)^2 - R^2 = 0$
锥	平行于 x 轴	$\sqrt{(y-b)^2 + (z-c)^2} - t(x-a) = 0$
	平行于 y 轴	$\sqrt{(x-a)^2 + (z-c)^2} - t(y-b) = 0$
	平行于 z 轴	$\sqrt{(x-a)^2 + (y-b)^2} - t(z-c) = 0$
一般椭球体、双曲面或抛物面		$b(x-a)^2 + d(y-c)^2 + e(z-f)^2 + 2g(x-h)$ $+ 2i(y-j) + 2k(z-l) + m = 0$
环面	平行于 x 轴	$\dfrac{(x-a)^2}{B^2} + \dfrac{\left(\sqrt{(y-b)^2 + (z-c)^2} - A\right)^2}{C^2} - 1 = 0$
	平行于 y 轴	$\dfrac{(y-b)^2}{B^2} + \dfrac{\left(\sqrt{(x-a)^2 + (z-c)^2} - A\right)^2}{C^2} - 1 = 0$
	平行于 z 轴	$\dfrac{(x-c)^2}{B^2} + \dfrac{\left(\sqrt{(x-a)^2 + (y-b)^2} - A\right)^2}{C^2} - 1 = 0$

6.5.2 栅元

通过对表面和其他栅元进行布尔运算形成栅元区域（即材料区域）。具体来讲,栅元是通过对其边界表面的正/负面进行交和并运算,以及对其他栅元进行补运算来形成的。为了说明这一点,让我们使用如图 6.11 所示的六个平面曲面($A \sim F$)制造一个平行六面体。

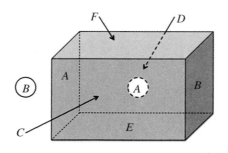

图 6.11　通过六个平面构成平面六面体的栅元

利用布尔运算,我们可以通过以下方式构成平行六面体(A 栅元),即取每个表面的特定面的交集:

$$(+ A) \bigcap (- B) \bigcap (+ C) \bigcap (- D) \bigcap (+ E) \bigcap (- F)$$

当然,可以通过组合更多不同的曲面来构成更复杂的物理模型。

6.5.3 粒子在几何体中的追踪

除了建立几何模型及其边界条件外,还需要确定每个粒子在物理模型内的位置。这是通过检查每个粒子相对于界面和外部边界的位置来实现的。例如,如图 6.12 所示,要确定位于(x_0, y_0, z_0)的粒子相对于由 $f(x, y, z) = 0$ 定义的曲面的位置,我们需要将粒子位置代入表面方程,并与 0 进行比较:

(1) 如果 $f(x_0, y_0, z_0) < 0$,则粒子在曲面构成的几何体内部;

(2) 如果 $f(x_0, y_0, z_0) = 0$,则粒子在曲面上;

(3) 如果 $f(x_0, y_0, z_0) > 0$,则粒子在曲面构成的几何体外部。

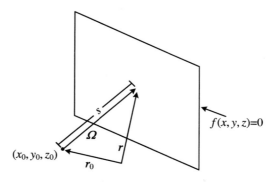

图 6.12　跟踪粒子到达某个曲面边界的示意

此外,还需要确定粒子轨迹与表面的交点(图 6.12)。这意味着我们必须确定由下式表示的(x,y,z)对应的矢量位置 r:

$$r = r_0 + s\Omega$$

矢量 r 在 x,y,z 方向上的分量通过其在 x,y,z 轴上的投影来获得:

$$x = x_0 + su$$
$$y = y_0 + sv$$
$$z = z_0 + sw$$

其中 u,v,w 是粒子的方向向量 Ω 与 x,y,z 轴之间夹角的方向余弦。要确定粒子位置和表面之间的路径长度 s,需要将 x,y,z 代入表面方程,即

$$f(x_0 + su, y_0 + su, z_0 + sw) = 0$$

请注意,在高阶曲面的情况下,路径长度应取作上述方程的最小正根。

习　　题

选择题:根据题干,选出最合适的一个选项。

1. MC 方法是一种求解中子输运的重要方法,下面有关求解中子输运的方法说法正确的是(　　)。

A. 目前,MC 方法是一种专门用于随机模拟各种辐射粒子(中子、γ、各种带电粒子等)输运过程的方法

B. MC 方法、球谐函数法和离散纵标法都通过随机模拟求出中子通量密度

C. MC 方法相比于球谐函数方法中的 P_1 近似更适用于处理维数高、几何形状复杂的问题

D. 积分输运法和 MC 方法都具有计算简单并能得到相对来讲比较高的精度的优点

2. 下面关于 MC 方法的历史,说法错误的是(　　)。

A. 20 世纪 30 年代,费米提出了一种用于中子慢化研究的 MC 方法

B. 1947 年,冯·诺依曼在给同事的一封信中设计了第一个 MC 程序——MCNP

C. 1947 年,费米在机械装置 FERMIAC 上使用 MC 方法模拟了通过可裂变材料的中子的运动

D. 最初,MC 使用机器语言编写。随着计算机技术的发展,MC 程序的代码越来越复杂

3. 下面关于 MC 方法说法错误的是(　　)。

A. 是一种专门用于粒子输运模拟的方法,可以求解积分形式的玻尔兹曼方程

B. 可以模拟粒子在介质中的运动和相互作用

C. 是辐射剂量学、核反应堆分析等学科的"金标准"

D. 随机抽样是 MC 方法中关键的数学工具

4. 使用 MC 方法模拟粒子的输运时,不需要用到随机数过程的是(　　)。

A. 粒子源产生粒子

B. 对粒子在几何体中的径迹的追踪

C. 模拟粒子和物质发生的相互作用

D. 模拟结果的统计

5. 下列说法错误的是(　　)。

A. 随机模拟方法包括直接抽样法、线性乘同余法和拒绝采样法

B. 直接抽样法的缺点包括对于较为复杂的方程无法求出累积分布函数 $F(x)$

C. 概率密度函数描述了随机变量取某个值的可能性

D. 累计分布函数等于对概率密度函数从下界到 x 的积分

6. 使用拒绝采样法抽样得到符合概率密度函数 $p(x) = \frac{1}{2}\sin x$ $(0 \leqslant x \leqslant \pi)$ 的随机数 X 等于(　　)。(ξ 是抽样得到的在 $(0,1)$ 上均匀分布的随机数。)

A. $X = 2\xi - 1$ 　　　　　　　　　B. $X = \frac{1}{2}\sin\xi$

C. $X = \arccos(1 - 2\xi)$ 　　　　　D. $X = \frac{1}{2}(1 - \cos\xi)$

7. 对于下面的拒绝采样法的各采样阶段,请选出错误的步骤:(　　)。($G^{-1}(x)$ 是某个概率分布函数 $g(x)$ 的累积分布函数的反函数。)

(1) 生成均匀分布变量 ξ_1。

(2) $x_0 = G^{-1}(\xi_1)$。

(3) 生成另一个均匀分布变量 ξ_2。

(4) 比较 $\xi_2 \leqslant \dfrac{p(\xi_1)}{cg(\xi_1)}$。若成立,接受 x_0;若不成立,拒绝 x_0,返回步骤(1)。

A. 步骤(1) 　　　　　　　　　　　B. 步骤(2)

C. 步骤(3) 　　　　　　　　　　　D. 步骤(4)

8. 下列关于拒绝采样法说法错误的是(　　)。

A. 需要找到一个简单的概率密度函数 $g(x)$,其累积分布函数 $G(x)$ 和反函数 $G^{-1}(x)$ 都要易于推导

B. 不合适的 $cg(x)$ 选择带来高拒绝(低接受)率

C. 当累积分布函数 $F(X)$ 或其反函数 $F^{-1}(X)$ 较为复杂时不适用

D. 当 $g(x)$ 为常数时,常数 c 的理想选择是满足 $cg(x) = p_{\max}$(图 6.6)

9. 关于本章实践项目(见下)中要求编写的模拟康普顿散射的 MC 程序,说法错误的是(　　)。

A. 不能使用直接抽样法对克莱因-仁科公式进行抽样

B. 克莱因-仁科公式可以直接作为抽样时的概率密度函数使用

C. 使用拒绝采样法时,生成的第一个随机数用于计算散射余弦 μ,第二个随机数用于判断是否接受 μ

D. 可以使用 C/C++,MATLAB,Python 等多种编程语言编写

10. 对于附录 A 中模拟光子康普顿散射所要求编写的 MC 程序,已知 RSD 的计算公式为

$$v = \sqrt{\frac{n}{n-1} \frac{\sum\limits_{i=1}^{n} x_i^2}{(\sum\limits_{i=1}^{n} x_i)^2} - \frac{1}{n-1}}$$

则对于上述 MC 程序的计数设置,说法错误的是(　　)。

A. 需要两个主计数器：一个用来累计背散射光子的数量,另一个累计背散射光子的能量

B. 需要两个辅助计数器来累计平方值以估计不确定度

C. 计算光子背散射概率的 RSD 时,公式中的 n 是背散射光子的数量

D. 计算背散射光子的平均能量的 RSD 时,公式中的 n 是背散射光子的数量

11. 为了使模拟的时间和结果的 RSD 均在可以接受的范围内,下面哪一个模拟的光子数较为合适?(　　)。

A. 10^2　　　　　　B. 10^3　　　　　C. 10^6　　　　D. 10^{20}

12. 如果模拟的次数扩大为原来的 10 倍,下列说法正确的是(　　)。

A. 拒绝采样法抽样的成功率会扩大为原来的 10 倍

B. 背散射概率的 RSD 不会改变

C. 背散射光子的平均能量的 RSD 会变为接近原来的 $1/\sqrt{10}$

D. 背散射光子的平均能量的 RSD 会变为接近原来的 $1/10$

13. 如果想要提升 MC 程序的计算速度,可以采用什么方法?(　　)。

A. 选取更合适的 $cg(x)$,提高拒绝采样的成功率

B. 在程序中一次生成所有要使用的随机数

C. 使用矩阵运算提高效率

D. 以上方法都可行

实践项目：

14. 编写一个 MC 程序,模拟 $1.0\,\mathrm{MeV}$ 光子的康普顿散射过程,并从中提取所需的物理量。详见附录 A。

第 7 章　常用 MC 软件的介绍

早在 20 世纪 40 年代,美国洛斯阿拉莫斯国家实验室就开始了基于 MC 方法的粒子输运方法的研究和软件技术的开发。1947 年 3 月,冯·诺依曼和同事提出了使用统计方法计算核裂变装置中的中子扩散和增值问题的思路,并在第一代电子计算机上完成了相关的 MC 计算。随后的几十年,伴随着计算机技术的发展,很多 MC 粒子输运模拟的软件相继问世,在核物理、核工程技术、医学物理、辐射防护等主要学科领域得到了非常广泛的使用。在本章中,我们简单地介绍 MCNP,OpenMC,FLUKA,Geant4,GATE,TOPAS,TRIPOLI,PHITS,EGSnrc,PENELOPE,SuperMC,JMCT 和 RMC[37-48] 等通用 MC 软件的开发背景、功能和应用。

7.1　MCNP

7.1.1　背景介绍

MCNP(Monte Carlo N-Particle)代码是一款由美国洛斯阿拉莫斯国家实验室开发和维护的、在全世界广为使用的通用 MC 粒子输运程序,能够用于能量高达 1 TeV/核子的光子、电子、中子以及多种重带电粒子的输运问题的模拟计算。第一代电子计算机上的 MC 计算方法出现后,在 20 世纪五六十年代,美国洛斯阿拉莫斯国家实验室研究开发了一系列用于解决特定问题的 MC 程序,包括 MCS,MCN,MCP 和 MCG 等。1973 年,通过将三维中子输运程序 MCN 与其他程序集成形成了 MCNG 程序。1977 年,MCG 与光子输运程序 MCP 结合产生了 MCNP(Monte Carlo Neutron Photon)。1983 年,MCNP 3 对外发布。1990 年,MCNP 程序中增加了电子输运模块,软件的全称更改为 Monte Carlo N-Particle。

1996 年,美国洛斯阿拉莫斯国家实验室另外一个小组负责将高能带电粒子 MC 软件——LAHET 集成到 MCNP4B 中,实现了多粒子输运(Many-Particle MCNP Patch)。其多粒子输运模块经过持续发展成为一度与 MCNP 竞争的 MC 程序——MCNPX。

2001—2002 年间,MCNP4C 程序基于编程语言 FORTRAN 90 进行了完全的改写,并结合 MPI 和 OpenMP 实现了基于 CPU 的并行化输运,升级为 MCNP5。

其后美国洛斯阿拉莫斯国家实验室为了整合实验室内部在 MC 方面的技术力量,决定将 MCNPX2.6.B 和 MCNP5 集成,产生了目前世界上历史最久、功能最完善的 MC 软件之一:MCNP6。MCNP6 较 MCNP 前期版本在高能粒子模拟方面有较大的提升,且在稀有同位素生产、空间辐射屏蔽以及加速器研究等领域的可靠性进一步提升。MCNP6.3 版发布于 2023 年 8 月 29 日。

7.1.2　核数据库与物理模型

MCNP 使用连续能量的核数据库,可以在其公开网站上获得。数据主要来源于 ENDF (Evaluated Nuclear Data File)系统、ENDL 库(Evaluated Nuclear Data Library)、EPDL 库(Evaluated Photon Data Library)、活化核数据库(Activation Library,ACTL)、ACTI (Advanced Computational Technology Initiative)等相关核数据库。

MCNP 核数据表涵盖了中子相互作用、中子诱导产生光子、中子剂量学或活化以及热中子 $S(\alpha,\beta)$ 散射等。目前,MCNP 提供了超过 836 个中子的相互作用表,涵盖了约 100 种同位素和元素,包含了近 2 000 个与剂量学或活化反应有关的截面,涉及超过 400 个处于基态和激发态的靶核。光核反应数据是中子相互作用列表的一部分。对于原子序数 1～100 的元素提供了光子相互作用的列表,考虑到相干和非相干散射、光电吸收可能伴随的荧光发射以及电子对效应。这些数据表允许 MCNP 在计算中更精确地考虑不同的物理过程,从而得到更准确的模拟结果。在处理低能量中子的模拟时,MCNP 提供了自由气体模型和特定材料的 $S(\alpha,\beta)$ 模型,以便精确地模拟热中子的散射。

7.1.3　功能特性和软件使用

MCNP 已经在包括核安全分析、临界和亚临界实验设计和分析、探测器设计和分析、加速器设计、裂变和聚变反应堆设计、医学物理、辐射防护和辐射屏蔽设计等领域得到了广泛的应用。

MCNP 能够对中子、光子、电子和多种重带电粒子的输运问题求解;利用 MPI 和 OpenMP 技术,MCNP 可以在多处理器的计算机系统上实现 CPU 并行计算;通过对曲面和栅元的布尔运算构建各种复杂的三维结构建模;基于多样的计数卡,MCNP 可以支持对能量沉积、比释动能、剂量、通量等多个物理量的统计;MCNP 还支持脉冲计数,可以模拟探测器得到的脉冲高度谱;支持对反应堆功率密度分布和 k_{eff} 的计算。此外,MCNP 默认输出每个统计量的不确定度,以便用户评估结果的可靠性。

MCNP 的输入文件是一个文本文件,用于定义模拟计算的物理问题的所有信息,包括材料、几何结构、源、探测器等参数;输出文件通常也是文本文件,报告了模拟和输运过程有关的信息和输入文件所要求的模拟结果。MCNP 还提供了一些辅助工具,用于帮助用户编写输入文件,以及查看和分析输出结果。一些研究机构和公司还开发了 MCNP 的可视化和辅助 MCNP 建模的 CAD 工具来进一步提高 MCNP 的使用效率。

7.2 OpenMC

7.2.1 背景和基本介绍

OpenMC 是由麻省理工学院（Massachusetts Institute of Technology，MIT）的计算反应堆物理学小组（Computational Reactor Physics Group，CRPG）开发的一款开源 MC 输运模拟代码。OpenMC 的开发工作始于 2011 年，于 2012 年 12 月首次向公众发布，该代码初期是为了研究超级计算机开发可扩展的并行算法，但现在 OpenMC 已经在多个领域的研究工作中得到应用，涉及多所大学、实验室和其他组织。

7.2.2 核数据和物理模型

目前，OpenMC 可以模拟中子和光子输运以及产生次级中子的所有核反应，包括（n，2n）、（n，3n）、裂变等。OpenMC 默认使用的核数据库包括 ENDF/B-Ⅶ.0，ENDF/B-Ⅶ.1，ENDF/BⅧ.0，JEFF3.3 等，支持 ACE 格式的核数据。目前，OpenMC 也支持由开发者编辑后以 HDF5 格式保存的核数据。OpenMC 使用的核数据文件、详细的物理模型介绍、相关文献资料等都可以通过该软件的官网下载。为了正确处理中子的散射，当靶核不处于静止状态时，OpenMC 使用自由气体近似，靶核的速度从麦克斯韦分布中采样。对于水、石墨、铍等中的氢或氚等则使用 S(α,β) 模型的数据来模拟热中子散射。OpenMC 使用逐代法解决 k_{eff} 特征值问题。用户还可以将多个代组合成"批处理"，以减少计数随机变量实现之间的相关性。

7.2.3 功能特性和软件使用

OpenMC 能够在使用实体几何构造或 CAD 表示构建的模型中执行固定源、k_{eff} 和亚临界倍增计算。软件通过混合 MPI 和 OpenMP 编程模型实现基于 CPU 的并行计算。支持对几何图形 2D 和 3D 的可视化。OpenMC 有丰富、可扩展的 Python 和 C/C++ 编程接口用于数据前处理、后处理、多群截面生成、工作流自动化、耗尽计算、多物理耦合以及几何和计数结果的可视化。除了核心 MC 输运求解器和相关 API 之外，OpenMC 还包括一个基于 Python 的核数据接口，使得高级用户能够检查、修改和执行各种类型的核数据处理。

OpenMC 使用可扩展标记语言（XML）进行所有用户输入文件的编写。开发者建议用户使用 OpenMC 的 Python API 生成该格式的输入文件。不同于其他 MC 粒子输运代码仅使用一个输入文件，OpenMC 输入文件需要包含多个文档。在一次模拟中，输入文件必须包含：

（1）settings.xml：描述所有模拟参数，例如粒子源性质和待模拟粒子数以及其他可选设置项。

　　(2) materials.xml：通过其组成元素和密度描述模型中所有材料的组成。自然元素将按其自然丰度自动扩展为各个核素。

　　(3) geometry.xml：通过曲面和栅元构建模型的几何结构，并定义几何结构的材料种类。

　　除了以上三个基本输入文件外，还有许多可选的 XML 文件：

　　(1) tallies.xml：指定用户在模拟过程中感兴趣的物理量。

　　(2) plots.xml：描述在绘图模式下运行 OpenMC 时创建的 2D 或 3D 图的参数。

　　(3) cmfd.xml：描述粗网格有限差分加速的几何和执行参数。

　　OpenMC 生成的输出文件的数量和格式取决于代码的编译方式以及用户输入文件中给出的选项，常见的输出文件包括：

　　(1) tallies.out：纯文本 ASCII 文件，列出每个计数区间的均值和标准偏差（或置信区间的半宽）。

　　(2) State point 文件：二进制文件，包含确定计数的置信区间或完全重新启动运行所需的所有信息。除了这些文件之外，还可能包括在用户请求或在代码中发生错误时生成的许多其他输出文件。

　　OpenMC 采用 MIT/X 开源许可证，同时有活跃的在线论坛（https://openmc.discourse.group/），供用户交流讨论与软件的开发使用相关的问题。

7.3　FLUKA

7.3.1　背景介绍

　　FLUKA(FLUktuierende KAskade)是用于粒子与物质的交互和输运计算的全功能 MC 模拟软件，诞生于 20 世纪 60 年代的欧洲核子研究中心（Conseil Européen pour la Recherche Nucléaire, CERN）。当时在 CERN 进行强子级联研究的开发人员编写了第一套高能 MC 运输代码，最初的设计目标是研究高能核子与原子核的相互作用，并通过对次级粒子级联过程的精确描述对实验数据进行解释和预测。按年代可以将 FLUKA 代码大致分为四代：20 世纪 70 年代的第一代 FLUKA、80 年代的第二代 FLUKA、90 年代到 2019 年的第三代 FLUKA 和 2020 年至今的第四代 FLUKA。2024 年 2 月 14 日 FLUKA 4-4.0 版本发布。

7.3.2　核数据和物理模型

　　FLUKA 的物理模型支持的粒子种类多，能量范围广，能够高精度模拟约 60 种不同粒子在物质中的相互作用和输运，包括从 100 eV～1 keV 到数千太电子伏（TeV）的光子、电子、中微子、μ 子、高达 20 TeV 的强子(通过将 FLUKA 与 DPMJET 代码链接,能够模拟的粒子能量可达 10 PeV)以及对应的反粒子、热中子和重离子。FLUKA 可以模拟的物理过程包括电磁相互作用、强相互作用、弱相互作用以及核反应。该程序还可以完成偏振光子(例如同步辐射)和可见光子的模拟以及在线进行不稳定残余核释放辐射的时间演变和跟踪。对于电磁相互作用,FLUKA 采用了多重散射理论和电离模型;对于核反应,FLUKA 采用了精确的核模型,包括核裂变、热中子散射、核激发态衰变等。

FLUKA 可以处理很复杂的几何形状,通过 Combinatorial Geometry(CG)程序包,FLUKA 程序可以完成复杂的几何体建模。FLUKA CG 可以模拟磁场或电场的带电粒子输运,还提供了多种可视化的工具。

7.3.3　功能特性和软件使用

FLUKA 在加速器设计和屏蔽、辐射防护、粒子物理、剂量学、探测器模拟、质子重离子治疗、宇宙射线模拟、中微子物理学等领域有着广泛的应用。

FLUKA 的控制输入也是通过文本文件实现的,输入文本包含一系列的命令和参数。命令的顺序决定了程序的执行顺序。每个命令都有一个或多个参数,参数的选择和设置将直接影响模拟结果。FLUKA 的输出文件通常采用二进制格式,便于大规模数据的存储和处理。此外,FLUKA 还提供了一套数据处理和可视化工具供用户处理输出数据并绘制可视化图表。

相较于其他 MC 软件,FLUKA 具有专为其开发的用户友好界面 flair,大大促进了FLUKA 的成功。结合 flair 使用 FLUKA,用户可以更好地理解和控制模拟过程。用户可以控制输入参数,包括粒子类型、能量、方向、发射源位置等,以及模拟的物理环境,如材料、几何结构、磁场和电场等。用户也可以根据需要选择物理过程和相应的模型。软件的输出包括各种物理量的空间分布,如剂量、能量沉积、粒子通量等,以及各种粒子的轨迹、能量、角度和时间信息。

flair 提供的图形界面,使得创建和修改输入文件变得更加容易。用户可以在图形界面中直观地设置参数,查看几何结构和粒子轨迹,并分析和可视化输出结果。因此,对于大多数应用,用户无需编程。然而,对于有特殊需求的用户也提供了一些编程接口(FORTRAN 77)。从第 3 版开始,flair 的接口与功能分离,降低了其与 FLUKA 以外的 MC 程序模拟包的集成难度,以便可以使用相同的输入完成 FLUKA,Geant4,PENELOPE 和其他 MC 模拟引擎的计算。

FLUKA 的另一个特点是强大的偏置(biasing)技术。这意味着可以选择多种统计技术来研究罕见事件,即使衰减达到多个数量级,也能在必要时大幅度减少计算时间,但需要用户对物理过程的准确理解和合理使用。用户也可以访问 FLUKA 的论坛(https://fluka-forum.web.cern.ch/)来交流软件使用的问题。

7.4　Geant4

基于 C++ 开发的开源通用 MC 程序包 Geant4 由欧洲核子研究中心(CERN)和日本高能物理中心(KEK)主导,共有 30 多个机构和来自世界各地的大量使用者参与编写和改进,其应用领域十分广泛,包括高能物理、核物理与加速器物理、医学物理以及空间物理等领域。

7.4.1　背景介绍

Geant4 的起源可以追溯到 1993 年,当时 CERN 和 KEK 的两个独立研究小组开始研究如何将现代计算机技术应用到 CERN 此前基于 FORTRAN 语言开发的 Geant3 程序上。1994 年秋,RD44 提案被提交给 CERN 的探测器研究和发展委员会,提出开发一个全新的基于面向对象技术的 MC 程序。该提案很快演变为一个大规模的国际合作项目,致力于创建一个具有足够功能和灵活性的探测器模拟程序,以满足下一代亚原子物理实验的需求。1998 年,RD44 项目发布了第 1 版程序,并将其命名为 Geant4。参与 RD44 项目的各研究所、实验室以及 HEP 实验组签署了一个正式的 MOU 协议,该协议就程序的管理、维护、用户支持以及完善和再开发等问题进行了规定,并建立了以合作理事会、技术支持理事会和几个工作组为核心的合作结构。Geant4 11.2.1 已于 2024 年 2 月 16 日发布。

7.4.2　核数据库与物理模型

Geant4 提供了一套完整的物理过程处理方案,包括电磁相互作用、强相互作用、可见光过程、光核反应、粒子输运过程,以及带电粒子在磁场中的运动等。这些物理模型涵盖了从毫电子伏到几百吉电子伏(甚至部分达到 100 TeV)的能量范围。Geant4 可以精确地模拟多种粒子类型在物质中的输运过程,其支持的粒子类型几乎覆盖了目前所有已知的粒子,包括电子、质子、光子、中子、氘核、α 粒子以及多种介子等。Geant4 的手册 *Physics Reference Manual* 对所建立的物理模型给出了详细的说明。

面向各种领域的研究需求,Geant4 以物理列表(physics lists)的形式提供了完整的物理模型实现,包括模块化的自定义物理模型组合和参考物理列表(reference physics lists)。物理列表是 Geant4 中提供的物理过程和核数据库的集合,用于模拟粒子在物质中的相互作用过程。用户可以根据需要选择或创建恰当的物理列表,从而使用适当的物理过程模型和核数据库。有关物理列表的说明可以参考 Geant4 的手册 *Guide for Physics Lists*。

Geant4 中包括的核数据库有:

(1) Photon Evaporation:基于评价核结构数据文件(ENSDF)获取的光子蒸发数据,用于描述核素的 γ 射线发射和电子俘获等过程。

(2) Radioactive Decay:基于评价核结构数据文件(ENSDF)获取的放射性衰变数据,

用于描述核素的 α 衰变、β 衰变、电子俘获等过程。

（3）G4NDL：基于 JEFF-3.3 和 ENDF/B-Ⅶ.1 等数据库获取的中子截面和最终状态数据，用于模拟中子与核素的相互作用。

（4）G4TENDL：基于 TENDL-2014 质子数据库，用于模拟质子与核素的相互作用。

（5）G4SAID：基于 SAID 数据库获取的质子、中子和 π 介子的非弹性、弹性和电荷交换截面数据，用于模拟高能质子、中子和 π 介子与核素的相互作用。

（6）G4PARTICLEXS：由 G4NDL，G4TENDL 和 LEND 等数据库平均处理得到的不同粒子（中子、质子、氘、氚、^{3}He、^{4}He 和 γ 射线）评估截面数据。

（7）G4ABLA：提供核壳层效应相关的参数和信息，用于模拟核壳层效应对粒子相互作用的影响。

（8）G4INCL：基于 Hartree-Fock-Bogoliubov 计算的质子和中子密度分布数据，用于模拟质子和中子的相互作用。

（9）G4EMLOW：基于 Livermore 数据库的低能电磁数据，用于模拟电子和光子与物质的相互作用。

（10）G4PII：提供碰撞电离的截面数据，用于模拟粒子的碰撞电离过程。

（11）Real Surface：提供测量的光学表面反射率数据，用于模拟材料的光学性质。

（12）G4ENSDFSTATE：基于评估核结构数据文件（ENSDF），提供核素的核态性质数据。

（13）G4LEND：Geant4 低能核数据（Low Energy Nuclear Data，LEND）包是 Geant4 中光子和中子低能量核反应模型的集合。需要用户自行下载安装。

7.4.3　功能特性和软件使用

Geant4 在多个科学领域都有广泛的应用，如高能核物理、医学物理、大型加速器束线设计中材料效应的评估和空间辐射效应的评估等。Geant4 能够可视化几何建模结果和粒子轨迹，并且可以通过可扩展的终端或图形用户界面与应用程序进行交互。

对于不同场景下常见的粒子输运问题，Geant4 均提供了 basic，extend，advance 等三种范例供用户参考学习，为新手使用 Geant4 提供了很大的便利。需要注意的是，Geant4 是基于 C++ 代码编写的，要求用户具有基本的 C++ 语法和编译的相关知识。Geant4 具有活跃的官方社区（https://geant4-forum.web.cern.ch/），用户可以就软件的功能、使用以及遇到的问题进行交流反馈。

7.5　GATE

7.5.1　背景介绍

　　GATE(GEANT4 Application for Tomographic Emission)是一款由国际合作组织 OpenGATE 基于 Geant4 通用 MC 程序包开发的先进开源软件,专门用于医学成像和放射治疗的数值模拟。

　　GATE 的开发始于 21 世纪初,主要目的是为学术界提供一款基于 Geant4 的发射断层扫描的通用模拟平台。OpenGATE 合作组目前包括 21 个实验室,致力于 GATE 的改进、记录和测试工作。

7.5.2　应用领域

　　GATE 的功能覆盖了医学成像和治疗的多个领域,包括正电子发射断层扫描(PET)、单光子发射计算断层扫描(SPECT)、计算机断层扫描(CT)、光学成像(生物发光和荧光)和放射治疗。GATE 可以对简单或高度复杂的环境进行建模,并在设计新的医学成像设备、优化图像采集协议以及开发和评估图像重建算法和校正技术中发挥关键作用。此外,它还可以用于放射治疗、近距离治疗或其他临床应用的剂量计算。

7.5.3　功能特性

　　GATE 的核心是基于 GEANT4 的物理模型,包括与实验数据相符的物理过程、复杂的几何结构描述以及强大的可视化和三维渲染工具。使用 GATE 不需要 C++ 编程基础,GATE 使用专用的脚本系统(即宏语言)进行交互,完成模拟程序涉及的几何、系统、放射源、探测器和用于模拟的物理列表等条件和参数的设置与程序运行控制。此外,GATE 可以通过包括交互式、批处理模式和集群并行模式等不同的方式运行。

　　GATE 具有同步所有时间依赖组件的能力,可以连贯地模拟成像采集过程。通过宏文件定义,几何模型可以设定为运动状态。所有几何元素的运动都与源活度的衰变保持同步。数据采集被划分为多个时间步长,在单个时间步长内,几何元素被认为是静止的,放射源按照指数规律衰变,即使得时间步长间和单个时间步长内的事件数均按照每个放射性同位素的衰变动力学呈指数下降。该特性支持如计数率、随机符合或探测器死时间事件等时间依赖过程的模拟。此外,GATE 的交互式运行可以用来模拟现实的探测器输出。

7.6 TOPAS

7.6.1 背景介绍

TOPAS(TOolkit for PArticle Simulation)是一款主要用于包括 X 射线和粒子治疗等放射治疗模拟的 MC 软件。该软件基于通用 MC 程序包 GEANT4 进行了包装和拓展。TOPAS 的开发始于一项由美国国立卫生研究院(NIH)资助的项目,合作方包括美国 SLAC 国家加速器实验室、马萨诸塞州总医院和加利福尼亚大学旧金山分校。该项目在 2018 年 6 月至 2023 年 5 月得到了 NIH ITCR 的资助。TOPAS 3.9 已经于 2022 年发布,这次更新对 TOPAS 进行了开源。

7.6.2 应用领域

TOPAS 的早期应用主要集中在质子治疗中,但现在已经被应用于所有放射治疗的研究,也适用于某些医学成像应用、电子设备的辐射损伤、粒子物理、核物理和天体物理等领域。目前,TOPAS 的应用正在向辐射生物学和科学教育等其他潜在应用中拓展,如开发微剂量学模拟的功能模块。

7.6.3 功能特性

TOPAS 能够模拟治疗机头,根据 CT 图像模拟病人的解剖几何形状,计算剂量、注量等。TOPAS 支持生成和使用相空间,提供了图形界面,并完全支持时间依赖特性,可以处理治疗过程中粒子束流传输和病人形态的变化。通过对 GEANT4 的包装和拓展,TOPAS 用户可以通过编辑文本格式的输入文件,使用预先构建的组件(如喷嘴、病人几何形状、剂量测量和成像组件等)和 GEANT4 的各类物理模型来模拟各种类型的放射治疗,而无需了解底层的 Geant4 模拟工具包或学习与 C++ 编译相关的知识。此外,TOPAS 输入文件中的命令行顺序不影响模拟运行的结果,便于用户编写。TOPAS 同样具有非常活跃的官方社区(https://groups.google.com/g/topas-mc-users?pli=1),用户可以就软件的功能、使用以及遇到的问题进行交流反馈。该软件的使用手册、输入文件样例等都可以在官方网站下载。

7.7　TRIPOLI

7.7.1　背景介绍

TRIPOLI(https://www.cea.fr/energies/tripoli-4)是一个 MC 辐射输运代码家族的通用名称,专门用于屏蔽、燃耗计算的反应堆物理、临界安全和核仪器。TRIPOLI-4 是这一家族的第四代代码,由 CEA 的反应堆与应用数学研究服务(Service d'Etudes des Réacteurs et de Mathématiques Appliquées, SERMA)从 20 世纪 90 年代中期开始开发,适用于裂变和聚变系统。该软件不仅是 CEA 内部核能研究和工业应用的核心工具,还被法国电力公司(Électricité de France, EDF)、法国辐射防护与核安全研究院(Institut de Radioprotection et de S? reté Nucléaire, IRSN)等机构作为参考代码。

7.7.2　核数据库与物理模型

TRIPOLI-4 的粒子输运是在连续能量范围内进行的,所需的核数据从任何采用 ENDF-6 格式编写的核数据评估库中读取。在 TRIPOLI-4 中,每个被模拟的核素都使用三个文件:ENDF 文件(评估文件)、通过 NJOY 生成的 PENDF 文件(多普勒展宽的截面)以及 TRIPOLI-4 生成的 ANISO 文件(用于描述出射中子的各向异性)。

TRIPOLI-4 可以模拟多种粒子的输运,包括中子、光子、电子和正电子。对于中子,TRIPOLI-4 能处理 10^{-5} eV～20 MeV 的能量范围,而对于光子,其能量范围为 1 keV～20 MeV。TRIPOLI-4 还支持电子和正电子的模拟,能量下限为 1 keV。

7.7.3　功能特性与软件使用

TRIPOLI-4 支持隐式俘获、俄罗斯轮盘赌、粒子分裂等减方差技术;支持二维和三维几何结构的定义和显示,几何结构可以使用原生几何模块或 ROOT 几何模块,用户还可以通过 SALOME TRIPOLI 工具导入 CAD 几何,并生成适用于 TRIPOLI-4 的几何模型;在数据分析和处理方面,用户可通过 ROOT track 文件记录模拟过程中的所有粒子事件,并使用 T4RootTools 等工具进行轨迹可视化和数据分析,支持用户自定义计数器;TRIPOLI-4 提供了多种敏感性分析工具,用于评估各种参数(如浓度、截面)对通量、反应率及 k_{eff} 等物理量的影响;对于反应堆物理应用,TRIPOLI-4 还提供了简化的模板工具,使得反应堆、组件和燃料棒等复杂几何结构的定义更加便捷。此外,TRIPOLI-4 可以不依赖于第三方库实现并行操作。

来自 NEA DB(Nuclear Energy Agency Data Bank)或 RSICC 国家内机构的任何正式员工都可以免费申请软件许可。对于来自非 NEA DB 或 RSICC 机构的请求,如果 CEA 与请求方之间存在协议,代码也可以由 CEA 直接分发。许可涵盖代码的试用、教学和研发活动。任何第三方希望获取源代码,可直接联系 CEA。

7.8　PHITS

7.8.1　背景介绍

PHITS(Particle and Heavy Ion Transport code System)是一款由日本原子能机构(Japan Atomic Energy Agency,JAEA)、放射性同位素研究开发机构(Research organization for Information Science and Technology,RIST)以及其他几个机构合作开发的通用 MC 粒子输运模拟代码。PHITS3.34 版发布于 2024 年。

7.8.2　核数据库与物理模型

PHITS 可以处理多种粒子(中子、质子、离子、电子、光子等)在 10^{-4} eV～1 TeV/n 内的输运和碰撞,采用了多种核反应模型和核数据库。除了对特定场景中能量为 200 MeV 及以下的中子和光子使用 JENDL-5 核数据和对质子、重离子的模拟进行了更新外,其他物理模型和核数据与 2017 年发布的 PHITS3.02 一致。

7.8.3　功能特性和软件使用

使用 PHITS 时,首先需要通过编写其自由格式文本的原始语言输入文件来设置模拟的参数,用户无需编写 FORTRAN 程序或编译 PHITS。在模拟过程中,用户可以使用 PHITS 的图形输出工具查看模拟的实时状态。模拟结束后,用户可以查看和分析模拟结果,输出数据包括文本数据、直方图、等值线图等。

PHITS 支持基于 MPI 和 OpenMP 的并行化,提高了模拟的效率。PHITS 还提供了用户友好的界面和图形输出工具,如 ANGEL,PHIG-3D 等,以帮助用户直观地理解模拟结果。此外,PHITS 还提供了多种工具,如空间辐射研究、放射治疗、微剂量学等,以满足各种领域的模拟需求。

在实际应用中,PHITS 已经被广泛应用于加速器技术、辐射设施的设计、放射治疗空间辐射等领域。

7.9　EGSnrc

7.9.1　背景介绍

EGSnrc(NRC's Electron Gamma Shower software toolkit)是一款用于模拟能量在 1 keV～10 GeV 范围内的光子、电子和正电子在物质中的输运的免费 MC 集合工具包。EGS4 程序发布于 1985 年。基于用户的反馈,EGS 的开发者们于 1995 发布了用来模拟医用放射治疗加速器的 EGS 开源用户程序 BEAM 和相关的软件。BEAM 用于进行医用放射治疗加速器的建模,目前可以在官网申请非商业用途的安装包。

EGSnrc 最初发布于 2000 年,是基于 20 世纪 70 年代 SLAC 开发的 EGS 软件包进行全面修改后的新版本。EGSnrc 改进了带电粒子输运机制,提高了原子散射截面数据的准确度,采用了 C++ 几何库来定义复杂的源和输运环境。与此同时,EGSnrc 还提供了基于 BEAM 程序发展的 BEAMnrc 组件以及基于 EGSnrc 的用户软件 DOSXYZnrc,用于三维体素吸收剂量计算。EGSnrc 的开发和改进一直在持续,例如对新物理过程和交互的建模、对新的计算和硬件平台的优化,以及对新应用的支持。EGSnrc 也一直在举办定期的培训班,以指导新用户使用软件,并为经验丰富的用户提供深入的技术训练。EGSnrc 不仅允许研究人员自由地使用和修改代码以适应他们的具体需求,而且还鼓励他们分享对于原始代码的改进和扩展,以促进科学的进步和创新。

7.9.2　核数据库与物理模型

EGSnrc 可以模拟动能为几十千电子伏到几百吉电子伏的正负电子和 1 keV 至几百吉电子伏的光子在任何元素、化合物或混合物中的辐射输运。EGSnrc 使用的核数据由数据预处理程序 PEGS4 利用 1～100 号元素的截面表创建。

EGSnrc 代码系统考虑以下物理过程:电子-光子产生、正电子在飞行中和静止状态下的湮灭、带电粒子的多次散射、电子和正电子的散射、电子的连续能量损失、电子对效应、康普顿散射、相干(瑞利)散射、光电效应、激发原子的弛豫、电子碰撞电离等。

7.9.3　功能特性和应用领域

有特殊需求的用户可以用 EGSnrc 的原生语言 MORTRAN3,或者 C/C++,FORTRAN 等编程语言编写符合自己需求的应用程序,并通过 AUSGAB,HOWFAR,HOWNEAR 以及 EGSnrc 的 HATCH 和 SHOWER 子程序与 EGSnrc 进行通信以实现相应功能。

EGSnrc 具有灵活的用户界面,用户在子程序 AUSGAB 自行设置计数和输出信息。EGSnrc 允许实现重要性采样和其他减方差技术(例如引导粒子偏置、分裂、路径长度偏置、俄罗斯轮盘赌等）。EGSnrc 用户在 github 讨论区（https://github.com/nrc-cnrc/EGSnrc/discussions)进行软件使用情况的交流讨论。在过去的几十年里,EGSnrc 已经被广泛应用于许多领域,包括医疗放射治疗、辐射防护、粒子探测器的设计和模拟,以及基础科学研究。

7.10　PENELOPE

7.10.1　背景介绍

PENELOPE(Penetration and ENErgy LOss of Positrons and Electrons),是一个基于 FORTRAN 语言的大型 MC 代码系统,具有一系列子程序,主要用于模拟 50 eV～1 GeV 的正负电子-光子输运。该程序由经济合作与发展组织(OECD)的核能署(NEA)发布和维护,其第一个版本发布于 1996 年。目前最新的版本是 PENELOPE 2018。

PENELOPE 从最初的版本到如今的 PENELOPE 2018,经历了多次的迭代和发展,包括物理相互作用模型、抽样算法、几何描述和减方差技术等方面的升级,基于模糊二次曲面构建几何结构,更可靠的电子-正电子碰撞的内壳层电离截面数据,用于计算软碰撞事件的位移和能量转移的新方法等内容的加入,相较于其他 MC 粒子输运程序而言,PENELOPE 程序包含了更为详尽的低能输运截面数据以及灵活的几何建模功能。

7.10.2　核数据库和物理模型

PENELOPE 使用混合模拟法对正负电子与介质的相互作用进行模拟,包括正负电子的弹性散射、非弹性散射、韧致辐射、原子内壳层电离以及正电子湮灭等。而对光子与介质的相互作用如相干散射(瑞利散射)、非相干散射(康普顿散射)以及光电吸收、电子对效应等则采用详细模拟的方法。

7.10.3　功能特性和应用领域

如前所述,PENELOPE 是一个基于 FORTRAN 语言的大型 MC 代码系统,具有一系列子程序。程序的核心子程序包 PENELOPE.f 负责在均匀物质中产生电子-光子簇射。程序包 PENGEOM 用于几何构建,能够自动跟踪在由二次曲面定义的均匀体积中的粒子输运。电磁场中电子和正电子的追踪以及不同物质的宏观截面以及其他反应数据的生成均有对应的子程序实现。PENELOPE 也提供用于复杂随机抽样的通用工具以及减小方差技术的程序包。此外,PENELOPE 还提供了一些用于模拟和用户交互的图形用户界面,如 PEN-GEOM 和 PenGUIn。

PENELOPE 模拟需要用户自行编写与其需求匹配的主程序来控制对粒子轨迹的追踪以及相关数据的存储。PENELOPE 提供了三个主程序示例,包括通用主程序 penmain.f、用于平板结构模拟的 penslab.f 以及用于多层圆柱体结构模拟的 pencyl.f。这三个示例能够满足大部分普通用户的需求,用户只需要编写相应的输入文件即可。

PENELOPE 广泛应用于模拟复杂几何体中的电子-光子输运问题,在剂量学、放射治疗、电子探针微区分析等领域有广泛的应用。

7.11　SuperMC

7.11.1　背景介绍

SuperMC 是中国科学院合肥物质科学研究院核能安全技术研究所(FDS)团队自主开发的一套 MC 核计算仿真软件系统,该软件以辐射输运为核心,包含燃耗、辐射源项/剂量/生物危害、材料火花与嬗变等的综合中子学计算,支持热工水力学、结构力学、化学、生物学等多物理耦合模拟,可应用于反应堆物理、辐射防护与屏蔽、核医学、石油和航天等领域。目前,SuperMC 已应用于国际热核聚变实验堆(ITER)、中国铅基反应堆(CLEAR)的核设计与分析中。基于 SuperMC 成功创建了系列 ITER 三维标准中子学计算模型,并开展了 ITER 基准模型的包层、偏滤器、纵场线圈、赤道口等关键部件的中子学计算及可视化分析。中国科学院核能安全技术研究所设计建造的先进反应堆 CLEAR-Ⅰ 的堆芯与屏蔽核设计工作也已基于 SuperMC 开展。

7.11.2　核数据库和物理模型

SuperMC 支持中子($10^{-11} \sim 150\,\mathrm{MeV}$)、光子($1\,\mathrm{keV} \sim 1\,\mathrm{GeV}$)、电子、质子等多种粒子的输运模拟。中子的物理反应包括非弹性散射、弹性散射、吸收反应,考虑了中子的热散射效应,并对超热中子进行单独处理,考虑了非可分辨共振能段自屏效应及瞬发中子。对于光子的物理反应考虑了康普顿散射、相干散射、光电过程、荧光光子产生、电子对效应、光核反应。

SuperMC 中的核数据库包括用于反应堆物理计算的数据,主要包括用于输运、燃耗、活化、辐照损伤计算和材料等的数据,并根据需要设计了不同能群结构的数据库,如超精细群数据库、细群数据库、多群数据库、粗群数据库和点状核数据库。评价数据选自国内外的评价核数据库,如 ENDF,JENDL,JEFF,RSFOND,CENDL,TENDL 等。通过国际临界安全实验以及屏蔽积分实验,多个评价源优选并通过核数据处理系统得到相应的应用数据库。

7.11.3　功能特性和应用领域

SuperMC 的功能特点之一是几何与物理自动建模,SuperMC 发展了基于 CAD 的建模功能,可以从实际复杂工程 CAD 模型到 MC 计算模型进行转换;其二是支持多种粒子的输运,可计算统计核设计与分析的常用物理量和各种新型反应堆参数,可进行燃耗、材料活化、

辐射剂量等计算。SuperMC 支持多种基本减方差技巧和自适应减方差方法；支持可视分析
与虚拟仿真；支持多格式核数据库和核模拟云计算框架等，目前应用于医学物理、航空航天、
国防军工、核动力、石油测井等领域。

7.12 JMCT

7.12.1 背景介绍

JMCT(J Monte Carlo Transport code)软件是一款通用三维中子-光子耦合输运 MC
模拟软件，由北京应用物理与计算数学研究所和中国工程物理研究院高性能数值模拟软件
中心共同开发。该软件面向核能领域对粒子输运高分辨率数值模拟软件的需求，基于高性
能并行计算，用于核反应堆物理与几何材料的精细建模与模拟，为反应堆堆芯物理分析、临
界安全分析、屏蔽设计等提供系统解决方案，同时也可对确定论程序及算法进行参考验证。

7.12.2 核数据库和物理模型

JMCT 支持连续和多群能量的核数据库，考虑了包括热化在内的各种核反应，可精细计
算反应堆全堆芯功率以及时空分布，能够模拟固定源、临界本征值及伴随输运问题。软件具
有多种减方差技巧，并为用户提供多种标准源，支持大型反应堆"堆芯-组件 - 栅元"跨量级
空间尺度问题的模拟。

JMCT 使用物理模型来描述粒子与物质的相互作用，模型包括散射模型、裂变模型、俘
获模型等，用于描述粒子在物质中的传输、散射、能量损失和相互作用过程。这些模型基于
物理原理和经验数据，并通过与实验结果的比较来验证和调整。

7.12.3 功能特性和应用领域

JMCT 的主要功能有：对实体组合几何、重复几何结构、几何 + 材料重复的复杂几何处
理；对通量、反应率、本征值、体/面/点/网格等进行灵活计数；对几何体源、面源、点源、自定
义源等复杂源进行抽样；支持源偏倚、权窗、俄罗斯轮盘赌、分裂等减方差技术。此外，软件
具备粒子并行与区域分解多级并行功能，支持输运 - 燃耗耦合问题模拟，大型复杂装置的精
细化建模核可视化分析。

JMCT 软件成功应用于多种核电相关的工程设计，如巴基斯坦卡拉奇 K2/K3 核电项目
相关的临界安全分析、第三代 + 核电堆型 CAP1400 的屏蔽安全设计等。JMCT 还支持我国
自主研发的第三代核电堆型华龙一号的出口项目，后者将 JMCT 作为核电软件的验证考核
标准程序之一。

7.13　RMC

7.12.1　背景介绍

RMC(Reactor Monte Carlo code)是清华大学工程物理系核能科学与工程管理研究所反应堆工程计算分析实验室(REAL)自主研发的、用于反应堆计算分析的三维粒子输运 MC 程序。RMC 针对反应堆计算分析中的基本需求,同时结合先进与新概念反应堆设计的特点进行研发,能够处理复杂几何结构、采用连续能量点截面对复杂能谱和材料进行描述,并能够根据实际问题的需要对多种反应堆模拟相关的问题进行计算。RMC 的开发始于 2001 年,2024 年 2 月 8 日发布了 RMC20240207 版本。

7.13.2　核数据库和物理模型

RMC 将粒子的碰撞信息,包括截面和反应规律存储在截面数据中。RMC 所有核素的截面数据目前以 ACE 格式存储,由 RXSP 核数据处理代码基于原始 ENDF/B 数据生成,通过搜索能量区间指定入射能量。然而,不同核素的能量网格不同导致多核素问题中,能量搜索会消耗大量的时间。RMC 采用 1-step 搜索法来加速能量搜索过程。

RMC 使用自由气体近似来修正热中子的弹性散射截面,在计算碰撞运动学时考虑靶核的速度。在特定物质中对能量低于 4 eV 的入射中子,RMC 使用 $S(\alpha,\beta)$ 模型处理化学结合和晶体结构对热中子散射的影响;使用概率表处理未解析共振能量范围内的自屏蔽效应。

7.13.3　功能特性和应用领域

RMC 的主要功能包括临界计算、燃耗计算、支持并行计算、固定源计算和动力学模拟;RMC 支持随温度变化的动态截面,具有对截面和几何的高效率查找方法、临界计算中的裂变源收敛加速、全堆混合计算方法、区域分解、连续变化的介质模拟、扰动和灵敏度分析、NTH 耦合等特性,同时支持模型的二维及三维可视化显示。RMC 中目前支持统计的物理量包括: k_{eff}、通量、总反应速率、区域的多群截面、均质组件的多群截面、功率、信息熵等。

RMC 有在线用户社区(https://forum.reallab.org.cn/),用户可以在线访问交流软件使用的问题。

习　题

选择题：根据题干，选出最合适的一个选项(　　)。

1. MCNP 是由哪个机构开发的？(　　)。

A. 美国能源部

B. 欧洲核子研究中心

C. 美国洛斯阿拉莫斯国家实验室

D. 美国国家标准与技术研究院

2. 下面关于 FLUKA 说法错误的是(　　)。

A. FLUKA 最早由欧洲核子研究中心开发

B. FLUKA 可以模拟电磁场中的粒子

C. 对于电磁相互作用，FLUKA 采用了多重散射模型和电离模型

D. FLUKA 的输出文件通常采用文本格式，便于大规模储存和处理

3. 下面关于 TOPAS 说法错误的是(　　)。

A. TOPAS 包装并扩展了 Geant4 通用 MC 程序包

B. TOPAS 目前已经广泛应用于各个领域的放射治疗模拟

C. 用户必须了解底层的 Geant4 模拟工具包才能正常使用 TOPAS

D. TOPAS 能根据 CT 图像模拟病人的解剖几何形状

4. PHITS 软件支持哪些类型的并行化？(　　)。

A. MPI 和 OpenMP

B. CUDA 和 OpenAC

C. OpenCL 和 MPI

D. OpenMP 和 CUDA

5. EGSnrc 可模拟哪些粒子在物质中的输运？(　　)。

A. 中子、光子和电子

B. 光子、电子和正电子

C. 质子、电子和光子

D. 正电子、中子和质子

6. PENELOPE 是采用哪种编程语言编写的？(　　)。

A. C/C++

B. Python

C. Java

D. FORTRAN

7. SuperMC 中的 CAD 模块由哪些部分组成？(　　)。

A. 几何创建器、物理建模、转换器和逆变器

B. 几何分析器、材料配置器、转换器和渲染器

C. 设计创建器、动力学建模、转换器和优化器

D. 结构创建器、环境建模、转换器和分析器

8. JMCT 软件主要应用于哪个领域？(　　)。

A. 航空航天工程和设计

B. 核能领域的粒子输运数值模拟

C. 生物医学成像和放射疗法

D. 化学工程和流体动力学

9. RMC 程序在处理未解析共振能量范围内的自屏蔽效应时使用了什么?(　　)。

A. 自由气体近似　　　　　　　　　　B. S(α,β) 处理

C. 概率表　　　　　　　　　　　　　D. 弹性截面调整

简答题：根据提供的材料或题干,对问题进行简要回答与分析。

10. 简述 MCNP 软件的主要应用领域,并至少给出两个例子。

11. Geant4 软件在医学物理模拟中的应用给研究者带来了哪些方便?

12. JMCT 软件在处理大规模粒子输运模拟时采用了哪些技术来提高效率?

13. GATE 软件通常用于哪些类型的模拟实验?

14. 叙述 EGSnrc 软件在放射治疗计划中的应用及其优势。

第 8 章　基于 GPU 加速和人工智能去噪的 MC 计算方法

MC 方法可以精准地求解三维非均匀介质中的粒子输运问题，在核科学技术和医学物理领域称为"黄金标准"，具有广泛的应用前景。MC 方法的计算时间往往会比较长，一直是该方法在工程和医学应用中面临的严峻挑战，过去几十年来大量的科研文献涉及如何提升MC 方法计算效率的问题。但最近几年涌现出的技术，特别是基于 GPU 协同处理器加速和人工智能去噪的方法，为提高 MC 计算的速度带来了崭新的思路和令人兴奋的成效。本书作者团队于 2008 年启动基于 GPU 的快速 MC 剂量计算的 ARCHER 科研项目，并在其基础上完成了商业化放射治疗剂量验证软件 ArcherQA 系列软件开发。

本章首先简单介绍放射治疗流程对精准快速辐射剂量计算的要求。在此基础上，本章将以本书作者团队的研究项目为例分别详细介绍 GPU 加速的 MC 方法和基于深度学习的MC 去噪方法，同时与其他团队类似方法进行介绍和分析。最后本章还简单介绍其他如虚拟粒子的方法和实时 MC 计算的概念。

8.1　放疗流程和辐射剂量计算的挑战性

放疗是恶性肿瘤的常见治疗方法之一，与手术和化疗相结合的治疗方法可用于大约70%的肿瘤患者，在控制肿瘤、缓解症状和改善生活质量等方面的效果明显。放疗治疗计划的原则是在杀死癌细胞的同时尽可能地避免正常组织受到辐射损伤。作为一种高度复杂的医疗过程，放疗需要高度的精度和可靠性来确保患者的安全和治疗效果。放疗中出现失误可能会导致患者受到不必要的辐射并降低治疗效果，甚至可能对患者的生命产生威胁。

如图 8.1（见 301 页彩图）所示，首先需要获取患者的三维断层图像（比如 CT 图像），然后由放疗科医生在这些医学影像数据上勾画放疗的肿瘤靶区和需要保护的危及器官，在执行治疗之前物理师还需要负责完成辐射剂量的计算、逆向优化和放疗质量保证（QA）。现代治疗计划系统（Treatment Planning System，TPS）生成的治疗计划可以在靶区周围生成具有陡峭的剂量梯度的剂量分布，由于这些治疗计划技术的复杂性和不确定性，医学物理领域的主要专业组织（AAPM，ACR 和 ASTRO）均建议在实际治疗之前通过实验测量或者计算方法对剂量分布进行验证[49]。通过 QA 流程对放疗设备、治疗计划和实施过程进行严格的检查和控制,我们可以确保治疗效果和减少患者风险。

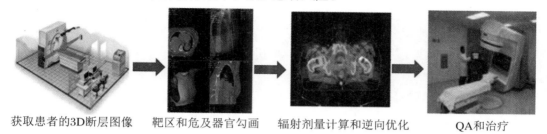

获取患者的3D断层图像　　靶区和危及器官勾画　　辐射剂量计算和逆向优化　　　QA和治疗

图 8.1　放疗的四个主要步骤

在理想情况下,放疗辐射剂量的 QA 验证方法应该是直接对患者体内剂量分布进行测量。基于测量的剂量验证方法使用探测器在点、平面或体积上进行剂量测量。点剂量的测量通常使用小敏感体积的电离室探测器在小剂量梯度区域进行,从而得到该点的绝对剂量。平面剂量测量通常使用胶片或者二维平板探测器阵列。三维体积剂量测量通常使用具有三维探测器点阵的圆柱体探测器。常见的放疗辐射剂量验证探测器包括 STARCHECK、SRS MapCHECK 和 ArcCHECK 等。

基于测量的剂量验证方法的最大优点是能够提供第一手实验测量数据,但这种方法也存在很多局限性。首先是探测器通常无法测量患者体内的实际剂量,因此需要将患者的治疗计划投影到剂量学拟人体模上,并根据探测器的类型在点、平面或体积中对剂量分布进行采样测量。其次是其测量环境为组织等效(tissue equivalent)的均质体模,因此无法考虑实际患者的异质解剖结构。同时,由于物理摆位、方向校正等局限性或者阵列电子设备的直接辐照损伤的挑战,一些机架角度-治疗床角度组合在实验测量时是无法满足的。另外,基于测量剂量验证方法会带有不可避免的测量误差。从临床流程可行性的角度,基于测量的剂量验证方法往往会花费放疗科临床物理师大量的时间,这是目前很多人力资源不足的放疗科面临的严重问题。

相比实验测量的手段,基于计算的剂量验证方法利用独立的剂量算法和患者的医学断层图像进行人体三维剂量计算,能够直接获取患者体内剂量分布,然后将计算结果与原始 TPS 计算的剂量分布进行比较。目前,放射治疗中常用的剂量算法为解析算法和 MC 算法。解析算法是一种对辐射输运方程的解析近似方法的剂量计算,在临床使用前需要与大量测量数据进行对比,以验证算法的有效性。解析算法的计算速度很快,因此在临床剂量计算中得到广泛应用。但是,现代 TPS 生成的容积旋转调强放射治疗计划通常由许多小照射野组成,必须精确模拟次级电子才能得到准确的剂量分布。解析算法难以满足光子外照射放疗中的小照射野剂量分布的电子平衡条件。同时,解析算法的计算效率也随着计算治疗束的数量增加而迅速下降。MC 算法准确地处理了光子、电子、质子、重离子和中子等外照射放疗涉及的复杂粒子输运和能量沉积,与解析算法相比,具有更高的剂量学准确性。很多人一直认为,如果我们能解决其速度较慢的问题,MC 方法就能够提供一个理想的剂量计算引擎及剂量验证工具,放疗将不再需要使用速度快但不准确的解析剂量计算方法。

中国科学技术大学附属第一医院(安徽省立医院)放疗科平均每天要治疗 300 位患者,每位患者的治疗计划在大约一个月的治疗期间需要通过多次剂量计算和验证才能满足图像引导的自适应精准放疗的要求。为了保证患者能够在繁忙的放疗流程中及时得到治疗,剂量计算的任务必须在尽可能短的时间内完成,目前估计最理想情况下要少于 1 min。

8.2 图形处理器的崛起

大家已经知道,虽然许多数值计算方法能够解决粒子输运的数学问题,但只有 MC 计算方法能够完善地考虑三维空间、非均匀介质(比如核反应堆全堆模型和人体解剖模型)中各种粒子辐射碰撞和核反应作用。MC 方法为了控制统计误差必须模拟大量的粒子数从而付出了漫长计算时间。但是现有的很多 MC 软件需要数小时才能完成一例人体三维剂量分布的计算,显然不满足临床流程对计算效率的要求。MC 算法其实非常适合并行计算,可以通过基于 CPU 集群(cluster)、超级计算机或者"云计算"来提高计算速度,但从成本、设备空间和病人信息安全等方面来看,传统的大型并行计算策略不利于 MC 方法在日常临床应用中的普及,因此常被大家戏称为"令人尴尬的并行计算(embarrassively parallel computing)"。

图形处理器(Graphics Processing Unit,GPU)是一种专门用于计算机图形和图像处理的设备,在个人电脑里面是显卡芯片,最初的目的是满足电脑游戏中对更真实的视觉效果和更流畅的游戏体验的要求。例如,在《巫师 3:狂猎》中就使用了英伟达(NVIDIA)公司的 GTX 970 和 980 的 GPU 显卡。相对于 CPU 而言,GPU 具有更多处理单元和更高效率的并行计算能力,可以满足电脑游戏用户对计算机图像处理性能和质量的苛刻要求。

后来大家发现 GPU 除了电脑游戏之外在科学计算、深度学习等领域中也有很优秀的表现,因此 GPU 逐渐演变为一种通用(general purpose)计算设备。在高性能计算领域,GPU 以大规模并行计算、低成本和高性能的特点很快成为传统 CPU 技术的强大竞争对手。图 8.2 对比了 2008~2020 年英伟达、AMD 和英特尔公司产品的单精度浮点计算能力,表明 GPU 相比 CPU 的确具有一定优势。

值得一提的是,GPU 其实是 CPU 的一种协处理器(coprocessor),是计算机领域所谓的异构计算(heterogeneous computing)面临的问题。CPU 把一个计算问题中涉及的大量重复性的、相对简单的计算任务分配给 GPU 去完成,从而大大提高了整个计算问题的速度。GPU 的工作原理是通过多个处理单元并行处理计算任务来提高处理速度和效率的。此外,GPU 还使用了高速缓存、显存等技术来优化数据存储和访问,进一步提高了性能和速度。2000 年,英伟达推出了全球第一款基于首个完全支持硬件 T&L 的 GPU,标志着"可编程 GPU"时代的到来。这种除了图形处理之外还能实现更广泛计算的 GPU 受到了广泛关注。此外,AMD 和英特尔等公司也陆续推出了自己的 GPU 芯片。之后,随着科学计算和数据处理领域对计算速度要求的不断提高,GPU 开始逐渐转向通用计算领域。2007 年,英伟达推出了 CUDA 并行计算编程平台,允许开发人员将复杂的、基于 CPU 的科学计算代码并行化后使用 GPU 的流处理器进行计算。这种使用 GPU 进行通用计算的方式是 GPU 发展的一个重大进步。接下来的几年里,AMD 和英伟达继续改进其 GPU 架构,大幅度提高性能,对科学计算和数据处理应用的支持也得到了显著提高。2012 年,英伟达推出了 Kepler 架构,其极好的浮点运算性能在一定程度上提高了 GPU 在科学计算领域的可靠性和合理性。同时,容错功能和更高的可靠性也让 GPU 逐渐成为世界上最强大的超级计算机的核心。

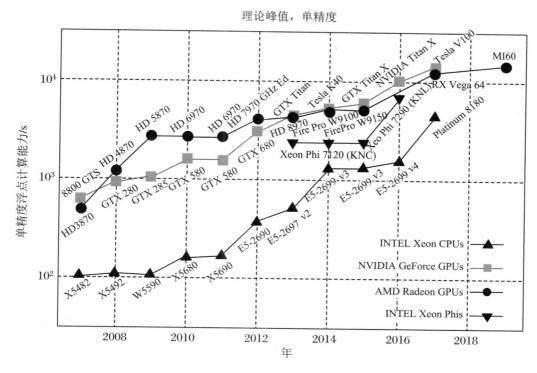

图 8.2 英伟达、AMD 和英特尔公司产品的单精度浮点计算能力的对比

在 2013 年世界排名第二的美国超级计算机泰坦（Titan）采用 18 688 颗英伟达的 GPU（作为 CPU 的协处理器），在整机系统能源利用率不变的前提下，理论峰值性能达到每秒 27 浮点运算次数（PFLOPS）。为了与 GPU 技术竞争，英特尔公司也开发了 Xeon Phi Many-Integrated-Core（MIC）核协同处理器技术。2013 年世界上最强大的超级计算机天河-2 系统通过集成 32 000 个处理器（CPU）和 48 000 个 MIC 协同处理器，理论峰值达到 33.9 PFLOPS 的性能水平。2016 年，英伟达宣布推出全新的 Volta GPU 架构，并启动 GPU 云服务，开启了 GPU 深度学习加速的新时代。如今，各大厂商不断推出新一代 GPU，其并行计算能力已经远远超越了最初电脑游戏的设计思路。

Top 500 发布的 2023 年 6 月全球顶级超级计算机统计数据表明这些超级计算机均采用 AMD、英伟达和英特尔芯片。英伟达为 Top 500 名单中的 168 个超级计算机提供 GPU，而 AMD 的 CPU 和 GPU 为总共 121 个超级计算机提供动力。与此同时，基于 AMD 和英伟达的 GPU 加速器的超级计算机主要运行英特尔 CPU，涵盖大约 400 台超级计算机，这是一个巨大的数字。虽然运行英特尔 CPU 的系统数量明显领先，但 AMD 实际上以 Frontier 的形式获得了最快的超级计算机的桂冠。在全球排名前 10 的超级计算机中，AMD 有 4 台，英伟达有 5 台，而英特尔仅凭借 Tianhe-2A 赢得了一场胜利。Green 500 榜单略有不同，AMD 以 10 场中的 7 场胜利领先，英伟达以 3 场获胜，而英特尔仅赢得 1 场，不过这也是英特尔与英伟达的 H100 GPU（Henri/US）结合使用时效率最高的。由此可见 GPU 在超算领域的地位是极其重要的。在科学计算应用领域，GPU 作为通用计算器有着广泛的应用。例如，将 GPU 应用于天气预测、气候模拟和蛋白质结构预测等科学计算任务中，可以大大缩短计算时间，提高计算的准确性和精度。尤其是在需要进行大规模并行计算的情况下，GPU 的计算能力更是凸显出来。通过 GPU 加速,科学家们可以更加快速地进行复杂的科学计算和模拟,从而推进各种科学研究和技术应用的发展。在人工智能领域,GPU 被用于深度学习和神经网络的训练,例如 AlphaGo 中就使用了 GPU 进行大规模并行计算,提高了训练效率和精度。

在医学领域,GPU 可以用于医学图像的分析,提高诊断的准确性和效率。例如,GPU 可以用于包括 CT、核磁和 PET 等医学断层影像的三维重建和可视化,帮助医生更加直观地观察和分析影像,甚至用于图像引导的手术导航。同时,通过使用 GPU 的计算能力可以快速地进行基于医学影像组学(radiomics)的大数据挖掘,帮助医生更快更准地找到疾病的异常特征和变化,为疾病的早期诊断和治疗提供更加有力的支持。

基于 CPU 的 MC 粒子输运软件程序无法直接在 GPU 设备上运行,因为调用 GPU 进行运算需要使用专用的代码。2006 年英伟达公司发布了通用计算平台 CUDA,其对底层硬件架构进行了抽象化,使得 GPU 计算程序能够直接用 C 语言来编写,从此 GPU 正式进入通用计算时代。

本书作者团队从 2008 年开始研究如何使用协处理器来提高 MC 粒子输运模拟计算速度,在当时是世界上 MC 领域比较早地认识到 GPU 相比其他方法在成本、空间和信息安全等方面的潜在优势的几个团队之一。多年来 MC 领域的同行攻克了很多基于 GPU 粒子输运计算的技术难点,科研成果颇为丰硕,但大家在技术转化过程中也发现相关的理论和软件设计还有待更加深入的探索。

8.3 基于 MC 软件平台 ARCHER 的科研项目

ARCHER(Accelerated Radiation-transport Computations in Heterogeneous Environment)最初是一个由本书作者 2008 年开始在美国伦斯勒理工学院领导的一个大型科研项目的名称。这个由美国国立卫生研究院(National Institutes of Health,NIH)提供经费支持的研究项目包括来自伦斯勒理工学院、波士顿麻省总医院、洛斯阿拉莫斯国家实验室、威斯康星州立大学麦迪逊分校和通用电气医学研究中心的大约 20 位研究人员。该项目的目的是探究如何利用先进的异构计算设备来加快 MC 计算的速度,为此科研内容考虑了对 CPU,GPU 和曾经流行的英特尔公司 MIC(Many Integrated Core)等多种处理器的支持。该研究项目后来在中国科学技术大学得以继续进行,到 2024 年为止前后共有 10 篇博士毕业论文的主题是围绕 ARCHER 的研究平台展开的。自 2017 年以来安徽慧软科技公司在该项目的核心技术基础上开发了应用于不同放疗设备流程的独立剂量验证软件系统——ArcherQA。

多年来,ArcherQA 的研发工作和软件工程设计瞄准最具挑战性的问题:

(1)系统互联性。能完美融入现有医院网络系统,连接 TPS、治疗机器等所有网络单元以进行信息传输,轻松实现设备间数据传输共享。

(2)广兼容性。兼容所有主流治疗计划系统和所有主流厂商各个型号加速器系统。

(3)治疗支持多样性。支持光子治疗、电子治疗、质子治疗、重离子治疗和中子治疗等粒子类型,支持 CRT,IMRT,VMAT,SRS/SBRT,MRIgRT 和 IMPT 等治疗技术。

(4) 精准计算。使用基于 GPU 的 MC 剂量计算引擎,把传统 MC 软件数小时的计算时间降低到 1 min 以内。

(5) 提供丰富的多角度剂量分析工具。支持 Beam 信息检查、DVH 对比分析、靶区剂量分析、临床目标分析、γ 分析等多种分析。

(6) 高效工作流程;实现流程化作业,易于操作,显著提高工作效率。此外,还实现全自动化处理,自动捕捉并导入患者数据和治疗机器运行日志文件。

在 2022 年 3 月 11 日召开的一个 ArcherQA 技术成果鉴定会上,由北京协和医院张福泉主任为组长、中国医学科学院肿瘤医院戴建荣主任为副组长的肿瘤放疗专家委员会指出:"核心 QA 技术填补了国内基于 MC 技术放疗计划独立 QA 软件产品的空白,达到国内首创、国际领先水平。目前在国内中国医学科学院肿瘤医院、北京协和医院等 23 家大型医院、国外 10 家大型医院放疗科进行了系统性临床对比测试,完成了 6 400 余名患者的放疗计划验证。核心功能满足临床对放疗计划需求,具有显著的临床应用价值。"

8.3.1　ArcherQA 软件的临床功能

1. 治疗计划检查

治疗计划检查是患者接受治疗前十分重要的一步,也是这一治疗方法成功的关键所在。治疗前医生会制定相应的放疗方案,以确保放射线能量得到合适的分布,从而达到最佳的治疗效果。在执行放疗计划之前,需要对方案进行审核和验证,以确保计划的准确性和安全性。

ArcherQA 可在计划审查和验证中起到重要作用,其根据从 TPS 导出的治疗计划,使用 GPU 加速的 MC 算法二次计算患者所受的三维剂量,并与 TPS 先前计算的三维剂量进行对比,对治疗计划进行二次评估。特别是对于一些使用解析算法作为剂量计算引擎的 TPS,该步骤对放射治疗质量控制非常重要。大量文献表明,在计算一些异质性显著的部位(包括肺部)时解析算法的计算精度可能不满足临床的要求。图 8.3 对比了解析算法和 MC 算法对质子在包含水-骨异质物体的材料上计算的剂量分布,发现两种算法得到的剂量分布差距非常明显。由于 MC 方法是公认的"黄金标准",使用 MC 方法对一些目前常用的解析算法计算结果进行二次验证不可或缺。

2. 基于放疗加速器日志(log file)的 QA 检查

前面提到的治疗计划检查的前提是默认加速器执行的情况与预期一致,仅对剂量计算算法进行验证。然而由于加速器老化、运行不稳定、各部件移动延迟等原因,真实出束情况与预期存在差别。计划传输和计划执行验证也是至关重要的质量控制手段,该环节检查机器执行偏差以及实际剂量分布是否满足临床要求。放疗使用的加速器是一种高度复杂的设备,并且其操作需要严格遵循特定的操作规程和标准,这些规程和标准的执行需要高标准的技能和严格的质量保证措施。

对于放射治疗而言,保留和使用放疗加速器日志是一个重要的质量控制措施。加速器放疗过程中产生的记录辐射剂量和机器运行状态的日志以文档形式保存。内容包括机器启动和关闭的时间、每次治疗的开始和结束时间、机器的状态报告和报警信息。日志内容可以用来评估机器的性能，以及确保系统的精确校准和准确性。此外，放疗加速器日志还为患者的治疗提供了一个可追溯性的历史记录，可以进行治疗效果统计和质量控制分析。在治疗中，定期检查加速器日志可以确保设备的性能和准确性，并有助于检测任何可能影响治疗效果的潜在故障。

(a) 解析算法　　(b) MC算法

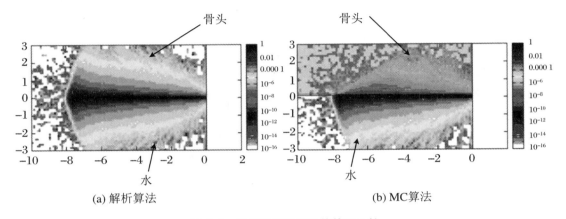

图 8.3　粒子输运剂量计算算法比较

治疗前，空转加速器自动获取加速器日志信息，ArcherQA 可自动解析加速器日志，进行剂量计算和检查分析，提前发现并评估计划执行偏差以及其对患者剂量分布的影响。图 8.4 展示了瓦里安 TrueBeam 加速器的日志文件，里面详细记录了钨门（jaw）和多叶准直光栅（leaf）的位置等信息。目前，ArcherQA 已经可以解析临床上 TrueBeam，Halcyon，Trilogy 和 ProBeam 等放疗加速器设备的绝大多数日志信息。

```
Logfile_txt_ex.txt
VOSTL    4.0

Header Size: 1024
Sampling Interval [ms] :20
N_axes: 5018
MLC Model: 3

Patient_ID: 18-0350
Plan_Name: 183819#4HA
Planned_Total_MU: 663.1577
Remained_Total_MU: 663.1577
Beam_Energy: 6xFFF
Beam_Name: G181.1-179.9

-------- 1 st SNAPSHOT--------------------

Collimator Angle(Expected,Actual): [78.000000 77.999802]
Gantry Angle(Expected,Actual): [180.100006 180.139313]
JawY1(Expected,Actual): [-45.000000 -45.000005]
JawY2(Expected,Actual): [55.000000 54.999995]
JawX1(Expected,Actual): [-28.699999 -28.700013]
JawX2(Expected,Actual): [26.199999 26.200006]
mu(Expected,Actual): [0.000000 0.000000]
Beam_Hold(Expected,Actual): [2.000000 2.000000]
CP(Expected,Actual): [0.000000 0.000000]
Carriage_A(Expected,Actual): [5.743427 5.744028]
Carriage_B(Expected,Actual): [6.756573 6.756739]
```

```
-------- MLC_Leavse_Positions [X1] --------
#1 leaf(Expected,Actual): [-46.999998 -46.998782]
#2 leaf(Expected,Actual): [-46.999998 -46.998782]
#3 leaf(Expected,Actual): [-46.999998 -46.998782]
#4 leaf(Expected,Actual): [-46.999998 -46.998782]
#5 leaf(Expected,Actual): [-46.999998 -46.998782]
#6 leaf(Expected,Actual): [2.300000 2.299329]
#7 leaf(Expected,Actual): [-35.699999 -35.701394]
#8 leaf(Expected,Actual): [33.299999 33.301387]
#9 leaf(Expected,Actual): [33.299999 33.301387]
#10 leaf(Expected,Actual): [33.299999 33.301387]
#11 leaf(Expected,Actual): [33.299999 33.301387]
#12 leaf(Expected,Actual): [33.299999 33.301387]
#13 leaf(Expected,Actual): [33.299999 33.301387]
#14 leaf(Expected,Actual): [8.700000 8.701253]
#15 leaf(Expected,Actual): [3.800000 3.791449]
#16 leaf(Expected,Actual): [-0.200000 -0.206311]
#17 leaf(Expected,Actual): [-0.100000 -0.108429]
#18 leaf(Expected,Actual): [-0.200000 -0.206311]
#19 leaf(Expected,Actual): [3.600000 3.595057]
#20 leaf(Expected,Actual): [-0.200000 -0.209370]
#21 leaf(Expected,Actual): [0.100000 0.093753]
#22 leaf(Expected,Actual): [1.300000 1.293586]
#23 leaf(Expected,Actual): [1.400000 1.394851]
#24 leaf(Expected,Actual): [2.600000 2.594685]
#25 leaf(Expected,Actual): [6.300000 6.292381]
#26 leaf(Expected,Actual): [11.400000 11.393621]
#27 leaf(Expected,Actual): [18.900000 18.895012]
#28 leaf(Expected,Actual): [-34.300001 -34.304271]
#29 leaf(Expected,Actual): [-26.900001 -26.903608]
#30 leaf(Expected,Actual): [-18.099999 -18.112636]
```

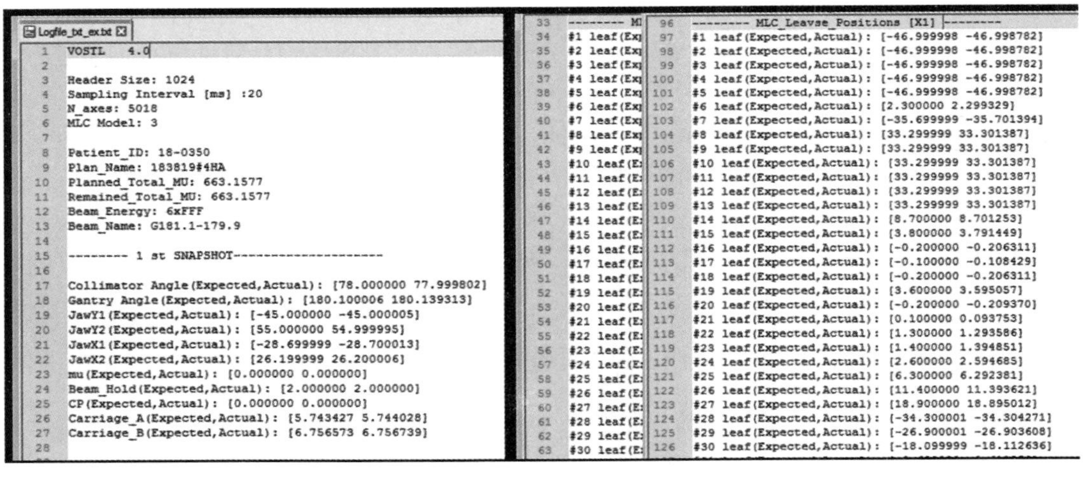

图 8.4　加速器日志文件示例

3. 分次检查

高剂量的放射线通常会对人体产生一定的辐射损害，且强度越高的射线所引起的损伤会越大。为了避免正常细胞所受照剂量超过安全范围，放射治疗处方通常会将总治疗剂量分次照射,以减少每次放疗的剂量,从而在保证足够的辐照剂量杀死癌细胞的同时最大限度地减少对健康细胞的影响[50]。此外,放疗需要分多次进行治疗的另一个原因是,多次治疗可以根据病情和治疗反应对治疗方案进行调整以获得最佳的治疗效果。有时也会在放射治疗之前或之后进行手术或药物治疗,这也是分次治疗的重要原因。通过定期的分次检查,放疗师可以检查患者的反应和治疗效果,验证治疗计划的准确性和有效性,及时发现和解决治疗中可能出现的如剂量不足、剂量过量等问题,确保患者获得最佳的治疗效果。分次检查是制定治疗计划和预防意外的重要步骤,也是放疗治疗成功的关键之一。ArcherQA 通过自动读取和分析加速器日志,监测每个分次治疗机器执行偏差和分次治疗实际剂量分布,实现全治疗过程剂量跟踪,并对所有患者放疗计划进行统计分析归档,提高放射治疗的准确度和治疗效果。

4. 自适应放疗模式的分次剂量验证

肿瘤患者的放射治疗周期较长,通常需要一个月左右才能完成。在治疗期间,患者体形、病情进展、各种生理活动等因素可能导致患者的解剖结构发生变化。即患者实际接受照射时的解剖结构与制定放疗计划时的解剖结构不一致,导致辐射剂量传递不准确,甚至出现治疗失败的情况。Yan 等人[51]于 1997 年提出的具有前瞻性的自适应放疗(Adaptive Radio Therapy,ART)模式通过对特定患者进行优化处方剂量和外扩距离,以及必要时修改初始计划适应解剖结构的变化,来提高肿瘤控制率。目前的自适应放射治疗方案有部分使用集成在加速器机头两侧的 CBCT(Cone-Beam Computed Tomography)图像扫描设备获取患者实时的解剖信息。然而 CBCT 图像中存在空腔和散射的伪影,造成 HU(Hounsfield Unit)精度和软组织对比度降低。因此,对基于 CBCT 图像的剂量计算精度和图像分割精度提出了挑战[52]。ArcherQA 自适应分次剂量验证流程如图 8.5 所示。开始先导入病人首次治疗的 CT 图像与分次 CBCT 图像,通过刚性配准实现 CT 图像和 CBCT 图像的裁剪拼接,使用人工智能的方法生成伪 CT,基于伪 CT 的自动勾画、图像配准、轮廓映射,最后使用 GPU 加速的 MC 方法进行剂量计算和计划评估[53-55]。

8.3.2　ArcherQA 软件框架

1. 软件设计

基于 CPU + GPU 异构高性能运算平台的编程已成为当前的主流,这种平台既利用了 CPU 的通用性和控制逻辑能力,也能充分利用 GPU 的高并行性和计算能力,特别适用于提升重复计算任务量大的 MC 方法的效率。在实践过程中,由于 CPU 和 GPU 软件不兼容,需要特定的并行计算框架来实现 CPU 和 GPU 之间的协同工作。ARCHER 采用英伟达推出的能够利用 GPU 并行计算引擎的通用框架 CUDA 进行开发。CUDA 支持使用 C 语言编写 GPU 计算程序,具有高效性、灵活性、可扩展性等优点,能支持 CPU 和 GPU 异构环境跨平台的开发。

图 8.6 为 ARCHER 计算剂量时的流程图,其遵循典型的 CUDA 编程原则,将计算机划分为主机与设备两个部分,其中主机即 CPU 负责执行 CPU 代码并指挥设备即 GPU 进行计算。在使用 CUDA 并行程序时,只需要像编写普通 C 语言函数一样编写核函数。在调用

核函数时,可以指定所需线程数,使其同时被多个线程执行。在 CPU 端读取截面数据、病人DICOM 文件和相应加速器建模源的信息,并存在主内存,然后 CPU 为数据分配设备内存,

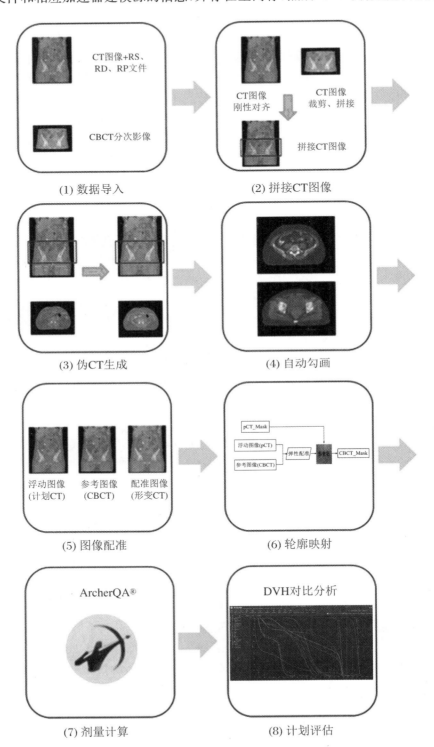

图 8.5 ArcherQA 自适应放疗流程中的分次剂量验证步骤

把数据复制到 GPU 内存。之后 CPU 调用一个伪随机数核函数,为每一个线程初始化唯一的随机数。ARCHER 使用了英伟达的 CURAND 库来快速产生高质量的伪随机数。之后调用 MC 传输核函数在 GPU 端进行 MC 模拟。成千上万的线程同时运行,每个线程负责一定数目的粒子。所有模拟完成之后,结果将会回传到 CPU 进行后处理及输出。

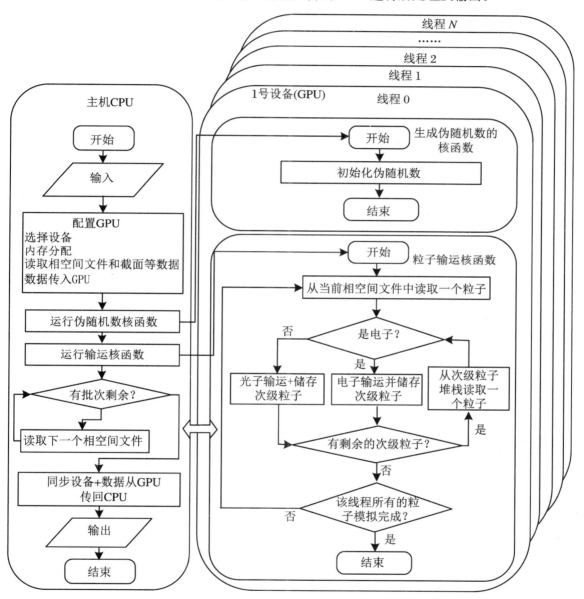

图 8.6　ARCHER 软件流程实现 CPU 和 GPU 之间的协同工作[56]

在传输核函数内,传输过程中产生的所有次级粒子存在于设备的全局内存中,初级粒子传输完成之后,次级粒子被取出来进行输运。只有一个初级粒子产生的所有次级粒子都传输完成之后,才进行下一个初级粒子的传输。在此过程中,每一步沉积的能量被加到一系列全局的计数中。CUDA 的原子操作可以保证多个线程同时向一个计数中增加能量时不会丢失能量。

2. 软件优化

GPU 并行计算代码的效率与任务的分配以及数据在不同内存空间之间的传输息息相关。为了更进一步加速 MC 算法,需要充分了解 GPU 的内存类型以及如何分配它们。图 8.7 说明了 GPU 全局、常量和纹理内存的布局。GPU 代码优化方案首先确定线程和线程块索引,并在 GPU 上以线程网格(grid)的方式启动并行执行的内核(kernel)代码。每个线程块又被划分成不同的线程包(wrap),每个线程包包含 32 个线程。同一线程包里的所有线程在同一时刻执行完全相同的指令。这种执行方式称为单指令-多线程(Single Instruction,Multiple Threads,SIMT)。SIMT 在每个线程包里的所有线程都遵循相同的控制流路径情况下执行效果较好。与之相反,如果线程块里的线程遵循不同的控制流路径,SIMT 执行模式效率将会降低。在这种情形下,线程包将以串行的方式依次执行每个分支路径的指令,从而增加指令执行时间。

如图 8.7 所示,GPU 有不同的内存类型,合理使用它们非常关键。寄存器是芯片上的局部存储单位,为单个线程所私有。共享内存也位于芯片上,但由同一区块(block)内的线程共享。全局内存(global memory)是最大的一块内存(最多可以达数吉字节),但读写时间要长得多。常量内存是静态分配的只读内存,读取速度很快,但是空间很小。ARCHER 把物理常量存在常量内存中,其他数据例如截面数据、体模,以及剂量分布计数器都放在全局内存中,寄存器用来存放临时变量。

8.3.3 ArcherQA 基本算法

1. 浓缩历史算法

带电粒子在介质中输运可能发生数以万计的相互作用,详细模拟每次相互作用过程几乎是不可能实现的。1963 年,Berger 提出使用浓缩历史算法来模拟 MC 输运[57]。在该算法中,粒子的轨迹被分为多个离散的步,单个虚拟步中"浓缩"了多次相互作用的效果,每一步结束时用一个总的效应表示粒子在该步的总能量损失和角度偏转。根据步长的分割方法,Berger 将"浓缩历史"法分为两类。在第Ⅰ类算法中,粒子的步长是预先定义的固定值。由于粒子可能一步穿过不同介质,而粒子的物理性质与介质有关,该方案可能会在不同材料的界面处出现问题,可以通过随着粒子接近界面而逐渐减小步长等措施对该算法进行优化。第Ⅱ类算法将相互作用分为连续事件和离散事件。连续事件在输运的每一步都会发生,而离散事件在每一步至多发生一次。步长则由在每一步开始时的反应截面与随机数共同确定。对于两种算法而言,更短的步长均意味着更高的精度,但代价是模拟速度的降低。

2. 质子和重离子的输运

质子在介质中的反应主要分为电磁反应与核反应,其中电磁反应考虑连续慢化、δ 电子产生、能量歧离、多重库仑散射。连续慢化与 δ 电子产生均是质子与核外电子发生电离作用的结果,质子转移给次级电子能量大于 0.1 MeV 的电离事件为发生次级电子产生的离散事件,即 δ 电子产生;用连续慢化近似描述质子损失能量低于 0.1 MeV 的事件,这是质子损失能量的主要方式。由于电离过程中质子损失能量是一个随机过程,每次损失的能量都服从

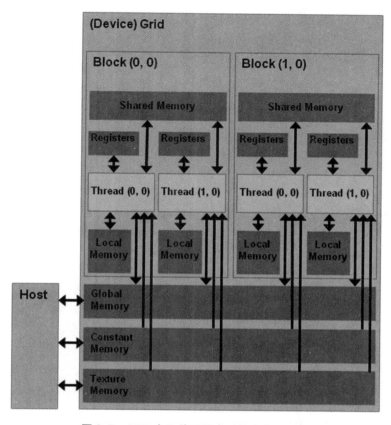

图 8.7　GPU 中几种不同类型的内存和布局

高斯分布,有的质子能量损失快,只能到达浅处,而有的能量损失慢,可以到达深处,即能量歧离。能量歧离是质子深度积分剂量曲线在布拉格峰处有一定展宽的原因。每当质子与原子核发生库仑相互作用,质子的方向都会有微小的改变,然而一步里多次作用会使得质子方向有很大改变,即多重库仑散射。质子还可能穿过库仑势垒,到达足够接近原子核时,将产生强烈的相互作用,即核反应。核反应分为弹性碰撞与非弹性碰撞,均为离散事件。弹性碰撞发生时,质子的能量与方向会有很大的改变,且产生反冲核。非弹性碰撞时,则会有很多次级粒子产生,ARCHER 使用预先生成的次级粒子能量方向分布概率密度表来进行采样[58]。

　　在质子放疗的剂量计算中,我们只追踪次级质子,忽略中性粒子对剂量的影响,其他带电粒子能量当地沉积。图 8.8 给出了不同次级粒子对质子深度积分剂量的贡献[59],证明了仅追踪次级质子的可行性。一个质子输运的流程如图 8.9 所示。在求解步长的过程中,我们先计算质子到体素边界距离 d_{vox},限制质子一步不能横跨两个体素。然后我们限制质子的每步步长小于剩余射程的 20%,得到另一个距离参数 d_{max}。最后结合各离散事件平均自由程 λ_i 与随机数 η 可得到发生离散事件的步长 d_i。其中最小步长 d_{min} 选为本步模拟的步长。如果 d_i 为最小值,则其对应的离散事件将会在本步进行模拟。每步结束时,我们先判断质子能量是否小于 0.5 MeV,若大于则进行下一步模拟,若是则再判断其是否生成了次级质子,若没有生成则结束一个质子输运的全过程。

$$n = -\ln \eta \tag{8.1}$$

$$d_i = \lambda_i n_\lambda \tag{8.2}$$

$$d_{\min} = \min_{i=1,2,3} \{ d_{\mathrm{vox}}, d_i, d_{\max} \} \tag{8.3}$$

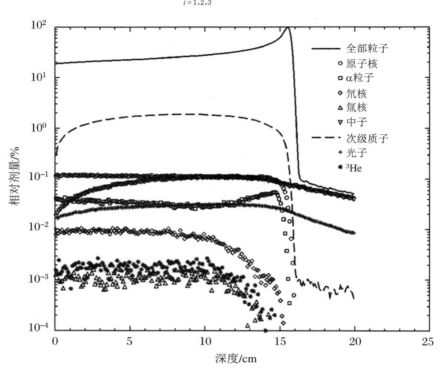

图 8.8　不同次级粒子对质子深度积分剂量的贡献[59]

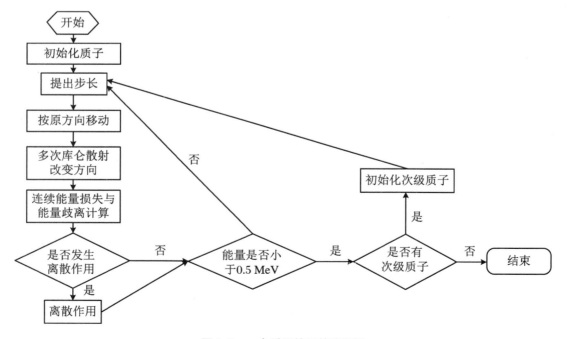

图 8.9　一个质子输运的流程图

重离子的物理模型与质子类似。电磁反应所考虑相关参数基于质子通过电荷量、质量修正得到。在核反应里,重离子弹性碰撞反应截面相比其他离散事件的反应截面非常小,几乎可以忽略不计。而非弹性碰撞中,重离子产生的次级粒子种类远多于质子,且重离子的非弹性碰撞发生的概率也很高,产生的次级粒子对剂量的贡献也很大,不能简单处理。在处理重离子核反应产生的次级粒子时,必须审慎评估。好在不同次级离子的电磁反应均可由质子的模型扩展得到。

3. 光子与电子耦合输运

电子质量大约只有质子质量的 1/1 800,带一个负电荷,只有电磁反应过程。与质子相同,电子输运过程中也使用一个阈值来区分连续慢化与 δ 电子产生。当 δ 电子产生时,使用穆勒散射公式采样[59]。因为入射电子和散射电子的全同性,具有较高能量的电子被认为是初级电子,单次碰撞的最大动能损失为入射电子动能的一半。在质子输运时,我们假设在一步里质子只在步长末端改变。而由于电子质量小,其在一步内的轨迹不能用直线描述,因此在电子输运的每步里,我们使用随机数将步长分为两个子步,如图 8.10 所示,电子先按原方向移动一个子步长 t,由 Goudsmit 和 Saunders 多重散射理论[60]得到一个新方向,再按新方向移动另一个子步长 $s-t$,然后由多重散射理论得到最终的方向。

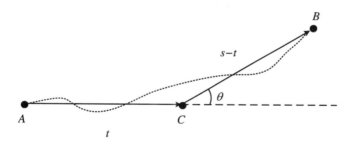

图 8.10　电子输运示意图

光子不带电,其与物质的相互作用只有离散事件,要么不损失能量,要么损失全部或大部分能量。光子输运包括光电效应、康普顿散射的电子对效应。瑞利散射只在很低能量(小于 100 keV)下有显著效果,所以没有考虑。康普顿散射使用克莱因-仁科公式来采样。电子结合能和多普勒能量展宽同时在低能下才有明显效果,在 ARCHER 中亦没有考虑。对光电效应同样没有考虑电子层结构和结合能。入射光子被吸收,产生一个相同能量的各向同性的次级电子。正电子输运与电子类似,但在轨迹末端通过湮灭产生一对 0.511 MeV 的光子。

8.3.4　与其他 MC 软件对比

1. 通用 MC 软件

通用 MC 软件在任意材料的复杂几何结构中都能够模拟从 eV 级到 TeV 级的宽能量范围内的粒子辐射输运过程。通用 MC 代码具有灵活性高、适用性强和结果最准确等优点。然而,由于通用 MC 代码需要考虑尽可能多的物理过程、反应机制和不同介质的影响,因此其模拟所需的计算量很大,导致模拟的速度降低。通用 MC 软件都是在 CPU 上运行的,而 CPU 的并行能力如前文所述,是远远低于 GPU 的,对通用 MC 复杂的物理过程代码若不进行简化则很难将其改写成 GPU 版本。目前,这些通用 MC 软件在有计算效率限制的领域上很难得到应用。相比于通用 MC 软件,ArcherQA 的加速主要体现在以下几个方面:① ArcherQA 主要用于放疗领域,支持的能量范围也仅限于临床使用的能量范围,材料组成限制于人体常见的原子序数元素;② ArcherQA 的物理模型相比于通用 MC 软件是精简的,这些简化都基于科学依据且经过验证,在没有对计算准确度造成很大影响的情况下极大提高了代码运行速度;③ ArcherQA 是使用 GPU 进行加速的,且对 GPU 程序优化进行了系统的研究,细化内存分配策略,使程序能充分利用 GPU 的高并行性能。

2. 基于 GPU 的 MC 光子软件

随着 GPU 的兴起,尽管国内对 GPU 应用于放疗领域的研究还很少,但国外 GPU 加速 MC 的程序层出不穷,如 FRED,DPM,GPUMCD 等。大多数研究均停留在理论验证阶段,没有继续推动进入临床实践。与之相比,ARCHER 支持光子、电子、质子、重离子等的输运,几乎涵盖了目前临床上的所有治疗粒子;能够针对多种临床应用场景,支持 CRT,IMRT,VMAT,SRS/SBRT,MRIgRT,IMPT 和 BNCT 等多种治疗技术。在速度方面,得益于 ARCHER 开发过程对 GPU 编程系统的研究,通过合理的布局充分优化了程序。计算一个病例 ARCHER 平均仅需 1 min,在众多 GPU 加速 MC 软件中表现不俗。

3. 基于 GPU 的 MC 中子软件

目前,已有的使用 GPU 加速的中子输运代码应用主要集中在反应堆相关的领域。如加州大学伯克利分校 Bergmann 等人[61]开发了一个连续能量 MC 中子输运代码——WARP (Weaving All the Random Particles),可使以前的基于事件的输运算法适应新的 GPU 硬件。该代码基于 CUDA 开发,用于计算和堆物理相关的稳态问题中的倍增因子、通量、裂变源分布等。代码中中子输运由内循环回路和外循环回路组成,内循环由处理一批中子所需的 batch 组成,外循环由将中子批次彼此连接所需的 batch 组成。内循环如图 8.11 所示,其中每一个都执行模拟不同反应所需的特定功能,并且由于中子不能同时经历两个反应,因此它们访问的数据不会重叠,并且这些内核可以同时启动。外循环如图 8.12 所示,使用来自内循环的结果来设置下一批中子。经过计算,当存活的中子数减少时,线程重映射到活动数据是提高处理速度的有效方法,还有助于减少反应核中的螺纹发散。使用基数排序进行重映射能够在极短的时间内完成,并且通过对标准反应编号编码进行轻微修改,可以进一步减少对完整数据的访问,从而降低计算负担。WARP 引入了英伟达 OptiX 光线追踪框架用于处理几何问题。

4. 基于 GPU 的 MC 碳离子软件

得克萨斯大学西南医学中心放射肿瘤科的 Qin 等人[62]开发了一个用于碳离子治疗的 GPU 加速的 MC 模拟工具——goCMC。该工具包基于 OpenCL 框架开发,可在 GPU 和多核 CPU 等不同的平台上执行。针对碳离子治疗中多个 GPU 线程同时写入大量次级粒子的问题,goCMC 采用多个评分计数器。即在初始化之后,初级碳离子传输内核被分发到执行模拟的多个处理内核,以批处理方式加载和模拟。在传输模拟过程中,对我们感兴趣的物理量进行记录,并将产生的不同种类次级粒子进行存储。初级碳离子输运的模拟时间比次级粒子的长,因此分离初级碳离子和次级粒子的输运以避免浪费计算能力。通过使用 GPU 等并行计算设备,goCMC 可以达到非常高的效率。研究者使用了不同的 GPU 设备(NVidia GeForce GTX TITAN GPU, AMD Radeon R9290x GPU, NVidia GeForce GTX 1080 GPU)在不同的体素模型和能量下进行了测试。在模拟 3×10^7 个初级碳离子的情况下,使用单个 GPU 的运算时长为 16~200 s。

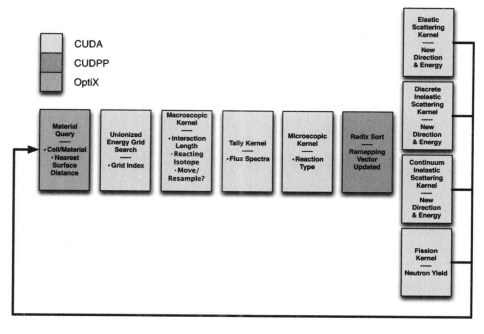

图 8.11　WARP 在 batch 中模拟全部中子输运的内循环[61]

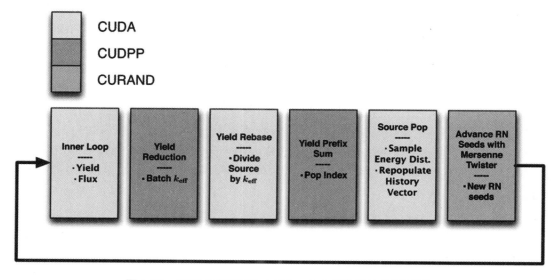

图 8.12　WARP 在不同的中子 batch 之间执行的外循环[61]

意大利罗马大学的 Schiavi 等人开发了一个用于重新计算和优化离子束治疗计划的 GPU 剂量引擎 FRED(Fast paRticle thErapy Dose evaluator)。该引擎前端使用 C++编写,通过一系列 Python 脚本完成 DICOM 的处理。粒子跟踪内核是 FRED 的计算核心,用于跟踪初级和次级粒子,以及在粒子轨迹上对它们的能量沉积进行记录。为了平衡剂量沉积的准确性和计算成本,该代码使用了粒子-介质相互作用模型。通过计算质子的连续运动过程、离散过程等,得到最成熟的模块是质子束在水中的传输。在意大利的 CNAO(Centro Nazionale di Adroterapia Oncological)治疗中心进行的测量结果精确度在治疗中心设定的接受阈值内。追踪核心可以在 GPU 硬件上运行。该项目的未来将会引入质子治疗的 RBE 模型,同时继续开发 FRED 软件工具包,旨在重新计算和优化使用质子、碳离子、电子或光子提供的外部射束放射治疗计划。与已经在临床验证的完整 MC 模拟工具 FLUKA 完整 MC 相比,观察到的处理效率几乎提升 2 000 倍[63]。

8.4　基于深度学习的 MC 去噪方法

近年来,人工智能的发展在自然语言和图像处理领域表现出色,也为提升 MC 计算速度提供了崭新的技术思路,并且由此开拓了一个新的科研领域:基于深度学习神经网络的 MC 去噪。深度学习是机器学习领域用于从数据中学习复杂的特征表示和模式的一种方法,它基于人工神经网络模型,特别是深层神经网络。深度学习的主要目标是通过多层神经网络自动地学习数据的高级抽象特征,以便进行分类、回归、聚类、生成等任务。由于其在处理大规模数据集和高维数据的能力,深度学习已在计算机视觉、自然语言处理、语音识别、推荐系统等领域取得了巨大的成就。

MC 计算时间与模拟的粒子数是正相关的。模拟的粒子数越多(比如 10^8 个粒子),结果也就越准(即统计误差越小),但所需要的时间越长。相反,模拟的粒子数越少(比如 10^6 个粒子),所需要的时间越短,但结果往往噪声越大(统计误差越大)。得益于人工智能的进展,目前这种方法逐渐具有可行性,我们可以利用人工智能的方法进行降噪。2019 年本书作者团队的博士生彭昭首次将人工智能运用到 MC 去噪中,并验证其方法在 CT 成像的光子辐射器官剂量计算的可行性。这种方法利用低粒子数(高噪声)的 MC 计算结果作为输入,将高粒子数(低噪声)下的准确结果作为理想的数据输出,结合各种不同的深度神经网络进行学习与训练,最终获得一个能够支持低粒子数降噪的神经网络,以此结合基于 GPU 的 MC 计算方法可以实现大约 100 倍的 MC 计算提速[64-65]。表 8.1 列出了近期几篇基于深度学习神经网络的 MC 去噪的论文。从文献调研可见,2019 年以来这个领域正在迅速成为一个新的研究热门方向。

表 8.1　近期发表的基于深度学习神经网络的 MC 去噪的论文

团队	代表论文和时间	深度学习网络	应用	计算速度	GPU 提速
本书作者中国科学技术大学团队	Peng Z，Shan H，Liu T，et al. MCDNet：a denoising convolutional neural network to accelerate Monte Carlo radiation transport simulations：a proof of principle with patient dose from X-Ray CT imaging［J］．IEEE Access，2019，7：76680-76689.[64]	具有残差连接的编码-解码器深度卷积神经网络"MCDNet"	CT 成像	0.09 s	是
	Peng Z，Shan H，Liu T，et al. Deep learning for accelerating Monte Carlo radiation transport simulation in intensity-modulated radiation therapy［J］．Medical Physics，2019.[66]	具有残差连接的编码-解码器深度卷积神经网络"MCDNet"	光子放疗（IMRT）	5 s	是
	Peng Z，Ni M，Shan H，et al. Feasibility evaluation of PET scan-time reduction for diagnosing amyloid-β levels in Alzheimer's disease patients using a deep-learning-based denoising algorithm［J］．Comput Biol Med，2021，138：104919.[65]	具有残差连接的编码-解码器深度卷积神经网络"MCDNet"	核医学 PET 成像	PET 成像时长缩短至 5 min（放射性核素活度降低 1/4）	是
美国得克萨斯大学西南医学中心	Bai T，Wang B，Nguyen D，et al. Deep dose plugin：towards real-time Monte Carlo dose calculation through a deep learning-based denoising algorithm［J］．Machine Learning：Science and Technology，2021，2(2)：025033.[67]	集成 Shuffle 算子的 3D Unet 网络 Shuffle 3D Unet	光子放疗（IMRT）	0.2 s	是
中国医学科学院肿瘤院团队	Zhang G，Chen X，Dai J，et al. A plan verification platform for online adaptive proton therapy using deep learning-based Monte-Carlo denoising［J］．Phys Med，2022，103：18-25.[68]	基于深度 ResNet 反卷积网络的端到端网络"E2E Network"	质子	60 s	否
中国科学院近代物理研究所	Zhang X Y，Zhang H，Wang J，et al. Deep learning-based fast denoising of Monte Carlo dose calculation in carbon ion radiotherapy［J］．Med Phys，2023，50：7314-7323.[69]	集成 Ghost 模块的 3D Unet 网络"Ghost Unet"	碳离子	960 s	否

中国科学技术大学团队:《基于深度学习的 CT 扫描产生的器官辐射剂量去噪》

2019 年,本书作者团队的彭昭等提出并验证了一种使用卷积神经网络(Convolutional Neural Network,CNN)加速 MC 计算的方法——MCDNet(Monte Carlo Denoising Net),这种网络利用从 MC 模拟数据中学习到的剂量分布特性来预测低噪声的剂量分布[64]。该论文使用一系列不同尺寸的实际成人体素模型来计算受检者在接受 CT 扫描时产生的器官辐射剂量。为了生成足够的训练和测试数据,彭昭等使用基于 GPU 的 MC 代码 ARCHER 计算了大量的从低光子数(高噪声)到高光子数(低噪声)的器官剂量分布图数据。此外,采用 γ 指数通过率来评估去噪网络的性能。

MCDNet 的结构如图 8.13 所示,其本质上是一个基于编码-解码的网络模型,其中编码器包括五个卷积层,解码器包括五个反卷积层,这些层的数量是基于经验选择的,旨在对输入图像进行有效的特征提取并生成相应的输出。图中虚线箭头表示传递路径,这些路径复制和重用了早期特征图,并将它们作为后续具有相同特征图尺寸的层的输入,通过连接操作来保留高分辨率特征。MCDNet 是基于作者在之前的研究用于 CT 图像去噪 CPCE(Conveying-Path Convolutional Encoder-decoder)网络修改而来的。与 CPCE 相比,MCDNet 多了两个卷积层,并引入了一个从输入到输出的残差跳跃连接(如图中的实线所示)。这个跳跃连接允许网络直接从输入图像中推断出噪声,从而缩小了网络输出的搜索空间,并加速网络的收敛速度。

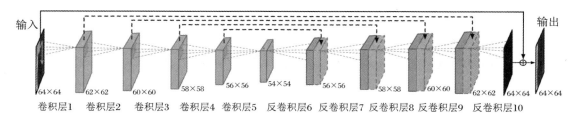

图 8.13 MCDNet 的结构

图 8.14(见 301 页彩图)展示了深度学习去噪方法对于低粒子数高噪声剂量分布的提升效果,在 MC 模拟的基础上通过 MCDNet 去噪神经网络,仅需模拟 10^5 个粒子便达到 10^7 个粒子的效果,实现 100 倍速度的提升。

这篇论文在世界上首次提出利用深度神经网络为 MC 粒子输运模拟计算的结果去噪的思路[66],MCDNet 也是第一个用于加速三维和异质患者解剖结构的 X 射线 CT 器官剂量计算的 CNN 方法,为其后许多潜在应用开辟了新的道路。

中国科学技术大学团队:《基于深度学习的光子 IMRT 放疗 MC 计算去噪》

在另一篇 2019 年的论文[66]中,作者使用 MCDNet 进行调强放射治疗(Intensity Modulated Radiation Therapy,IMRT)的计算。该文作者使用了 30 例直肠癌的病例来训练 MCDNet 从低光子数的剂量分布图获得高光子数的剂量分布图,不同光子数的剂量分布图通过 MC 软件 ARCHER 模拟后得到。结果发现 MCDNet 可以将 10^7 个光子的剂量分布图的 3D γ 指数通过率提升到相当于 10^8 个光子的水平。

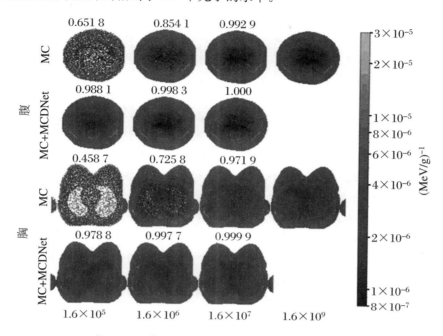

图 8.14　基于神经网络去噪的 CT 器官剂量结果

图最下面的数字代表模拟粒子数,剂量分布图上面的数字代表与低噪声高粒子数(1.6×10^9)的
剂量分布相比之下的 γ 指数通过率(3mm/3%)。

中国科学技术大学团队:《基于深度学习的 PET 成像去噪》

2021 年中国科学技术大学的彭昭基于前述 MCDNet 和新的 Wasserstein-GAN 算法提
出了一个新的 CNN 模型——MCDNet-2,用于提高正电子发射断层扫描的成像效率,降低
PET 成像的扫描时间,从而提高放射性药物 18F-AV45 的使用效率[65]。模型框架如图 8.15
(见 302 页彩图)所示。

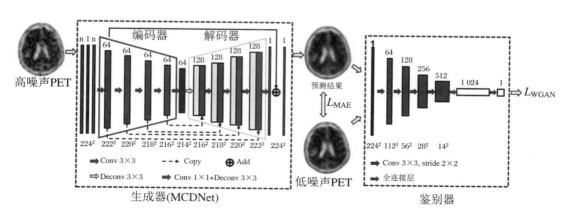

图 8.15　MCDNet-2 框架

该模型主要分为生成器和鉴别器两个部分。生成器为 MCDNet，用于输出与输入大小相同尺寸的 PET 图像，这些图像预测了正常扫描时的 PET 图像，与输入的中间切片相对应。该网络输入由多个短时间扫描的 PET 图像组成，图像的大小为 224×224。输入包含多个切片，切片的数量为 $2n+1$。这项研究以正常扫描时间 (20 min) 的 PET 图像为基准，以缩短扫描时间的 PET 图像为输入。为了更好地利用 PET 图像的 3D 信息，该文采用了所谓的 2.5D 方法，将多个相邻切片作为神经网络输入的不同通道。利用这些相邻轴向切片之间的空间信息，可以在保留微小结构的同时减少随机噪声。以上这些实验都在 Windows 计算机系统中进行，使用 Keras 与 Tensorflow 作为后端进行神经网络的设计和训练。

选取了 15 名患者的 PET 图像作为训练集，而其余 10 名患者的 PET 图像作为测试集，以 5 min 扫描的 PET 图像作为 MCDNet-2 的输入。随后，基于所选的超参数组合，训练了 MCDNet-2 模型，以适应各种不同的缩短扫描时间 PET 图像，包括 1，2，5 和 10 min 的 PET 图像，采用了五重交叉验证方法，生成了总共 4 个去噪模型。

最后，为更全面地评估所提出的 MCDNet-2 的性能，将其去噪结果与几种经典的去噪方法高斯滤波 (GF)、U-Net 和 MCDNet 等进行了比较。为了评估这些去噪方法的效果，在图 8.16 中呈现了原始 PET 图像与经过去噪处理的 PET 图像的对比。在该文研究中，选取了两名患者作为示例，一个是阳性患者，另一个是阴性患者，以凸显在这两名患者类型中淀粉样蛋白-β 水平的不同。可以清晰地看到，经过 GF 去噪的 PET 图像仍然包含明显的噪声，而经过 U-Net 和 MCDNet 去噪的 PET 图像的噪声则非常小。与 MCDNet-2 去噪的 PET 图像相比，它们在人眼视觉下稍显平滑。

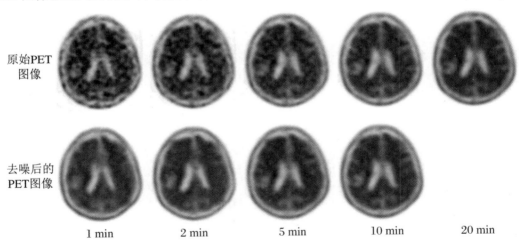

图 8.16　阳性患者 (上行) 和阴性患者 (下行) 的 PET 图像的视觉比较

根据定量指标和放射科医生的评估结果，MCDNet-2 在去噪性能方面具有很好的表现，能够将 5 min 扫描的高噪声 PET 图像转化为 20 min 扫描的低噪声 PET 图像。这意味着该去噪方法可以将检测淀粉样蛋白-β 水平的 PET 扫描所需的时间从目前的 20 min 扫描时间缩短至 5 min (或者将放射性核素活度和内照射剂量降低到原来的 25%)，同时满足相同的诊断标准。这一发现对于减少 PET 患者的辐射剂量和受检过程的不适、提高 PET 成像中心工作效率等方面具有相当大的吸引力。

得克萨斯大学西南医学中心团队：《基于深度学习的光子放疗 MC 去噪》

2021 年,得克萨斯大学西南医学中心(University of Texas Southwestern Medical Centre)的 Bai 等人开发了一种基于深度学习的实时剂量降噪器,可以便捷地集成到其团队现有基于 GPU 的 MC 剂量引擎中,以实现实时 MC 剂量计算[67]。该降噪器基于传统 UNet 架构,其去噪效率的提高主要在于两个关键点:一个是采用体素 shuffle/unshuffle 操作符,分别附加到输入层和输出层,可以大大减少输入和输出的大小,从而提高运行效率,同时通过保留所有信息以及原始输入的感受野来避免性能下降。另一个是将常规 3D 体积卷积算子解耦为 2D 轴向卷积和 1D 切片卷积,2D 轴向卷积用于表征轴向相关性,1D 卷积用于表征深度相关性,使非线性层的数量加倍,减小卷积核的大小。研究结果表明,该去噪器的运行时间仅为 39 ms,比传统 UNet 基线模型快 11.6 倍。整个 MC 剂量计算流程包括 GPU MC 剂量计算和基于深度学习的去噪处理在 0.15 s 内完成(不含加速器机头的模型和计算时间),能够满足在线自适应放射治疗等放射治疗应用对运行时间的要求。

中国医学科学院肿瘤院团队：《基于深度学习的质子放疗 MC 去噪》

2022 年,中国医学科学院肿瘤院的 Zhang 等人将 MC 模拟方法和深度学习网络 E2E 结合,为质子自适应放疗的在线计划验证提供了一种解决方案[68]。该研究首先使用治疗计划系统所需的束流数据库(Beam Data Library,BDL)对质子治疗进行 MC 建模。该研究提出了具有深度 ResNet 反卷积网络的去噪模型——E2E,具体架构如图 8.17 所示。网络的主要生成器基于 101 层的 ResNet,Conv 1 是一个 7×7 卷积层,有 64 个过滤器。然后,执行最大池化操作以用于下采样。Conv 2,Conv 3,Conv 4 和 Conv 5 分别包括 3,4,23 和 5 个更深的瓶颈架构(Deep Bottleneck Architectures,DBA)。每个 DBA 有 3 个卷积层及 1 个连接。Conv 5 的输出是原始图像的 1/8。采用基于分数步长反卷积的上采样方法恢复图像分辨率。

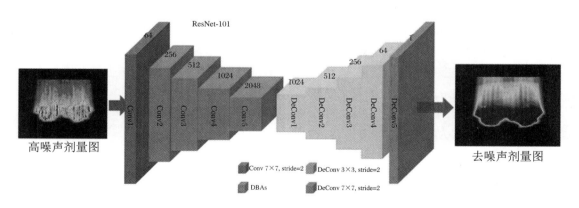

图 8.17　E2E 架构模型

该研究对 52 例患者肿瘤部位的 MC 剂量分布进行了训练,通过使用 γ 分析和均方根误差(Root Mean Square Error,RMSE)来评估去噪图像和参考图像(10^8)之间的相似性。结果显示 E2E 模型产生的剂量计算精度与 MC 代码相当,显著减少了计算时间。但由于该研究没有采用 GPU 加速,整体剂量计算的时间大约为 60 s。

中国科学院近代物理研究所团队:基于深度学习的碳离子放疗 MC 去噪

2023 年中国科学院近代物理研究所张新阳等人提出了深度学习模型 GhostUNet,旨在降低碳离子放射治疗中 MC 方法计算得到的剂量分布的统计不确定性[69]。研究中采用了三种模型:CycleGAN,3DUNet(两种基准模型)和结合 Ghost 模块的 GhostUNet。GhostUNet 模型是研究的创新之处,模型结构如图 8.18 所示,它基于传统 3DUNet 结构,并在编码器的每个层次中加入 Ghost 模块,以减少模型参数和计算量。Ghost 模块的核心思想是通过廉价的操作生成更多的特征图,减少网络的参数和计算需求。具体来说,Ghost 模块先使用普通卷积生成内在特征图,然后通过线性变换(如 3D 深度可分离卷积)扩展特征图,以生成更多的"鬼影"特征。该方法显著提高了计算效率,并扩大了网络的感受野,确保在不同深度保留更多信息。

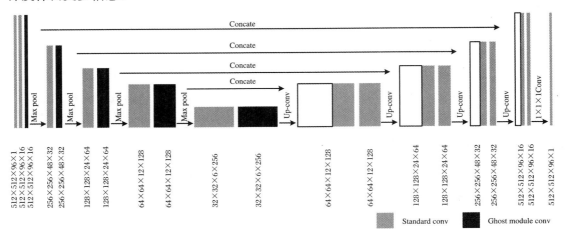

图 8.18　CycleGAN 的模型结构

模型的性能通过计算均方根误差来评估,该指标衡量去噪剂量分布与参考剂量分布之间的像素强度差异。而后用 3D γ 分析评估了去噪剂量和参考剂量分布之间的相似性。经过计算分析,上述三种模型均能够成功应用于 10^6 个碳离子的剂量分布去噪任务。其中 GhostUNet 网络在去噪性能方面显著优于 CycleGAN 和 3D UNet,且 GhostUNet 的去噪结果在不同测试用例下表现出了高度的稳定性。但由于该研究没有采用 GPU 加速,整体剂量计算的时间大约为 960 s。

8.5　其他用于辐射剂量的 MC 方法的提速工作

8.5.1　虚拟粒子 MC 方法

美国 Mayo 诊所肿瘤科 Liu 等开发了用于质子治疗剂量计算的"虚拟粒子蒙特卡罗（Virtual Particle Monte Carlo，VPMC）"方案[70]。质子治疗剂量计算模拟质子和人体组织的相互作用时，会产生一些次级粒子。次级粒子的模拟需要大量的计算资源，可能导致线程发散（thread divergence），从而无法充分发挥 GPU 的加速性能。Liu 等针对这一问题提出了"虚拟粒子（Virtual Particle，VP）"的概念，虚拟粒子继承了真实粒子的基本物理性质，但不模拟次级粒子的产生和输运，减少线程发散度，从而提高模拟速度。

Liu 等将 VPMC 在均匀和非均匀体模以及 13 名不同部位的患者几何中的剂量分布分别与 TOPAS 和 MCsquare 进行了比较。结果表明，VPMC 能够达到高精度和高效率，在四个英伟达 Ampere GPU 上运行时，平均计算时间为 2.84 s。相比于 MCsquare 计算效率提高了约 3 倍。

使用虚拟粒子代替初级质子的过程如图 8.19 所示。该算法中，电子与反冲核能量当地沉积，其次认为中子与光子会穿透人体逃逸，从而忽略光子和中子输运，最后使用多个虚拟粒子来代替初级质子和次级质子（氘核也当作次级质子处理）。虚拟粒子数为初级质子数与次级质子数之和，次级粒子数通过 MCsquare 预先制备的概率密度函数进行抽样产生。VPMC 考虑的物理过程包括多重库仑散射、电离和核反应等，VPMC 使用 CUDA 来快速查询概率密度数据库中的物理参数，并使用原子加法函数来保证全局共享内存中每个体素剂量的线程安全。

8.5.2　基于人工智能的剂量预测

在目前主流的剂量评估方法中，传统方法没有考虑组织的不均匀性，从而造成一定的计算误差。MC 方法模拟粒子在体内的输运，被誉为剂量计算的金标准，但是通常需要强大的计算机性能和大量的计算时间，难以在临床条件下实施。基于 GPU 的 MC 工具开发研究，相比传统的 CPU MC 工具具有明显的性能提升。随着人工智能的发展，有研究提出基于深度学习方法进行剂量预测（如 PET/CT 内照射剂量或 BNCT 剂量）[71]。本小节将介绍与剂量预测相关的 MC 研究工作。

1.　基于深度学习的剂量预测和自动勾画技术的核医学 PET 成像中器官内照射剂量率的快速评估方法

随着人工智能的发展，有研究提出基于深度学习方法进行 PET/CT 内照射剂量预测。然而，这些研究没有或者仅涉及很少几个器官的剂量评估，其主要原因是基于 PET/CT 图像

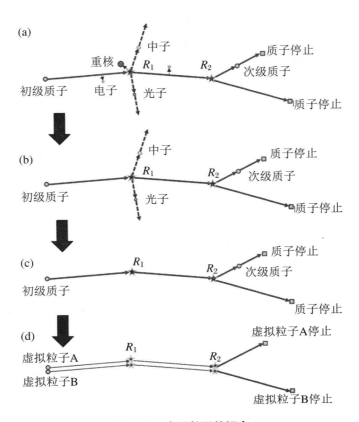

图 8.19　虚拟粒子的概念

（a）理想情况下质子的历史；（b）重离子和电子的能量就地沉积；（c）中子
和光子逃逸而被忽略；（d）从开始到 R_2 处两个虚拟粒子的轨迹和一个初级
质子的轨迹一样。[70]

手动勾画全身的重要器官需要花费大量时间。中国科学技术大学卢昱提出的 PET/CT 内照射剂量率快速评估方法,结合深度学习预测和自动勾画技术从 PET/CT 图像快速得到剂量率分布[72]。具体做法如下:基于患者特定时刻的 PET/CT 图像,使用 GATE 进行内照射剂量率计算,获取每个患者的剂量率分布图。然后,基于 U-Net 构建深度神经网络,将患者的 CT 和 PET 图像作为输入,使用 GATE 计算的剂量率图作为金标准进行训练。训练后的深度学习模型能够根据患者的 CT 和 PET 图像预测对应的剂量率分布。同时,使用团队自主开发的勾画软件 DeepViewer 对患者 CT 图像中的器官和组织进行自动勾画,结合预测得到的剂量率分布结果计算相应器官和组织的吸收剂量率。研究结果表明,24 个器官中,绝大部分器官的深度学习预测剂量率与 GATE 计算结果偏差在 ±10% 以内。其中大脑、心脏、肝脏、左肺、右肺的平均偏差分别为 3.3%,1.1%,1.0%,-1.1% 和 0.0%,与 GATE 具有较好的一致性。使用 GATE 程序进行每名患者的内照射剂量率计算平均用时 8.91 h,而使用深度神经网络模型进行内照射剂量率预测平均每名患者用时 15.1 s,平均加速比达到 2 120倍。

2019 年,中国科学技术大学的周解平等开发和测试了一种较通用的深度学习模型,用于预测调强放疗（Intensity-Modulated Radiation Therapy,IMRT）的三维体素剂量分布[73]。该项研究涵盖了 122 例直肠癌患者接受手术后强化放射治疗的情况,结合了 3D

U-Net和残差网络的深度学习模型,构建了名为 3D U-Res-Net_B 的模型用于预测 3D 剂量分布。为了实现 3D U-Res-Net_B 架构,采用了 Python 深度学习库 Keras 和 TensorFlow 作为后端工具。将来自 CT 图像、轮廓结构和射束配置的 8 种类型的 3D 矩阵分别递送到独立的输入通道,并将剂量分布的 3D 矩阵作为输出来训练 3D 模型。所获得的 3D 模型用于预测新的 3D 剂量分布。该模型使用随机初始化的权重进行训练,训练和预测过程的概述如图 8.20 所示。

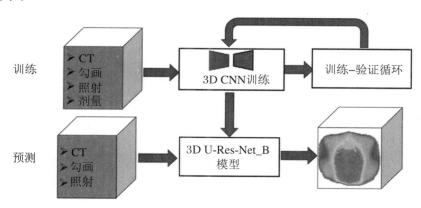

图 8.20 基于 3D U-Res-Net_B 模型的三维剂量预测的训练和预测流程图

该研究从两个方面评价预测的准确性。首先,研究使用了不同等剂量体积的 Dice 相似系数来比较预测的 3D 剂量分布与实际临床递送的 3D 剂量分布之间的相似性。此外,还计算了体内所有体素的平均剂量差,以及评估了危及器官(Organ At Risks,OAR)和计划靶体积(Planning Target Volume,PTV)的 3%/5 mm 全局 γ 通过率,以进一步分析预测的剂量分布与实际剂量分布之间的空间对应性。这些指标帮助确定模型在预测患者的 3D 剂量分布方面的准确性。其次,研究使用了配对样本 t 检验,以比较模型的预测值与实际临床值之间的剂量学指数,有助于确定模型在剂量分布的不同方面(均匀性、符合性以及 PTV 和 OAR 的特定剂量部分)的性能如何,以及与实际情况的一致性。

研究结果表明,该模型一旦训练过程完成,就可以在几秒钟内获得新患者的 3D 体素剂量分布预测,剂量体积直方图(Dose-Volume Histogram,DVH)剂量学指标与临床实际值之间无显著性差异,并且可以将准确预测的 3D 逐体素剂量分布作为输入来执行逐体素剂量优化,以生成可执行计划,可能更容易实现自动计划的临床实施。

2. 基于神经网络的方法预测 BNCT 的剂量

现有的 BNCT 的 TPS 通常使用 MC 方法来确定 3D 治疗剂量分布,但由于模拟中子输运的复杂性,这种方法通常需要大量的计算时间。2023 年,南京航空航天大学的汤晓斌团队提出了一种基于神经网络的 BNCT 剂量预测方法,以快速准确地获取进行 BNCT 的胶质母细胞瘤患者治疗剂量 3D 分布,解决 BNCT 剂量计算在临床上耗时的问题[74]。该研究收集了 122 例患有胶质母细胞瘤患者的 CT 数据,其中 18 例作为测试集,其余作为训练集。通过对输入和输出数据集进行设计优化,构建了一个 3D-UNet 网络,使其能够根据辐射场信息和患者 CT 信息预测 BNCT 的 3D 剂量分布。将预测结果与两种不同类型的加速器(MITR-Ⅱ 和 THOR)进行了实验比较。结果表明,该方法能够准确地预测开放中子束下的

3D 治疗剂量分布,并且与使用 Geant4 模拟 2×10^8 个中子的模拟结果有很好的一致性。此外,该方法将获取每个患者的 3D 治疗剂量分布所需的时间从 MC 模拟需要的数小时降低到不足 1 s。

8.6 实时 MC 计算的概念和可能性

本书作者团队 2014 年在世界上率先提出了实时 MC 计算(realtime Monte Carlo computing)的概念。实时 MC 计算,即利用高性能计算机技术将 MC 计算时间从几小时大约压缩至 0.2 s,从而在主观感觉上 MC 计算带来的延迟可以忽略不计。得益于计算机硬件以及芯片工艺的进步,原本专门为电脑游戏设计的 GPU 因为其令人惊讶的并行计算效率而被用来提高 MC 计算速度。目前,世界上最先进的基于 GPU 的 MC 模拟计算方法使得相同粒子数下原本数小时的计算时长缩短到了秒量级。为了进一步提高计算速度,人们又提出引入人工智能对 MC 计算结果进行去噪处理,将 MC 计算时间进一步降低到 0.2 s 以下。

ARCHER 项目最新的工作就与此相关,作者团队尝试将基于 GPU 的 MC 模拟与 DL 去噪方法相结合,最终实现所谓的“实时”MC 模拟。具体而言,将新开发的基于深度卷积神经网络(dCNN)的 MC 去噪方法与基于 GPU 的 MC 多粒子辐射传输模拟方法相结合,展示了临床实际放射治疗示例的实时剂量计算能力。计算流程如图 8.21 所示。这个计算过程包括基于 GPU 的剂量计算和基于 dCNN 的去噪。基于 dCNN 的剂量去噪的目的是减少由 3D CT 图像定义的患者解剖结构中剂量分布的统计不确定性。训练数据包括低计数/高噪声(DoseLCHN)和高计数/低噪声(DoseHCLN)的剂量分布范围。作为该研究的独特特点,极大的 DoseLCHN 和 DoseHCLN 数据集是由作者团队先前开发的基于 GPU 的 MC 软件 ARCHER 生成的,适用于光子和质子放射治疗病例。在测试中,DoseLCHN 数据集被输入到训练好的 dCNN 模型中,以输出预测的高计数和低噪声的 DoseHCLN 数据集。而 ARCHER 生成的 DoseHCLN 数据集被认为是真实值以用于评估。

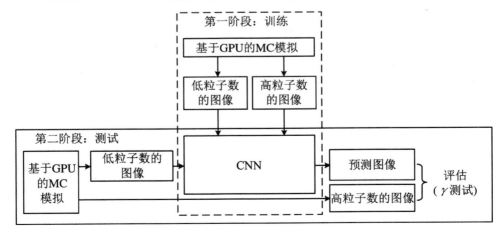

图 8.21 MC 仿真去噪神经网络流程图

　　实验结果表明,新方法生成的剂量分布与 ARCHER 生成的 DoseHCLN 一致。在涉及光子和质子的数百例患者放射治疗病例中,一个患者的平均运行时间(基于 GPU 的剂量模拟加上基于 dCNN 的去噪)约为 200 ms。这些初步结果证明了使用集成的基于 dCNN 去噪和基于 GPU 的剂量计算方法进行实时 MC 剂量计算的可行性。作者团队正在进行的涉及更多辐射类型和临床程序的研究预计将促进实时 MC 剂量计划和验证在临床工作流程中的使用。

　　在过去的 14 年中,ARCHER 的持续开发受到了放射治疗界对准确且快速的剂量计算工具需求的推动,这些工具是临床治疗计划和验证的一部分。虽然 MC 粒子输运理论保持不变,但计算机硬件技术,特别是 GPU 和深度学习,在性能上提供了令人印象深刻的提升。临床上最先进的方法,如自适应放疗,需要在放射治疗过程中无缝集成断层成像,从而进一步提高 MC 剂量计算的准确性和速度。使用 GPU 协处理器设备,我们能够将计算时间从几小时(在 CPU 上运行的通用代码)减少到不到 1 min,但在某些理想情况下,剂量计算有希望在不到 1 s 内完成。深度学习技术显示出了将 MC 加速到实时速度水平的潜力。基于深度学习的去噪方法似乎打开了一扇新门,旨在去除低计数/高噪声剂量图中的噪声(统计不确定性),并模拟高计数/低噪声剂量图的准确性。值得注意的是,整个机器学习界面临着解释基于深度学习的算法的底层原理的挑战。在实时 MC 剂量计划和验证成为常规临床工作流程的一部分之前,仍需要做更多的工作。然而,过去 10 年中作者团队开发与 GPU 加速相关技术的经验说明,作为终端用户,必须积极参与探索实时 MC 计算这样的新兴技术。除了 GPU 加速和去噪的方法,近期出现的虚拟粒子和深度学习剂量预测等方法使我们对实时 MC 计算进一步充满信心。随着计算机技术和深度学习技术的不断快速发展,MC 方法必将在核科学技术和医学物理的各个领域得到更加广泛的应用。

习　题

选择题:根据题干,选出最合适的一个选项。

　　1. 下面对 ARCHER 的说法,错误的是(　　)。

　　A. ARCHER 是使用 GPU 进行加速的

　　B. ARCHER 主要用于放疗领域

　　C. ARCHER 的计算结果比通用大型 MC 软件更加精确

　　D. ARCHER 的物理模型相比通用 MC 软件是精简的

　　2. 下面关于 ARCHER 的基本功能,正确的是(　　)。

　　A. 计划检查与 QA 检查　　　　　B. 分次检查

　　C. 自适应分次剂量验证　　　　　D. 以上都是

　　3. GPU 加速的 MC 粒子输运程序可以用于哪些粒子?(　　)。

　　A. 质子和重离子　　　　　　　　B. 中子和光子

C. 电子   D. 以上都可以

4. 根据本章的介绍,实时 MC 计算的速度快于(   )。

A. 2 min   B. 2 s

C. 0.2 s   D. 0.02 s

5. 下面有关 MC 计算说法,错误的是(   )。

A. 使用 GPU 加速可以为临床实现实时 MC 辐射剂量计算带来可能

B. 在线自适应放疗流程的关键不包括实时 MC 技术

C. 神经网络可以从 MC 模拟数据中学习到的剂量分布特性来预测低噪声的剂量分布

D. 基于深度学习方法的剂量率预测具有速度优势,但在结果的可解释性方面还需要改进

填空题:根据提供的材料或题干,对问题进行回答。

6. 请给放射治疗前的步骤排序:_____。

(a) 治疗计划的制定;

(b) 计划的审查和验证;

(c) 放射学影像学检查;

(d) 患者情况的评估;

(e) 定位装置的制作。

思考题:根据题干和所学内容,简要写出思考和分析结果。

7. GPU 加速的 MC 代码相比于传统 MC 代码的区别和优势有哪些?

8. 基于 GPU 加速的 MC 代码对于临床放射治疗有哪些意义?

9. MC 去噪的原理在核反应堆安全领域有哪些应用?

10. 实时 MC 计算概念的关键技术有哪些?

11. 实时 MC 计算在核科学技术领域有哪些应用前景?

第 9 章　MC 方法在核工程与辐射防护中的应用

本章以作者团队的工作为例,从反应堆建模、核事故模拟、加速器辐射屏蔽设计、职业辐射剂量防护与深空辐射防护等方面对 MC 方法在核工程技术、核辐射防护领域的应用进行介绍。9.1 节主要介绍核聚变和核裂变反应堆建模;9.2 节介绍核事故模拟;9.3 节介绍加速器屏蔽设计;9.4 节和 9.5 节分别介绍职业辐射剂量防护和空间辐射防护。

9.1　MC 方法在反应堆建模中的应用

9.1.1　使用 MC 方法对核裂变反应堆建模

1. 背景介绍

核电站是利用核裂变或核聚变反应所释放的能量产生电能的热力发电厂。目前,以聚变能作为能源的核电站尚处于研发中,因此本节讨论的核电站是指通过核裂变获得能源进行发电的热力发电厂。反应堆是核电站能源产生的源头,内部为高压、高温、强辐射的恶劣环境,也是影响核电站安全的重要因素。大多数严重反应堆事故涉及堆芯温度上升过快而引发的一系列连锁反应。因为反应堆堆芯处的中子通量密度以及功率密度与反应堆产热直接相关,所以反应堆安全相关的工作离不开对反应堆堆芯的相关中子学物理参数进行 MC 模拟计算和实时监控。

压水堆(Pressurized Water Reactor,PWR)是裂变反应堆的一种常见类型,以加压的、未发生沸腾的轻水(即普通水)作为慢化剂和冷却剂。如图 9.1 所示,压水堆结构包括堆芯(由多个燃料组件排列而成)、堆内构件、压力容器等,对反应堆堆芯进行 MC 模拟计算首先需要对这些结构进行详细建模。我们可以假设 289 根燃料棒组成一个正方形燃料棒阵列,即一个燃料组件;241 个燃料组件组成反应堆堆芯;反应堆堆芯与压力容器等结构一同组成反应堆整体。

在堆芯模拟中,首要任务是求出反应堆内中子通量密度分布,MC 方法可以处理复杂几何形状区域,一般来讲只要模拟的中子数足够多便可以得到精确的结果。当然,计算大量的小区域内的功率密度分布往往需要很长的计算时间才能得到较小误差。为了监测计算机硬件及软件能力在堆芯计算方面的进展,K. Smith[75] 在 2003 年美国核学会的数学与计算分会上提出了所谓的 K. Smith 挑战。此挑战要求 MC 程序能够进行反应堆内所有燃料棒轴向百分之一体积小区域内的功率密度及燃耗计算,从而做出反应堆全堆功率密度分布图及燃耗趋势预测,并要求 MC 计算的统计误差小于 1%。对于一个典型的反应堆,此类计算需要 4 000 万 ~ 6 000 万个计数卡(tally card)。按照当时主流个人计算机的配置,K. Smith 估计要完成超过 200 亿个中子的模拟计算,需要花费 5 000 h,为此根据 CPU 摩尔定律的发展速度,他预测要到 2030 年才可能在个人计算机上在 1 h 内完成如此计算。在接下来的几年之内,很多反应堆工程师和 MC 模拟计算专家针对 K. Smith 挑战展开科研竞争,希望率先打破这个记录。以今天的计算机水平来看,当时非常有前瞻性的预测实际上也低估了计算机的发展速度。近 10 年来,GPU 协同处理器和深度学习神经网络的使用已经使实时 MC 的概念变为可能。下面我们以中国科学技术大学核科学技术学院于长睿和刘政同学 2014 年本科毕业设计项目工作为例介绍使用 MC 方法对反应堆进行建模。反应堆功率密度分布的计算结果图片可以通过访问中国科学技术出版社官网中"计算中子学"课程资料了解。

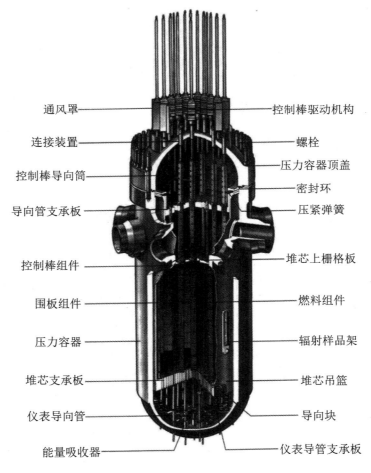

图 9.1 反应堆结构

http://www.sibet.cas.cn/kxcb2020/kpzp/202010/t20201010_5714963.html。

2. 使用 MC 程序对裂变堆进行建模

针对 K. Smith 挑战，Hoogenboom 参考了大量的压水反应堆实例，于 2010 年提出了一个压水堆基准模型（PWR Benchmark）[76]，用来测试和比较 MC 模拟计算的能力。Hoogenboom 压水堆基准模型没有刻意模仿任何特定的现有反应堆，而是尝试将压水堆模型进行简化。在进行堆芯中子学模拟时，我们会关注堆芯功率密度分布和反应堆临界计算等问题，因此 Hoogenboom 压水堆基准模型只保留了与我们感兴趣的工程技术问题关系紧密的几何与材料细节。此外，K. Smith 担任教授的麻省理工学院的核工系也提出了名为 BEAVRS 的基准模型[77]。图 9.2 和图 9.3 展示了 BEAVRS 模型以及使用 MCNP 对该模型建模的可视化结果，体现了 MC 程序很早就具备对复杂裂变堆的几何体和材料进行建模的能力。

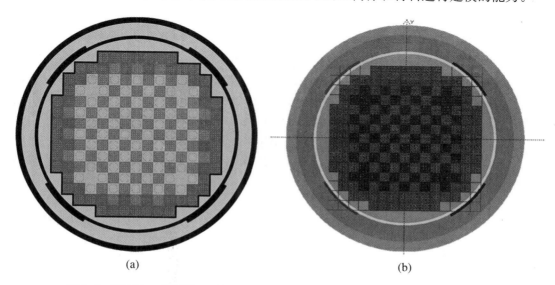

(a)　　　　　　　　　　　　　　　　　　(b)

图 9.2　BEAVRS 模型的(a)堆芯径向结构及(b)经 MCNP 软件构建得到的模型[78]

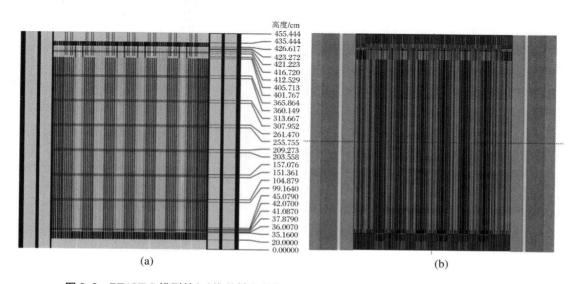

(a)　　　　　　　　　　　　　　　　　　(b)

图 9.3　BEAVRS 模型的(a)堆芯轴向结构和(b)使用 MCNP 软件建模后得到的模型[78]

在现代反应堆设计中,为了充分提高燃料棒的燃耗深度和展平堆芯功率分布,大多数反应堆采用了分批换料方案[15]。该项目参考麻省理工学院反应堆模型 BEAVRS 和 Hoogenboom 反应堆基准模型以及 AP1000 反应堆设计方案,将反应堆模型的燃料组件分成了燃料富集度分别为 3.2%,2.4%,1.6% 的燃料(即三批次换料方案),包层成分为金属锆。因为对燃料与包层间的气隙进行单独建模,为补偿这部分密度损失,金属锆的密度调整为 5.77g/cm³。反应堆的冷却剂为水,密度为 0.7164 g/cm³。为使反应堆运行于临界状态,水中加入了元素硼,其中 ^{10}B 与 ^{11}B 的原子数占比分别为 18.92% 和 81.08%。反应堆启动中子源的位置设定在反应堆堆芯中心,中子源大小(长×宽×高)为 280 cm×280 cm×360 cm 的长方体,中子能量为 2 MeV。

在计算反应堆中子学参数时,使用 MCNP5MC 软件 DATA card 内的 KCODE card 计算反应堆的有效增值因子 k_{eff}。KCODE card 以多次循环迭代计算,每次循环的计算结果作为初始条件代入下次循环进行计算。使用 KCODE card 进行计算时,MCNP 首先进行一定循环次数的计算,以得到收敛的 k_{eff},但此部分循环的结果不计入 TALLY card。基于上述收敛的 k_{eff} 之后循环次数的计算中可认为反应堆已经处于临界运行状态,这部分循环次数的结果计入 TALLY card,并最终会作为 TALLY card 的计算数据输出,推导得到反应堆功率密度分布等数据。

将 MCNP 的输入文件导入可视化软件(MCNP Visual Editor Computer Code)可以得到输入文件的几何图形,如图 9.4(见 302 页彩图)所示。堆芯由 241 个长、宽均为 21.42 cm 的燃料组件构成,每个燃料组件由 289 根燃料棒构成。在真实的反应堆中,堆芯由内到外包围着围板(core barrel)等组件。在此简化模型中,这一部分由位于反应堆燃料组件阵列外、压力容器内部的硼水代替。反应堆顶部与底部的支持元件、导流元件、插槽等结构也被简化为反应堆顶部与底部反射盖板。此外,燃料棒之间的支持元件、金属支架等结构也被简化。控制棒、测量棒等插入组件未考虑。

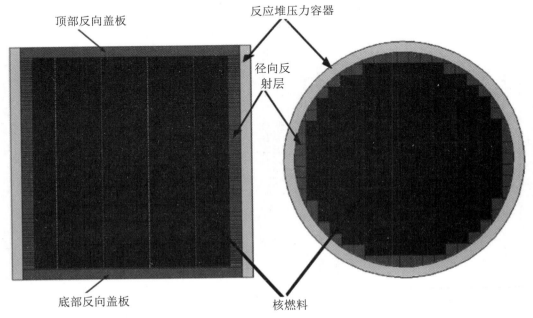

图 9.4　反应堆总体几何构建示意图

单个燃料组件为长和宽均为 21.42 cm、高为 400 cm 的长方体，此长方体在水平面方向被均匀分成了 17×17 的栅格结构，每个栅格由一根燃料棒或者可燃毒物棒，以及环绕在棒外的硼水冷却剂组成，如图 9.5（见 303 页彩图）所示。

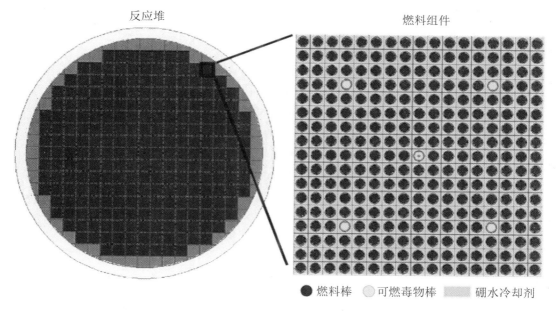

图 9.5　反应堆燃料组件示意图

燃料棒沿径向由内而外分为两层结构，内部是半径为 0.41 cm 的燃料棒，燃料棒外包裹着内径 0.41 cm、外径 0.474 cm 的金属锆燃料包层，如图 9.6（见 303 页彩图）所示。

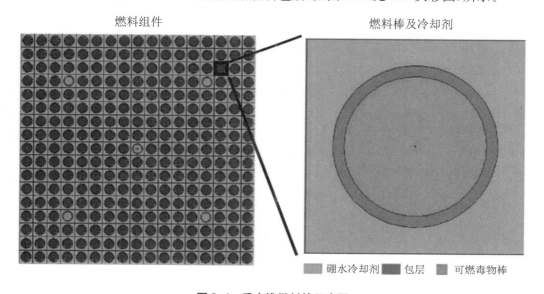

图 9.6　反应堆燃料棒示意图

3. 计算结果

（1）均匀装料反应堆功率密度计算

过反应堆中心 x 轴方向沿线功率密度分布如图9.7所示，过反应堆中心 y 轴方向沿线功率密度分布与 x 方向类似。从图9.7我们可以看出，反应堆功率密度呈现出中心高、四周低的分布，此趋势与真实反应堆设计结果类似[78-79]。

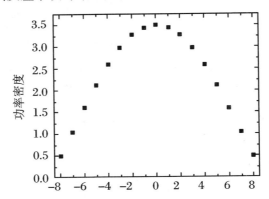

图9.7 过反应堆中心 x 轴方向燃料组件功率密度分布

所有计算区域的计算误差在燃料组件尺度上均小于1%，达到了较高的模拟精确度。从图9.8可以看出，反应堆功率密度分布计算误差的分布与反应堆功率密度分布趋势正好相反。功率密度越大的区域，其模拟误差越小；功率密度越小的区域，其模拟误差越大。因此误差分布由反应堆中心到反应堆边缘逐渐增大。这种误差分布趋势是由 MCNP 的计算原理造成的。MCNP 采用 MC 算法，对大量重复试验结果进行取平均等数学处理。在所关心区域内，中子数越多，代表着重复试验次数越多，因此结果的误差越小。而一个区域内的中子通量密度与反应堆功率密度成正比。反应堆中心处中子通量大，功率密度高，计算误差小；反应堆边缘中子通量小，功率密度低，计算误差大。

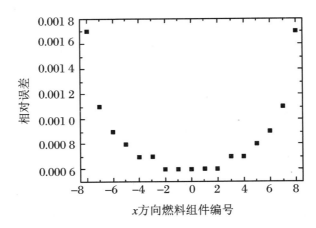

图9.8 过反应堆中心 x 轴方向燃料组件功率密度相对误差分布

此外，不同位置处的单根燃料棒轴向功率密度分布比较结果如图9.9（见304页彩图）所示。其中一根燃料棒位于反应堆中心处，另一根位于反应堆边缘。可以看出，两根不同位置的燃料棒功率密度分布与误差分布的趋势是相似的。在轴向上功率密度依然是靠近反应堆中心高、靠近反应堆上下边缘低的分布；而误差分布趋势也同样为功率密度大的地方误差小，功率密度小的地方误差大。但因为此时计数区域为单根燃料棒的 1% 切片，其体积已经大大减小，中子通量相比燃料组件也减小了很多，因此其计算误差增大了很多。而且由于反应堆中心处中子通量密度比边缘大很多，靠近反应堆中心处燃料棒的计算误差比反应堆边缘燃料棒的计算误差小很多。

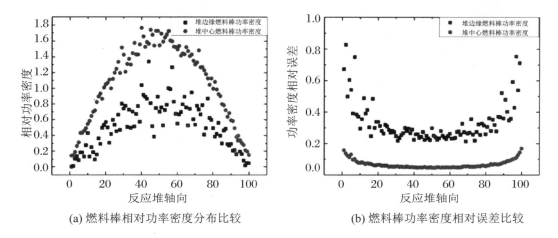

(a) 燃料棒相对功率密度分布比较　　　　(b) 燃料棒功率密度相对误差比较

图 9.9　不同位置处单根燃料棒轴向功率密度分布

（2）反应堆功率分布优化

为了提高核电站的经济性，在满足电力系统能量需求、核电站安全运行的设计规范和计数要求的前提下，应尽可能地提高核燃料利用率，降低核电厂的单位能量成本。但均匀装料时反应堆内功率密度分布不平均，将限制全堆平均功率和影响核燃料的利用率。现代核电站发展出很多方式进行功率分布优化，以便将反应堆堆芯功率密度分布变得平坦，从而得到更理想的反应堆平均功率密度，以及更均匀的反应堆燃耗。分区装料方式是一种思路，具有多种实现方式，如由内向外分区换料方案、由外向内分区换料方案等。这种装料方式把堆芯在径向分为若干区域，然后在不同区域装载不同富集度和燃耗深度的燃料。使用 MC 方法对如图 9.10 所示的堆芯装料方式进行模拟，验证燃料富集度对反应堆功率分布的影响。首先，富集度最低的燃料位于反应堆最外层，以降低中子泄漏率；之后在内侧装载富集度最高的燃料，以迅速提高反应堆功率密度，从而获得较大的反应堆整体功率密度；在最内层主要装载中等富集度燃料，从而使整个堆芯内部维持一个较高的功率密度水平，又不至于出现过高的局部功率因子。

通过对比燃料组件尺度下反应堆均匀装料与非均匀装料的相对功率密度分布图，我们可以看出通过改变燃料富集度可以较好地展平反应堆功率分布。反应堆堆芯外侧功率密度较低，随着距离反应堆堆芯减小，功率密度急剧提升之后保持了一个较为宽广的高功率密度平台，没有突兀的变化。如图 9.11 所示，此种优化使得反应堆相对功率峰值由 3.66 下降到 2.93，同时整体相对功率密度由 1.615 上升到 1.640，较好地完成了反应堆功率展平的设计任务。

均匀装料 　　　　　　　　　　　　　　非均匀装料

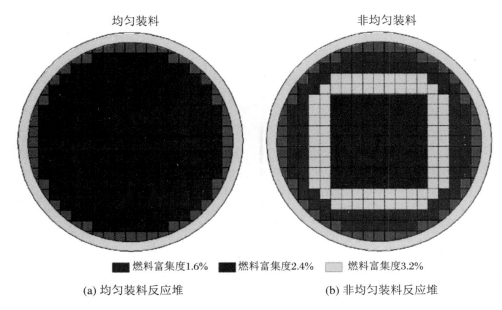

■ 燃料富集度1.6%　　■ 燃料富集度2.4%　　□ 燃料富集度3.2%

(a) 均匀装料反应堆　　　　　　　　　　(b) 非均匀装料反应堆

图 9.10　两种堆芯燃料富集度模拟

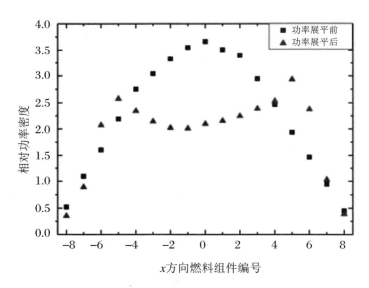

图 9.11　不同装料方式下,过反应堆中心 x 轴方向燃料组件相对功率密度分布

4. 使用 MC 软件对 Hoogenboom 压水堆基准模型建模

中国科学技术大学高年级本科生专业选修课程"计算中子学"的项目之一要求学生自己动手使用 MC 软件对 Hoogenboom 压水堆基准模型进行建模(参考附录 C),并完成反应堆几何模型绘制、计算 k_{eff}、计算堆芯功率密度分布和相对误差,以及分析模拟结果随粒子数变化趋势等任务。这里介绍 2023 年学习该课程的中国科学技术大学核科学技术学院的大三本科生张庆川同学的工作。图 9.12(见 304 页彩图)给出了对反应堆几何模型,并标注了反应堆中的一些重要的几何结构。

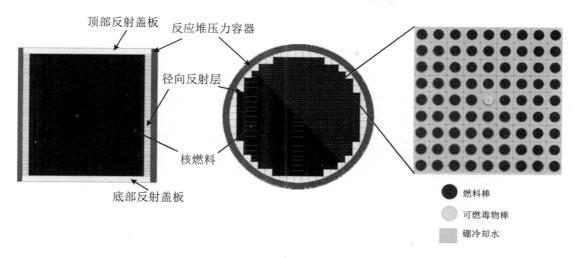

顶部反射盖板
反应堆压力容器
径向反射层
核燃料
底部反射盖板

燃料棒
可燃毒物棒
硼冷却水

图 9.12　反应堆几何模型

　　表 9.1 展示了使用 MCNP 的 KCODE 命令模拟计算一定循环次数下 k_{eff} 的计算结果。图 9.13（见 305 页彩图）展示了不同总模拟中子数下反应堆功率密度分布和对应的误差分布。此外,还有许多同学根据自己的思考提出了在满足模拟结果精度的前提下增加模拟速度的措施,如使用并行计算功能、使用 MC 软件内置的命令控制模拟结果的相对误差达到要求就停止模拟等,这里不再详细列举。同学们表示这种实践项目不仅增加了对使用 MC 方法模拟反应堆等场景的理解,而且对输出数据的后处理和分析很好地锻炼了动手和思考能力。因此建议有兴趣、有能力学习 MC 方法模拟各类粒子输运的读者参考附录进行实践。

表 9.1　用 MCNP 的 KCODE 命令模拟计算反应堆的不同循环次数下的 k_{eff}

初始 k_{eff}	循环条件	单次循环下模拟中子数	k_{eff}	标准差	99% 置信区间
1.0	共 600 次循环,前 100 次循环设置为 inactive	10^4	1.009 53	0.000 31	1.008 71～1.010 34
1.0	共 600 次循环,前 100 次循环设置为 inactive	5×10^4	1.010 02	0.000 13	1.009 67～1.010 37
1.0	共 600 次循环,前 100 次循环设置为 inactive	5×10^5	1.009 88	0.000 09	1.009 65～1.010 11
1.0	共 600 次循环,前 100 次循环设置为 inactive	5×10^5	1.009 86	0.000 04	1.009 75～1.009 96
1.0	共 600 次循环,前 100 次循环设置为 inactive	5×10^6	1.009 88	0.000 03	1.009 80～1.009 96

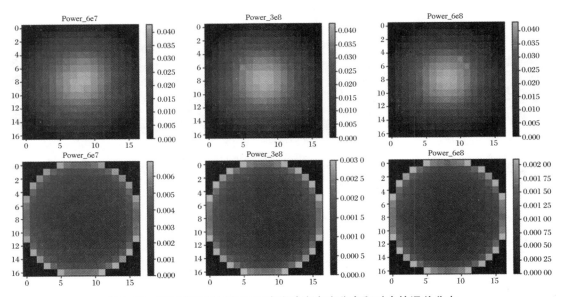

图 9.13　不同模拟粒子数下反应堆功率密度分布和对应的误差分布

9.1.2　使用 MC 方法对核聚变反应堆进行建模

1. 背景介绍

核聚变过程中两个轻原子核合成为一个中等质量的原子核,虽然在理论上并不复杂,但实际工程研究受到许多现实条件的限制。2005 年 6 月 28 日中、美、欧盟、俄、日和韩六方参与的部长级会议决定共建国际热核聚变实验堆(International Thermonuclear Experimental Reactor,ITER,图 9.14)。

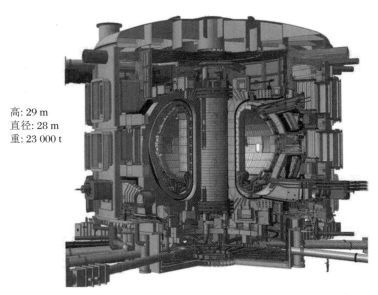

高: 29 m
直径: 28 m
重: 23 000 t

图 9.14　ITER 聚变实验堆设计示意图

https://www.most.gov.cn/ztzl/qgkjwsgzhy/kjwssywcgz/kjhzcgzdkx/201108/t20110824_89203.html。

在 ITER 之前,世界上已经存在着一些托卡马克装置。托卡马克(Tokamak)一词由环形(toroidal)、真空室(kamera)、磁(magnet)、线圈(kotushka)这几个单词组合而成,很好地表达了此装置的组成特点。托卡马克采用磁约束方式来约束等离子体,是一种环形的可控聚变实验装置。与托卡马克的设计类似,ITER 也采用了环形的外形以及磁约束的等离子体方式。

为了全面吸收 ITER 设计技术,掌握聚变堆相关的物理工程设计和关键技术,开展我国磁约束聚变堆总体设计研究,我国于 2011 年成立了磁约束聚变堆总体设计组,正式提出发展中国聚变工程实验堆(China Fusion Engineering Test Reactor,CFETR),其 CAD 模型如图 9.15 所示。

CFETR 是一个全新的托卡马克装置,采用最有前景的磁约束方式。超导磁体的设计对于产生用来维持高温等离子体的强磁场至关重要,其稳定性是维持整个系统正常运行不可或缺的条件。CFETR 堆芯等离子体会通过 D-T 反应产生平均能量为 14 MeV 的中子。虽然在设计中已经采用一系列的屏蔽系统以及慢化中子的手段,但少量的中子仍然会到达超导磁体部件区域,从而导致其部件的中子活化反应。同时,这些中子会在穿过包层、屏蔽层等区域时产生放射性核素,进一步对超导磁体部件产生 γ 辐照。世界各地的许多研究机构对于经过中子和 γ 辐照的超导磁体性能的研究一直很重视。使用 MC 方法有助于对 CFETR 的设计方案下中子学分析、屏蔽设计分析、活化分析以及停堆计量分析等问题进行分析。本书作者团队建立了 CFETR 三维全堆模型,通过 MC 模拟计算得到超导线圈不同位置的中子通量、能谱、活度等数据,以此对磁体系统的稳定性进行分析。

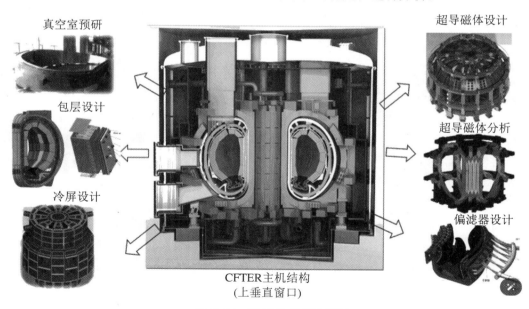

图 9.15　CFETR 三维示意图

http://ferd.ipp.ac.cn/display.php? id = 19。

2. 使用 MC 对核聚变反应堆进行建模

我们以中国科学技术大学乔世吉同学的硕士毕业论文工作为例介绍核聚变反应堆的 MC 建模方法[80]。CFETR 反应堆中子活化分析使用 MCNPX 和 FISPACT 完成。

MCNPX作为建模及模拟粒子输运的 MC 软件;FISPACT 是中子活化分析的工具。

（1）模型中子源及运行状态设定

等离子体源区主要的聚变反应是 D-D 反应和 D-T 反应。从图 9.16 可以看出，D-T 反应和 D-D 反应的截面差别在两个量级以上，而另外两个反应的截面更小，故 D-T 反应占据主导地位。与惯性约束聚变中子不同，磁约束聚变中子角分布呈各向同性，能量分布可以用高斯谱描述，平均能量为 14.1 MeV。MCNPX 内置了高斯谱函数，其默认参数恰好是描述 10 keV D-T 聚变中子的。

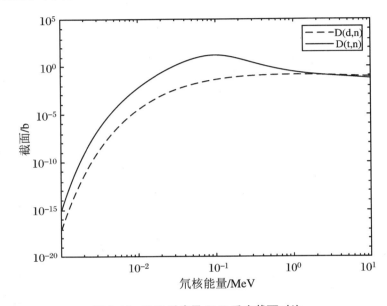

图 9.16 D-T 反应及 D-D 反应截面对比

在 CFETR 的中心等离子体的建模中，对于中子源能量分布选择 MCNPX 内置的 D-T 聚变反应能谱。高斯抽样最符合 CFETR 的中子源强度随位置变化的实际情况，这是因为源分布是类似实心游泳圈的三维实体，同时二维高斯抽样比较费计算机时间，模拟计算中往往都采用分区均匀抽样。鉴于本模型属于简化模型，只采用五层分区均匀抽样，源强从中心到边缘依次降低。

氚的半衰期是 12.3 a，自然界中的丰度几乎为零，因此聚变若要维持功率输出就必须使氚自持循环，氚循环过程如下：氘氚反应产生高能中子，这时消耗一个氚而产生一个中子（忽略次要反应）；中子入射包层物质被冷却慢化，热量由冷却剂带走，慢化的中子与 ^{6}Li 反应产生一个氚（忽略 ^{7}Li 反应），这时消耗一个中子而换回一个氚；产生的氚被提氚物质带走回收，再重新注入堆芯反应。

$$氚增值率（TBR）= \frac{在包层中增值得到的氚}{等离子体中消耗的氚}$$

假设每一步以百分之百概率完成，仍然不能满足"自持"（TBR≥1），因为氚会由于各种原因出现损失。为了解决中子不能完全利用和氚循环过程中的损耗问题，在包层中加入中子倍增剂，通过（n，χn）反应使中子通量增大，最终相当于增大上式的分子。包层中产生的氚不能全部地回到堆芯，所以仅仅要求 TBR＝1 是不够的，经过综合测算估计后 CFETR 要求 TBR＞1.2。将该要求具体化到 MCNPX 程序中进行建模，可以通过程序输入文件中的源定义相关卡来实现。

（2）CFETR 三维几何模型

建模的方法有两种：一种是在三维正交坐标系下通过定义曲面方程来描述几何体的边界，另一种则是将特定区域分割成体素化的小区域并通过填充不同材料来描述几何体的边界。两种方法各有利弊。一般来说，若几何体形状可以用简单的曲面方程或近似的曲面方程描述，使用第一种定义方法较为便捷；若几何体较为复杂，很难将其用几个简单的曲面方程表达，则选择第二种方法较为合适。用曲面方程来定义 CFETR 形状已经能够满足辐射防护和屏蔽设计研究要求。

可供选择的几何卡中，以椭圆为横截面的圆环较为适宜用于聚变堆的形状建模。选择两个以椭圆为横截面的圆环，取其相交部分作为聚变堆边界曲面，由此得到一个近似的聚变堆模型。完成建模后的三维模型外形及截面如图 9.17 所示。

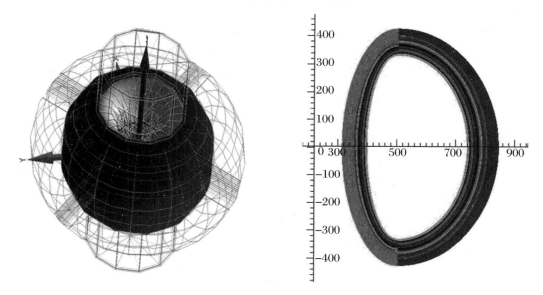

图 9.17　CFETR 在 MCNPX 中建模三维可视化

（3）CFETR 模型材料设定

在磁约束条件下，高温等离子体虽然不会直接接触腔体壁面，但是辐射热和辐照损伤对结构材料提出了极高的要求。要实现真正的"清洁"，结构材料必须是耐辐照、耐高温、高强度、低活化的。为了验证工程可行性，数值模拟结果也有不错的精度和良好的实验指导性，在设计阶段可以作为一种辅助手段。该研究选取了氦冷固态氚增值剂包层（HCSB），在满足氚自持要求的基础上分析包层内外的辐射场环境，评价包层的屏蔽能力并提出改进意见。CFETR 选用低活化铁素体钢（Low Activation Ferrite Steel，LAFS）作为结构材料。LAFS是一种低活化的材料，在受到高能中子的辐照后不会产生长寿命感生放射性，同时也满足包层的工程要求。

3. 结果介绍

（1）氚增值率计算

由定义可知，TBR 即每一个源中子事例中产生的总的氚量数量。计算的增值区域位置如图9.18所示,其中编号为102~111和302~311的增值单元分别代表内包层(inboard)和外包层(outboard)。经过计算得出产氚包层的整体TBR为1.479。为了排除功能窗口和偏滤器占据的壁面的增值贡献,该结果可以进一步修正。

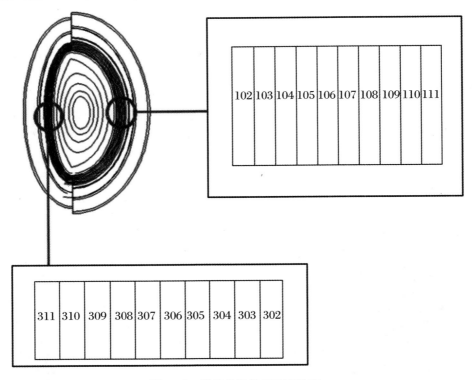

图9.18 增值单元编号对应位置

由于几何上没有对包层进行极向分块,TBR贡献的极向分布可以通过设置不同高度的环探测器做粗略估计,如图9.19所示。图9.20描述了外包层和内包层不同高度区域TBR贡献的结果。

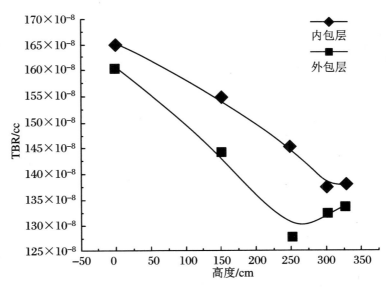

图9.19 环探测器在不同高度的氚增值统计

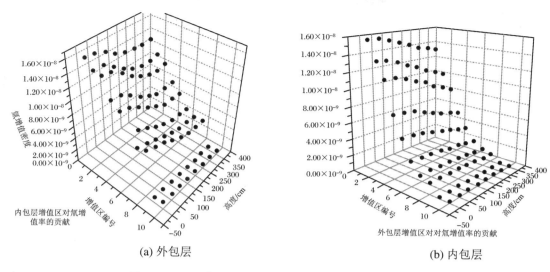

(a) 外包层　　　　　　　　　　　　　　(b) 内包层

图 9.20　不同高度子区域的 TBR 贡献沿径向和极向衰减

　　由于环探测器的精度有限,因此设置一组垂直于极轴的辅助面对包层进行计数分割,从而可以得到不同高度子区域的 TBR 贡献。TBR 贡献沿径向和极向均表现出衰减趋势。如图 9.21 所示,下部偏滤器部分的增值贡献应排除。估计偏滤器占据内包层底部约 55 cm 高度壁面,外包层底部约 6 cm 高度壁面(从内壁最低点算起),对称地来看,需要扣除内包层 275 cm 高度以上部分和外包层 325 cm 高度以上部分的 TBR 贡献,修正后的 TBR 约为 1.359。

　　(2) 核热沉积相关计算

　　源中子进入包层后通过直接或间接相互作用将能量沉积在包层中。核热沉积的计算可以为热工分析提供参考,同时也是包层内功能材料的分配依据之一。总核热沉积的计算结果如图 9.22 所示。

图 9.21　CFETR 包层截面进行计数分割后不同高度子区域的 TBR 贡献

　　从图 9.22 可以看出,热量主要沉积在包层增值区,主要因为直接面对等离子体,热功率也较高,内部需要设置冷却剂回路。外包层热负载高于内包层,整体上核热沉积都是沿径向远离等离子体而衰减,决定冷却剂的流动方式应为逆流冷却。从能量获取角度看,理想状态下核热应尽可能沉积在增值区内,由冷却剂带走,冷却的中子产氚效率更高,同时辐射屏蔽的负担也更小。因此,外包层是符合要求的,然而内包层在屏蔽层沉积热量过多。从包层内辐射迁移过程看,中子与物质相互作用产生的次级带电粒子穿透能力有限,基本上将能量沉积在出生点附近,仅快中子与 γ 射线能够对屏蔽层核热产生明显贡献。为了弄清内包层屏蔽层内核热来源,对中子和 γ 光子的核热贡献进行分析,结果如图 9.23(见 305 页彩图)所示,γ 光子的作用占主要地位。不但如此,在各个区域中子均通过产生次级光子沉积大部分能量。

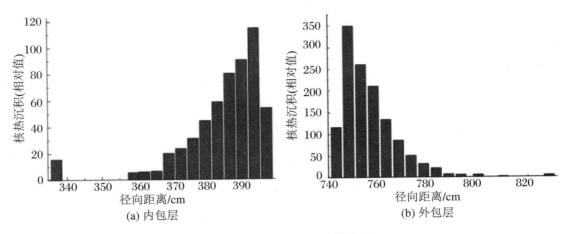

图 9.22　总核热沉积计算结果

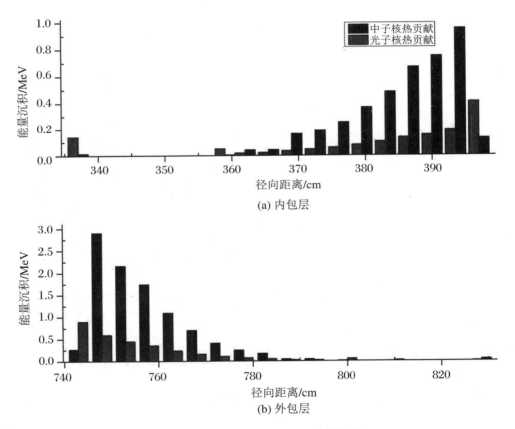

图 9.23　中子光子核热沉积计算结果

（3）屏蔽效果计算与归一化结果刻画

　　如前所述，托卡马克装置的包层、真空室、接口等部件材料均应采用耐辐射材料以保证各部件在辐照条件下的稳定性。除了对中子通量有一定的限制要求之外，超导部件还对核热沉积有一定的限制。根据 ITER 的报告，对于超导磁体部件，辐射产生的核热沉积对导体部件和结构部件的限制分别为 1 和 2 kW/m³。对于 ITER,上述限制是采用环氧化物普遍接受的剂量限值,而聚酰亚胺和双马来酰亚胺材料的实验数据显示出更高抗辐射性能。

　　包层与外部构件(冷屏、真空室、超导线圈等)之间的辐射场也受到外部反射等作用的影响,屏蔽减少了射出包层的中子的数量和能量。为了评价漏出的中子辐射对外部构件的影响,紧贴屏蔽层外壁设置了 1 cm 薄层空栅元用于计算最终穿出包层的中子的通量和能量。穿出外壁的中子基本沿径向均匀分布,一是因为外壁近似球壳,二是因为各向同性发射的源中子经过多次散射,其位置抽样的偏倚影响表现不出来,其速度与原初入射方向关系很小。穿出内壁的中子径向分布整体随偏离赤道高度增加而衰减,其波动的原因是多方面的,源的偏倚抽样、壁面形状以及模拟事例数目不够大(事例数为 1 000 万,但是统计结果平均到一个源粒子贡献)导致的统计涨落都有贡献。能量统计的结果显示高能中子所占比例很小,但是内包层在各个能区的计数都超过外包层,再次印证了内包层结构需要调整的结论。图 9.24 与图 9.25 给出了中子通量的垂直分布和中子的能量分布,可以看出内包层的中子通量与能量都高于外包层。而垂直方向上,堆体底部的通量要明显高于堆体顶部。能量分布则会在后面有更详细的计算与分析,并结合活化进行讨论。

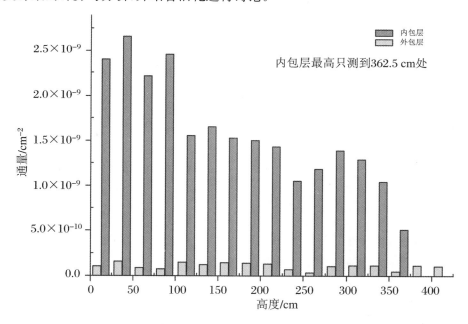

图 9.24　中子通量计算结果

　　图 9.26 和图 9.27 分别展示了内、外包层屏蔽前后中子能量的变化,结果显示屏蔽效果明显。通过比较经过屏蔽层前后的中子的通量和能量,可以看出经过屏蔽层后能量与通量值都大大降低,说明屏蔽效果良好。屏蔽层的改进还要参考其内部辐射场分布。由于进入屏蔽层的绝大多数为低能中子和中能中子,可设置水层进一步慢化,硼对热中子有良好的吸收效果,布置在水层后吸收慢化下来的中子,最后一层耐辐射钢(如 316SS)阻挡遗漏的中子和 γ 射线。

　　(4) 活化计算及分析

　　屏蔽包层的存在使得大部分的中子被屏蔽而不会到达磁体部件,因此部件受到辐照而产生的活化程度也被大大降低。图 9.28 给出了通过屏蔽包层前后的中子能谱分布。

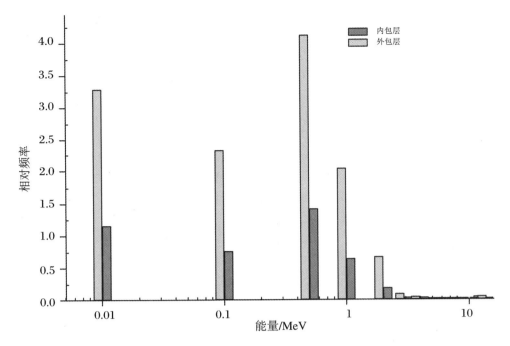

图 9.25   中子能量分布计算结果

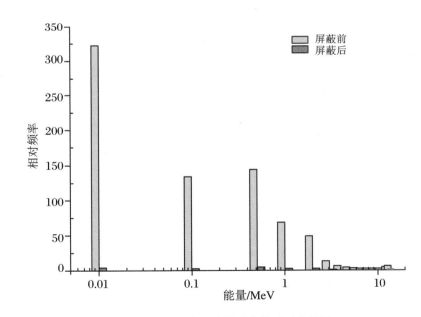

图 9.26   内包层中子能量屏蔽前后对比结果

以上结果表明,屏蔽包层对于中子的屏蔽效果极其明显,几乎所有的中子都被屏蔽,但仍有少量中子到达磁体部件区域,从而对超导磁体产生影响。ITER 屏蔽包层可以屏蔽 99% 的中子,但 ITER 没有增值包层。在 CFETR 的设计中,增值包层与中子发生反应,使中子的能量与数量都减少,之后再通过屏蔽包层使中子数量减少 95% 以上,可以认为其具有良好的屏蔽效果。在现有屏蔽设计的条件下,CFETR 磁体性能在正常工作时可以得到保证。该工作的模型采用 Nb_3Sn 超导材料,相关的一些研究也表明在一定放射性辐照的条件下 Nb₃Sn 可以保持超导性能。然而由于 CFETR 的目标是实现长时间的连续运行,因此对于长时间条件下 Nb₃Sn 的性能问题仍然需要将来通过实验来进行验证。

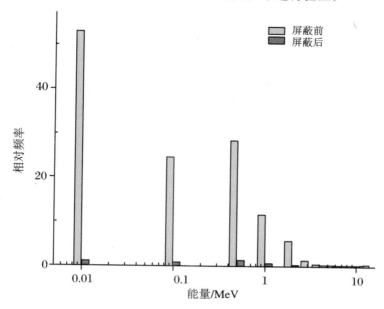

图 9.27　外包层中子能量屏蔽前后对比结果

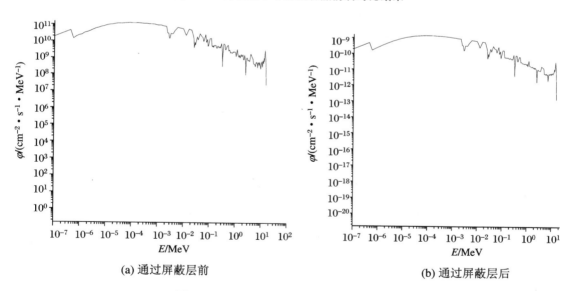

图 9.28　通过屏蔽层前后的中子能谱分布

（5）废料评估

活度计算与活化分析建立在以上中子学计算的基础上。由于磁体部件不同位置的活化情况不同,为了保守起见,该工作选取了中子能量通量最大的区域进行计算分析。将上述计算结果得到的能谱作为输入条件,利用 FISPACT 程序进行活度计算,选取 8 个时间点作为参考,分别是停机后 6 s、1 h、1 d、7 d、1 a、2 a、4 a、10 a。表 9.2 和图 9.29 给出了这些计算的结果。

表 9.2　磁体部件停机后比活度

停机时间/s	比活度/(Bq/kg)
0	3.33×10^{10}
6	3.24×10^{10}
3.60×10^{3}	2.06×10^{10}
8.64×10^{4}	1.05×10^{10}
6.05×10^{5}	6.20×10^{9}
3.16×10^{7}	2.08×10^{9}
6.31×10^{7}	1.42×10^{9}
1.26×10^{8}	1.04×10^{9}
3.16×10^{8}	6.14×10^{8}

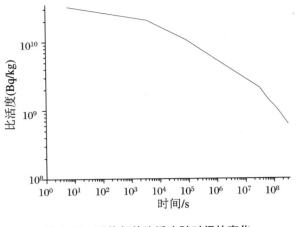

图 9.29　磁体部件比活度随时间的变化

（6）误差分析

在上述的计算过程中，MCNPX 程序计算了超过 1 000 万个粒子，使得重要栅元的中子学计算的统计误差控制在 5% 以下，足够满足数据精度和计算时间需要。然而还有部分在最外层的栅元，其统计误差较大，但因为对计算分析并没有太大影响，所以没有必要增加粒子数目或者使用 MCNPX 程序中的减方差技巧来进一步减少统计误差。

除统计误差外，简单的三维全堆模型存在由建立模型的不精确导致的误差，比如包层是以模块的形式在聚变堆中存在的，模块之间有间隙，而这些间隙在本节的计算中并未考虑。该模型通过 TBR、中子通量、核热沉积、等离子体功率等方面的计算基本验证了模型的可靠性和使用 MC 方法进行核聚变反应堆建模的可行性。

9.2　MC 方法在临界核事故模拟中的应用

9.2.1　萨罗夫核事故模拟

这里我们以 1997 年俄罗斯萨罗夫核子中心发生的临界事故为例，介绍一种使用 MC 方法来重建临界核事故中工作人员的辐射剂量的方法。在事故当天的早晨，该技术人员正在尝试复现一个临界实验（图 9.30），不幸的是，在构建反射器的过程中，内壳的上半部分（厚度为 0.8 cm）过早地接触了下半部分，触发了临界偏移。事故发生时，该技术人员感到极度不适，出现恶心、血压升高症状。首次辐射暴露后约 66.5 h，该技术人员因心力衰竭而去世。在事故后进行的一系列测量和尸检研究基础上，估算了受害者接受的中子和光子剂量。整体来说，全身平均剂量估计为 (14 ± 4) Gy。尸检进一步评估了骨髓剂量，包括胸骨至少 15 Gy，左侧髂前峰 10 ~ 15 Gy，右侧髂后峰 6 ~ 7 Gy，以及第四胸椎大约 6 Gy。

图 9.30　文献报道的发生临界时技术人员的可能姿势

　　为了重建萨罗夫临界事故过程,本书作者团队在 2014 年开创性地使用动态捕捉工具建立了动态人体计算模型 CHAD,按照公开信息模仿技术人员在事故中的姿态,以及事故后从现场快速撤离的动作,如图 9.31 所示。CHAD 体模基于该团队此前开发的非动态体模,能够用于 MC 计算。计算里面使用的中子能量分布来自 MCNPX 内置的 1 MeV 快裂变瓦特谱,假设每次裂变的平均中子产额为 2.43,每次裂变产生的 γ 当量为 8.13。γ 能谱来源于文献。使用 MCNPX 分别对每一帧的中子源和光子源进行了模拟,并基于 ICRP 方法对计算得到的器官剂量进行分析。中子剂量以中子 kerma 计算并与已发表的估计进行比较,根据 ICRP 能量相关辐射加权因子[81]进行修正,以确定剂量当量。

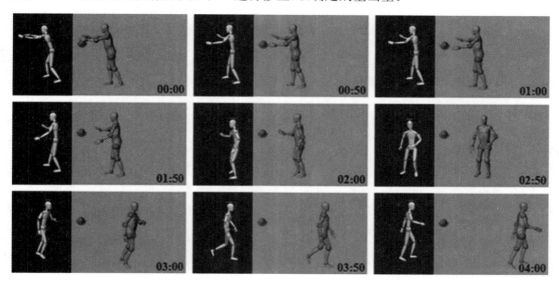

图 9.31　使用动态捕捉获得的连续帧图及相应的 CHAD 动态体模的运动序列

图 9.32 展示了使用动态捕捉和 MC 计算方法获得的萨罗夫临界事故中中子 kerma 和光子剂量与文献数据的对比结果。在乳房组织(36.8 Gy)、皮肤(30.8 Gy)和甲状腺(31.1 Gy)计算得到的剂量较高。计算所得的总剂量为 13.3 Gy,与文献报道的(14±4) Gy 的全身剂量高度吻合,体现了计算方法的可靠性。根据 ICRP(1990)[81],3~5 Gy 的全身剂量水平对骨髓的损伤可在 30~60 h 内导致死亡,5~15 Gy 的全身剂量水平对胃肠道和肺部的损伤可在 10~20 h 内导致死亡,超过 15 Gy 的全身剂量水平对神经系统的损伤可在 1~5 h 内导致死亡。所以当时人们预计工作人员的胃肠道和肺部会受到严重的损伤,病情恶化得快,第一天就会死亡。然而,从所示的剂量当量分布可以看出,实际上结肠和胃的剂量相比于肺和红骨髓较低。基于此结果可以发现辐照对胃肠道的影响低于 ICRP 基于全身剂量的估计。这也可以部分解释死亡发生的时间比预期的要晚的原因。

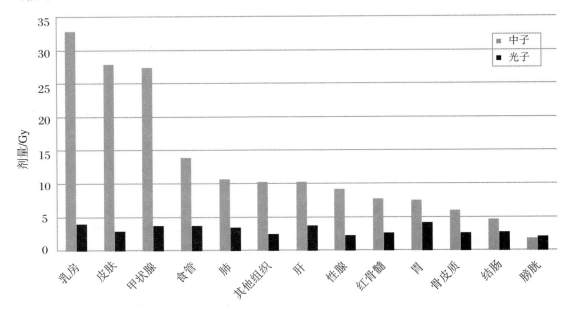

图 9.32 使用 CHAD 动态人体模型获得的不同器官的中子和 γ 光子剂量

核事故发生时涉及的辐射剂量远高于正常工作环境下的剂量,因此在对核事故情景进行模拟时,确保模拟计算的真实性和准确性很重要,这就需要把人体运动和姿势的细节纳入这种剂量重建模拟的过程中,以便考虑身体方向和肢体位置变化带来的剂量变化。正是基于这些考虑作者团队建立了世界上最早的、基于动态捕捉的人体模型 CHAD。这种动态捕捉人体模型与 MC 模拟技术的结合使我们能够对核事故情景进行高精度、真实的剂量模拟计算分析,无论这种分析是对于全身还是身体的特殊部位,都可以根据需要进行微调。相比之下,这种器官剂量分布的细节很难通过物理测量的方法获得。另外,通过观察不同器官的剂量水平的变化,以及对事故过程中暴露于高水平辐射的个体姿势的了解,可以更准确地推测剂量分布及医疗预后。

9.2.2　福岛核事故模拟

2011 年,地震和海啸引起的日本福岛核电站事故是近年来最严重的核事故。福岛第一核电厂的多个反应堆受到地震与海啸影响,其中 1,2,3 号机组在事故发生时正在运行。尽管地震后反应堆自动停止,随后浪高达到约 14 m,远超过电厂原设计的 5.7 m 防御标准的海啸,导致了厂内大部分应急柴油发电机和供电系统受损。事故包括多次氢气爆炸和大量放射性废水泄漏,严重性超过预期估计。工作人员努力控制局势,使用海水和淡水冷却反应堆,但许多应急措施在恶劣的现场环境下不能实现。福岛核事故对核电厂造成了重大损害,而且大量放射性物质在短时间内通过大气泄漏到核电站周边,对周边环境产生了长远的影响,20 km 范围内的居民被迫撤离。

　　事故发生后我们团队立刻使用 CAD 对福岛核电站内部和外部环境进行建模,主要包含三个部分:① 事故辐射源模型;② 大气弥散模型;③ 人体剂量学计算模型。首先我们在 CAD 软件中建立反应堆三维几何模型,如图 9.33 所示。该模型为福岛核电站 MARK-Ⅰ型沸水堆(Boiling Water Reactor,BWR)的核岛部分,是整个核电站的核心组件,也是辐射源所在的位置。将这些核岛与周围所需要的工厂按照福岛核电站的布局在 CAD 中进行排布,如图 9.34 所示,根据福岛的地面特征,建立核电站内部和外部的模型。我们将该福岛核电站 CAD 模型导入 MCNP 中,通过 CAD 模型向 MCMP 几何模型转换自动生成 MCNP 前处理卡片,导入 MCNP 的可视化软件中。

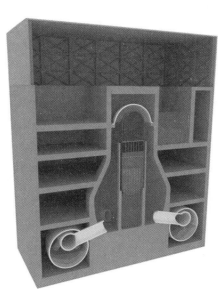

(a) 设计图　　　　　　　　　　　　　　　　　　(b) 简化后的CAD模型

图 9.33　供虚拟现实和 MC 模拟计算福岛核电站核岛(MARK-Ⅰ BWR)的 CAD 几何模型的可视化图 (原始数据见 turbosquid.com)

　　在 MCNP 中定义所需要计算的物理模型使用的各项参数如表 9.3 所示,所有的值均通过使用 SCALE/ORIGEN 软件以 MCi 为单位求得,每种放射性核素都有自己的衰变反应和相应的 γ 射线能谱。根据所发生的事件和对发电厂造成的损害,我们假设了放射性核素释放的百分比以及释放途径。我们将所求得的剂量分布测量值与文献提供的测量值进行了比较。

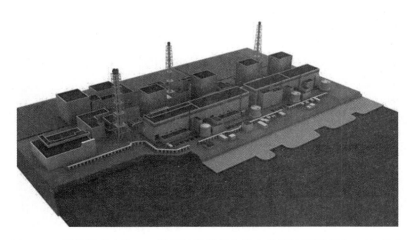

图 9.34　供虚拟现实和 MC 模拟计算的福岛核电站周边环境部分 CAD 几何模型(原始数据见 turbosquid.com)

表 9.3　辐射源活度(单位：MCi)

序号	同位素	活度	序号	同位素	活度	序号	同位素	活度
1	^{140}Ba	39.9	12	^{85m}Kr	5.7	23	^{90}Sr	1.6
2	^{144}Ce	27.9	13	^{87}Kr	7.9	24	^{91}Sr	30.0
3	^{134}Cs	62.7	14	^{88}Kr	14.8	25	^{129m}Te	1.2
4	^{136}Cs	0.4	15	^{140}La	40.3	26	^{131m}Te	3.5
5	^{137}Cs	1.9	16	^{99}Mo	39.7	27	^{132}Te	29.7
6	^{131}I	20.5	17	^{239}Np	412.0	28	^{131m}Xe	0.2
7	^{132}I	30.2	18	^{103}Ru	27.6	29	^{133}Xe	44.3
8	^{133}I	43.5	19	^{106}Ru	6.1	30	^{133m}Xe	1.4
9	^{134}I	36.4	20	^{127}Sb	1.4	31	^{135}Xe	26.2
10	^{135}I	37.6	21	^{129}Sb	5.3	32	^{138}Xe	2.1
11	^{85}Kr	0.2	22	^{89}Sr	26.1	33	^{91}Y	32.7

在 MCNP 中,我们对几何模型进行了简化,去除了周围厂房,并将地面特征都设置为土壤,如图 9.35 所示。图 9.36(见 306 页彩图)展示了使用虚拟现实软件 EON 重建福岛核事故内部和外部的模型。我们设置了两个假设：① 所有反应堆的二级安全壳都完好无损,1~4 号机组的主安全壳损坏,二级安全壳内含有均匀分布的^{137}Cs。在 MCNPX 版本中设置了网格数量与大小($10\ \text{m} \times 10\ \text{m} \times 10\ \text{m}$ 立方体)和统计面积(x：$-10 \sim 900\ \text{m}$；y：$-80 \sim 1\ 200\ \text{m}$；$z$：$0 \sim 10\ \text{m}$)。② 1~4 号机组的二级安全壳损坏,部分屋顶被拆除,释放的为二级安全壳内均匀分布的^{137}Cs,该安全壳半径 $R = 10\ \text{m}$,高度 $H = 150\ \text{m}$。

在整个模拟计算过程中,我们考虑了几个必须重视的问题：① 几何简化。几何简化是 MCNP 仿真的一种有效方法。② 源项的定义。正确定义源项是模拟中最重要的方面(必须准确地描述放射性核素随时间的分布)。本次模拟的结果说明 MC 方法可以成为核事故模拟和规划紧急情况的有力工具。

图 9.35　简化后的供 MC 模拟计算的福岛核电站外部模型

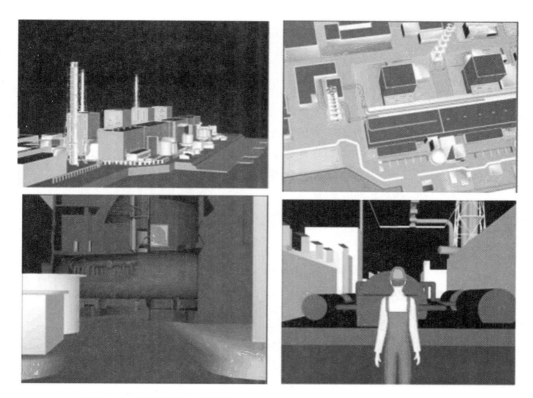

图 9.36　使用虚拟现实软件 EON 重建福岛核事故内部和外部的模型

　　使用虚拟现实可视化技术和 MC 辐射剂量模拟计算技术,我们可以对大型、复杂辐照环境进行非常详细的模拟计算和分析。这种方法在高水平辐射剂量核事故与放射治疗的研究中是非常宝贵的。未来这种技术会应用于很多其他重要的场景。例如,使用 MC 方法在虚拟现实剂量学模拟中实施动作捕捉技术,可以为核应急规划界提供非常详细的反馈,可用于优化性能并最大限度地减少培训环境中的辐射暴露，以提供日常工作或特殊暴露操作的规划和培训。应用范围也可进一步扩展，比如深空辐射环境的模拟计算。

9.3 MC 方法在工业和医用加速器屏蔽设计中的应用

9.3.1 背景介绍

1932 年，美国物理学家劳伦斯(E. O. Lawrence)发明的回旋加速器是第一台能够将粒子加速到穿透原子核的速度的设备，揭开了电子加速器在核科学技术领域应用的序幕。加速器在运行时发出的射线可能对工作人员及环境产生较大危害，因此有必要针对运行时的加速器发出的射线分布进行模拟计算，以确定最佳的屏蔽设计。

在介绍电子、质子、重离子加速器屏蔽设计相关方法前，本节先对不同类型加速器在医学和工业内应用现状、国内外对应直线加速器出台的防护法规，以及加速器运行时产生的潜在危害进行分析说明，以帮助读者更好地理解加速器的屏蔽设计方法。

1. 工业和医用加速器应用概述

工业电子直线加速器主要包括 10 MeV 以下的低能加速器，广泛应用于食品灭菌、医疗用品消毒和材料改性等工业领域。20 世纪 60 年代在英国就有使用 8 MeV 的电子加速器来治疗肿瘤的报道。目前，医疗领域使用的加速器种类丰富。按照加速粒子的种类，可划分为医用电子加速器、医用质子加速器及医用重离子加速器等。若根据加速方式分类，则分为医用感应加速器、医用回旋加速器以及医用直线加速器等。根据最终辐射能量的大小，加速器又可分为高能、中能与低能医用加速器。现在主要的医用电子直线加速器分类如表 9.4 所示。

表 9.4　不同能量下电子加速器的分类

加速器类型	X 射线能量范围及能量分档	电子射线能量范围及能量分档	应用范围
低能	4～6 MeV，1 档	—	深部肿瘤
中能	8～10 MeV，1 档	5～15 MeV，3～5 档	大部分深部肿瘤、部分表浅肿瘤
高能	6～10 MeV，15～25 MeV，1 档	5～25 MeV，5～8 档	大部分深部肿瘤、部分表浅肿瘤

与电子直线加速器相比，质子和重离子加速器属于较为新颖的加速器技术，仍在持续发展。质子和重离子放疗的主要优势是射束进入物质时，根据其能量大小会在某个深度形成一个剂量高峰，也称为布拉格峰。在实际临床肿瘤治疗中，将展宽后的布拉格峰区覆盖肿瘤区域可以有效地降低肿瘤区域前的健康组织所受的辐射剂量，从而减少放疗的毒副反应。

　　质子和重离子在工业领域同样也有较为前沿的应用。除了同位素生产,质子加速器在核废料嬗变处理中也发挥着关键作用,通过强流质子加速器照射长寿命放射性废料可将其转化为短寿命或非放射性同位素,生产的中子可以应用于硼中子俘获治疗或中子探伤。

　　重离子加速器除了相对生物效应(Relative Biological Effectiveness,RBE)的优势可以用于肿瘤治疗之外,也可以用于模拟太空中高能离子撞击航天器等航空设备场景,以此测试航空设备的性能。在培育新植物方面,重离子加速器产生的辐射可以产生更多高产、抗病虫害、耐高寒种子。

　　在 20 世纪 70 年代,国际组织就指出辐射防护屏蔽设计是保障电离辐射应用安全性的重要手段。防护屏蔽的目标在于通过减弱放射源可能产生的所有辐射危害和强度,使工作人员和公众所接受的辐射剂量尽可能小。模拟计算能够预测防护屏蔽方案是否符合国家标准,为辐射卫生管理规定提供依据。

2. 加速器相关防护法规

　　国际上尚未有统一的射线装置的分类方法,但我国采取了独特的分类管理方式。《放射性同位素与射线装置安全和防护条例》(中华人民共和国国务院令第 449 号)规定,我国对射线装置实施分类管理,按照对人体和环境的潜在危害程度,将射线装置分为 Ⅰ,Ⅱ,Ⅲ 三类,如表 9.5 所示。在我国辐射安全监管体系中,医用质子和重离子加速器被归为 Ⅰ 类射线装置。

表 9.5　射线装置分类表

装置类别	医用射线装置	非医用射线装置
Ⅰ类	质子治疗装置	生产放射性同位素用加速器(不含用于制备正电子发射计算机断层显像装置(PET)放射性药物的加速器)
	重离子治疗装置	粒子能量大于或等于 100 MeV 的非医用加速器
	其他粒子能量大于或等于 100 MeV 的医用加速器	—
Ⅱ类	粒子能量小于 100 MeV 的医用加速器	粒子能量小于 100 MeV 的非医用加速器
	制备正电子发射计算机断层显像装置放射性药物的加速器	用于工业辐照的加速器
	X 射线治疗机(深部、浅部)	用于工业探伤的加速器
	术中放射治疗装置	用于安全检查的加速器
	用于血管造影的 X 射线装置	用于车辆检查的 X 射线装置
	—	工业用 X 射线计算机断层扫描装置
	—	工业用 X 射线探伤装置
	—	中子发生器

装置类别	医用射线装置	非医用射线装置
Ⅲ类	医用射线计算机断层扫描装置	人体安全检查用 X 射线装置
	医用诊断 X 射线装置	X 射线行李包检查装置
	口腔(牙科) X 射线装置	X 射线衍射仪
	放射治疗模拟定位装置	X 射线荧光仪
	X 射线血液辐照仪	其他各类 X 射线检测装置(测厚、称重、测孔径、测密度等)
	—	离子注(植)入装置
	—	兽用 X 射线装置
	—	电子束焊机
	其他不能被豁免的 X 射线装置	

在具体的实践过程中,一般遵照辐射实践正当化原则、最优化原则以及剂量限制原则来合理地确定最终屏蔽目标限值,但要确保最终屏蔽目标限值低于国家限值。为了更加方便地衡量辐射水平,使用剂量当量 H 作为评估标准。通常以小时、周或年为时间周期,对控制区和非控制区给出不同的标准值。美国国家辐射防护和测量委员会(NCRP)51 号报告和 144 号报告分别给出了普通粒子加速器和质子加速器工作时环境束流的剂量当量限制[82-83]。

3. 加速器运行时的潜在危害

(1) 放射性危害因素

电子直线加速器正常运行过程中,电子或 X 射线与周围物质相互作用,可能产生中子、γ 和 β 射线,穿过防护墙体而造成外照射危害,但相对于加速器产生的初级射线能量较低。医用电子加速器产生的放射性危害主要包含透射辐射、泄漏辐射、散射辐射、感生放射性和中子辐射等。图 9.37 展示了放疗加速器对患者产生的几种辐射源项。

透射辐射为加速器运行时,实时穿过屏蔽达到工作区域的辐射,随开机和关机而产生和消失,通常不会对人员和环境造成影响。

泄漏辐射为加速器运行时,粒子源发射出的穿过普通屏蔽到达工作区域外的辐射,可使患者非治疗部位的正常组织和器官受到不必要的照射,还可能透过机房墙体给工作人员和公众造成外照射危害。

散射辐射为出束粒子束流投向工作设备或患者体内后产生的散射射线。此外,束流撞击墙壁、地板、天花板、设备等散射体后会产生一次或多次散射,形成能量较低、方向杂乱的散射辐射。

感生放射性和中子辐射,特指当粒子能量大于 10 MeV/u 时,特别是质子加速器和重离子加速器工作时粒子会发生级联碰撞而产生中子并伴随着 γ 射线。此时中子占据电离辐射中重要的一部分,并使被辐照的加速器部件、空气、冷却水、地下水、屏蔽墙和土壤等发生活化,产生感生放射性核素。感生放射性核素衰变时产生的 γ 和 β 射线也需要考虑。医用加速器构件及周围环境中的感生放射性主要产物见表 9.6。国家标准限值规定,对于 X 射线标准能量大于 10 MeV 的加速器,距设备表面 5 cm 和 1 m 处由感生放射性所造成的吸收剂量率分别不得超过 0.2 和 0.02 mGy/h。

表 9.6　加速器构件及周围环境中感生放射性的主要产物

靶	(γ,n)反应阈值/MeV	产物	产物半衰期	产物辐射类型
^{11}N	10.5	^{13}n	10 min	β, γ
^{16}O	15.7	^{13}O	124 s	β, γ
^{54}Fe	13.6	^{53}Fe	8.5 min	β, γ
^{65}Cu	9.96	^{64}Cu	12.9 h	β, γ
^{183}W	8.0	^{181}W	130 d	β, γ

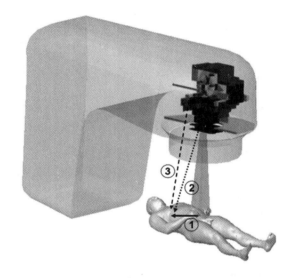

图 9.37　医用加速器运行时对患者体外剂量场贡献来源
① 患者体内散射;② 次级准直器散射;③ 机头泄漏辐射[84]。

在进行机房屏蔽设计时,应遵循辐射防护优化原则和个人剂量限制值,并参照《电子加速器放射治疗的放射防护要求》,选择合适的个人剂量和剂量率限值。例如,放射工作人员的剂量限值为 5 mSv/a(0.1 mSv/(7d));公众的剂量限值为 0.25 mSv/a(0.005 mSv/(7 d));墙体和防护门外 30 cm 处参考点的剂量率限值为 2.5 μSv/h。

中子的屏蔽层厚度约为 20 cm,相较于 15 MeV 的 X 射线平衡屏蔽层厚度(41 cm)较小。因此,满足 X 射线的屏蔽需求即可满足中子的防护要求。针对电子加速器进行屏蔽设计时通常忽略对泄漏中子的贡献。但对于质子和重离子加速器,需要着重考虑感生放射性和由于级联碰撞产生的中子辐射场。

（2）非放射性危害因素

加速器环境中的非放射性危害因素包括臭氧(O_3)、氮氧化物(NO_3 和 NO_2)、微波辐射和激光。

臭氧和氮氧化物主要由辐射场中的空气辐射分解产生,氮氧化物的产额约为臭氧的1/3,且以臭氧的毒性最高。国家标准规定,工作场所空气中 O_3 的浓度限值为 $0.3 \ mg/m^3$,治疗室的通风换气次数应达到每小时 3~4 次。治疗室内的通风量需要足够大以确保有害气体(包括放射性气体)的积累不会达到危害人体健康的程度。

微波辐射的主要来源是电子直线加速器微波传输系统在工作时接口处发生破损导致的微波泄漏,对人体同样有害。国家标准对微波辐射设备的要求是一般平均功率密度小于 $10 \ \mu W/cm^2$。

激光用于在医用加速器工作时作为等中心的位置指示,一定功率的激光入射到眼睛后可导致视网膜永久性损伤。因此,摆位时操作人员和患者都应避免激光直接入射眼睛。

9.3.2　应用 MC 方法进行加速器屏蔽设计的方法

评估辐射加速器周围辐射场的方法主要有三种:经验公式理论计算、MC 模拟计算和实际测量。经验公式理论计算得出的理想结果往往与真实值存在一定的差异,而实际测量则需要很高的搭建相关实验装置的费用支撑,因此 MC 方法是目前应用最广和研究最多的一种评估加速器周围辐射场的方法。实际应用中屏蔽设计通常将 MC 模拟与理论计算结合或实际测量结合,部分情况下会同时使用上述三种方法进行评估。使用 MC 软件进行剂量分布模拟时,一般的步骤如下:

(1) 准备模型和几何描述:根据设计图纸、实际测量或 CAD 模型确定涉及的电子直线加速器几何结构,包括加速器的各个组件的形状和结构、空间相对位置关系,以及屏蔽墙的结构和设计厚度、使用材料等。使用 MC 软件提供的几何描述语言或几何建模工具来建立准确的几何模型。根据加速器的复杂性,可能需要对模型进行层次化建模,从整体到细节逐步添加几何细节。部分 MC 软件已有基于工程 CAD 模型直接导入到软件中生成相应输运几何模型的功能,省去了繁琐的手动建模流程。

(2) 定义材料组成:为模型中的不同组件分配正确的材料属性,包括加速器的材料组成、密度分布、化学组成和辐射特性,以及屏蔽材料的物质组分和对应密度等。MC 软件通常提供一个材料数据库,包含常见材料的辐射参数。对于特殊材料,可能需要进行更详细的研究和实验以获取相应的参数。

(3) 设置辐射源和运行参数:定义辐射源,即束流能谱、方向和发射位置和空间分布半高宽等特性。根据加速器的工作模式和操作条件,选择适当的能谱分布和角度分布。设置模拟的运行参数,如模拟粒子数目、模拟时间和统计误差要求等。通常,模拟的粒子数目越多,统计误差越小,但模拟的计算时间也会相应增加。需要在准确性和计算效率之间进行权衡。目前,也已有基于 GPU 加速的 MC 模拟并行运算方法,可以在保证计算精度的前提下大大缩短计算时间。

(4) 进行 MC 模拟:运行 MC 软件,开始模拟过程。软件会根据模型的几何描述和辐射源的定义,在模型中进行粒子传输的模拟。在通常的加速器屏蔽设计中,使用 MC 模拟通常关注高能电子射线、X 射线、中子射线等辐射线在加速器所处房间内的分布及衰减情况,以及辐射射线与房间内其他物质发生相互作用后次生产物的生成情况。这些问题可能涉及复杂的物理模型和数值算法,如能量损失、散射截面和辐射衰减等。图 9.38(见 306 页彩图)直观地展示了使用 MC 方法模拟加速器模型复杂程度的对比。

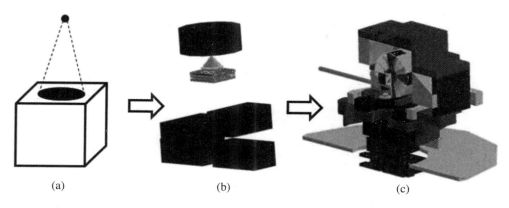

图 9.38　MC 模拟加速器图形展示
(a) 点源模型；(b) 束流加速器模型；(c) 伦斯勒理工学院 Bednarz 博士论文开发的医用加速器模型。[84]

　　(5) 收集结果和分析：在模拟运行完成后，MC 软件将生成输出文件，通常包含每个粒子在模拟过程中的运动轨迹、相互作用事件和能量沉积信息。通过分析输出文件中的信息，我们可以提取关注的参数，如剂量分布、辐射能谱和散射角分布等，同时对模拟结果进行统计分析，计算平均值、方差和不确定度等。统计分析有助于了解结果的可靠性和精度，并为进一步的结果解释提供依据。

　　(6) 结果验证和优化：将模拟结果与实际测量数据进行对比，以验证模拟的准确性和可靠性。对于实测数据不一致的情况，可能需要调整模型参数、材料属性或辐射源定义等。在模拟结果和实测数据一致的基础上，可以对屏蔽设施进行优化设计。将 MC 模拟的结果与数值计算的结果进行对比分析，随后通过修改屏蔽墙体的结构、厚度，以及采用新型或复合屏蔽材料，可以改善剂量分布和减少辐射风险。优化过程可能需要多次迭代，以找到最佳的屏蔽方案。每次迭代时，根据屏蔽方案重新调整建模后运行 MC 模拟并分析结果，直到满足设计要求为止。

　　在整个模拟过程中，应对模型的准确性和合理性保持警觉，包括对于几何描述的精度、材料参数的准确性以及辐射源定义的合理性的检查。同时为兼顾模拟结果的准确性和计算效率应合理选择模拟参数和运行条件。不同情况下可能需要采用不同的模拟策略和优化方法，根据具体情况进行调整。

9.3.3　MC 方法在加速器屏蔽设计中的应用举例

　　前面小节介绍了工业、医学领域中加速器的屏蔽设计的基本流程。为了使读者更直观地理解如何对加速器进行辐射屏蔽设计，下面我们通过四个相关设计案例帮助读者理解学习。

　　伦斯勒理工学院 Bryan Bednarz 博士论文中使用 MC 软件 MCNPX 建立了 Varian Clinac 医用加速器在 6 MeV 和 18 MeV 能量下的患者非靶区辐射剂量计算模型[84]。如图 9.39 所示，该模型定义和模拟了 100 多个加速器组件，基于此模型 Bednarz 对患者体内的剂量分布和患者体外治疗室内剂量模拟进行了研究。计算结果表明患者体内的计算值与实测值的局部差异小于 2%；6 MeV 束和 18 MeV 束的模拟剂量与测量剂量的平均局部差异分别为 14% 和 16%。18 MeV 工作模式下中子污染的模拟结果与测量结果之间的平均差异为 20%。

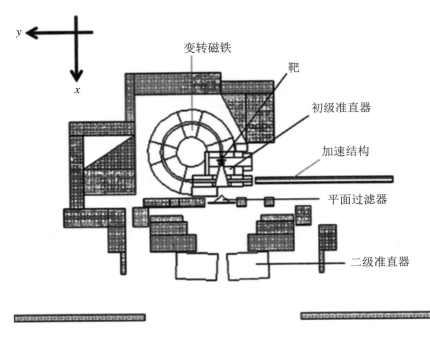

图 9.39 伦斯勒理工学院 Bednarz 博士论文中 Varian Clinac 医用电子加速器组件模型[84]

中国科学技术大学硕士生闫卓的论文使用 MC 模拟方法对合肥离子医学中心(HIMC)自主研制的超导回旋医用质子加速器以及其治疗屏蔽系统进行建模,治疗屏蔽系统结构如图 9.40 所示[85]。该工作结合质子加速器运行参数,根据中国科学技术大学人体体模在 TOPAS 中计算人体在不同位置中的器官吸收剂量,将其与加速其机房内感兴趣的位置的测量数据进行对照分析质子治疗屏蔽系统性能,并与根据 GBZT 201.5—2015 中的经验公式计算的当量剂量率 EDR 比较,发现经验公式计算出的结果相比 MC 模拟要偏高 27~37 倍,由此推论使用经验公式计算会高估散射射线的剂量,从而导致屏蔽设计成本增加。

中国科学技术大学硕士生段宗锦根据 NCRP 151 号报告及相关文献提供的加速器辐射场计算方法对深圳一台新建 10 MeV 工业用辐照型电子直线加速器迷宫通道内外以及迷宫出口处的剂量率分布进行计算[86],发现剂量率结果符合各项规定要求;基于 MC 模拟发现迷宫出口处增加一个拐角可带来一次反散射,能够使出口处瞬时剂量率较原有方案模拟结果降低一个量级。此外,该工作基于 MC 模拟,针对该加速器提供了不同 Z 值的靶材料 90°方向的辐射发射率相对于高 Z 靶材的修正因子。

中国科学技术大学硕士生郑芳针对一台用于辐照线缆的 2.5 MeV 工业电子加速器装置中预埋大电缆传输管道周围的辐射场进行了研究[87],加速器周围屏蔽如图 9.41 所示。使用 MC 方法计算得到辐照室光子能谱及飞行方向谱、管道内及墙外剂量率等参数。基于辐照室光子能谱及飞行方向谱分析发现 0~0.5 MeV 低能光子占据大部分能谱份额,且在 90°方向上 X 射线发射率最小;从各位置剂量率来看,管道开口大小严重影响墙外剂量率,在实际施工中,根据需要选用较小管道能更好达到屏蔽效果;在相同管道截面积下,正方形和圆形管道剂量变化基本一致,对于长方形管道,其长宽比越大,出口剂量率越小,更能达到管道屏蔽效果。此外,为满足辐射防护最优化设计的要求,该 2.5 MeV 加速器第一段迷宫内侧墙厚度应保持在 60~80 cm,第二段迷宫内侧墙厚度应保持在 110~120 cm。

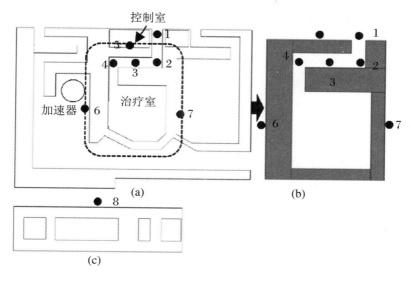

图 9.40　治疗屏蔽系统结构[85]

(a) 治疗室、控制室、加速器及周围的屏蔽;(b) 表示 (a) 的简化;(c) 表示 (a) 的纵截面图。图中黑点表示关注点。1~8 是实验关注的位置。

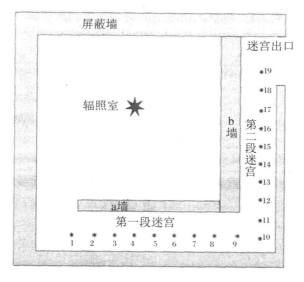

图 9.41　加速器周围屏蔽[87]

1~19 是实验关注的位置。

9.4　MC方法在职业辐射防护剂量学中的应用

9.4.1　辐射防护与剂量学基础

　　辐射防护是核科学技术的重要分支,是研究使人体和环境免受或减少所受到的辐射危害的方法的综合性交叉学科。剂量学就是对电离辐射在物质中沉积的能量及其分布进行量化研究的学科,为辐射防护的设计与评价提供科学依据。辐射防护旨在通过一系列控制措施和技术手段,监测工作环境中射线对人体造成的剂量,确保专业工作人员和公众不受辐射的有害影响。辐射防护的目的在于防止有害的非随机性效应,并限制随机性效应的发生概率,使其合理地达到尽可能低的水平。在考虑辐射防护时,并不是要求剂量越少越好,而是根据社会和经济因素的条件,使辐射照射水平降低到可以合理达到的尽可能低的水平,即ALARA(As Low As Reasonably Achievable)原则。此外,辐射防护的三项基本原则指导了防护的规范,即辐射实践正当性、防护最优化、剂量限值的应用。

　　辐射防护剂量学中,吸收剂量(absorbed dose,D)是辐射剂量学中应用最广泛的基本物理量,定义为单位质量的物质吸收的辐射能量,通常以戈瑞(Gray,Gy)为单位。有效剂量(effective dose,E)是在辐射防护中用于衡量辐射的随机性效应对人体组织或器官的总有害程度的量,它考虑了不同类型和能量的辐射对生物组织的相对生物效应,以希沃特(Sievert,Sv)为单位,且1 Sv = 1 000 mSv。根据ICRP 103号报告中的定义[88],有效剂量的计算如下:

$$E = \sum_T w_T H_T = \sum_T w_T \sum_R w_R D_{T,R} \tag{9.1}$$

其中E为有效剂量,$D_{T,R}$表示辐射R对器官/组织T造成的吸收剂量,w_R为辐射权重因子(考虑到各种辐射对长期随机效应的影响,其值主要根据各种辐射的相对生物效应确定),w_T为组织权重因子(考虑到不同器官和组织对随机效应诱导的辐射敏感性差异)。

　　ICRP 103号报告中对专业工作人员的有效剂量限值为:连续五年之和不超过100 mSv,任何一年不超过50 mSv。当量剂量限值如下:眼晶体每年不超过150 mSv,四肢每年不超过500 mSv。公众剂量限值为1 mSv/a。

9.4.2　MC方法和计算机人体模型在辐射防护剂量学中的应用

　　由于正常人体器官组织内的吸收剂量是无法直接测量得到的,人们便采用计算机或者物理模型去估计电离辐射对专业工作人员产生的剂量。能够准确模拟人体的物质组成、器官/组织形状及其位置的数字化人体模型[89]为MC模拟提供了模拟人体辐射剂量的工具。基于数字化人体模型的模拟可以对专业工作人员和患者的器官剂量三维分布进行模拟和分析,进而寻找改善辐射防护设施和手段的薄弱环节,优化辐射防护设计。

　　数字化人体模型的精确性直接影响评估专业人员的辐射剂量评估的精确性。该模型在过去几十年中已经取得了显著的发展,近 60 多年来计算机体模的数量呈指数规律增长[89]。本书作者在另一本著作《用于放射物理和生物医学工程的计算机人体模型:历史和未来》中对数字化人体模型 60 多年来的发展情况进行了系统的总结,感兴趣的读者也可以参考[12]。数字人体模型可以按时间分为三代:① 基于二次方程式构建的程式化体模(stylized phantom)(1960~2000 年);② 基于断层扫描图像构建的体素化体模(voxel phantom)(1980~2000 年);③ 基于非一致有理 B 样条(Non-Uniform Rational B-Splines,NURBS)或者三面体网格(triangular mesh)构建的可变形边界表征(boundary representation)体模(2000 年至今)。图 9.42 对比了这三代成年人体模型的几何复杂程度。

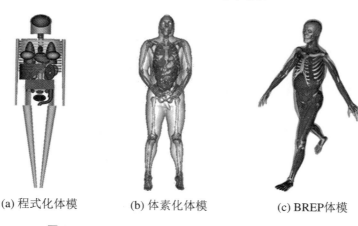

(a) 程式化体模　　　　(b) 体素化体模　　　　(c) BREP体模

图 9.42　用于 MC 剂量计算的三代计算机人体模型

图(b)中用光滑表面展示。

如今,数字体模已经发展到支持对成年男女、孕妇、儿童、肥胖者等各类人群的模拟,此外还有具有中国人特征的体素体模,如 CVP、CNMAN、VCH、CRAM 和 CRAF、USTC 等。未来,根据工作人员的影像解剖信息构建的个体化体模有望进一步降低人体建模带来的剂量计算的不确定性。

在职业辐射防护剂量学中,通常需要通过器官吸收剂量和有效剂量评估外部和内部辐射源在标准辐照条件下对器官和整体体系的剂量影响。基于 MC 方法和高度精确的计算人体模型生成的剂量数据,已经广泛应用于这一领域的风险评估和优化策略。例如,对于外部辐射源,MC 方法能够精确模拟不同能量的光子、电子、中子和高能质子、重离子等各种粒子与人体模型的相互作用,从而准确计算器官剂量和有效剂量。此外,该方法还可以模拟环境照射量,并考虑人体姿势的多变性,以更接近现实情境的方式进行模拟。对于内部辐射源,MC 方法能够对包括放射性核素和粒子等放射源导致的人体吸收剂量和有效剂量进行准确估算。该方法还能细致地计算对敏感器官(例如皮肤、眼晶体和红骨髓等)的辐射剂量。此外,MC 方法还为比较不同数学模型和计算程序产生的剂量数据提供了一种标准化的评估框架。在医学应用方面,这一方法也被广泛用于放射影像技师、放疗技师、介入放射科医生等专业人员的辐射防护研究。

通过这种多角度、多层次的剂量学评估,MC 方法在职业辐射防护剂量学中发挥着至关重要的作用。

9.5 MC 方法在空间辐射防护中的应用

9.5.1 空间辐射防护的挑战和需求

载人深空探索任务中的空间电离辐射研究是一个重要而复杂的挑战,涉及去往地球磁层外的深空旅行者和未来月球/火星居民的安全。如图 9.43 所示,深空辐射环境中的电离辐射主要包括银河宇宙射线(Galactic Cosmic Ray,GCR)和太阳高能粒子(Solar Energetic Particle,SEP)两大来源,以及月球火星表面的反照粒子和其他次级粒子。

图 9.43 深空辐射环境主要包括银河宇宙射线

1. 空间辐射环境

(1) 银河宇宙射线

银河宇宙射线源于银河系中的超新星爆发,其主要成分是高能质子和重离子,其中质子占 87%,氦离子占 10%,其他带电粒子和重离子占 3%[90],能量从小于 1 MeV 到 TeV 以上。银河宇宙射线在行星际中的分布可认为是各向同性的,但其强度会受太阳活动调制,在太阳极小年银河宇宙射线强度最大,反之最小,呈 11 年的周期变化。

尽管银河宇宙射线流量相对稳定,但其能量极高,难以屏蔽,对于长期的空间任务来说具有较大的累积辐射危害风险。能量 1～2 GeV 或更低的银河宇宙射线粒子受行星际空间磁场的屏蔽和散射作用较强,其流量随粒子能量的降低而减小,在太阳极小年可以比太阳极大年高几十倍;而能量几十吉电子伏的银河宇宙射线粒子(受磁场影响较弱,能谱分布类似于幂律谱),其流量也在不同的太阳周期内相对稳定。

（2）太阳高能粒子

太阳高能粒子源于日冕物质抛射或太阳耀斑事件等太阳表面的爆发。这些事件可以加速太阳大气粒子将其抛射到行星际空间。太阳高能粒子的主要成分是质子(90%以上)和电子,其次是 α 粒子,另外还有少量 Z＞2 的粒子。太阳高能粒子的能量覆盖几千电子伏到几百兆电子伏(偶尔也会达到 1～2 GeV);但是由于其突发性、多变性和不可预测性,太阳高能粒子流量和辐射量会在短时间内比银河宇宙射线高出几十甚至上万个量级。太阳高能粒子事件的频率随太阳周期而变化,在太阳活动极大年较为频繁。然而对其预测仍然很难,且每次太阳高能粒子事件的粒子组成、能量分布和粒子通量等方面存在很大差异。如果不能及时预测和防护屏蔽,由其引发的辐射危害会对宇航员造成不可逆的损伤,进而导致整个宇航任务的失败。

（3）月球和火星表面的辐射环境

月球和火星表面的辐射环境复杂,缺少磁场和大气的防护,且银河宇宙射线和太阳高能粒子事件与月壤作用均可能发生核反应,产生大量的次级粒子,包括带电粒子以及中子和 γ 射线,如图 9.44 所示。在月球表面,土壤中产生的向上反照辐射是月球辐射场与空间辐射场的主要差异。反照辐射产生的次级粒子是月球表面中子最主要的来源。月壤中的次级中子的能量范围可以从小于 1 MeV 到几百兆电子伏以上,且次级中子也会与月壤碰撞而损失能量,逃逸月球表面的方向向上的中子既可能有热中子,又会有快中子。月球辐射防护问题中非常关注这些次级中子[91]。

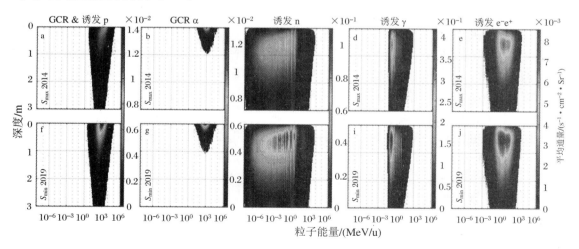

图 9.44　银河宇宙射线在月壤中产生的次级粒子的能谱

（4）其他次级粒子

初始银河宇宙射线和太阳高能粒子在穿过深空中的飞船卫星或者行星大气以及土壤

时,会和物质发生电离相互作用和核反应,通过电离辐射、核裂变、核衰变以及撞击核破碎等过程而产生不同能量和种类的次级粒子,从而引发辐射环境的变化。由于核反应过程与入射粒子的能量种类以及穿过物质的特征和强度都有很大关系,有时对射线的"屏蔽"反而会造成屏蔽后辐射环境的恶化,尤其是在有大量次级中子生成的情况下。中子不受电磁场的影响,可持续引发次级高能粒子辐射。

（5）MC方法模拟空间辐射环境

在面临如此复杂的空间辐射环境时,我们急需一种精确且具有预测性的方法来模拟和评估辐射环境及其对宇航员的影响。MC方法可以模拟银河宇宙射线和太阳高能粒子在飞船材料和人体中的传输和相互作用。通过模拟大量的粒子轨迹,我们可以获得关于辐射场的详细信息,如剂量、剂量当量、线性能量转移（lineal energy transport）以及线能量（lineal energy）等评估辐射效应和设计防护措施的重要参数。

更进一步,MC方法还可以模拟太阳高能粒子事件的随机性和不可预测性,以及银河宇宙射线随太阳活动周期变化的特性。这些模拟结果可以帮助我们理解和预测空间辐射环境的动态变化,为宇航员的辐射防护提供更准确的依据。

2. 健康风险和辐射防护的重要性

（1）空间辐射的健康风险

辐射风险被美国宇航局的研究者认为是深空载人任务的严重风险之一。空间辐射环境对人类构成的威胁使得我们必须在计划深空任务时考虑合理的辐射防护措施。尤其在屏蔽不足的条件下,长期暴露于空间辐射可能会对宇航员的生命造成严重威胁。

空间辐射中的高能电离辐射能量强大到足以穿透大部分物质,包括屏蔽设施和人体组织。在人体内,它们能够直接或间接地破坏DNA,导致DNA链断裂或者使水分子变成自由基。DNA断裂可能导致错误的修复和基因突变,从而引发一系列的生物效应。对于宇航员来说,这种辐射暴露会对他们的健康造成短期或长期的影响,如急性放射损伤、白内障、致癌、正常组织晚期退行性影响、心血管疾病风险、中枢神经系统损伤和骨质流失[92-93]。另外,突发的极高强度的SEP（在短时间内辐射剂量达到约1 Gy的量级后）也会引发急性辐射临床症状,包括眩晕、呕吐、辐射中毒等[94]。若不能及时治疗,甚至会对宇航员造成致命的危害。因此,对GCR和SEP粒子的特性、与空间辐射环境的作用和与人体的作用的研究具有重大意义,直接关系着宇宙空间探索任务的成败。

（2）辐射防护的重要性

防护措施的目的是降低宇航员接受的辐射剂量。这需要我们在设计飞船和空间站时,不仅要考虑物理防护措施,如使用防护材料或主动式屏蔽,还要考虑操作防护措施,如调整任务计划以避免太阳活动高峰期等。宇航员在执行任务时的位置、姿态和活动都会影响到接受的辐射剂量,这使得剂量评估变得更为复杂。此外,航天器的结构和材料也会影响辐射的屏蔽效果。因此,为了对宇航员可能接受的辐射剂量进行精确评估,我们需要MC方法,在设计阶段就对任务中的辐射防护性能进行评估,并优化设计以提高防护效果。

9.5.2 MC 方法在空间辐射防护中的主要应用

1. 辐射环境的建模

月球和火星等地球以外的天体表面缺乏磁场的保护,使得执行任务的宇航员将面临来自宇宙的高能粒子的直接照射。这些粒子主要来自银河宇宙射线和太阳高能粒子,它们的特性和影响都需要在辐射防护的设计和优化中考虑。

为了实现这一目标,多项研究对于月球辐射环境进行了表征和建模。这些模型可以确定在月球表面任何时间和任何地点的粒子通量和能谱,从而为宇航员的剂量模拟提供输入。此外,还有模型考虑了月球土壤和熔岩管道等地下环境的影响,模拟了背散射模式和粒子在整个地下层中的传输情况。

然而,建模的准确性受到射线源的几何结构、尺寸和粒子入射方向的影响。有研究已经表明,不同粒子入射模式的建模对剂量率的估计有很大影响。因此,为了准确评估宇航员接受到的辐射剂量,需要对辐射粒子源进行准确的建模。

2. 辐射防护设施的设计和优化

辐射防护设施的设计需要考虑任务时间的长短和辐射源的特性。例如,对于较短时间(2~3 个月)的任务,最重要的辐射危害来源是具有极高通量的高能太阳耀斑质子。而对于长期(4~6 个月甚至更长)的任务,辐射防护主要关注稳定存在的 GCR 的剂量分布。在设计防护措施时,我们需要充分利用各种资源。宇航服、载具和基地的屏蔽设施可以减少宇航员接受到的辐射,如图 9.45 所示,并通过模拟计算评估它们的效果。

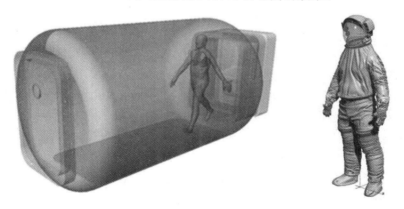

图 9.45　载人飞行器辐射屏蔽平台中的宇航员和身穿宇航服的宇航员

(1)辐射屏蔽材料的研究

在设计辐射防护设施的过程中,选择合适的屏蔽材料是非常重要的。理想的屏蔽材料能有效衰减入射初级粒子且产生较少的次级粒子,降低宇航员受到的有效剂量。传统的辐射屏蔽材料有铝、聚乙烯和水。近年来,研究人员已经发现了一些新的、更高效的屏蔽材料,比如聚乙烯基纳米复合材料、氮化硼纳米管、碳纳米管和脂肪酸等[95]。此外,我们还可以利用月壤等的资源。实际上,月壤被认为是良好的辐射屏蔽材料,月壤可以被堆积、3D 打印、烧结或熔化,用于月球基地的建造。

通过模拟评估可以了解不同材料的屏蔽效果。这种评估通常基于带电粒子及其次级射线穿过屏蔽材料后对人体的伤害程度来进行。虽然目前的文献中大多采用的比较方法是测量或计算高能重离子在屏蔽材料中的深度剂量分布,但比较屏蔽材料后人体模型中的剂量分布更加合理。研究者通常会使用一些特定的参数作为辐射屏蔽能力的衡量标准,比如线性传能系数、阻止本领和粒子碎片截面等。这些参数可以帮助我们了解屏蔽材料对辐射的阻挡效果,从而为辐射防护设施的设计和优化提供依据。

(2)辐射防护设施的优化

月球和火星表面基地的辐射防护中,一项重要的工作就是通过模拟计算确定最佳的屏蔽厚度和屏蔽策略。虽然表土屏蔽和居住结构的掩埋可以为辐射提供重要的措施,但我们还需要考虑其他的主动和被动防护措施,以及新的居住舱概念设计。为了更准确地评估月球基地的辐射防护效果,我们可以建立多种几何结构模型,如简化平板层、球壳、半球顶和半圆柱体等。

对于基地、宇航服和载具等的辐射屏蔽效果评估,主要有三种建模方法:

① 利用等效铝屏蔽厚度作为等效屏蔽:这种方法将具体设施的屏蔽等级转化为等效的铝屏蔽层质量厚度,通常为 $1\,g/cm^2$ 或者 $0.2\sim0.5\,g/cm^2$。这种等效铝厚度的计算方法所得结果精度较低。

② 利用简单几何(如圆柱体、长方体)进行建模以探究新型防护材料的屏蔽效果。这种方法并没有考虑防护设施的具体几何结构,但可以给出新材料对辐射防护的基本效果。

③ 将防护设施详细的 CAD 模型导入 MC 计算软件,这是目前最精细的建模方法。这种方法可以考虑防护设施的具体形状和结构,以及不同材料的屏蔽效果,从而给出更精确的辐射防护效果评估。

(3)宇航服的辐射防护设计

宇航员在月球和火星表面进行活动时,处于低屏蔽状态,因此必须考虑在面临太阳高能粒子等意外情况下的紧急辐射屏蔽干预,如宇航服的屏蔽技术。当前,辐射防护宇航服的研究主要集中在两个方向:宇航服材料的筛选和宇航服的创新型设计。

欧洲航天局已经推荐了几种可以用于舱外活动(Extra-Vehicular Activity,EVA)的辐射防护材料[96]。我们也可以考虑使用有机化合物和生物循环物质作为屏蔽材料来制造可穿戴的辐射屏蔽宇航服,或者使用可充水的个人防护服,以保护宇航员最敏感的器官。

(4)载具的辐射防护设计

除了基地和宇航服处,对于探索任务中的载具,如月球车和火星车,也需要考虑辐射防护。一方面,载具在行进过程中可能会经历不同的辐射环境,因此需要有足够的屏蔽能力;另一方面,载具也可能作为临时的避难所,为航天员提供紧急的辐射保护。

同样,我们可以使用 MC 方法对载具的辐射防护进行模拟和优化。具体来说,可以考虑载具的形状、材料、厚度等因素,以及可能的辐射源的类型和分布,以确定最佳的屏蔽设计。

3. 宇航员辐射剂量的计算

在深空探索中,宇航员的辐射剂量计算是一个重要而复杂的课题。为了有效地评估辐射防护措施的效果,我们需要对人体受到的物理辐射剂量和辐射生物损伤进行精确的模拟和定量计算。

有效剂量当量(effective dose equivalent,H_E)是在空间辐射防护中用于衡量人体组织或器官在受到辐射时所受影响的量。计算有效剂量当量时需要根据流行病学统计的辐射风险数据对各个组织分配不同的权重。另外,由于空间辐射环境包含大量高 LET 辐射(如高能的中子和重离子射线等),不同种类、能量的辐射粒子会对生物组织造成不同程度的损伤,所以还应为不同的辐射粒子分配不同的权重。综上所述,ICRP 123 号报告提出了基于品质因子 $Q_{NASA}(Z,E)$ 的有效剂量当量[92],用于评估宇航员在空间辐射环境中的辐射剂量,公式如下:

$$H_E = \sum_T w_T H_{T,Q} = \sum_T w_T Q_T D_T$$

$$Q_T = \frac{1}{m_T D_T} \int_{m_T} \sum_Z \int_E Q_{NASA}(Z,E) \frac{\mathrm{d}D}{\mathrm{d}E} \mathrm{d}E \mathrm{d}m$$

$$Q_{NASA}(Z,E) = [1 - P(Z,E)] + \frac{6.24 \Sigma_0 / \alpha_0}{LET} P(Z,E)$$

$$P(Z,E) = (1 - e^{-Z^{*2}/\kappa\beta^2}) \cdot (1 - e^{E/E_m})$$

$$Z^* = Z(1 - e^{-125\beta/Z^{2/3}})$$

其中 w_T 为组织权重因子,考虑不同器官和组织对随机效应诱导的辐射敏感性差异,对于 $Q_{NASA}(Z,E)$,需考虑不同种类、能量的辐射粒子对生物组织造成的损伤程度,Z 是原子核的原子序数,E 是粒子的能量,LET 是该粒子在水中的线性传能系数。Σ_0,m 和 κ 是基于辐射生物学实验的主观估计值,而低线性能量转移的斜率 α_γ 则是根据 γ 射线的人类流行病学数据进行估算的,β 是粒子速度和光速的比值。

从上述公式可以看出,要准确计算人体的有效剂量当量,需要统计人体内每一个点位置的品质因子 $Q_{NASA}(Z,E)$,即需要统计该点位置处带电粒子核的种类和能量,并根据该粒子核沉积的剂量加权求和。仅有 MC 方法可以实现这样的对各位置的粒子的精确追踪,从而完成有效剂量当量的准确计算。

9.5.3　MC 方法在空间辐射防护中的优势、局限性和展望

1. MC 方法的优势及局限性

现代 MC 方法依赖于计算机产生的随机数来模拟粒子与物质的相互作用,从而预测粒子的轨迹和核反应的类型。这种方法的统计误差可以控制到小于1%的水平,这比许多实验结果更精确。尽管存在多种数值计算方法可以解决粒子输运的数学问题,但只有 MC 方法能够完善地考虑三维、非均匀介质(如人体)中的粒子间的相互作用。鉴于空间辐射粒子物理参数的复杂性,相比于解析算法,MC 方法在精度上的优势尤其明显。

然而,要控制统计误差,MC 方法需要模拟大量的粒子数目以减少统计误差,需要大量的计算资源,并导致漫长的计算时间,尤其是对于涉及大量粒子和复杂几何的问题。这个问题一直阻碍了 MC 方法的广泛应用。目前,世界上一些通用 MC 软件系统,包括 MCNP,FLUKA,GEANT4 和 PHITS 等,通常需要几到几十小时才能完成空间辐射中的三维人体剂量分布图。这样的计算速度将无法满足太阳高能爆发等紧急情况下对辐射预报和屏蔽优

化的需求。

此外,空间辐射具有高能量、低剂量率和高 LET 辐射的特点,与熟知的地面的较低能量、高剂量率和低 LET 辐射不同。MC 方法需要精确的物理模型和反应截面数据,高能粒子的这些数据难以从地面实验中获得。

2. 展望

MC 方法在空间辐射防护中的应用是一个跨学科的研究领域,涉及物理、数学、计算机科学、生物医学和航天工程等多个领域。因此,我们需要在各领域之间进行广泛的合作和交流,共同推动这个领域的发展。随着我国深空探测计划的推进,宇宙空间环境的辐射防护的关键科学问题研究成为重大需求。借助个体化数字人体模型、基于 GPU 的空间辐射 MC 算法、空间辐射环境建模、高能放射生物学和动态捕捉等技术的发展,MC 方法在宇宙空间辐射防护领域将有更加广泛而深远的应用。

习　题

选择题:根据题干,选出合适的选项。

1. 对核事故进行 MC 模拟的 3D 模型需要包括哪些部分?(　　)。
A. 对事故发生时大气条件的描述　　B. 对事故期间放射源的描述
C. 应用于剂量计算的人的体模　　　D. 以上元素都需要包括

2. 下面有关核事故模拟分析正确的是(　　)。
A. 日本福岛核电站事故的直接原因是海啸
B. 福岛核电站的 VR 三维模型不准确
C. 核电站事故不能使用 VR 和 MC 方法相结合来建模
D. 核事故中工人的姿态无法重建模拟

3. 电子加速器辐射屏蔽设计,需要考虑哪几种辐射?(　　)。
A. 透射辐射、泄漏辐射　　　　　　B. 散射辐射、中子辐射
C. 感生放射性　　　　　　　　　　D. 以上都需要考虑

4. 下面有关加速器说法错误的是(　　)。
A. 1930 年劳伦斯发明了第一台电子回旋加速器
B. 电子加速器可用于辐照加工、同位素产生及癌症治疗
C. 高能电子加速器不可治疗浅表肿瘤
D. 国际上对射线装置的分类尚未统一,但我国统一分类

5. 有关辐射权重因子的概念,错误的是(　　)。
A. 对于光子而言,辐射权重因子即其品质因子
B. 电子和光子的辐射权重因子相同

C. 中子的辐射权重因子要大于质子和重离子的

D. 质子的辐射权重因子要小于 α 粒子的

6. 下面有关辐射防护与剂量学的说法正确的是（　　　）。

A. 辐射防护的目的是完全屏蔽辐射

B. 吸收剂量 D 的单位是 Sv

C. 专业人员照射剂量限值每年平均为 20 mSv

D. 我们要采取适当措施，把剂量水平降低到使工作人员所受剂量低于限值，就能保证绝对安全

7.（多选）下列关于 MC 方法在职业辐射防护剂量学中的应用的说法不正确的是（　　　）。

A. 体素化体模始于 1980 年并仍在使用中，基于断层扫描图像构建

B. MC 方法仅用于模拟外部辐射源对人体的影响

C. 由于 MC 方法具有统计不确定性和耗费算力等缺点，我们应该用探测器测量专业工作人员体内受到的辐射剂量

D. MC 方法可以模拟中子与人体模型的相互作用

8.（多选）下面有关银河宇宙射线（GCR）的说法正确的是（　　　）。

A. GCR 在深空中的分布呈各向异性

B. GCR 主要由电子和中子组成

C. GCR 的主要成分是高能质子和重离子，其中质子占 87%，氦离子占 10%

D. MC 方法可以模拟 GCR 和 SEP 的行为，包括其在飞船材料和人体中的输运和相互作用

9.（多选）下列关于空间辐射防护的说法不正确的是（　　　）。

A. 宇航员在执行任务时的位置、姿态和活动都不会影响接受的辐射剂量

B. 有效剂量当量主要用于衡量人体组织或器官在受到辐射时所受的影响

C. 月球和火星的表土屏蔽和地下基地结构能为辐射提供重要的保护

D. MC 方法不能考虑三维、非均匀介质中的粒子间的相互作用，且结果的统计误差较大

第 10 章 MC 方法在核医学物理中的应用

核医学物理是核物理、核技术、核医学、肿瘤放射治疗、医学影像学、光学、信息科学、放射生物、仪器科学、辐射安全等学科的交叉学科。这个领域的科研和临床涉及利用核物理的概念和方法来研发新的诊断治疗技术和新仪器装备,借助实时影像技术来研究疾病的发展变化过程,进而开发新的靶向治疗手段,达到提高人类疾病诊疗水平的最终目的。过去 20 年中世界各国在核医学物理领域的应用发展迅速,产业化竞争加剧。由于核技术门槛等因素,多年来我国核医学技术和设备依赖进口,因此相关技术的国产化和相关人才的培养对我国的经济社会发展及国民健康的保障具有重要的意义。

核医学技术包括利用多种粒子如放射性核素衰变产生的 α,β,γ 射线,以及各种设备产生的 X 射线、电子线、质子束及其他粒子束,对患者进行诊断或治疗的技术。具体来说,包括 X 射线成像技术、基于放射性核素的核医学影像以及各种形式的放射治疗技术。诊疗过程中患者不可避免地受到辐射,因此减少患者不必要的剂量暴露与提高辐射剂量的有效性一直是核医学技术发展的重要课题。MC 方法基于随机采样模拟粒子输运,能够准确反映真实的物理情况,被广泛应用于核医学领域的剂量计算与设备、技术评估与验证。本章将从 CT、核医学影像、放射治疗等多个核医学领域介绍 MC 方法的具体应用。

10.1 MC 方法在 CT 剂量计算中的应用

10.1.1 背景介绍

X 射线透视和基于 X 射线的计算机断层(Computed Tomography,CT)成像为临床广泛使用的放射诊断方法。如图 10.1 所示,CT 依据 X 射线在不同物质中衰减不同的原理,利用多角度的投影数据由滤波反投影算法迭代重建出成像物体的断层图像,能够提供患者的解剖结构信息,具有良好的分辨率。目前,CT 检查在放射诊断中的占比在全球范围内迅速上升[97]。我国"九五"期间 CT 检查频次占放射诊断频次的 6.8%,2009 年上海市统计显示 CT 检查的频次占放射诊断的 17.7%,CT 检查人数是 1996 年的 5.6 倍[98]。本节以 CT 检查为例,说明 MC 方法在 X 射线成像方面的应用。

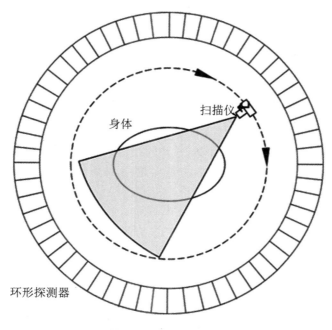

身体

扫描仪

环形探测器

图 10.1　CT 原理示意图

10.1.2　相关工作介绍

CT 检查相对于普通 X 射线成像辐射剂量较大,准确计算受检者的器官剂量和有效剂量可以为评估受检者辐射风险提供依据,也对选择 CT 检查方案和放射成像模式的优化具有重要意义。

目前,CT 扫描的受检者吸收剂量的量化方法主要分为基于估算的方法、基于实验测量的计算方法、基于 MC 参考剂量数据的方法、直接 MC 模拟计算方法和 CT 辐射剂量的计算软件。其中 MC 模拟方法被认为是辐射剂量计算的金标准,在 CT 扫描剂量计算中的应用主要包括为剂量估算提供参考数据及个体化剂量计算两个方面。

为了方便评估 CT 扫描的辐射剂量,市面上先后出现一系列用于估算 CT 检查器官剂量和有效剂量的软件,比如 ImPACT CTDosimetry,CT DOSE,CT-Expo,ImpactDose,eXposure 及 WAZA-ARI 等。其中很多软件将基于程式化数字人体模型进行 MC 方法模拟得到的 CT 检查参考辐射剂量数据库与受检者的体征和扫描参数结合,利用经验公式估算器官剂量和有效剂量。程式化数字人体模型过于简化人体的解剖结构,与仿真度更高的体素模型相比,在计算 CT 剂量方面将产生约 25% 的器官剂量差异。另外,上述软件的参考剂量数据库未涉及不同年龄,特别是儿童年龄段、不同程度胖瘦体型的剂量数据,对特定人群的剂量估算存在不足。

本书作者团队研究的 CT 剂量评估软件 VirtualDose[99] 是一款不同于前述使用程式化数字人体模型的 CT 剂量估算软件,VirtualDose 内置了包括新生儿、儿童、孕妇、肥胖人群等不同年龄、性别、体型的 25 个个性化参考人体模型。此外,VirtualDose 支持市场上常见制造商的大多数 CT 扫描仪。用户在网页端(www. virtual-dose.com)根据患者的体型选择恰当的人体模型,输入管电压、管电流时间、射束准直宽度、滤波器、螺距等 CT 扫描参数,划定或选择 CT 检查的扫描范围后进行个性化 CT 扫描剂量计算,获取以图表等形式展示的器官剂量。

上面介绍了 MC 算法在个性化剂量估算参考数据的应用,然而有限的参考体模始终不能反映具体患者的结构异质性。为了准确计算患者所接受的辐射剂量,基于患者个人数据的个体化体模及基于个体化体模的剂量计算显得尤为重要。这也是 MC 方法在 CT 剂量计算中的第二个应用,即基于直接 MC 方法的个体化剂量计算。

在过去,个性化体模的构建是一项非常复杂的工作,很难推广到临床,随着 CT 扫描的普及和深度学习技术在器官自动分割上的发展,个性化计算机人体模型的快速构建逐渐成为现实。

传统 MC 算法耗时长,不适用于临床的 CT 剂量计算。前面章节中我们已经介绍了基于 GPU 的快速 MC 软件,而 ARCHER-CT 就是将快速 MC 剂量计算引擎 ARCHER-RT 和基于神经网络的自动分割技术相结合[100],实现 CT 图像的自动分割和 CT 剂量的快速计算,相比于基于参考体模 VirtualDose,ARCHER-CT 剂量计算误差降低了 90% 以上,使个性化体模的 CT 剂量评估成为可能。

CT 成像流程的模拟对于 CT 设备成像性能评估、X 射线管及探测器等硬件设计方案的比较等都具有重要意义。解析法模拟 CT 成像主要基于光线追踪算法,通常用于生成原始数据集以评估校正或重建算法。基于 MC 的模拟则基于光子和电子在 3D 几何结构中的传输,可以用于性能评估、设计几何形状、扫描参数的优化,寻找理想的探测器配置和材料,生成用于测试重建和射束硬化校正算法的数据集等。

Boone 等人分别基于通用 MC 软件探索了 CT 成像链的模拟[101]。随着相关研究的逐渐开展,多个专用 CT 成像模拟的 MC 软件被开发出来。Ay 和 Zaidi 基于 MCNP4C 开发了一种 CT 模拟代码,用于扇形束和锥形束模拟,支持单层、多层(最多 64 层)和平板探测器,并研究了靶材料、靶/滤波器组合、电压纹波、阳极跟效应和焦点尺寸等参数的不同设置对产生 X 射线光谱的影响以及靶角对离轴光谱的影响[102]。该程序支持对 X 射线管、准直器、蝴蝶结形射线滤波器、体模、探测器几何形状和材料的自定义。图 10.2 展示了该系统的 CT 模拟原理和主要组件。

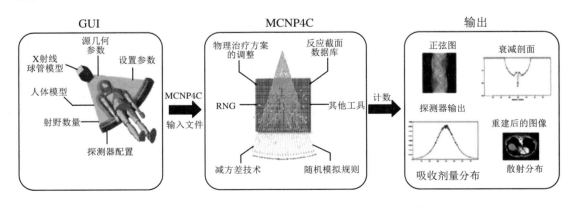

图 10.2　基于 MCNP4C 的 CT 模拟原理与主要组件

MC 方法还是散射建模和评估散射校正技术的理想研究工具。给定物体的已知电子密度或衰减分布,MC 方法能够将检测到的事件分为非散射事件和散射事件,从而提供了直接确定散射分量(通常相当平滑)的可能性。

10.2　MC 方法在核医学诊疗中的应用

10.2.1　背景介绍

狭义的核医学是指利用放射性同位素衰变发出的射线进行诊断、治疗和研究的学科。含有放射性核素的放射性药物是核医学所有诊疗研究的根本。图 10.3 展示了放射性药物的基本结构、作用机制及应用。

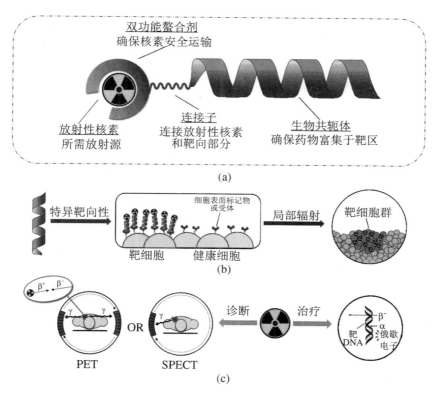

图 10.3　放射性药物的基本结构、作用机制及应用

(a) 放射性药物的基本结构;(b) 生物载体特异性靶向细胞作用过程;(c) 放射性核素衰变类型及其核医学应用。

核医学成像技术探测药物衰变发射的粒子的位置、数量或能量以提供关于病变的位置、大小、代谢活动以及器官功能的信息,在临床实践中广泛应用于癌症、心脏病、神经系统疾病等多种疾病的诊断和评估。目前,三维核医学成像技术主要通过发射型 CT(Emission Computed Tomography,ECT)实现,其图像重建原理类似于 CT。

PET 成像,即正电子发射断层成像,是目前临床应用最广泛的 ECT 技术之一,这里以

PET 为例具体说明临床显像原理,如图 10.4 所示,标记有能够发射正电子的放射性核素的药物注入人体后,通过血液循环流经器官参与人体组织代谢,特异性地聚集于靶器官或靶组织。过程中放射性核素衰变发射出正电子。正电子在体内与负电子发生湮灭,产生两个能量相等(0.511 MeV)、方向相反的 γ 光子。若两个 γ 光子穿过人体就会几乎同时进入 PET 环形探测器中。当两个探测器几乎同时探测到两个互成 180°±0.25° 的光子时,进行一次符合事件计数,即确认了一次衰变所在的直线位置,通过对符合事件统计和处理可以得到人体内部放射性核素的分布图像,从而获得人体的代谢活动强度分布信息。

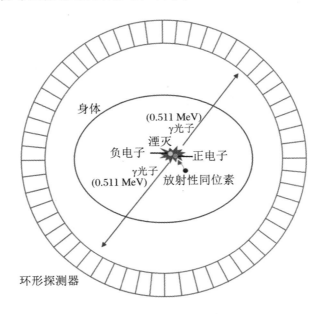

图 10.4　PET 原理示意图

核医学治疗技术,又称放射性核素治疗,也是放射治疗的一种特殊技术。放射性核素药物是由核素偶联在细胞特异性识别基团如受体、酶或抗原等上的,通过口服或肠道外给药,使其与肿瘤细胞靶向地结合,发射射线轰击肿瘤细胞,从而达到精准抑制肿瘤细胞增殖甚至杀灭肿瘤细胞的目的。相较于外照射,放射性核素治疗可以针对全身范围的肿瘤细胞提供治疗剂量,同时最小化对于正常组织的辐射毒性。由于其具有良好的市场前景和经济效益,近年来放射性治疗药物的研发日益受到重视。其应用范围包括肿瘤治疗和疼痛缓解。

在核医学成像及放射治疗过程中,放射性药物均被注射到患者体内,形成了典型的内照射,增加了患者(特别是年轻患者)的辐射诱发癌症风险,有必要对患者接受的辐射剂量予以评估。

10.2.2　MC 方法在内照射剂量中的应用

近 50 多年来,MC 方法一直是核医学诊疗与治疗的重要研究工具,大致涉及两种主要应用:基于简化的患者模型估算内部剂量测定,以及对临床核计数和成像中使用的仪器物理方面的研究与探索。

核医学中使用的放射性核素和放射性药物发射的辐射主要包括 X 射线、γ 射线、电子、正电子、β 粒子和 α 粒子。光子相互作用涉及瑞利散射、康普顿散射和光电效应。带电粒子主要考虑原子激发和电离、弹性散射与非弹性散射。正电子输运终点需要产生湮灭光子。

传统上，内照射剂量评估普遍采用核医学和分子影像学会（Society of Nuclear Medicine & Molecular Imaging, SNMMI）医学内照射剂量委员会（Medical Internal Radiation Dose Committee）提出的 MIRD 方法[103]，在器官水平估算患者的内照射剂量。公式如下：

$$D(r_T \leftarrow r_S) = \int_0^{T_D} A(r_S, t) S(r_T \leftarrow r_S, t) \mathrm{d}t \tag{10.1}$$

其中 $D(r_T \leftarrow r_S)$ 为源器官 r_S 辐射导致的靶器官 r_T 的平均吸收剂量，$A(r_S, t)$ 为 t 时刻源器官 r_S 发生放射性衰变的次数，$S(r_T \leftarrow r_S)$ 为在标准体模中计算的源器官中每次放射性衰变时靶器官中的平均吸收剂量，也称为 S 值。同时存在多个源器官时，靶器官平均吸收剂量由不同源器官的贡献累加得到，公式如下：

$$D_T = \sum_n D(r_T \leftarrow r_S) \tag{10.2}$$

由于人体结构的复杂性及不同放射性核素衰变特性的差异，解析方法难以准确描述不同源器官或靶器官在剂量学上的表现。该方法中的重要参数 S 值一般由 MC 方法计算得到，这是 MC 方法在内照射剂量计算中一个重要的应用场景。

基于 MIRD 方法，一些内照射剂量计算软件被开发出来，同时有研究估计了患者在核医学诊疗中患者的器官吸收剂量。但这些研究中很多使用的是参考体模，并且假设器官中放射性核素活度是均匀分布的，没有考虑患者个性化的活度分布和器官解剖结构。

近年来，多项研究提出更精确的方法进行体素水平的内照射剂量计算，包括剂量点核（Dose Point Kernal，DPK）卷积和体素 S 值（Voxel S Value，VSV）方法。DPK 卷积方法是使用最广泛的体素级剂量计算方法。剂量点核为均匀水介质中各向同性点源周围的径向吸收剂量分布，DPK 卷积方法通过对剂量点核的卷积得到患者体素级剂量分布。VSV 方法基于 MIRD 思路将器官水平细化到体素级别，源组织与靶组织均以体素为单位定义，将时间累积活度 $\widetilde{A}$ 与基于水介质的 $\mathrm{VSV}_{\mathrm{water}}$，进行卷积计算患者的吸收剂量分布，计算公式如下：

$$D_{\mathrm{voxel}} = \widetilde{A} \otimes \mathrm{VSV}_{\mathrm{water}} \tag{10.3}$$

VSV 方法基于 MC 方法预先计算的体素 S 值，避免了 DPK 卷积方法中目标体积球面坐标与笛卡儿坐标的频繁转换，但需要对每个放射性同位素不同体素尺寸对应的 VSV 数据制表。剂量点核卷积与体素 S 值方法大部分研究基于均匀水体模，没有考虑不同解剖结构的异质性对剂量的影响。

作为剂量计算的金标准，MC 剂量直接计算是 MC 方法在内照射剂量计算中的另一个重要应用，相关方向也有不少文献报道。然而，很多相关研究均使用基于 CPU 的 MC 算法，需要花费大量的计算时间。中国科学技术大学彭昭开发了用于内照射剂量计算的快速 MC 软件 ARCHER-NM，软件所计算的四种 β+ 衰变核素的点源水箱剂量及一例 18F-FDG PET/CT 患者全身剂量与 GATE 计算结果一致，证明了 ARCHER-NM 用于核医学患者全身内照射剂量评估的准确性。此外，完成一例患者剂量计算 ARCHER-NM 仅用时 22 s，比 GATE 快 400 倍。

在剂量学应用以外，MC 方法广泛用于 PET 和 SPECT 等设备的设计。多项研究通过

MC 模拟方法进行探测器几何形状设计、设备性能评估,并对探测器形状、尺寸和材料等参数优化。

10.3 MC 方法在外照射放射治疗中的应用

10.3.1 背景介绍

癌症一直是世界范围内的一个严重的公共卫生问题。统计表明 2020 年世界范围内估计有 1 930 万新发癌症病例和近 1 000 万癌症死亡病例[105]。放射治疗可以用于治疗几乎所有类型的癌症,超过一半的癌症患者把放射治疗作为治疗的一部分。

放射治疗是一种利用电离辐射破坏细胞遗传物质,从而杀伤病变细胞或抑制其增殖以治疗疾病的方法。放射治疗的目标是使对肿瘤细胞的辐射剂量最大化的同时尽可能保护与肿瘤细胞相邻或辐射路径上的正常细胞。

远距离放射治疗,又称外照射(External Beam RadioTherapy,EBRT)是目前应用最广泛的放射治疗技术。外照射技术中光子、质子或离子束等高能射线按照专用治疗计划系统(TPS),根据治疗前获得的患者影像信息制定的治疗计划从体外照射到肿瘤部位。

MC 模拟在放射治疗中起着重要作用。首先,放射治疗在 100 多年的探索中,发展出了用途不一、形态结构各异的硬件设备以及各种复杂的外置或集成成像设备,MC 方法可以通过对于设备性能的模拟为设备的设计完善提供依据;其次,作为剂量计算的金标准,MC 模拟可以集成到 TPS 中,提供准确的剂量计算结果以用于患者治疗计划的制定,或者作为独立计算引擎,对解析剂量计算的结果进行验证。

10.3.2 相关工作介绍

目前,临床光子外照射治疗绝大多数通过医用电子直线加速器实施。直线加速器的核心结构为电子束产生及输运系统,该系统通过电场将电子加速到指定能量,并根据使用需求直接输出或打靶产生韧致辐射而得到 X 射线束。此外,为满足精确治疗的要求,现代医用直线加速器大多在机身集成了锥形束 CT、核磁共振等影像获取单元以实现图像引导放射治疗,设备复杂度不断提升。

1. 设备建模与性能评估

MC 技术已被广泛用于电子和光子放射治疗设备的模拟。在进行 MC 模拟时,设备结构的准确建模是模拟结果准确性的重要基石。在医用电子直线加速器中,与射束空间强度分布有关的准直与治疗头系统、治疗床和附件等结构按照几何结构是否存在患者特异性,通常分为通用结构和患者特异结构。通用结构是指在次级准直结构上方的、不随患者计划改变的结构,主要包括靶、初级准直器、电离室、反射镜等。患者特异结构主要是指钨门、多叶准直器等会随患者治疗计划而改变形态的次级准直器结构。

另外,新型放疗加速器存在一些特殊的结构。比如,Elekta 公司的核磁引导放疗加速器 Unity 具有针对核磁成像设备的环形恒温冷却器,里面装有冷却用的液氦;患者身上还需装备核磁成像线圈。Varian 公司的 Halcyon 加速器,采用的是双层多页准直器(Multi-Leaf Collimator,MLC)结构,上、下两层的叶片投影宽度相同,两层之间有半个叶片的偏移,防止射束直接穿透。

MC 方法被广泛用于对加速器治疗头进行建模,以验证设备周围的辐射剂量的污染以及研究设备的参数;使用 MC 方法模拟出的设备的剂量曲线与测量数据进行对比验证,以调试设备。MC 技术也可用于模拟其他专用放射治疗设备,如断层放射治疗机和基于 ^{60}Co 的伽马刀。

2. 射束建模

射束建模是指在设备几何建模的基础上,确定从加速器初级准直器引出的仅与设备结构有关的射束相空间信息,以及从钨门和次级准直器等患者特异结构后引出的射束相空间信息,是患者体内剂量计算的前提。射束建模常用的方法有三种[106]:① 直接使用通用 MC 软件搭建加速器模型,模拟粒子在内部的输运过程,存储成相空间文件作为射束源,也叫作直接 MC 模拟方法;② 在通用 MC 软件中搭建加速器模型,根据模拟建立虚拟源模型(如三源模型),并适当结合测量值,作为射束源模型;③ 从测量值反推出射束源的模型。

基于 MC 方法对加速器的模拟,通常是使用权威的通用 MC 软件(如 MCNP,Geant4 等),通过简单几何结构的布尔运算建立各加速器部件。基于 EGSnrc 的 BEAMnrc 模块和 DOSXYZnrc 模块,已经被认为是加速器模拟的金标准。BEAMnrc 是基于 EGSnrc 开发的专用于加速器机头模拟的程序,内置了多个复杂几何结构模板。对于加速器的不同部件,只需选取相应的模板即可,使用非常方便。

美国 AAPM 105 号报告指出[106],直接 MC 模拟在实际应用中还有一些挑战性:① 需要专门研究 MC 的技术人员来完成相空间文件的生成和测试;② 需要详细而精确的模型参数来保证精确的相空间模拟,需要精细的几何和材料数据;③ 剂量计算使用的相空间文件粒子数在 10^9 左右,从本地读取相空间文件时占用内存大,读取速度慢。随着计算机算力及硬件的提升,相空间文件的内存占用和读取速度得到解决。

与直接 MC 模拟相比,基于 MC 模拟初始模型的虚拟源方法在射束源的调节过程中有显著的速度优势和硬件优势。但虚拟源也有一定的弊端,最严重的缺点是,虚拟源是基于某一初始模型的迭代优化的,其中初始模型是基于 MC 模拟生成的,当目标加速器与初始模型差异较大(如存在结构上的显著差异)时,盲目调整虚拟源参数是不可取的。第 8 章所介绍的独立剂量验证软件 ArcherQA 可以使用相空间文件,也可以使用两种虚拟源方法作为射束源模型,经证明其剂量分布与实际加速器剂量分布基本一致,可在临床开展广泛应用[107-108]。

3. 剂量计算与剂量验证

MC 模拟放射治疗时,射束建模的结果可以用作模拟射束与患者、体模或探测器相互作用的输入。多项研究比较了通用 MC 方法或简化 MC 方法与解析方法在剂量计算上的性能与差异。另外一些研究利用 MC 模拟方法进行不同照射条件下的剂量学分析,充分发挥了

MC 方法在实际难以测量和评估条件下突出的灵活性。

在 MC 剂量学研究的基础上,一些研究提出了基于 MC 方法治疗计划(Monte Carlo Treatment Planning, MCTP)的概念。MCTP 一般包括三个步骤:① 确定由从初级准直器引出的射束相空间数据,此时的相空间状态仅取决于设备结构,与患者治疗计划无关;② 确定二级或多叶准直器之后的相空间数据,这些数据定义了给定处理的辐射场;③ 根据患者的 CT 图像生成个体化体模,并计算剂量计划分布。

10.4 MC 方法在质子和重离子放疗中的应用

10.4.1 背景介绍

在光子、电子放疗技术不断发展的同时,学者们也逐渐开始探索质子与重离子等电离辐射应用于放射治疗的潜力。

如图 10.5 所示,相比于传统光子或者电子线放疗,质子与重离子(质量数大于 1 的离子)束在深度剂量分布上具有优势——布拉格峰,利用该特性可以使得剂量在肿瘤靶区内大量沉积,很好地保护束流路径上肿瘤末端的正常器官。再结合已有的调强适形放疗技术,可以在进一步提高放射治疗效果的同时降低危及器官的剂量。

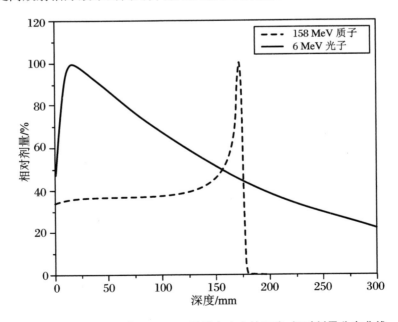

图 10.5 6 MeV 光子与 158 MeV 质子在水中的深度-相对剂量分布曲线

但由于质子的布拉格峰在末端的剂量梯度非常陡峭,因此对可能引入的误差非常敏感,尤其是在剂量计算方面。临床上质子放疗的患者治疗计划制订及剂量计算都是通过 TPS 来实现的,但目前大多数 TPS 采用解析笔形束算法,只有少数采用简化的 MC 算法。解析算法在处理非均匀介质时计算误差很大,而 MC 方法一直被认为是辐射剂量计算中的金标准,可以用于三维非均匀介质的粒子输运问题的求解。

10.4.2　相关工作介绍

1. 设备与射束建模

为满足质子放射治疗对射野的要求,首先需要对质子束流在横向上进行拓展。此外,肿瘤具有一定的厚度,而单个质子束斑的布拉格峰非常尖锐,无法在深度上覆盖整个肿瘤区域,所以沿深度方向的拓展也必不可少。目前,实现质子调强适形治疗主要有被动散射和笔形束扫描两种思路。

（1）被动散射模型

被动散射方法中束流的横向散射是通过初级散射体（First Scatterer，FS）和次级散射体（Second Scatterer，SS）实现的,沿深度方向的拓展则一般通过射程调制轮（Range Modulation Wheel，RMW）或者脊形过滤器来实现。2019 年中国科学技术大学博士生刘红冬在 TOPAS 中搭建了被动散射加速器模型[109],如图 10.6（见 307 页彩图）所示。束流从右侧开始入射,依次经过 1 号电离室、初级散射体、射程调制轮、次级散射体、可变准直器、2 号电离室、机鼻、铜制的准直器和射程补偿器。用于被动散射的质子治疗头可能非常复杂,加速器的效率在很大程度上取决于治疗头设计（制造商）和区域大小的具体情况。同时,由于初级质子的散射和损失,模拟效率比较低,促进了质子治疗方差减少技术的发展。目前,已有多项研究开发了各种质子治疗设备的 MC 模型,包括准直器、散射箔、移程器和调制器等各种射束修饰组件;也有研究分析质子治疗中不同粒子对剂量的贡献,体现了 MC 方法分析难以通过实验确定的物理量的优越性;此外,有研究基于 MC 软件开发质子束的喷嘴的三维模型。根据不同的质子能量在真空窗口后的水平记录相空间文件,并研究吸收体和准直器对质子相空间分布的影响。

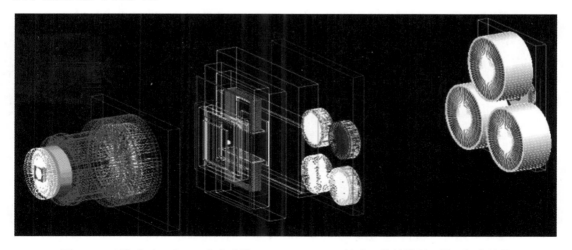

图 10.6　刘红冬在 TOPAS 中完成的 Universal Nozzle 被动双散射模型三维可视化结果

(2) 笔形束扫描(Pencil Beam Scanning, PBS)模型

PBS 模型目前已经成为了全球范围内质子放疗的主流输运方式,新建成的质子中心几乎都采用了 PBS 模型。为了满足临床上对大照射野的需求,PBS 模型采用 X 和 Y 方向扫描磁铁实现束流的横向拓展。在深度剂量方面,PBS 模型中将肿瘤划分成多个深度层并对应不同的能量层,通过控制每个能量层上质子束的权重(粒子数目)实现深度方面的适形。

目前已经有很多关于主动扫描质子治疗设备建模的文献报道,如研究模拟磁场等时间依赖性组件以确定射束扫描中质子束斑点的位置。

在 PBS 模型中,质子束主要受扫描磁铁的影响,出了机鼻之后则只受到射程移位器和空气间隙的影响,射程移位器制作材料为聚甲基丙烯酸甲酯,元素比例及一些物理参数如下:H 占 5.549 1%,C 占 75.575 1%,O 占 18.875 8%;密度 $\rho = 1.2\ \mathrm{g/cm^3}$;平均激发能 $I = 73.1\ \mathrm{eV}$。基于上述考虑,在针对剂量计算开发的 PBS 的 MC 模型构建中,可以省略治疗头和扫描磁铁的模拟,从机鼻出口处开始模拟束流,只需要考虑射程移位器即可。

在 PBS 模型中一般会定义两个虚拟源的位置,分别称为 X 方向虚拟源(VirSrcX)及 Y 方向虚拟源(VirSrcY)。这两个源的位置分别定义为 X 和 Y 方向扫描磁铁在中心轴上对束流偏转的焦点,从这两个焦点到等中心点的距离称为虚拟源轴距,也称为有效焦距,分别用 f_x 和 f_y 来表示。图 10.7 给出了对上述虚拟源的简单示意图。束斑在源平面上的位置及发射角度由焦距参数 f_x 和 f_y 结合 TPS 导出的等中心点平面上各束斑的位置计算得出[109],具体的计算公式如下:

$$x_{\mathrm{src}} = x_{\mathrm{iso}} \cdot \frac{f_z - P_{\mathrm{src}}}{f_x}, \quad y_{\mathrm{src}} = y_{\mathrm{iso}} \cdot \frac{f_y - P_{\mathrm{src}}}{f_y} \tag{10.4}$$

$$\vartheta_{\mathrm{src},x} = \arctan\left(\frac{x_{\mathrm{iso}}}{f_x}\right) \cdot \frac{180}{\pi}, \quad \vartheta_{\mathrm{src},y} = \arctan\left(\frac{y_{\mathrm{iso}}}{f_x}\right) \cdot \frac{180}{\pi} \tag{10.5}$$

其中 $(x_{\mathrm{src}}, y_{\mathrm{src}})$ 是束斑在源平面的二维坐标,$(x_{\mathrm{iso}}, y_{\mathrm{iso}})$ 是从 TPS 导出的束斑在等中心平面的二维坐标,P_{src} 是源平面到等中心平面的距离,$\vartheta_{\mathrm{src},x}$ 和 $\vartheta_{\mathrm{src},y}$ 是源平面上粒子发射方向与 X 和 Y 轴的夹角。

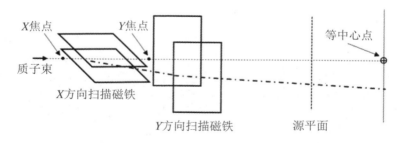

图 10.7　PBS 模型中虚拟源位置示意图

X 和 Y 焦点分别对应系统的虚拟源位置,根据束流在等中心平面的位置,结合虚拟源轴距离就可以计算得到束斑在源平面(-45 cm)的位置和发射角度。

重离子治疗头建模思路基本与前述质子治疗头思路相似,针对重离子治疗头的 MC 研究略少。一些研究使用 MC 软件和离子治疗的射束线简化模型对已有的离子治疗设备进行了建模,模型包括真空窗口、射束监控系统和滤波器。通过对 MC 模拟和实验测量的剂量分布的对比,验证了模型在水中的深度剂量和横向剖面与测量数据具有良好的一致性,证明了该模型可以成为模拟离子输运和治疗计划的工具。这类模型也被用于生成供外部用户使用

的相空间数据。本书作者团队的硕士生吴晋等人对兰州重离子治疗装置 HIMM-WW2 号进行建模,可提供的碳离子笔形束能量范围为 115.23～398.84 MeV/u。在笔形束扫描模型的构建中,省略治疗头和扫描磁铁的模拟,从机鼻出口开始模拟束流,将源平面设置在鼻口的方式可以简化模型的构建,同时极大地减少模拟计算的时间。

2. 剂量计算

应用 MC 方法的剂量计算主要包括质子剂量表征研究、患者治疗剂量计算以及环境辐射剂量计算与屏蔽设计。Zarifi 等人使用 GATE 代码研究了能量为 5～250 MeV 的单高能质子笔形束在水中的深度剂量特性,总结了能量－射程关系,并将水体模中质子笔形束的阻止本领与 NIST 标准参考数据库的数据进行了比较[110]。在另一项工作中,Zarifi 使用 NIST 的测量值比较了 GATE 代码可用的不同物理列表(模型)中模拟能量为 5～250 MeV 的单能治疗质子笔形束剂量的准确性[111]。在患者剂量计算方面,本书作者团队的博士生李仕军开发了基于 GPU 加速的质子 MC 剂量计算系统 ARCHER,与 TOPAS 在水、软组织和骨头等均匀模体和不均匀模体(在水箱深度 5 cm 处左右两边插入 5 cm×5 cm×5 cm 大小的骨头和肺)中剂量结果的一致性较好,为临床患者的剂量计算提供了快速的 MC 方法[112]。

质子束在束流传输和患者体内发生核相互作用,随后释放次级中子。次级中子会导致射野外剂量,诱发与治疗相关的副作用,例如继发性癌症。质子束传输系统的 MC 模拟可以用于评估来自治疗头的次级中子的剂量当量,从而确定质子治疗装置的屏蔽要求。

因为需要组织、射束整形装置和屏蔽材料的双微分截面数据,MC 方法在模拟中子产生时仍然存在相当大的不确定性。此外,中子模型的准确验证需要从混合辐射场评估中子剂量,很难进行准确的中子建模。不同的中子探测器探测中子时也受制于中子能量等因素。与能量范围相对较窄的光中子相比,由于能量的多样性,质子次级中子的精确建模更加困难。

在重离子的次级中子剂量研究中,MC 方法也是重要的研究工具。2014 年本书作者团队的本科生刘红冬使用 MCNPX 和 RPI 男性体模对不同碳离子入射角度在人体中的次级中子的分布进行了研究,并根据 ICRP 60 号报告计算了次级中子在人体各个器官的吸收剂量与当量剂量。该研究通过与实验测量数据的对比发现实验测量难以探测到低于 5 MeV 的次级中子,对于低能次级中子的计算 MC 方法能够提供测量不易获取的数据。

碳离子 MC 计算方法的效率提升是促进碳离子放射治疗研究的重要支撑点。吴晋等人开发了用于碳离子治疗的 MC 剂量计算方法,并将水、软组织、肺和骨头四种材料中碳离子输运结果分别与 TOPAS 进行了对比以验证程序的准确性。结果与武威重离子加速器示范装置的水箱测量值和 TOPAS 的模拟结果均表现出良好的一致性,且治疗能量较高时,计算耗时明显少于 TOPAS。本书作者团队的李仕军等人也在不断推进 GPU 加速的碳离子 MC 剂量计算引擎的开发。碳离子输运的 MC 物理模型与质子相似,分为电磁反应与核反应两种。与质子相比,碳离子核反应产生的次级粒子碎片种类多,导致布拉格峰后产生不可忽视的剂量沉积,即碎裂尾部(fragmentation tail)。质子输运仅需追踪次级质子即可,而碳离子除次级 ^{12}C 外,还需追踪 α 粒子、质子等次级粒子,故开发碳离子 GPU 剂量计算引擎的难度也远大于质子。

10.5　MC方法在后装机近距离治疗中的应用

10.5.1　背景介绍

内照射放射治疗,又称近距离放射治疗(brachytherapy),通过腔道或组织将密封放射源贴近或直接进入肿瘤部位以照射肿瘤组织。由于剂量随着与放射源距离的增加迅速减少,近距离治疗能够给予肿瘤高剂量的同时避免对于正常器官的过度照射,有利于肿瘤的局部控制,在宫颈癌、阴道癌、直肠癌等靠近天然腔道的疾病治疗中具有独特优势。

内照射放疗具体实施方式主要分为组织间近距离放疗和腔内近距离放疗两种。组织间近距离放疗则利用插植针或导管将放射源临时性放置或永久植入靶区内,主要使用的放射源包括^{125}I,^{103}Pd和^{198}Au等短半衰期低能同位素粒子。腔内近距离放疗利用人体的天然腔道通过施源器将放射源放置于靶区附近进行治疗,目前临床主要使用高剂量率CT引导的^{192}Ir远程后装治疗。除以上常规治疗,内照射放疗的应用场景还包括乳腺癌、脑膜瘤等的术中放射治疗,即利用手术开口,在手术过程中一次性给予肿瘤或瘤床大剂量照射。

考虑到^{192}Ir源管理和更换的不便,部分中心使用电子X射线源代替^{192}Ir,称为X射线近距离放射治疗(X-ray brachytherapy)。Xoft的Axxent系统将50 kVp微型X射线源放置在线缆末端。该X射线源和^{192}Ir源一样,能够在施源器管腔指定位置驻留一定时间。相较于^{192}Ir源,Axxent系统对屏蔽的要求更低,管理更简单,但是其尺寸无法通过插植针或间质导管,仅能应用于腔内近距离治疗。其他电子X射线源系统也有类似的尺寸限制问题,目前仅应用于腔内近距离治疗、皮肤等浅层肿瘤治疗或术中放射治疗中。

10.5.2　相关工作介绍

MC计算技术已广泛用于模拟近距离放射治疗的剂量学。许多MC代码具有定义近距离放射治疗中使用的几何形状和来源的能力,包括EGSnrc及其egs_brachy用户代码,MCNP和GEANT4以及用户友好的TOPAS和GATE工具包。

1. 放射源建模与表征

在近距离放射治疗中,由于放射源和兴趣点之间的距离短、剂量梯度陡峭以及辐射能量相对较低,进行准确的剂量测量非常具有挑战性。借助MC工具灵活的几何功能,可以轻松构建包含放射性核心和其他封装材料的近距离放射治疗源模型。通常使用一个无限大的水体模作为介质来计算剂量率分布。

AAPM TG-43[113]和随后的更新[114-115]定义了近距离放射治疗中的临床标准剂量率计算方法。该方法将感兴趣点的剂量率表示为几个项的和,基于为放射源预先生成的数据表中插值的值。事实上,这种TG-43形式中的数据表大多来自MC模拟结果和源表征测量。

多年来,针对近距离放射治疗中放射源进行了广泛的 MC 模拟研究,涵盖[169]Yb,[125]I,[103]Pd,[192]Ir,[60]Co 等不同放射性同位素制造的不同形状的放射源。卡尔顿放射治疗物理实验室使用 EGSnrc 用户代码 BrachyDose 创建了常用近距离放射治疗源的 TG-43 参数的综合数据库。

由于各种临床需求,用于粒子植入治疗的新型放射性粒子和设备不断被开发出来。这些放射性粒子的开发和表征在很大程度上得到了 MC 模拟的支持。在这些研究中,通常将 MC 预测与测量结果进行比较来验证结果,以确认其有效性。

最后,MC 模拟在近距离放射治疗电离室的表征中也是必不可少的。孔型电离室是针对近距离放射治疗源强度校准专门设计的。使用 MC 模拟可以研究环境压力对腔室响应的影响,也可以对电离室的改进提供帮助。

2. 剂量学分析

近距离剂量放射治疗剂量计算也发展出了多种算法。有研究比较其他算法和 MC 算法在临床高剂量率(HDR)近距离放射治疗的剂量计算算法的差异,发现 MC 算法在异构介质中的准确性优于其他算法。

在近距离放射治疗中,施源器用于将放射源放置在治疗位置。施源器的存在可能会影响剂量率分布。很多基于 MC 模拟针对加速部分乳房照射的 HDR 近距离放射治疗的施源器对剂量率分布的影响进行研究。其他关于施源器模拟的研究包括用于直肠内癌近距离放射治疗的腔内施源器、眼斑施源器和充气球囊施源器。

除了上述基于 HDR 近距离放射治疗的研究,Mille 等人[116]基于参考体模对比[192]Ir 源和 50 kV 峰值 X 射线的 eBT 中充气球囊施源器对剂量分布的影响,发现 eBT 相较于[192]Ir 源在除肋骨外的健康器官中的剂量都明显下降,肋骨中的剂量增加,充分展示了两种放射源剂量分布的差异。

Ebert 于 2002 年提出了调强近距离放射治疗(Intensity Modulated Brachy Therapy, IMBT)的概念[117],相较于前述各向同性源表现出剂量分布的明显改善,但是相关的具体实现方案和计划优化方法仍相对落后。早期主要通过屏蔽施源器的方法实现。但对阴道屏蔽圆柱体施源器的剂量率分布的研究发现在施源器的未屏蔽侧,标准 AAPM TG-43 方法计算高估了剂量率。中国科学技术大学齐妙开发了基于 MC 剂量计算结合共轭梯度法的计划优化方法的宫颈癌 IMBT 治疗计划优化方法,使得宫颈癌 IMBT 的优化速度达到可接受水平。该研究对 ARCHER 进行放射源部分的拓展,根据需要生成[192]Ir 和 50 kV 峰值 X 射线源的相空间,根据治疗计划设置旋转和平移,并与广泛使用的 TOPAS 这一 MC 模拟软件的结果进行比较验证,在宫颈癌临床病例中证明了其可行性和高效性,同时也证明了 IMBT 的剂量学优势。

MC 模拟也是金纳米颗粒(GNPs)等重原子放射增敏剂在近距离放射治疗中性能研究的重要研究工具。基于包含本体肿瘤或细胞介质中具有 GNP 的辐射源和目标的模拟模型,可以根据 GNP 的大小、形状、分布、浓度、光束能量以及源与目标之间的距离等各种参数准确确定 GNP 和照射体积的次级电子产生的能量。除了剂量分布,MC 模拟也可以通过放射生物学建模帮助进一步预测与癌细胞杀伤相关的生物学效应,如 DNA 损伤,这里不具体展开。

10.6　MC 方法在硼中子俘获治疗中的应用

10.6.1　背景介绍

硼中子俘获治疗（BNCT）是一种独特而先进的放射治疗方法，可以用于治疗传统手段治疗效果不佳的癌症。BNCT 的基本原理是将热中子俘获截面大（远远大于人体组织的其他元素）的核素 ^{10}B 与亲瘤化合物结合（含硼药物），注射到患者体内，待含硼药物富集于肿瘤之后，用中子束照射肿瘤部位，利用 ^{10}B(n,α) 反应产生的 α 粒子及 ^{7}Li 粒子对肿瘤细胞起杀伤效果。中子到达肿瘤的深度前，会在人体组织中慢化，因此对于具有一定深度的肿瘤，BNCT 使用 1 eV～10 keV 的超热中子束，以确保有足够多的热中子到达肿瘤靶区。BNCT 具有三个明显的优势：① 细胞级别的靶向性：BNCT 产生两种带电粒子，它们在人体组织中的射程为 5～9 μm，不超过一个细胞的直径，对肿瘤周围的正常组织甚至肿瘤组织内正常细胞的损伤小，这从源头为 BNCT 治疗的安全性提供了保证。② α 粒子和 ^{7}Li 核沿着轨道释放所有的动能，BNCT 属于高传能线性密度（Linear Energy Transfer，LET）辐射，其相对生物效应（Relative Biological Effectiveness，RBE）较高，可以引起细胞致死性损伤，适合治疗对光子照射不敏感的肿瘤，如肉瘤等。③ 带电粒子直接与次级电子作用损伤 DNA，而不依赖氧的含量，因此 BNCT 对乏氧肿瘤同样具有很好的杀伤作用。除了靶向性好、对正常组织保护性强以外，相对于传统放疗，BNCT 还具有疗程短（1～2 次照射）、无需特殊防护（核素半衰期短）等优点。

BNCT 的原理早在 20 世纪就被提出，1951 年美国神经外科医生 Sweet 就完成了首例人类 BNCT 治疗[118]。然而，早期受制于中子源和硼药物，BNCT 发展缓慢。近些年，随着加速器中子源的开发、新型硼药物的研发、硼药物在人体的浓度和分布测量方法等新技术的进步，BNCT 得到了快速发展[119]。MC 方法也在相应的领域得到了广泛的应用。

10.6.2　相关工作介绍

1. MC 方法用于 BNCT 中的剂量学研究

BNCT 主要包括四种剂量组分，分别主要来源于 ^{10}B$(n,\alpha)^{7}$Li（硼剂量 D_B），^{14}N$(n,p)^{14}$C（氮剂量、热中子剂量 D_N），^{1}H$(n,n')^{1}$H（氢剂量 D_H、快中子剂量 D_n、反冲质子剂量 D_f），^{1}H$(n,\gamma)^{2}$H 和中子源的 γ 光子（光子剂量 D_γ）[16]，如表 10.1 所示。BNCT 不同的辐射组分有不同的生物效应：高 LET 的导致电离和直接损伤 DNA；低 LET 的通过形成自由基间接造成损伤。由于吸收剂量和导致的生物效应并没有特定的关系，因此需要把 BNCT 的剂量转化为可以预测临床效果的可参考辐射剂量。为了评估治疗的效果，需要把物理剂量转化为生物剂量，因此每个组分都会乘以各自的 RBE 并加和，得到当量剂量。每个剂量组分的

RBE 取决于根据细胞存活曲线的剂量依赖性而变化的物理剂量。此外,反冲质子的 RBE 也取决于中子束的特征。对于 BNCT 过程中的靶区和周围正常组织,在同一个框架下对于每个剂量组分的相对生物学效应 RBE 进行评估十分重要。

表 10.1　BNCT 的四种基本剂量组分及其反应[16]

标识	名称	主要来源的反应
D_B	硼剂量(boron dose)	$^{10}B(n,\alpha)^7Li$
D_N	氮剂量(nitrogen dose) 热中子剂量(thermal neutron dose)	$^{14}N(n,p)^{14}C$。产生反冲^{14}C 和约 583 keV 的质子。
D_H,D_n,D_f	氢剂量(hydrogen dose) 快中子剂量(fast neutron dose) 反冲质子剂量(proton recoil dose)	$^1H(n,n')^1H$。入射的超热中子或快中子与人体的^1H 发生弹性散射并产生反冲质子。中子在人体内主要通过这一反应慢化,并通过反冲质子沉积能量。
D_γ	光子剂量(photon dose)	$^1H(n,\gamma)^2H$。产生 2.2 MeV 的 γ 射线及来自加速器中子源的 γ 射线。

对 BNCT 的剂量学研究很早就开始了。2001 年,为了给其他研究者或治疗计划系统的开发提供参考剂量数据,美国麻省理工学院的 Goorley 等人[120]使用 MCNP4B 和头部的体模在不同体素尺寸、不同入射中子能量、不同 γ 射线能量的条件下进行了模拟,研究了 BNCT 的剂量分布。MC 方法在 BNCT 的微剂量学研究中同样发挥着重要的作用,具体研究包括对 BNCT 的相对生物效应的复杂性和 DNA 损伤机制的研究,对已有 MC 软件(如日本的 PHITS)用于 BNCT 剂量学研究的功能模块开发,评估不同的加速器中子源设备,研究细胞内和细胞附近硼的分布对 BNCT 剂量学参数的影响等。此外,多种可用于 BNCT 微剂量学研究的程序工具如 NOREC,PARTRAC,Geant4-DNA,Phits-KURBUC 在开发中[121]。

2. MC 方法用于 BNCT 计划系统中的剂量计算

不同于光子放疗等传统放疗手段,BNCT 的物理过程复杂且次级粒子的剂量不可忽略,因此目前 BNCT 的 TPS 一般使用 MC 方法完成剂量计算。

很多 TPS 选择外接 MCNP,PHITS 等通用 MC 程序进行剂量计算,表 10.2 列出了一些公开的 BNCT 的 TPS、它们的研发机构以及用于剂量计算的 MC 程序。

表 10.2 一些公开的 BNCT 的 TPS

TPS 名称	研发机构	用于剂量计算的 MC 程序
NCTPlan	美国麻省理工学院（Massachusetts Institute of Technology，MIT）和哈佛大学（Harvard University）	MCNP
THORplan	中国台北清华大学	MCNP
JCDS	日本原子能机构（Japan Atomic Energy Agency，JAEA）	PHITS
Tsukuba Plan	日本筑波大学（Tsukuba University）	PHITS
NeuCure	日本住友重工株式会社（Sumitomo Heavy Industries，Ltd.）与京都大学（Kyoto University）	PHITS
SERA	美国爱达荷国家实验室（Idaho National Engineering and Environmental Laboratory，INEEL）和蒙大拿州立大学（Montana State University）	seraMC
NeuMANTA	中国南京中硼联康医疗科技有限公司	COMPASS

然而，使用通用 MC 程序进行 BNCT 剂量计算时，如果要达到临床上可以接受的剂量的不确定度，往往需要几十分钟甚至几小时的模拟时间。因此，为了满足临床上对剂量计算速度的需求，很多加快 BNCT 剂量计算速度的方法正在开发。比如采用多体素模型 MC 方法来减少 BNCT 的剂量计算时间。然而，与传统的均匀尺寸体素相比，提速效果并不理想；另一类尝试加快 BNCT 剂量计算速度的方法是开发适用于 BNCT 的确定论算法，但都存在计算精度不足的问题。此外，也有使用人工智能进行剂量预测的研究，但某些情况下的 3D 剂量预测性能可能不佳，所以如果人工智能预测剂量要应用于临床，则会面临着结果的可解释性的问题。GPU 加速的 MC 剂量计算方法也在 BNCT 的剂量计算中得到了发展。如韩国釜山科技大学高级核工程系的 Lee 等人正在开发一款 GPU 加速的 MC 代码 GMCC（GPU-accelerated Monte Carlo and collapsed cone Convolution）用于加快 BNCT 治疗计划系统的剂量计算速度[122]，相比于 FLUKA 提高了约 56 倍。

3. MC 方法用于 BNCT 加速器中的中子源设计

早期 BNCT 所用的中子源主要采用反应堆，其缺点较为明显：反应堆体积大、造价比较高、会产生核废料、对环境污染较大、难以在人口密集的医院布置安装、中子能量区间跨度大、难以针对性慢化和有害射线成分较多等。而基于加速器的硼中子俘获治疗（Accelerator-Based Boron Neutron Capture Therapy，AB-BNCT）装置则可以克服以上缺点。AB-BNCT 的基本原理是利用加速器加速带电粒子轰击靶核发生核反应，产生大量中子，再经过束流整形装置（Beam Shaping Assembly，BSA）将中子束流整形慢化，得到适合的中子束流进行照射治疗，图 10.8 展示了典型的加速器中子源的 BSA 示意。

MC 方法可以用于 BNCT 加速器中子源产生中子的靶材设计，如确定不同种类的靶材的几何尺寸以提高中子的产额；对 BSA 的参数进行优化，确保 BSA 整形后的中子束更符合 IAEA 提出的参数；与实验结果进行对比，辅助验证在建的 BNCT 加速器中子源设备等。

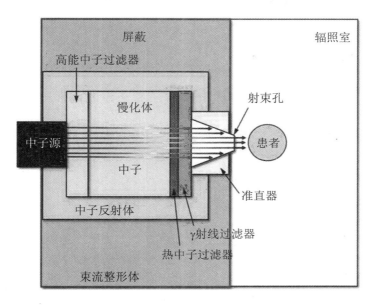

图 10.8　典型的加速器中子源的 BSA 示意[16]

4. MC 方法用于 BNCT 中实时硼浓度测量技术的开发

BNCT 治疗时,中子束与硼反应生成的 α 粒子和 ^{7}Li 粒子的射程为细胞尺度,因此只有硼药富集于肿瘤细胞,才能保证 BNCT 的临床疗效,这就需要精确的硼浓度测量技术。目前,临床上所使用的硼浓度测量方法有电感耦合等离子体光谱法、高分辨率 α 放射自显影法、带电粒子能谱法、中子俘获照相、核磁共振和磁共振成像、正电子发射断层成像、瞬发 γ 射线能谱仪等,但这些方法不能实现 BNCT 过程中患者体内硼浓度的实时测量。因此开发硼浓度实时测量技术十分重要,可以解决因硼浓度不确定导致的 BNCT 剂量计算误差,为患者制定合适的治疗计划提供技术基础。MC 模拟在硼浓度的测量中发挥了重要作用,如对探测器进行建模和分析,对硼浓度检测方法进行机理研究或验证可行性等。总而言之,使用 MC 软件进行建模和分析是 BNCT 硼浓度实时检测技术开发中的重要手段。

习　　题

选择题:请选出最适合的一个选项。

1. 下面关于 CT 的说法错误的是(　　)。

A. CT 使用 X 射线来成像

B. CT 能提供患者的解剖学信息

C. CT 不存在二维成像的器官重叠问题

D. CT 图像使用笔形束算法迭代来重建物体影像

2. 下面说法错误的是(　　)。

A. PET 成像涉及电子对效应

B. 放射性核素治疗能用于肿瘤治疗和疼痛缓解

C. 核医学中使用的放射性核素和药物发射的辐射包括 X 射线、电子、正电子、β 射线、α 射线和中子

D. MC 方法在核医学诊疗中可以用于基于简化的患者模型估算内部剂量

3. 请问哪种治疗方式不属于外照射治疗?(　　)。

A. 光子放疗　　　　　　　　　　B. 近距离放射治疗

C. 重离子放疗　　　　　　　　　D. 质子放疗

4. 下面有关质子和重离子放疗说法错误的是(　　)。

A. 布拉格峰使得质子和重离子束在深度剂量分布上相比于光子和电子放疗更有优势

B. 质子和重离子的布拉格峰可以保护束流路径上肿瘤末端的正常器官

C. 由于质子的布拉格峰在末端的剂量梯度非常陡峭,因此对可能引入的误差,尤其是剂量计算误差非常敏感

D. 目前,临床上大多数的质子治疗计划制订及剂量计算通过治疗计划系统(TPS)的 MC 算法实现

5. 下面有关内照射治疗说法正确的是(　　)。

A. 内照射治疗在给予肿瘤高剂量的同时,也会对正常器官有过度照射

B. 内照射治疗的源包括 ^{125}I,^{103}Pd 和 ^{198}Au 等短半衰期的低能同位素粒子

C. MC 方法只能用于内照射治疗的剂量学分析

D. 内照射治疗中,施源器的存在不会影响剂量率分布

6. 下面关于 BNCT 的原理不正确的是(　　)。

A. BNCT 利用的核反应是 ^{10}B 与中子的 (n,α) 反应

B. 给患者注射 B 药物后,需要使用指向性的快中子束进行照射

C. BNCT 利用的 α 粒子和 ^7Li 粒子的杀伤范围为 $5\sim9~\mu m$

D. BNCT 需要使用能在肿瘤富集 ^{10}B 的靶向药物

7. 下面有关 BNCT 的优势和特点说法不正确的是(　　)。

A. BNCT 一般只需要 $1\sim2$ 次照射、$1\sim14~d$ 的治疗时间

B. BNCT 相比于传统放疗的优点包括治疗疗程较短、治疗性价比较高

C. BNCT 利用中子的布拉格峰可以对靶区实现较好的剂量分布

D. BNCT 是一种细胞级精准放疗技术

简答题:根据提供的材料或题干,对问题进行简要回答与分析。

8. 简述 PET,SPECT 与 CT 成像原理的异同。

9. 简单描述被动散射和主动扫描质子治疗设备模型的异同。

10. 内照射治疗的具体实施方式有哪些?

附录 A　用 MC 方法编程模拟光子的康普顿散射

为了进一步锻炼读者在 MC 方法方面的动手能力和解决问题能力,以下通过三个附录提供几个实际工作中的案例,供读者练习。读者可以选择如 C/C++ , Python, MATLAB 等编程工具尝试自行应用 MC 方法求解或使用已开发的通用 MC 计算软件。

附录 A 与康普顿散射的原理相关,第 2 章已经进行了详细介绍。为帮助读者进行相关知识梳理,本附录第 2 部分也会进行相应的回顾。

A.1　问题描述及分析

问题描述:如图 A.1 所示,假设入射光子的能量为 $1.0\,\text{MeV}$,请结合本书 MC 程序设计的相关内容编写一个 MC 程序来计算光子在康普顿散射后极角 $\theta > 90°$(即背散射)的散射光子的比例、平均光子能量,并确定计算结果的相对标准偏差。

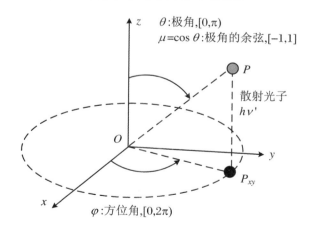

图 A.1　光子康普顿散射碰撞坐标系

完成上述任务的参考思路如下:

(1) 整理该问题涉及的物理过程,并简单描述;

(2) 梳理编程思路和程序流程图;

(3) 整理模拟结果并做分析:报告结果时应包括模拟的总次数、该次数下抽样的成功率、背散射概率的均值、背散射概率的相对标准偏差、被散射光子的平均能量、背散射光子平

均能量的相对标准偏差;

(4) 反思过程中遇到的问题和可能改进方案。

A.2　物理过程回顾与编程思路

在使用 MC 方法解决物理问题时,首先需要梳理问题涉及的各个物理过程及解决思路。本部分将带领读者对上述问题涉及的物理过程及编程思路进行分析整理,后续附录中的项目不再进行相应示范。

本问题仅涉及康普顿散射过程。康普顿散射是指光子和核外电子(假定是静止的)发生弹性散射的过程。散射光子的能量 $h\nu'$ 是入射能量 $h\nu$ 和极角余弦 μ 的函数:

$$h\nu' = \frac{h\nu}{1 + (h\nu/(m_0 c^2))(1 - \mu)} \tag{A.1}$$

其中 $h\nu = 1.0\,\text{MeV}, m_0, c$ 都是已知常数。

1928 年,克莱因和仁科将狄拉克的相对论用于康普顿散射效应,得到了描述康普顿散射反应截面的经典克莱因-仁科公式。假定发生康普顿散射时,介质原子的核外电子不被束缚,且最初处于静止状态。每个电子将光子散射到 θ 角处的单位立体角的微分截面 $\dfrac{\mathrm{d}\sigma_\mathrm{e}}{\mathrm{d}\Omega_\theta}$(单位为 $\text{cm}^2 \cdot \text{sr}^{-1}/\text{电子}$)可以写为

$$\frac{\mathrm{d}\sigma_\mathrm{e}}{\mathrm{d}\Omega_\theta} = \frac{r_0^2}{2}\left(\frac{h\nu'}{h\nu}\right)^2\left(\frac{h\nu}{h\nu'} + \frac{h\nu'}{h\nu} - \sin^2\theta\right) \tag{A.2}$$

其中 $r_0 = e^2/(m_0 c^2) = 2.818 \times 10^{-13}\,\text{cm}$,称为电子经典半径。$h\nu$ 和 $h\nu'$ 分别代表入射光子和散射光子的能量。环形立体角元 $\mathrm{d}\Omega_\theta$ 可以由下式给出:

$$\mathrm{d}\Omega_\theta = 2\pi\sin\theta\mathrm{d}\theta \tag{A.3}$$

每个电子的克莱因-仁科总截面 σ_e 可以通过对所有的光子散射角 θ 积分得到:

$$\sigma_\mathrm{e} = 2\pi\int_0^\pi \frac{\mathrm{d}\sigma_\mathrm{e}}{\mathrm{d}\Omega_\theta}\sin\theta\mathrm{d}\theta \tag{A.4}$$

在本问题中,φ 为散射光子的方位角,θ 为散射光子的极角(图 A.1),μ 为极角为余弦($\mu = \cos\theta$),需要研究康普顿散射后光子背散射($\mu \in [-1, 0]$)的概率、背散射光子的平均能量及统计误差。极角 θ 和方位角 φ 唯一地定义了散射光子的飞行方向。极角的余弦 μ 服从以克莱因-仁科公式为特征的概率分布,φ 服从 $[0, 2\pi]$ 上的均匀分布。

用 μ 代替 $\sin^2\theta$,得到

$$\sigma_\Omega(h\nu) = \frac{\mathrm{d}\sigma_\mathrm{e}}{\mathrm{d}\Omega} = \frac{r_0^2}{2}\left(\frac{h\nu'}{h\nu}\right)^2\left(\frac{h\nu}{h\nu'} + \frac{h\nu'}{h\nu} - 1 + \mu^2\right) \tag{A.5}$$

$\sigma_\Omega(h\nu)$ 是总截面对 Ω 的微分截面,本身不是概率密度函数,对其进行进一步的计算处理。对 φ 积分,得到 μ 的微分截面:

$$\sigma_\mu(h\nu) = \int_0^{2\pi}\sigma_\Omega(h\nu)\mathrm{d}\varphi = 2\pi\sigma_\mu(h\nu) \tag{A.6}$$

则 $\sigma_\mu(h\nu)\mathrm{d}\mu$ 为散射光子沿 $\mu \sim \mu + \mathrm{d}\mu$ 方向传播的概率。那么同理,总的电子截面为

$$\sigma_\mathrm{e}(h\nu) = \int_{-1}^1 \sigma_\mu(h\nu)\mathrm{d}\mu \tag{A.7}$$

当入射光子能量确定时,$\sigma_\mathrm{e}(h\nu)$ 是一个定值。

因此将两者相除,得到真正的概率密度函数

$$p(\mu) = \frac{\sigma_\mu(h\nu)}{\sigma_e(h\nu)} = \frac{\pi r_0^2}{\sigma_e(h\nu)}\left(\frac{h\nu'}{h\nu}\right)\left(\frac{h\nu}{h\nu'} + \frac{h\nu'}{h\nu} - 1 + \mu^2\right) \tag{A.8}$$

对 $1.0\,\mathrm{MeV}$ 的光子，$K = \dfrac{\pi r_0^2}{\sigma_e(h\nu)}$ 是个常数，所以有

$$p(\mu) = K\left(\frac{h\nu'}{h\nu}\right)\left(\frac{h\nu}{h\nu'} + \frac{h\nu'}{h\nu} - 1 + \mu^2\right) \tag{A.9}$$

采用第 6 章中介绍的拒绝采样法，可以从这个复杂的概率密度函数中采样得到 μ。编写的 MC 程序中设置两个主计数器，一个用来累计背散射光子的数量，另一个累计背散射光子的能量，此外再设置两个辅助计数器用于累计背散射光子数量和能量平方值以估计不确定度。如果发生背散射（$\mu \in [-1,0]$），则计数器计数分别计数，背散射光子数量计数器加 1，能量计数器记录背散射光子的能量 $h\nu'$，辅助计数器分别记录粒子数的平方（1 的平方仍为 1）和背散射光子的能量平方 $h\nu'^2$。重复上述过程 n 次（本项目推荐：$n \geqslant 10^6$），得到最终结果。将记录到的背散射光子总能量与光子数量相除以计算背散射光子的平均能量，并基于公式使用计数器记录结果，计算相应的相对标准偏差。

此外，上述计算方法，是在已知光子散射角余弦 μ 的概率分布密度函数的情况下，按接受拒绝抽样方法进行抽样以替代积分计算，获得计算结果。实际 MC 算法中经常使用核数据库获得确定能量下粒子各物理过程的反应截面，从而确定粒子输运行为。读者可自行探索。

附录 B　用 MC 软件模拟光子探测器和中子探测器

辐射探测器是核物理和工程技术领域极为常见的实验工具，通过使用 MC 方法对探测器进行模拟计算，我们可以达到对探测器设计进行优化和对测量结果进行分析的重要目的。在第 3 章介绍的辐射探测器原理的基础上，此项目锻炼读者对两种常见的光子和中子探测器进行 MC 模拟的能力：HPGe（High Purity Germanium，高纯锗）伽马谱仪和 BF_3 中子正比计数管。

B.1　项目要求与问题描述

B.1.1　HPGe 伽马谱仪模拟

（1）使用 MC 软件，参考第 3 章相关内容对 HPGe 伽马探测器进行几何建模，并绘制探测器的几何形状，标记必要零件及其尺寸。图 B.1（见 307 页彩图）给出了一种 HPGe 探测器的结构和尺寸示意图，仅供读者参考。

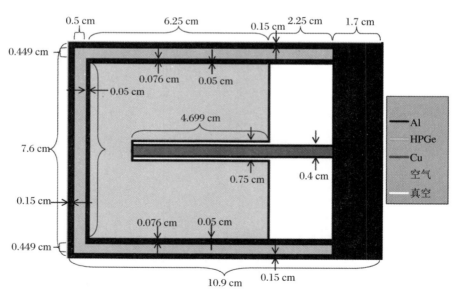

图 B.1　HPGe 探测器结构示意图

（2）假设距离 HPGe 探测器左侧表面中心 0.1 cm 处有一个点放射源沿着 x 轴正方向

发射 2.0 MeV 光子,从 HPGe 探测器左侧表面中心入射,探测器和源之间是真空(图 B.2)。使用(1)中构建的 HPGe 探测器进行模拟,绘制差分脉冲高度谱,如本书第 3 章中所述定义,并标记光谱中的每个峰值。

(3) 假设(2)中放射源发射光子的能量为 0.8 MeV,重复实验。

(4) 比较不同能量下光子源的光谱。讨论能谱之间差异产生的原因。

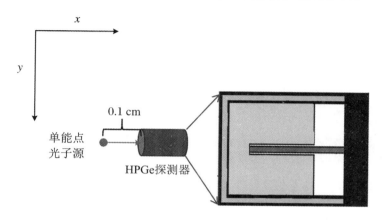

图 B.2　光子源和 HPGe 探测器相对位置示意

B.1.2　BF₃中子探测器能谱模拟

假设 BF₃ 计数管为一个圆柱形铝制外壳包裹内部填充 BF₃ 气体的圆柱形空间,两个圆柱的横截面是同心圆,并且内部圆柱形空间的底面分别到外壳底面的距离相等,详细参数如表 B.1 所示。如图 B.3 所示,有一个 10 eV 的单能点中子源从侧面照射该计数管,中子源和计数管之间为空气。请使用 MC 软件对 BF₃ 计数管进行建模,并回答如下问题:

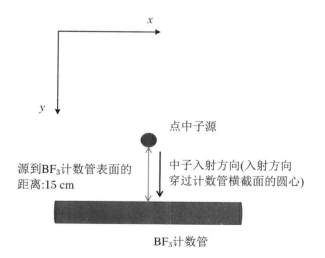

图 B.3　BF₃ 探测器与点中子源示意图

表 B.1　BF₃ 计数管参数表

填充的气体	BF₃（假定 B 的富集度为 96%）
压力	80 kPa
外壳材料	^{13}Al
最大长度	39.065 cm
有效长度	31.115 cm
外部直径	2.54 cm
内部直径	2.438 cm

（1）计算该计数管的探测效率并绘制差分脉冲高度谱。（模拟粒子数≥10^7。）

（2）请任选一种方式探究探测效率的变化：a. 增加探测器内的压强；b. 改变探测器尺寸；c. 改变源和探测器的距离；d. 在探测器和源之间增加一层中子慢化剂（比如水）。

（3）模拟并分析该探测器的壁效应。

B.2　参考思路

（1）整理上述问题涉及的物理过程，并简单描述；

（2）根据问题选择合适的 MC 软件；

（3）梳理编写输入文件/源代码的思路；

（4）对 MC 软件输出原始结果进行后处理；

（5）整理模拟结果并做分析；

（6）反思遇到的问题和可能改进的方案。

附录 C 用 MC 方法进行反应堆全堆的中子学模拟计算

由第 9 章可知,裂变反应堆建模是 MC 方法经典的应用场景。从核安全的角度看,对反应堆堆芯进行精准的模拟计算是必要的。K. Smith 教授在 2003 年美国核学会的数学与计算分会年会上提出了所谓的"K. Smith 挑战",以评价计算机硬件及软件能力在精细堆芯计算方面的水平。本项目针对 K. Smith 挑战选择由 Hoogenboom 等人于 2010 年提出的压水堆全堆基准模型进行反应堆中子学相关问题的模拟计算。希望读者能够通过本项目掌握使用 MC 软件解决大型工程问题的方法与流程,并通过思考探索提高分析问题和解决问题的能力。

C.1 项目要求与问题描述

在本实践项目中,读者需要使用压水堆全堆基准模型(PWR Benchmark)在个人电脑上对反应堆全堆进行模拟(尽可能在一个小时内完成),并进行反应堆的堆芯模拟的相关计算。该模型由 Hoogenboom 等人于 2010 年提出,其几何结构如图 C.1(见 308 页彩图)所示。该模型的反应堆高 440 cm,堆芯高 400 cm,压力容器外部直径 446 cm。堆芯由 241 个长、宽均为 21.42 cm 的燃料组件构成,每个燃料组件由 289 根燃料棒构成,表 C.1、表 C.2、表 C.3分别给出了项目中使用的燃料棒和可燃毒物棒、冷却剂和反应堆压力容器材料的元素组成和对应的原子数百分比。考虑到反应堆全堆模型的复杂性,本书将在中国科学技术大学出版社官方网站(press. ustc. edu. cn)提供 PWR Benchmark 模型的参考文件,供读者学习使用。

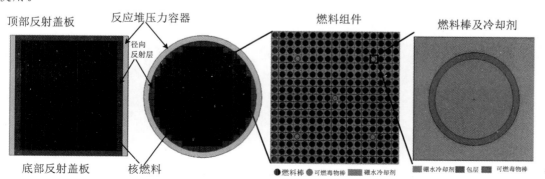

图 C.1 PWR Benchmark 压水堆标准模型几何结构

表 C.1　燃料棒及可燃毒物棒组分

元素组分	2.4%富集度的燃料棒的原子数百分比	含 Gd 可燃毒物棒的原子数百分比
^{234}U	0.006 467%	0.006 514%
^{235}U	0.804 957%	0.645 240%
^{236}U	0.125 879%	0.116 275%
^{238}U	32.316 474%	28.699 700%
^{237}Np	0.010 181%	0.009 405%
^{238}Pu	0.002 084%	0.001 925%
^{239}Pu	0.204 292%	0.188 709%
^{240}Pu	0.051 604%	0.047 667%
^{241}Pu	0.030 309%	0.027 997%
^{242}Pu	0.005 025%	0.004 641%
^{241}Am	0.000 658%	0.000 608%
^{242}Am	0.000 010%	0.000 009%
^{243}Am	0.000 636%	0.000 587%
^{242}Cm	0.000 139%	0.000 129%
^{243}Cm	0.000 002%	0.000 002%
^{244}Cm	0.000 121%	0.000 111%
^{245}Cm	0.000 005%	0.000 005%
^{95}Mo	0.038 705%	0.035 752%
^{99}Tc	0.048 056%	0.044 390%
^{101}Ru	0.044 646%	0.041 240%
^{103}Ru	0.024 168%	0.022 324%
^{109}Ag	0.002 880%	0.002 661%
^{133}Cs	0.050 116%	0.046 293%
^{143}Nd	0.038 152%	0.035 240%
^{145}Nd	0.028 890%	0.026 686%
^{147}Sm	0.002 364%	0.002 184%
^{149}Sm	0.000 188%	0.000 173%
^{150}Sm	0.010 895%	0.010 064%
^{151}Sm	0.000 804%	0.000 742%
^{152}Sm	0.004 391%	0.004 056%
^{153}Sm	0.003 860%	0.003 565%
^{154}Gd	0.000 000%	0.077 287%
^{155}Gd	0.000 003%	0.526 051%
^{156}Gd	0.000 000%	0.748 709%
^{157}Gd	0.000 000%	0.556 231%
^{158}Gd	0.000 000%	0.863 378%
^{160}Gd	0.000 000%	0.776 607%
^{16}O	66.093 931%	66.373 874%

表 C. 2　冷却剂组分

元素组分	原子数百分比
H	66.597 902 2%
O	33.298 951%
^{10}B	0.019 462%
^{11}B	0.083 685%

表 C. 3　反应堆压力容器材料组分

元素组分	原子数百分比
C	0.111 985%
^{27}Al	0.014 854%
Si	1.372 537%
^{50}Cr	0.860 980%
^{52}Cr	16.603 381%
^{53}Cr	1.882 594%
^{54}Cr	0.468 629%
^{55}Mn	1.584 176%
^{54}Fe	3.931 359%
^{56}Fe	61.714 540%
^{57}Fe	1.479 049%
^{58}Fe	0.189 679%
^{59}Co	0.186 598%
^{58}Ni	6.259 156%
^{60}Ni	2.410 998%
^{61}Ni	0.104 814%
^{62}Ni	0.334 122%
^{64}Ni	0.085 139%
^{63}Cu	0.137 808%
^{65}Cu	0.061 421%
Mo	0.206 181%

需要完成的任务如下：

（1）基于提供的参考文件完成反应堆建模，并绘制几何模型，在图中指出反应堆压力容器、反射盖板和燃料组件；

（2）模拟运行 600 个循环，从 100 个循环后开始计数，模拟总中子数不少于 6×10^7（即每个循环模拟的粒子数不少于 10^5 个）；

a. 输出最终的 k_{eff}，并绘制堆芯的功率密度分布和相对误差分布。

b. 当模拟的粒子数增加（或缩小）到原来的 10 倍时，比较堆芯功率密度的计数结果及其相对误差的变化，并简要说明原因。

学有余力的读者可以进一步思考下面的附加题：

（3）对于反应堆全堆模拟，在保证结果的可信度的前提下，如何减少 k_{eff} 的模拟计算时间，并说明理由。

C.2　实践要求

（1）整理上述问题涉及的物理过程，并简单描述；

（2）根据问题选择合适的 MC 软件；

（3）梳理编写输入文件/源代码的思路；

（4）对 MC 软件输出原始结果进行后处理；

（5）整理模拟结果并做分析；

（6）反思遇到的问题和可能改进的方案。

参 考 文 献

［1］ Turner J E. Atoms, radiation, and radiation protection ［M］. New York: Pergamon Books Inc., 1986.

［2］ Röentgen W C. On a new kind of rays ［J］. Nature, 1896, 53(1369): 274-276.

［3］ Chadwick J. Possible existence of a neutron ［J］. Nature, 1932, 129(3252): 312.

［4］ Chadwick J. The existence of a neutron ［J］. Proceedings of the Royal Society A: Mathematical, Physical and Engineering Sciences, 1932, 136: 692-708.

［5］ IAEA. The Fukushima daiichi accident ［R］. Vienna: International Atomic Energy Agency, 2015.

［6］ Berthoud G, Ducros G, Féron D, et al. Neutronics ［M］. Gif-sur-Yvette Cedex: Commissariat à l'énergie atomique et aux énergies alternatives, 2015.

［7］ 谢仲生, 邓力. 中子输运理论数值计算方法 ［M］. 西安: 西北工业大学出版社, 2005.

［8］ Duderstadt J J, Martin W R. Transport theory ［M］. New York: John Wiley & Sons, Inc., 1979.

［9］ 霍雷, 刘剑利, 马永和. 辐射剂量与防护 ［M］. 北京: 电子工业出版社, 2015.

［10］ Attix F H. Introduction to radiological physics and radiation dosimetry ［M］. Weinheim: Wiley-VCH Verlag GmbH & Co. KGaA, 2004.

［11］ Glenn K F. Radiation detection and measurement ［M］. New York: John Wiley & Sons, Inc., 2010.

［12］ 徐榭. 用于放射物理和生物医学工程的计算机人体模型: 历史和未来 ［M］. 北京: 科学出版社, 2020.

［13］ ICRP. Recommendations of the International Commission on Radiological Protection: ICRP publication 26 ［M］. Oxford: Pergamon Press Ltd., 1977.

［14］ ICRP. Data for protection against ionizing radiation from external sources: supplement to ICRP publication 15: ICRP publication 21 ［M］. Oxford: Pergamon Press Ltd., 1973.

［15］ 谢仲生, 吴弘春, 张少泓. 核反应堆物理分析 ［M］. 西安: 西安交通大学出版社, 2004.

［16］ IAEA. Advances in boron neutron capture therapy ［R］. Vienna: International Atomic Energy Agency, 2023.

［17］ 陈达, 贾文宝. 应用中子物理学 ［M］. 北京: 科学出版社, 2015.

［18］ 邓力, 李刚. 粒子输运问题的蒙特卡罗方法和应用: 上册［M］. 北京: 科学出版社, 2019.

［19］ X-5 Monte Carlo Team. MCNP: a general Monte Carlo N-particle transport code, version 5: vol. I: overview and theory ［R］. Los Alamos: Los Alamos National Laboratory, 2003.

［20］ Brown D, Chadwick M B, Capote R, et al. ENDF/B-Ⅷ.0: the 8th major release of the nuclear reaction data library with CIELO-project cross sections, new standards and thermal scattering data ［J］. Nuclear Data Sheets, 2018, 148: 1-142.

［21］ 葛智刚, 续瑞瑞, 刘萍. 核数据评价与中国评价核数据库 CENDL ［J］. 北京: 原子能科学技术, 2022, 56(5): 783-797.

[22] Plompen A J M, Cabellos O, De Saint Jean C, et al. The joint evaluated fission and fusion nuclear data library: JEFF-3.3 [J]. European Physical Journal A, 2020, 56(7):181.

[23] Ge Z, Xu R, Wu H, et al. CENDL-3.2: the new version of Chinese general purpose evaluated nuclear data library [J]. EPJ Web of Conferences, 2020, 239: 09001.

[24] Iwamoto O, Iwamoto N, Kunieda S, et al. General-purpose nuclear data library JENDL-5 and to the next [J]. EPJ Web of Conferences, 2023, 284: 14001.

[25] Blokhin A I, Gai E V, Ignatyuk A V, et al. New version of neutron evaluated data library Brond-3.1 [J]. Problems of Atomic Science and Technology Series: Nuclear and Reactor Constants, 2016 (2): 62-93.

[26] Koning A J, Rochman D, Sublet J C, et al. TENDL: complete nuclear data library for innovative nuclear science and technology [J]. Nuclear Data Sheets, 2019, 155: 1-55.

[27] Koning A, Hilaire S, Goriely S. TALYS: modeling of nuclear reactions [J]. The European Physical Journal A, 2023, 59(6):131.

[28] 丁洪林. 核辐射探测器 [M]. 哈尔滨: 哈尔滨工程大学出版社, 2009.

[29] 汪晓莲, 李澄, 邵明, 等. 粒子探测技术 [M]. 合肥: 中国科学技术大学出版社, 2009.

[30] Lewis E E, Miller W F. Computational methods of neutron transport [M]. New York: John Wiley & Sons, 1984.

[31] Davison B, Sykes J B. Neutron transport theory [M]. Oxford: Clarendon Press, 1957.

[32] Gelbard E M. Simplified spherical harmonics equations and their use in shielding problems [R]. West Mifflin: Bettis Atomic Power Laboratory, 1961.

[33] Cashwell E D, Everett C J, Rechard O W. A practical manual on the Monte Carlo method for random walk problems [R]. Washington, D.C.: United States Atomic Energy Commission, 1957.

[34] Carter L L, Cashwell E D. Particle-transport simulation with the Monte Carlo method [R]. Washington, D.C.: U.S. Energy Research and Development Administration, 1975.

[35] Brown F B. Fundamentals of Monte Carlo particle transport [R]. Los Alamos: Los Alamos National Laboratory, 2005.

[36] Haghighat A. Monte Carlo methods for particle transport [M]. Boca Raton: CRC Press, 2021.

[37] Booth T E, Goorley J T, Sood A, et al. MCNP: a general Monte Carlo N-Particle Transport code: version 5 [R]. Los Alamos: Los Alamos National Laboratory, 2003.

[38] Romano P K, Horelik N E, Herman B R, et al. OpenMC: a state-of-the-art Monte Carlo code for research and development [J]. Annals of Nuclear Energy, 2015, 82: 90-97.

[39] Battistoni G, Cerutti F, Fassò A, et al. The FLUKA code: description and benchmarking [J]. AIP Conference Proceedings, 2007, 896(1): 31-49.

[40] Agostinelli S, Allison J, Amako K, et al. GEANT4: a simulation toolkit [J]. Nuclear Instruments & Methods in Physics Research: Section A: Accelerators Spectrometers Detectors and Associated Equipment, 2003, 506(3): 250-303.

[41] Jan S, Benoit D, Becheva E, et al. GATE V6: a major enhancement of the GATE simulation platform enabling modelling of CT and radiotherapy [J]. Physics in Medicine and Biology, 2011, 56 (4): 881-901.

[42] Perl J, Shin J, Schümann J, et al. TOPAS: an innovative proton Monte Carlo platform for research and clinical applications [J]. Medical Physics, 2012, 39(11): 6818-6837.

[43] Niita K, Sato T, Iwase H, et al. PHITS: a particle and heavy ion transport code system [J]. Radiation Measurements, 2006, 41(9): 1080-1090.

[44] Rogers D W. Fifty years of Monte Carlo simulations for medical physics [J]. Physics in Medicine

and Biology, 2006, 51(13): R287-R301.

[45] Salvat F, Fernández-Varea J M, Sempau J, et al. PENELOPE-2006: a code system for Monte Carlo simulation of electron and photon transport [M]. Paris: OECD Publishing, 2006.

[46] 吴宜灿, 宋婧, 胡丽琴, 等. 超级蒙特卡罗核计算仿真软件系统 SuperMC [J]. 核科学与工程, 2016, 36(1): 62-71.

[47] 邓力, 雷炜, 李刚, 等. 高分辨率粒子输运 MC 软件 JMCT 开发 [J]. 核动力工程, 2014, 35(S2): 221-223.

[48] Wang K, Li Z, She D, et al. RMC: a Monte Carlo code for reactor core analysis [J]. Annals of Nuclear Energy, 2015, 82: 121-129.

[49] Zhu T C, Stathakis S, Clark J R, et al. Report of AAPM Task Group 219 on independent calculation-based dose/MU verification for IMRT [J]. Medical Physics, 2021, 48(10): e808-e829.

[50] 胡逸民. 肿瘤放射物理学 [M]. 北京: 原子能出版社, 1999.

[51] Yan D, Vicini F, Wong J, et al. Adaptive radiation therapy [J]. Physics in Medicine and Biology, 1997, 42(1): 123-132.

[52] Bissonnette J P, Balter P, Dong L, et al. Quality assurance for image-guided radiation therapy utilizing CT-based technologies: a report of the AAPM TG-179 [J]. Medical Physics, 2012, 39: 1946-1963.

[53] Peng Z, Fang X, Yan P, et al. A method of rapid quantification of patient-specific organ doses for CT using deep-learning-based multi-organ segmentation and GPU-accelerated Monte Carlo dose computing [J]. Medical Physics, 2020, 47(6): 2526-2536.

[54] Chang Y, Wang Z, Peng Z, et al. Clinical application and improvement of a CNN-based autosegmentation model for clinical target volumes in cervical cancer radiotherapy [J]. Journal of Applied Clinical Medical Physics, 2021, 22(11): 115-125.

[55] Chang Y, Liang Y, Yang B, et al. Dosimetric comparison of deformable image registration and synthetic CT generation based on CBCT images for organs at risk in cervical cancer radiotherapy [J]. Radiation Oncology, 2023, 18(1): 3.

[56] Xu X G, Liu T, Su L, et al. ARCHER: a new Monte Carlo software tool for emerging heterogeneous computing environments [J]. Annals of Nuclear Energy, 2015, 82: 2-9.

[57] Berger M J. Monte Carlo calculation of the penetration and diffusion of fast charged particles [M]//Alder B, Fernbach S, Rotenberg M. Methods in Computational Physics. New York: Academic Press, 1963: 135.

[58] Paganetti H. Proton beam therapy [M]. Bristol: IOP Publishing, 2017.

[59] Bethe H A. Molière's theory of multiple scattering [J]. Physical Review, 1953, 89(6): 1256-1266.

[60] Goudsmit S, Saunderson J L. Multiple scattering of electrons [J]. Physical Review, 1940, 57(1): 24-29.

[61] Bergmann R M, Vujić J L. Algorithmic choices in WARP: a framework for continuous energy Monte Carlo neutron transport in general 3D geometries on GPUs [J]. Annals of Nuclear Energy, 2015, 77: 176-193.

[62] Qin N, Pinto M, Tian Z, et al. Initial development of goCMC: a GPU-oriented fast cross-platform Monte Carlo engine for carbon ion therapy [J]. Physics in Medicine and Biology, 2017, 62(9): 3682-3699.

[63] De Simoni M, Battistoni G, De Gregorio A, et al. A data-driven fragmentation model for carbon therapy GPU-accelerated Monte-Carlo dose recalculation [J]. Frontiers in Oncology, 2022, 12: 35402249 .

[64] Peng Z，Shan H，Liu T，et al. MCDNet：a denoising convolutional neural network to accelerate Monte Carlo radiation transport simulations：a proof of principle with patient dose from X-ray CT imaging [J]. IEEE Access，2019，7：76680-76689.

[65] Peng Z，Ni M，Shan H，et al. Feasibility evaluation of PET scan-time reduction for diagnosing amyloid-β levels in Alzheimer's disease patients using a deep-learning-based denoising algorithm [J]. Computers in Biology and Medicine，2021，138：104919.

[66] Peng Z，Shan H，Liu T，et al. Deep learning for accelerating Monte Carlo radiation transport simulation in intensity-modulated radiation therapy [J]. Medical Physics，2019：arXiv：1910.07735.

[67] Bai T，Wang B，Nguyen D，et al. Deep dose plugin：towards real-time Monte Carlo dose calculation through a deep learning-based denoising algorithm [J]. Machine Learning：Science and Technology，2021，2(2)：025033.

[68] Zhang G，Chen X，Dai J，et al. A plan verification platform for online adaptive proton therapy using deep learning-based Monte-Carlo denoising [J]. Medical Physics，2022，103：18-25.

[69] Zhang X，Zhang H，Wang J，et al. Deep learning-based fast denoising of Monte Carlo dose calculation in carbon ion radiotherapy [J]. Medical Physics，2023，50：7314-723.

[70] Shan J，Feng H，Morales D H，et al. Virtual particle Monte Carlo：a new concept to avoid simulating secondary particles in proton therapy dose calculation [J]. Medical Physics，2022，49(10)：6666-6683.

[71] 彭昭. 基于 PET/CT 多器官自动分割和快速蒙特卡罗计算的患者个性化辐射剂量学方法研究 [D]. 合肥：中国科学技术大学，2023.

[72] 卢昱，彭昭，裴曦，等. 基于剂量预测和自动勾画技术的 PET/CT 器官内照射剂量率快速评估方法 [J]. 中国医学物理学杂志，2023，40(2)：149-156.

[73] Zhou J，Peng Z，Song Y，et al. A method of using deep learning to predict three-dimensional dose distributions for intensity-modulated radiotherapy of rectal cancer [J]. Journal of Applied Clinical Medical Physics，2020，21(5)：26-37.

[74] Tian F，Zhao S，Geng C，et al. Use of a neural network-based prediction method to calculate the therapeutic dose in boron neutron capture therapy of patients with glioblastoma [J]. Medical Physics，2023，50(5)：3008-3018.

[75] Smith K. Reactor core methods[C]//The American Nuclear Society's Mathematics and Computation Topical Meeting (M & C 2003)，Gatlinburg，Tennessee. Illinois：American Nuclear Society，2003.

[76] Hoogenboom J E，Martin W R，Petrovic B. Monte Carlo performance benchmark for detailed power density calculation in a full size reactor core [C]//Proceedings of the International Conference on Mathematics and Computational Methods Applied to Nuclear Science and Engineering (M & C 2011). Rio de Janeiro：Latin American Section (LAS) / American Nuclear Society (ANS)，2011.

[77] Horelik N，Herman B，Forget B，et al. Benchmark for evaluation and validation of reactor simulations (BEAVRS) [C]//2013 International Conference on Mathematics and Computational Methods Applied to Nuclear Science and Engineering. Illinois：American Nuclear Society，2013.

[78] 于长睿. 关于将 MIT BEAVRS 模型用于 PWR 蒙特卡罗中子学分析的可行性研究 [D]. 合肥：中国科学技术大学，2014.

[79] 刘政. 基于蒙特卡洛的压水堆全功率分析及最优化 [D]. 合肥：中国科学技术大学，2014.

[80] 乔世吉. CFETR 磁体系统的中子学计算及活化分析 [D]. 合肥：中国科学技术大学，2016.

[81] ICRP. 1990 Recommendations of the International Commission on Radiological Protection [J]. Annals of ICRP，1991，21(1/2/3)：1-201.

［82］ Rohrig N. Structural Shielding design and evaluation for megavoltage X- and gamma-ray radiotherapy facilities：NCRP report no. 151 ［J］. Health Physics，2006，91(3)：270.

［83］ d'Errico F. Radiation protection for particle accelerator facilities：NCRP report no. 144 ［R］. Bethesda：National Council on Radiation Protection and Measurements，2005.

［84］ Bednarz B，Xu X G. Monte Carlo modeling of a 6 and 18 MV Varian Clinac medical accelerator for in-field and out-of-field dose calculations：development and validation ［J］. Physics in Medicine & Biology，2009，54(4)：N43.

［85］ 闫卓，徐榭，陈志. 基于蒙特卡洛方法和数字体模的质子治疗设施屏蔽优化设计 ［J］. 中国医学物理学杂志，2020(12)：37.

［86］ 段宗锦. 低能电子辐照型加速器的屏蔽优化设计及其剂量场分布的研究 ［D］. 合肥：中国科学技术大学，2014.

［87］ 郑芳，陈志，徐榭. 电子辐照加速器屏蔽墙中预埋管道倾角对辐射防护性能影响的蒙特卡罗计算 ［J］. 辐射防护，2017，37(1)：27-33.

［88］ ICRP. The 2007 recommendations of the International Commission on Radiological Protection：ICRP publication 103 ［J］. Annals of ICRP，2007，37：2-4.

［89］ Xu X G. An exponential growth of computational phantom research in radiation protection，imaging，and radiotherapy：a review of the fifty-year history ［J］. Physics in Medicine and Biology，2014，59(18)：R233-R302.

［90］ Badhwar G D，O'Neill P M. Long-term modulation of galactic cosmic radiation and its model for space exploration ［J］. Advances in Space Research，1994，14(10)：749-57.

［91］ Dobynde M I，Guo J. Radiation environment at the surface and subsurface of the Moon：model development and validation ［J］. Journal of Geophysical Research：Planets，2021，126(11)：12.

［92］ ICRP. Assessment of Radiation Exposure of Astronauts in Space：ICRP publication 123 ［J］. Annals of the ICRP，2013，42(4)：1-339.

［93］ NCRP. Potential for central nervous system effects from radiation exposure during space activities phase Ⅰ：overview (2016) ［M］. Bethesda：NCRP，2016.

［94］ Goodhead D，Fleming P，Held K，et al. Radiation protection for space activities：supplement to previous recommendations ［M］. Bethesda：National Council on Radiation Protection and Measurements，2014.

［95］ Kang J，Guan C，Cai Q，et al. Research progress of SPE physical protection for manned deep space exploration mission ［J］. Manned Spaceflight，2022，28(3)：315-322.

［96］ Weiss P，Mohamed M P，Gobert T，et al. Advanced materials for future lunar extravehicular activity space suit ［J］. Advanced Materials Technologies，2020，5(9)：2000028.

［97］ Cherry S R，Sorenson J A，Phelps M E. Physics in nuclear medicine ［M］. Philadelphia：Saunders，2003.

［98］ 王彬，郑钧正，高林峰，等. 上海市医用 X 射线 CT 的应用频率及其分布研究 ［J］. 辐射防护，2013，33(2)：10.

［99］ Ding A，Gao Y，Liu H，et al. VirtualDose：a software for reporting organ doses from CT for adult and pediatric patients ［J］. Physics in Medicine & Biology，2015，60(14)：5601.

［100］ 彭昭. 基于 PET/CT 多器官自动分割和快速蒙特卡罗计算的患者个性化辐射剂量学方法研究 ［D］. 合肥：中国科学技术大学，2022.

［101］ Boone J M，Buonocore，M H，Cooper，V N. Monte Carlo validation in diagnostic radiological imaging ［J］. Medical Physics，2000，27(6)：1294-1304.

［102］ Ay M R，Shahriari M，Sarkar S，et al. Monte Carlo simulation of X-ray spectra in diagnostic radiology and mammography using MCNP4C [J]. Physics in Medicine & Biology, 2004, 49(21): 4897-4917.

[103] Bolch W E, Eckerman K F, Sgouros G, et al. MIRD pamphlet no. 21: a generalized schema for radiopharmaceutical dosimetry: standardization of nomenclature [J]. Journal of Nuclear Medicine, 2009, 50(3): 477-484.

[104] Peng Z, Lu Y, Xu Y, et al. Development of a GPU-accelerated Monte Carlo dose calculation module for nuclear medicine, ARCHER-NM: demonstration for a PET/CT imaging procedure [J]. Physics in Medicine & Biology, 2022, 67(6):06NT02.

[105] Baskar R, Lee K A, Yeo R, et al. Cancer and radiation therapy: current advances and future directions [J]. International Journal of Medical Sciences, 2012, 9(3): 193-199.

[106] Chetty I J, Curran B, Cygler J E, et al. Report of the AAPM Task Group no. 105: issues associated with clinical implementation of Monte Carlo-based photon and electron external beam treatment planning [J]. Medical Physics, 2007, 34(12): 4818-4853.

[107] Cheng B, Xu Y, Li S, et al. Development and clinical application of a GPU-based Monte Carlo dose verification module and software for 1.5 T MR-LINAC [J]. Medical Physics, 2023, 50(5): 3172-3183.

[108] Xu Y, Zhang K, Liu Z, et al. Treatment plan prescreening for patient-specific quality assurance measurements using independent Monte Carlo dose calculations [J]. Frontiers in Oncology, 2022, 12: 1051110.

[109] 刘红冬. 基于蒙特卡罗算法的质子放疗独立剂量验证方法与系统研究 [D]. 合肥: 中国科学技术大学, 2019.

[110] Zarifi S, Ahangari H T, Jia S B, et al. Bragg peak characteristics of proton beams within therapeutic energy range and the comparison of stopping power using the GATE Monte Carlo simulation and the NIST data [J]. Journal of Radiotherapy in Practice, 2020, 19(2): 173-181.

[111] Zarifi S, Ahangari H T, Jia S B, et al. Validation of GATE Monte Carlo code for simulation of proton therapy using National Institute of Standards and Technology library data [J]. Journal of Radiotherapy in Practice, 2019, 18(1): 38-45.

[112] Li S, Cheng B, Wang Y, et al. A GPU-based fast Monte Carlo code that supports proton transport in magnetic field for radiation therapy [J]. Journal of Applied Clinical Medical Physics, 2024, 25 (1): e14208.

[113] Nath R, Anderson L L, Luxton G, et al. Dosimetry of interstitial brachytherapy sources: recommendations of the AAPM Radiation Therapy Committee Task Group no 43 [J]. Medical Physics, 1995, 22(2): 209-234.

[114] Rivard M J, Butler W M, DeWerd L A, et al. Supplement to the 2004 update of the AAPM task group no. 43 report [J]. Medical Physics, 2007, 34(6): 2187-2205.

[115] Rivard M J, Coursey B M, DeWerd L A, et al. Update of AAPM Task Group no. 43 report: a revised AAPM protocol for brachytherapy dose calculations [J]. Medical Physics, 2004, 31(3): 633-674.

[116] Mille M M, Xu X G, Rivard M J. Comparison of organ doses for patients undergoing balloon brachytherapy of the breast with HDR or electronic sources using Monte Carlo simulations in a heterogeneous human phantom [J]. Medical Physics, 2010, 37(2): 662-671.

[117] Ebert M A. Possibilities for intensity-modulated brachytherapy: technical limitations on the use of non-isotropic sources [J]. Physics in Medicine & Biology, 2002, 47(14): 2495-2509.

[118] Sweet W H. The uses of nuclear disintegration in the diagnosis and treatment of brain tumor [J].

New England Journal of Medicine, 1951, 245(23): 875-878.

[119] Jin W H, Seldon C, Butkus M, et al. A review of boron neutron capture therapy: Its history and current challenges [J]. International Journal of Particle Therapy, 2022, 9(1): 71-82.

[120] Goorley J, Kiger I W, Zamenhof R. Reference dosimetry calculations for neutron capture therapy with comparison of analytical and voxel models [J]. Medical Physics, 2002, 29(2): 145-156.

[121] Chatzipapas K P, Papadimitroulas P, Emfietzoglou D, et al. Ionizing radiation and complex DNA damage: quantifying the radiobiological damage using Monte Carlo simulations [J]. Cancers, 2020, 12(4): 799.

[122] Lee C M, Lee H S. Development of a dose estimation code for BNCT with GPU accelerated Monte Carlo and collapsed cone convolution method [J]. Nuclear Engineering and Technology, 2022, 54(5): 1769-1780.

彩　　图

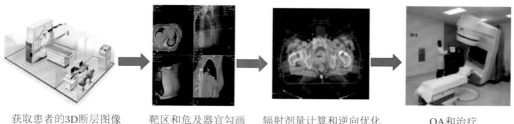

获取患者的3D断层图像　　　靶区和危及器官勾画　　　辐射剂量计算和逆向优化　　　QA和治疗

图 8.1　放疗的四个主要步骤

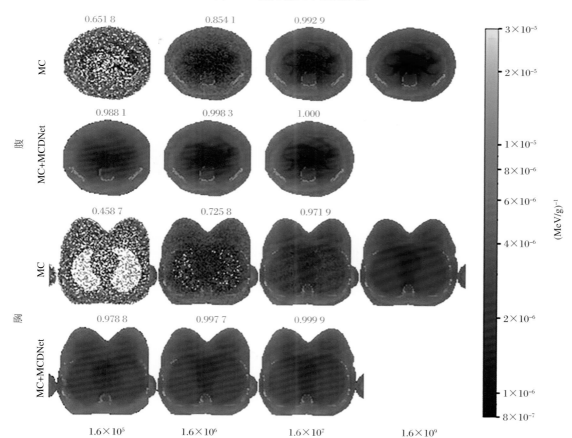

图 8.14　基于神经网络去噪的 CT 器官剂量结果

图最下面的数字代表模拟粒子数，剂量分布图上面的数字代表与低噪声高粒子数($1.6×10^9$)的
剂量分布相比之下的 γ 指数通过率(3mm/3%)。

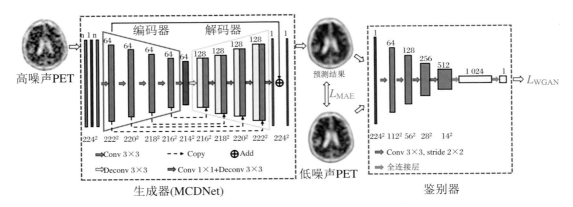

图 8.15　MCDNet-2 框架

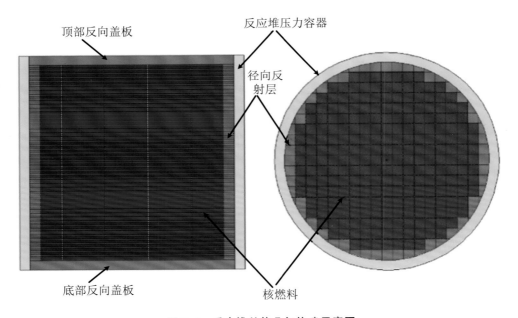

图 9.4　反应堆总体几何构建示意图

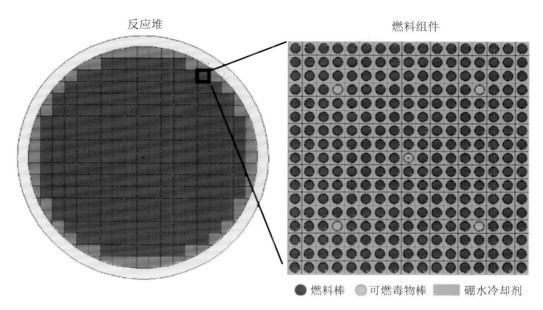

图 9.5　反应堆燃料组件示意图

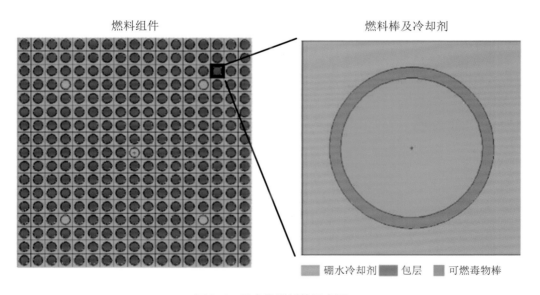

图 9.6　反应堆燃料棒示意图

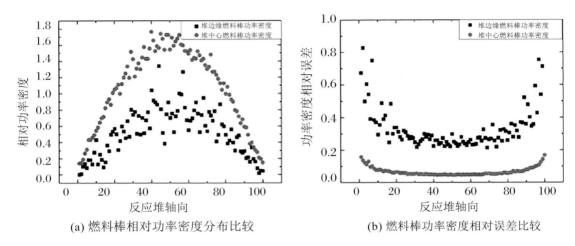

(a) 燃料棒相对功率密度分布比较

(b) 燃料棒功率密度相对误差比较

图 9.9　不同位置处单根燃料棒轴向功率密度分布

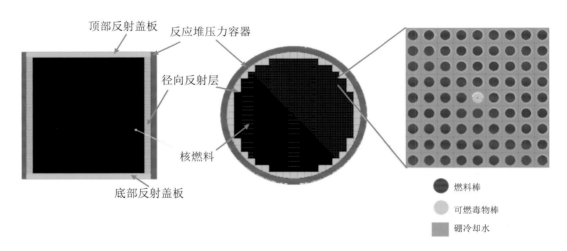

图 9.12　反应堆几何模型

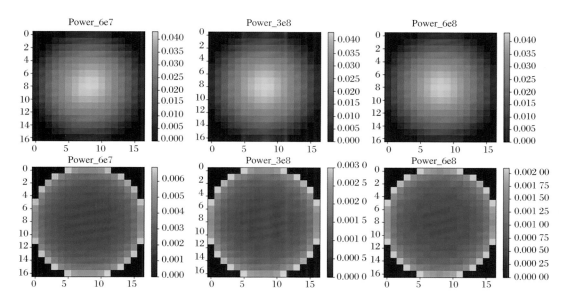

图 9.13　不同模拟粒子数下反应堆功率密度分布和对应的误差分布

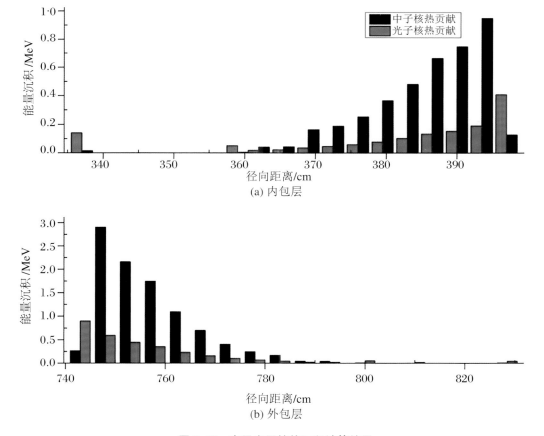

(a) 内包层

(b) 外包层

图 9.23　中子光子核热沉积计算结果

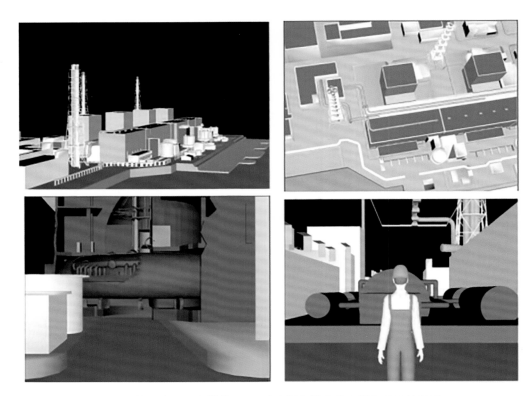

图 9.36　使用虚拟现实软件 EON 重建福岛核事故内部和外部的模型

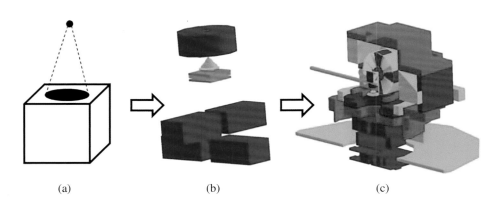

(a)　　　　　　　　　　　(b)　　　　　　　　　　　(c)

图 9.38　MC 模拟加速器图形展示

（a）点源模型；（b）束流加速器模型；（c）伦斯勒理工学院 Bednarz 博士论文开发的医用加速器模型。

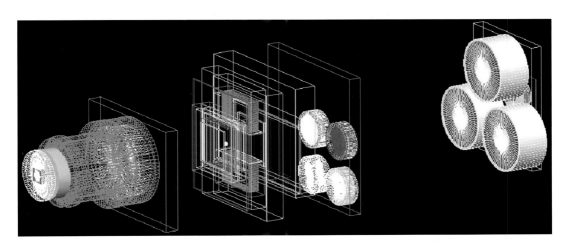

图 10.6　刘红冬在 TOPAS 中完成的 Universal Nozzle 被动双散射模型三维可视化结果

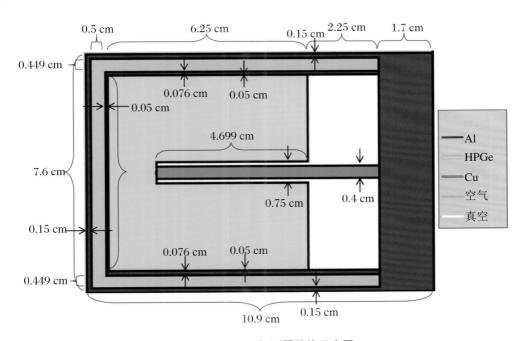

图 B.1　HPGe 探测器结构示意图

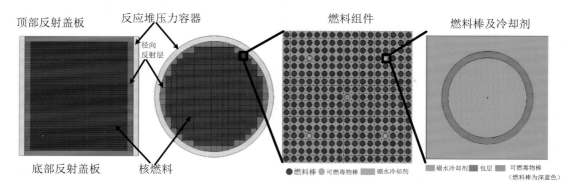

图 C.1　PWR Benchmark 压水堆标准模型几何结构